U0146641

iLike苹果Photoshop CS4 中文版平面设计

思维数码 编著

電子工業出版社
Publishing House of Electronics Industry
北京 • BEIJING

内 容 简 介

本书介绍了苹果机上运行Photoshop的基本功能及其常用工具，并对路径、通道、蒙版、滤镜、文本等重点和难点内容进行了系统讲解。本书具有讲解全面、由浅入深、示例精美、内容新颖、结构合理、信息量大等特点。

本书可供各类培训学校作为苹果版Photoshop的培训教材使用，也可供平面设计人员及大学和高等专业学校相关专业的学生自学参考。

图书在版编目（CIP）数据

iLike苹果Photoshop CS4中文版平面设计/思维数码编著.—北京：电子工业出版社，2010.4
ISBN 978-7-121-10617-0

Ⅰ. i… Ⅱ. 思… Ⅲ. 图形软件，Photoshop CS4 Ⅳ. TP391.41

中国版本图书馆CIP数据核字（2010）第053785号

责任编辑：李红玉
文字编辑：姜 影
印 刷：北京天竺颖华印刷厂
装 订：三河市鑫金马印装有限公司
出版发行：电子工业出版社
北京市海淀区万寿路173信箱 邮编：100036
北京市海淀区翠微东里甲2号 邮编：100036
开 本：787×1092 1/16 印张：23.75 字数：600千字
印 次：2010年4月第1次印刷
定 价：45.00元

凡所购买电子工业出版社图书有缺损问题，请向购买书店调换。若书店售缺，请与本社发行部联系，联系及邮购电话：（010）88254888。
质量投诉请发邮件至zlts@phei.com.cn，盗版侵权举报请发邮件至dbqq@phei.com.cn。
服务热线：（010）88258888。

出版前言

21世纪，苹果电脑成为国际上公认的专业和品质的象征，苹果公司CEO乔布斯将艺术与技术完美地体现在苹果产品上。拥有一台苹果电脑成为众多专业人士的梦想，学会用好一款苹果软件同样也成为广大苹果用户的渴望。

自我们出版第一本苹果图书至今，很多热心读者打来电话、发来邮件，希望我们出版更多好书。受到这么多的鼓励和支持，加上有多年国外苹果图书翻译出版的丰富经验和对国内读者多层次需求的了解，我们决心打造一套无论是内容还是价格都更加适合国内苹果用户阅读的图书。于是，“iLike苹果”丛书在2009年春风的吹拂下诞生了。

“iLike苹果”丛书既包括广大苹果用户最常使用的软件，如Mac OS X、苹果电脑上网，也包括苹果最擅长的影视处理和制作软件，如Final Cut Pro、Shake，还包括苹果版的专业软件，如Photoshop等。本套丛书既包括翻译自国外大牌作者编写的权威图书，也包括国内作者为国内读者量身定做的自编图书。根据读者的反馈和要求，本套丛书还会扩展更多的题目，力求成为国内苹果用户学习和创意用书的第一品牌。

为了将“iLike苹果”做得更好，我们期待您的反馈。我们会高度重视您的任何意见和建议，期待您给予专业的指导，我们也真诚邀请您成为这套丛书的作者或译者，wuyuan@phei.com.cn随时向您开放。我们相信，在您的帮助和支持下，“iLike苹果”会成为广大苹果用户的良师益友。

前　言

苹果电脑曾经是贵族电脑的代名词，其售价动则上万元，将不少苹果电脑迷挡在了门外。2009年以来，各类电脑硬件的价格一落再落，苹果电脑的售价也不再高高在上，购买21.5英寸iMac，配置为3.06GHz Intel Core 2 Duo CPU、4GB内存、500GB硬盘的苹果电脑不到9000元就可以得到。这种价格与配置，极大地吸引了苹果电脑迷，使苹果电脑的普及率得到大幅度提高。

由于苹果电脑运行的Mac OS操作系统是基于UNIX内核的，因此具有高性能、高稳定性等特性，加之先进的屏幕显示、色彩还原技术，使其成为设计领域的首选平台，随着其售价的进一步降低加之原本就具有的良好特性，运用苹果电脑进行图像处理、平面设计将逐步成为主流。

Photoshop是最早一批在苹果电脑上运行的图形图像软件之一，最初的Photoshop只支持苹果电脑，随着PC销售量不断上升，Adobe公司才开始推出能够运行在Windows上的版本，这样的历史渊源，使Photoshop在苹果平台上有更好的表现。

本书正是一本全面讲解运行于苹果平台上的Photoshop的使用方法的专业书籍，与市场上同类图书相比，本书具有以下特点：

讲解全面

本书讲解了Photoshop CS4软件约90%的功能，内容相当全面，这在一定程度上保证了读者通过本书能够从较初级的水平，上升至对软件有较全面认识的层次，也使本书能够作为一本案头备查的工具书使用。

由浅入深

由于本书定位于基本上没有Photoshop软件基础的初级学习者，因此特别对章节结构进行了优化，从而保证了读者循序渐进的学习进度。

重点突出

针对初学者在学习中较难掌握的知识重点与难点，加大了讲解篇幅，以对这些知识点进行较为深入全面的讲解，这些知识点包括图层、路径、形状、通道等。

示例精美

为了保证本书的视觉效果，无论是知识点示例还是综合案例，均经过笔者精心选择，力求将本书打造成为欣赏性较强的图书。

内容新颖

本书较为全面地讲解了CS4版本的数十个新功能，尤其对最新增加的3D功能进行了较为全面的讲解，因此绝非新瓶旧酒型图书。

配套资料

本书附有配套资料，其中包含本书的示例及大量素材文件，本书的示例文件都以PSD的形式保存，这能够从很大程度上方便各位读者查看这些文件的图层、通道构成方式，能够进一步帮助各位读者理解本书所讲述的各种知识。

其他说明

本书在编写时使用的是Photoshop CS4中文版软件，如果各位读者使用的是Photoshop CS3或者是Photoshop CS2，也能够阅读本书，只是在合并图层、3D图层操作、智能滤镜操作方面可能与CS4版本略有区别，稍加注意即可。

尽管在讲解案例时尽量使用了通俗易懂的语言并核查了绝大多数案例的步骤，但仍然不能保证没有差错，望广大读者和同行批评指正。

本书是集体劳动的结晶，以下人员参与本书编写：

雷波、雷剑、吴腾飞、左福、范玉婵、刘志伟、李美、邓冰峰、詹曼雪、黄正、孙美娜、刑海杰、刘小松、陈红艳、徐克沛、吴晴、李洪泽、漠然、李亚洲、佟晓旭、江海艳、董文杰、张来勤、刘星龙、边艳蕊、马俊南、姜玉双、李敏、邰琳琳、李亚洲、卢金凤、李静、肖辉、寿鹏程、管亮、马牧阳、杨冲、张奇、陈志新、刘星龙、马俊南、孙雅丽、孟祥印、李倪、潘陈锡、姚天亮等。

本书所有作品、素材仅供本书购买者练习使用，不得用做其他商业用途。

为方便读者阅读，若需要本书配套资料，请登录“北京美迪亚电子信息有限公司”（http://www.medias.com.cn），在“资料下载”页面进行下载。

目 录

第1章 准备知识

有言道：万丈高楼平地起。如果将此话比做学习Photoshop的过程，则意味着如果没有很好的基础知识，很难有较高的造诣。

因此，本章重点介绍学习Photoshop应该掌握的一些基础知识，其中包括Photoshop简介、Photoshop CS4新功能及Photoshop的基本操作常识，例如界面的操作知识等。

1.1 Photoshop应用领域

Photoshop是美国Adobe公司开发的位图处理软件，主要用于平面设计、修复照片、影像创意设计、艺术文字设计、网页创作、建筑效果图后期调整、绘画模拟、绘制或处理三维贴图、婚纱照片设计及界面设计等领域。

在该软件十多年的发展历程中，始终以强大的功能、梦幻般的效果征服了一批又一批用户。现在，Photoshop已经成为全球专业图像设计人员必不可少的图像设计软件，使用此软件的设计者也为人类创造了数之不尽的精神财富。

在图形图像处理技术飞速发展的今天，Photoshop得到了越来越广泛的应用，下面是此软件主要应用的若干个领域。

1.1.1 平面广告设计

通常我们见到的灯箱广告、公益广告、电影海报以及杂志报刊上的各类广告，都可以称为平面广告。

如图1.1所示是一则典型的化妆品类平面广告，其制作难度较低，使用Photoshop进行图像处理并添加说明文字即可。如图1.2所示为一则视觉作品，此类设计没有非常明显的商业目的，但为广大设计爱好者提供了广阔的设计空间，因此越来越多的设计爱好者开始学习Photoshop，进行具有个人特色与风格的视觉创意设计。

图1.1 化妆品广告

图1.2 视觉作品

1.1.2 包装与封面设计

在早期，包装与封面的主要目的是保护产品不受损害，时至今日，它们又具有了另外一个非常重要的功能，即广告宣传作用。在此领域Photoshop是当之无愧的主角。

如图1.3所示为几个优秀的封面设计作品，如图1.4所示为几个优秀的包装设计作品。

图1.3 封面设计作品

图1.4 优秀的包装设计作品

1.1.3 建筑表现

建筑表现也是Photoshop应用非常多的领域，其中较常见的应用是为建筑效果进行后期加工，以实现三维软件无法实现或难于实现的效果。

如图1.5所示为使用Photoshop进行后期加工前后的室内效果图。

图1.5 进行后期制作前后的室内效果图

如图1.6所示为使用Photoshop进行后期加工前后的室外效果图。

图1.6 进行后期制作前后的室外效果图

1.1.4 电视栏目包装静帧设计

Photoshop也被广泛地应用于电视栏目的包装当中，用于设计电视栏目的静帧，如图1.7所示为两款比较优秀的电视栏目包装静帧设计作品。

1.1.5 概念设计

概念设计是一个新兴的设计领域，与其他领域不同，概念设计注重设计内容的表现效果，而不像工业设计一样还需要注重所设计的产品是否能够从流水线上生产出来。

图1.7 优秀的电视栏目包装静帧作品

在产品设计的前期通常要进行概念设计，除此之外，在许多电影及游戏中都需要进行角色或道具的概念设计。

如图1.8所示为汽车的概念设计稿。

图1.8 汽车的概念设计稿

如图1.9所示为电影中飞行器及自行车的概念设计稿。

图1.9 飞行器及自行车的概念设计稿

1.1.6 游戏设计

游戏设计与角色动画是当今图形图像制作最为活跃的领域之一，在游戏策划及开发阶段都要大量使用Photoshop技术来设计游戏的人物、场景、道具、装备、操作界面。如图1.10所示为使用Photoshop设计的游戏角色造型。

图1.10 游戏人物设计

1.1.7 数码照片

随着电脑及数码相机的普及，数码照片的处理与修饰工作也越来越多地成为许多数码爱好者希望掌握的技术。

如图1.11所示为原数码照片图像，图1.12所示是使用Photoshop处理后的照片。

图1.11 原图像

图1.12 处理后的效果

数码婚纱照片及数码儿童照片的设计与制作也是一个新兴的照片制作领域，在此领域中Photoshop起到了举足轻重的作用，如图1.13所示为使用Photoshop制作的婚纱及儿童数码照片。

图1.13 婚纱及儿童数码照片设计

1.1.8 网页制作

网页设计与制作领域是一个已经比较成熟的行业，互联网中每天诞生上百万的网页，这些网页中的大多数都遵循了使用Photoshop进行页面设计、使用Dreamweaver进行页面生成的基本流程。如图1.14所示为一些使用Photoshop设计的比较优秀的网页作品。

图1.14 网页作品

1.1.9 插画绘制

插画绘制是近来才慢慢走向成熟的行业，随着出版及商业设计领域工作的逐步细分，商业插画的需求不断扩大，从而使以前许多将插画绘制作为个人爱好的插画艺术家开始为出版社、杂志社、图片社、商业设计公司绘制插画，如图1.15所示为铅笔绘制的草图以及使用Photoshop完成的插画作品。

图1.15 优秀的插画作品

1.1.10 界面设计

随着计算机硬件设备性能的不断加强和人们审美情趣的不断提高，以往古板单调的操作界面早已无法满足人们的需求，一个网页、一个应用软件或一款游戏的界面设计优秀与否，已经成为人们对它进行衡量的标准之一。在此领域Photoshop也扮演着非常重要的角色，目前在界面设计领域有90%以上的设计师正在使用此软件进行设计。

如图1.16所示为几款优秀的界面设计作品。

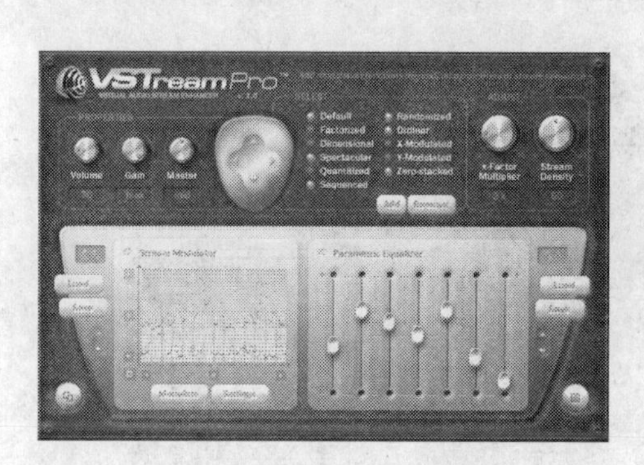

图1.16 优秀的界面设计作品

1.2 界面基本操作知识

在Photoshop CS4中，操作界面变得更加艺术化了，这也是继Photoshop CS版本中增加了泊窗界面功能后所做的又一次重大变革，其界面如图1.17所示。

通过图1.17可以看出，完整的操作界面由应用程序栏、菜单命令、工具箱、操作文件、工具选项条、选项卡式文档窗口与面板组成。由于在实际工作中，主要使用面板与工具箱中的工具，因此下面重点讲解各面板与工具的使用方法。

1.2.1 掌握选项卡式文档窗口使用方法

以选项卡式文档窗口排列当前打开的图像文件，是CS4版本的新功能特色，这种排列方法可以使我们在打开多个图像后一目了然，并快速通过点按所打开的图像文件的选项卡名称将其选中。

图1.17　完整的操作界面

如果打开了多个图像文件，可以通过点按选项卡式文档窗口右上方的展开按钮>>，在弹出的文件名称选择列表中选择要操作的文件，如图1.18所示。

图1.18　在列表菜单中选择要操作的图像文件

技巧　按⌘+tab组合键，可以在当前打开的所有图像文件中，从左向右依次进行切换，如果按⌘+shift+tab组合键，可以逆向切换这些图像文件。

使用这种选项卡式文档窗口管理图像文件，可以使我们对这些图像文件进行如下各类操作，以更加快捷、方便地对图像文件进行管理。

- 改变图像的顺序，点按某图像文件的选项卡不放，将其拖至一个新的位置再释放后，可以改变该图像文件在选项卡中的顺序。
- 取消图像文件的叠放状态，点按某图像文件的选项卡不放，将其从选项卡中拖出来，如图1.19所示，可以取消该图像文件的叠放状态，使其成为一个独立的窗口，如图1.20所示。再次点按图像文件的名称标题，将其拖回选项卡组，可以使其重回叠放状态。

图1.19 从选项卡中拖出来

图1.20 成为独立的窗口

1.2.2 掌握工具的使用方法

工具箱中的大多数工具使用频率都非常高，因此掌握工具箱中工具的正确、快捷的使用方法有助于加快操作速度。

1. 伸缩工具箱

Photoshop CS4界面中的工具箱具备伸缩性，即可以根据需要，在单栏与双栏状态之间进行切换。该功能主要由位于工具箱顶部的伸缩栏所决定的，所谓的伸缩栏，就是工具箱顶部带有2个三角块的区域，如图1.21所示。

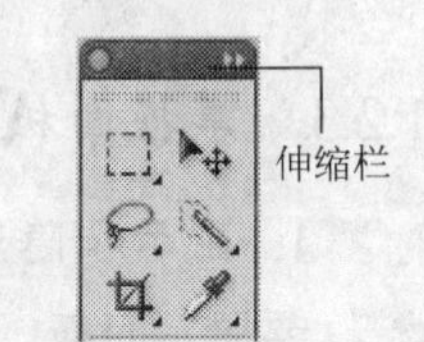

图1.21 工具箱的伸缩栏

当它显示为双栏时，点按顶部的伸缩栏收起图标，即可将其收缩为单栏状态，如图1.22所示，反之，点按展开图标，可以将其恢复至早期的双栏状态，如图1.23所示。

图1.22 单栏工具箱状态

图1.23 双栏工具箱状态

2. 激活工具

工具箱中的每一种工具都有两种激活方法，即在工具箱直接点按工具或直接按要选择的工具的快捷键。

3. 显示工具的热敏菜单

Photoshop的所有工具都具有热敏菜单，通过观察热敏菜单可以查看此工具的快捷键及正确名称，要显示热敏菜单只需要将光标放于工具上停留片刻即可，例如画笔工具的热敏菜单如图1.24所示。

4. 显示隐藏的工具

工具图标右下角的黑色三角形，表明有隐藏工具。要显示隐藏工具，可以点按此类工具，并停留片刻，如图1.25所示为历史记录画笔工具所显示出的隐藏工具。

图1.24 显示工具的热敏菜单

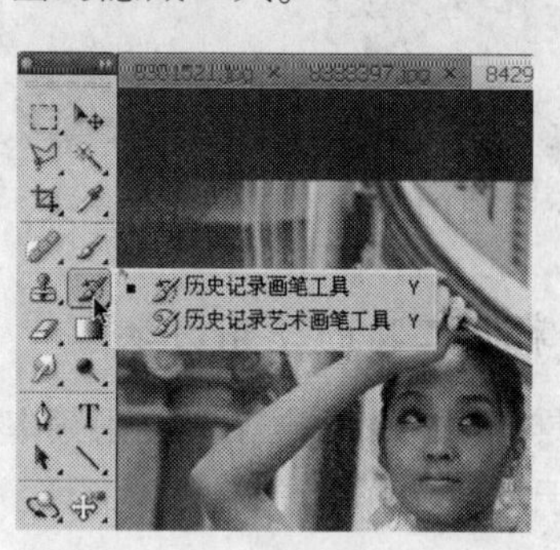

图1.25 显示隐藏的工具

1.2.3 掌握面板的使用方法

1. 显示和隐藏面板

要显示面板，可以在【窗口】菜单中选择相对应的命令，再次选择此命令可以隐藏面板。

除此之外，按tab键可以隐藏工具箱及所有显示的面板，再次按tab键可全部显示。如果仅需要隐藏所有显示的面板，可以按shift+tab组合键，同样再次按shift+tab组合键可全部显示。

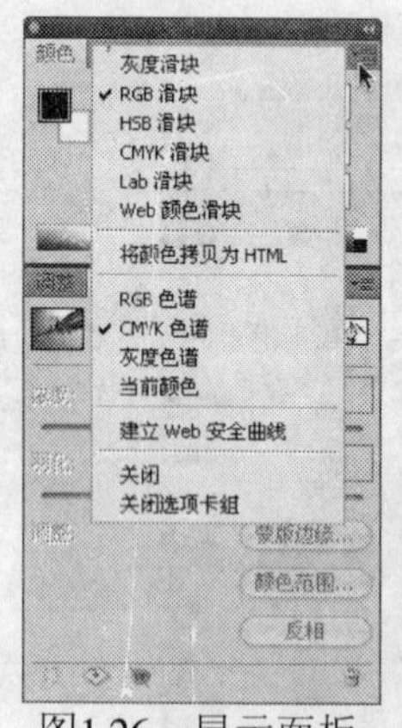

图1.26 显示面板弹出菜单

2. 面板弹出菜单

在大多数面板的右上角都有一个按钮，点按该按钮即可显示此面板的命令菜单，如图1.26所示，面板弹出菜单的大多数命令与菜单命令重复。

因此，在操作时可以根据个人喜好，或选择菜单命令中的命令，或选择面板弹出菜单中的命令完成操作。

3. 伸缩面板

除了工具箱外，面板也同样可以进行伸缩，对于最右侧已展开的一栏面板，点按其顶部右侧的收缩标记，可以将其收缩成为图标状态，如图1.27所示。反之，如果我们点按未展开的展开标记，则可以将该栏中的全部面板都展开，如图1.28所示。

如果要切换至某个面板，可以直接点按其标签名称，如果要隐藏某个已经显示出来的面板，可以双击其标签名称。

4. 拆分面板

当我们要单独拆分出一个面板时，可以直接按住鼠标选中对应的图标或标签，然后将其拖至工作区中的空白位置，如图1.29所示，被单独拆分出来的面板如图1.30所示。

图1.27　收缩所有面板时的状态

图1.28　展开面板时的状态

图1.29　向空白区域拖动面板

图1.30　拖出后的面板状态

5. 组合面板

可以将2个或多个面板合并到一个面板栏中，当需要调用其中某个面板时，只需要点按其标签名称即可，否则，如果每个面板都单独占用一个窗口，那么用于进行图像操作的空间就会大大减少，甚至会影响到我们的工作。

要组合面板，可以按住鼠标拖动面板标签至面板栏中，直至该位置出现蓝色反光时，如图1.31所示，释放鼠标，即可完成面板的拼合操作，如图1.32所示。

图1.31　拖动位置

图1.32　组合面板后的状态

6. 组合面板栏

如果某一个面板栏中有多个面板，可以通过同样的操作，将面板栏相互组合起来。

如图1.33所示为有【仿制源】、【蒙版】两个面板的独立面板栏，如图1.34所示，点按该面板黑灰色的顶部，将其拖至展开的面板栏中。当该位置出现蓝色的高光时释放鼠标，【仿制源】、【蒙版】两个面板就将与右侧的面板栏组合在一起。

图1.33 原面板栏状态

图1.34 组合时的状态

7. 创建新的悬挂面板栏

可以拖动一个面板栏至悬挂在软件窗口右侧的面板栏的最左侧边缘位置，当该边缘出现灰蓝相间的高光显示条时，如图1.35所示，释放鼠标即可创建一个新的悬挂面板栏，如图1.36所示。

图1.35 拖动面板

图1.36 增加悬挂面板栏后的状态

使用悬挂面板栏的好处是位置固定，使窗口面板管理更轻松容易一些，如图1.37所示为所有悬挂面板收缩后的状态，可以看到窗口更整洁了。

1.2.4 关于菜单

Photoshop CS4有11个菜单，其中包括文件、编辑、图像、图层、选择、滤镜、分析、3D、视图、窗口和帮助，在每个菜单中又包含有数十个子菜单和命令，因此当这些菜单出现在一个初学者面前时，很容易使初学者产生畏难情绪，实际上每一类菜单都有独特的作用，只要熟记菜单类型后再对照性地应用各个命令，就能够很快得心应手了。

图1.37 收缩起来的悬挂面板栏

1. 子菜单命令

Photoshop中的一些命令从属于一个大的菜单命令项之下，但其本身又具有多种变化或操作方式，为了使菜单组织更加有效，Photoshop使用了子菜单模式以细化菜单。菜单命令的下拉菜单右侧有三角标识的，表示该命令下面包含有子菜单，如图1.38所示。

图1.38 子菜单命令

2. 灰度显示的菜单命令

许多菜单命令有一定的运行条件，如果当前操作文件没有达到某个菜单命令的运行条件，此菜单命令就呈灰度显示。

3. 包含对话框的菜单命令

在菜单命令的后面显示有3个小点的，表示选择此命令后，会弹出参数设置的对话框。

1.2.5 显示、隐藏或突出显示菜单命令

PhotoShop CS4中新增了显示或隐藏菜单功能，即我们可以根据需要显示或隐藏指定的菜单命令，以使每一位设计者自定义自己最常用的菜单命令显示方案，以方便设计工作。

突出显示菜单命令也是PhotoShop CS4中新增的功能，使用此功能我们能够指定菜单命令的显示颜色，以方便我们辨认不同的菜单命令。

1. 显示或隐藏菜单命令

选择【编辑】|【菜单】命令或按快捷键shift+⌘+option+M调出【键盘快捷键和菜单】对话框，如图1.39所示。

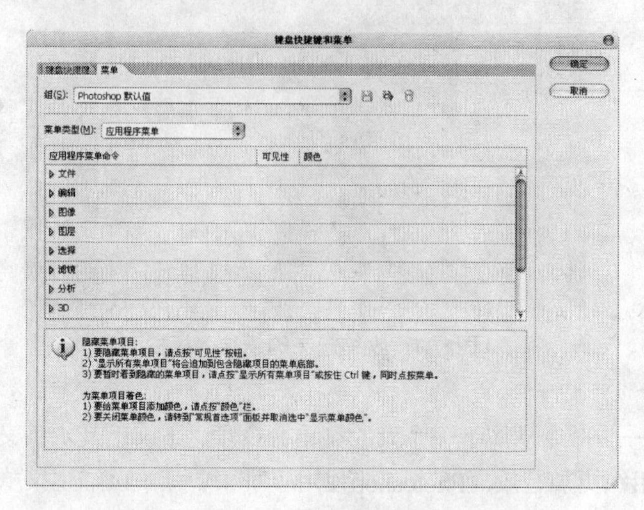

图1.39 【键盘快捷键和菜单】对话框

显示或隐藏菜单的具体操作步骤如下所述。

（1）选择【编辑】|【菜单】命令，弹出【键盘快捷键和菜单】对话框。

（2）我们可以在某一种菜单显示类型的基础上增加或减少菜单命令的显示，点按【组】下拉箭头弹出下拉菜单，在该下拉表中选择一种工作类型。

（3）如果在【菜单类型】下拉列表框中选择要显示或隐藏的菜单命令所在的菜单类型，可以对应用程序菜单中的命令进行操作，也可以选择【面板菜单】命令对面板菜单中的命令进行显示或隐藏操作，在此我们选择【面板菜单】选项，如图1.40所示。

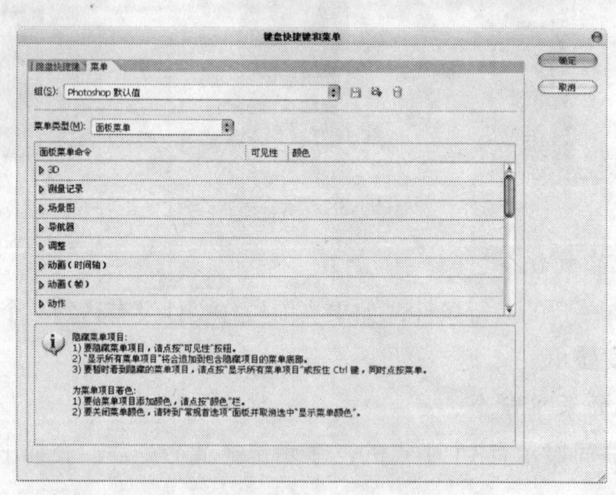

图1.40 选择【面板菜单】时的对话框

（4）点按【面板菜单命令】栏下方的命令左侧的三角按钮▶，展开显示各个详细菜单命令，如图1.41所示。

（5）点按【可视性】下方的眼睛图标按钮即可显示或隐藏该菜单命令，在此笔者按图1.42所示隐藏了多个菜单命令，隐藏前后的菜单显示如图1.43所示。

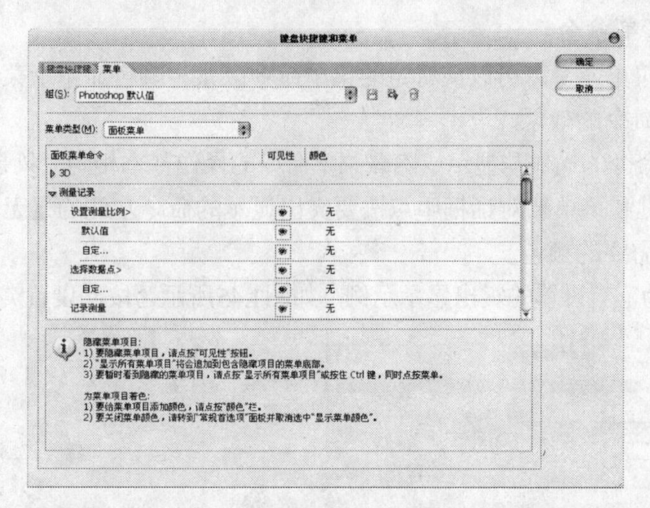

图1.41 点按【面板菜单命令】中命令左侧小三角形展开的选项

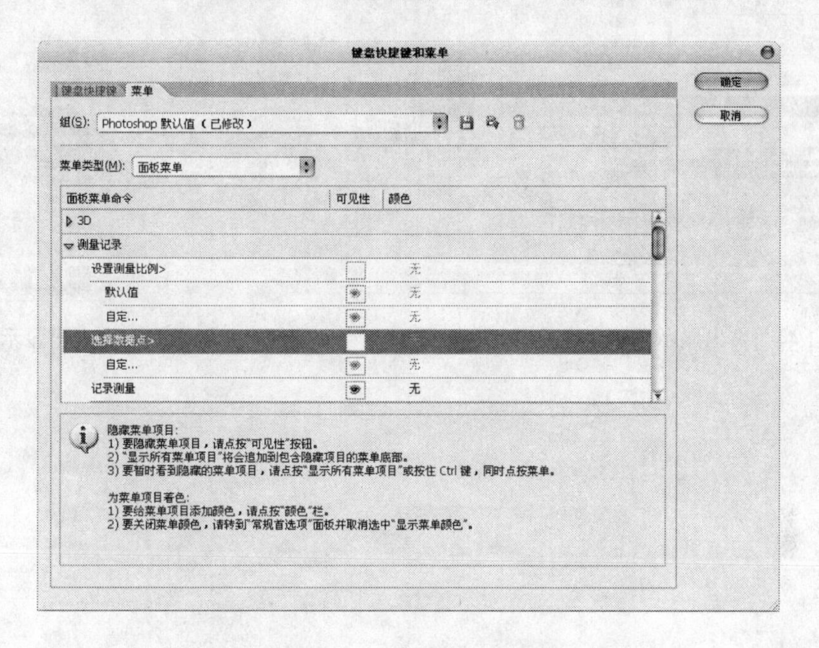

图1.42 隐藏了若干个命令后的对话框设置

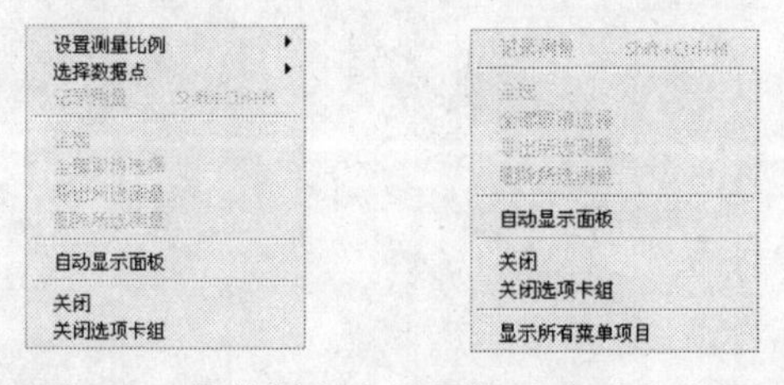

图1.43 菜单栏命令设置前后的对比效果

可以看出使用此功能可以大大简化菜单命令，使菜单按照自己的工作喜好进行显示。

当菜单中设置了部分内容隐藏后，在以前版本按住shift键点按面板按钮可显示所有的菜单项目，例如，按住shift键点按“测量记录”面板右侧的面板按钮，则可以显示该面板中所有被隐藏的菜单命令，但在此版本中变为⌘键了。

2. 突出显示菜单命令

通过突出显示菜单命令，可以使特定的菜单命令以某种颜色显示于菜单中，以达到在菜单上突出显示特定的命令的效果。

突出显示菜单命令的操作与显示或隐藏菜单命令的操作基本相同，只是执行第5步操作时，需要在【键盘快捷键和菜单】对话框中点按要突出显示的命令左侧的【无】或颜色名称，在颜色下拉列表中选择需要的颜色。

如图1.44所示为笔者设置的突出显示示例，如图1.45所示为按此设置突出显示的菜单命令。

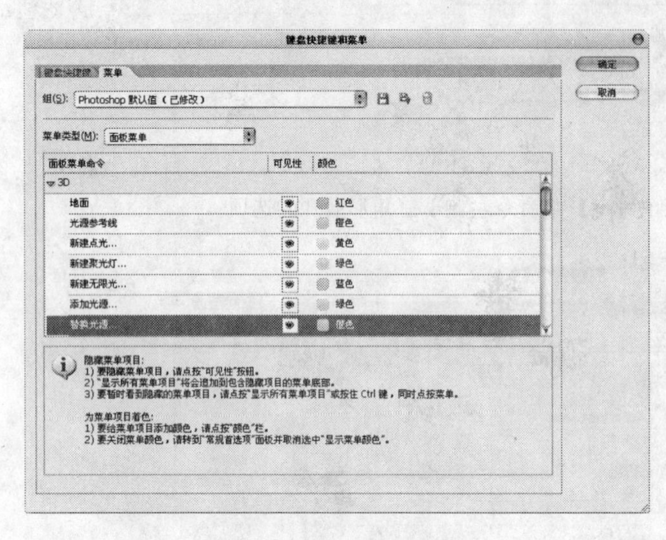

图1.44 突出显示菜单命令的对话框设置

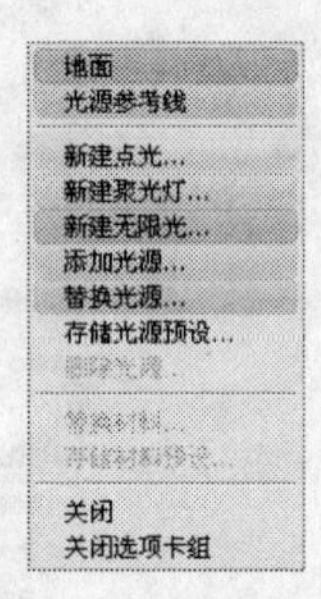

图1.45 突出显示的菜单效果

第2章

文件的基本操作方法

本章讲解Photoshop的基本文件操作，其中包括创建新文件，保存、另存文件及文件信息。

作为Photoshop的附加功能，Adobe Bridge可以完成浏览以及管理图像文件的操作，还可用于组织、寻找所需的图形图像文件资源。另外，使用Adobe Bridge可直接预览并操作PSD、AI、INDD和PDF等格式的文件。

2.1　文件操作

文件操作是在Photoshop使用频率非常高的操作类型之一，其中包括常用的新建文件、保存文件、关闭文件等，下面我们分别讲述。

2.1.1　创建新文件

选择【文件】|【新建】命令弹出如图2.1中左图所示的对话框。在此对话框内，可以设置新建文件的名称、宽度、高度、分辨率、颜色模式和背景颜色等属性。

如果需要创建的文件尺寸属于常见的尺寸，可以在对话框的【预设】下拉列表框中选择相应的选项，并在【大小】下拉列表框中选择相对应的尺寸，如图2.8右图所示，从而简化新建文件操作。

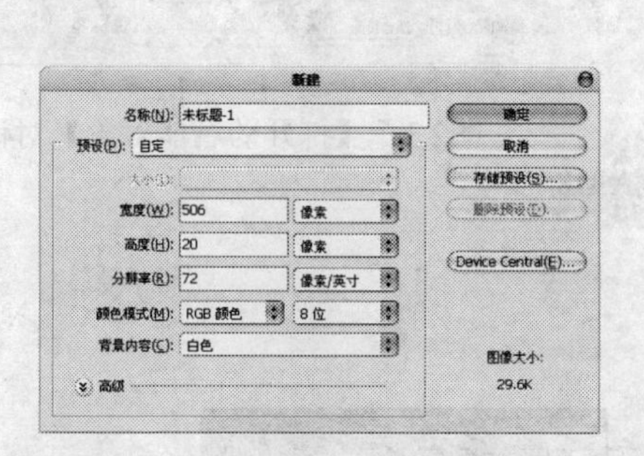

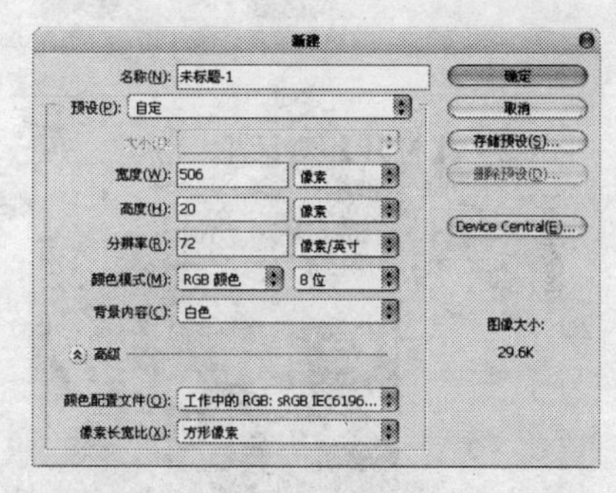

图2.1　【新建】对话框

如果在新建文件之前曾执行【拷贝】操作，则对话框的宽度及高度数值自动匹配所拷贝的图像的高度与宽度尺寸。

2.1.2　打开旧文件

选择【文件】|【打开】命令可以打开需要处理的旧文件，Photoshop支持的图像格式非常多，如图2.2所示为默认情况下的【打开】对话框。

2.1.3　使用【打开为】命令

【文件】|【打开为】命令与【打开】命令不同之处在于，此命令可以打开一些使用【打开】命令无法辨认的文件，例如某些图像从网络上下载后如果以错误的格式保存，使用【打开】命令则有可能无法打开，此时可以尝试使用【打开为】命令。

2.1.4　使用【打开为智能对象】命令

使用【文件】|【打开为智能对象】命令打开所支持的文件后，该文件将自动创建一个智能对象图层，该图层中包括了全部所打开文件中的内容（含图层、通道等信息）。

如图2.3所示为笔者使用此命令打开一个AI格式的文件时弹出的对话框，如图2.4所示为打开后的状态，可以看出该矢量文件已经被转换成为一个智能对象图层在Photoshop中打开。

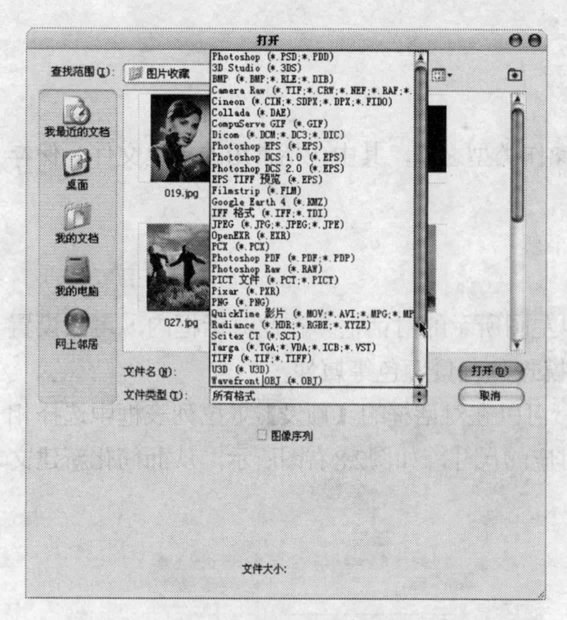

图2.2 【打开】对话框

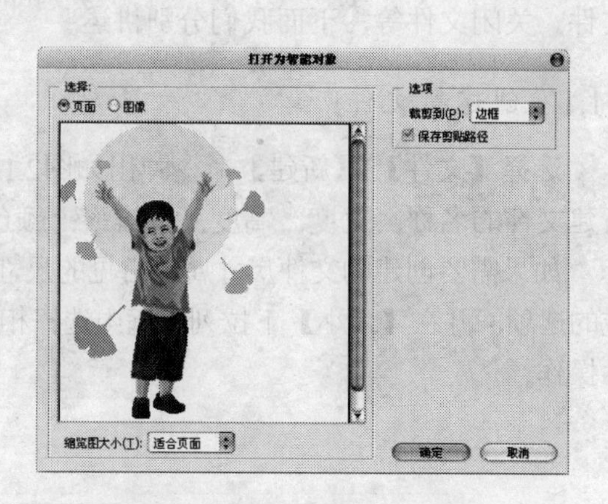

图2.3 【打开为智能对象】对话框

图2.4 打开后的状态

注意 关于智能对象更详细的讲解，请参见本书第8章的相关内容。

2.1.5 关闭文件

完成对图像的操作以后，可以关闭图像。

简单方法是直接点按图像窗口右上角的关闭图标，也可通过按快捷键⌘+W来关闭文件。

2.1.6 保存文件

选择【文件】|【储存】命令可以保存当前操作的文件，此对话框如图2.5左图所示。

注意 只有当前操作的文件具有通道、图层、专色、注释，而且在【格式】下拉列表框中选择支持保存这些信息的文件格式时，对话框中的Alpha通道、图层、专色、注释选项才会被激活，如图2.5右图所示。如果上述选项被激活，可以根据需要选择是否需要保存这些信息。

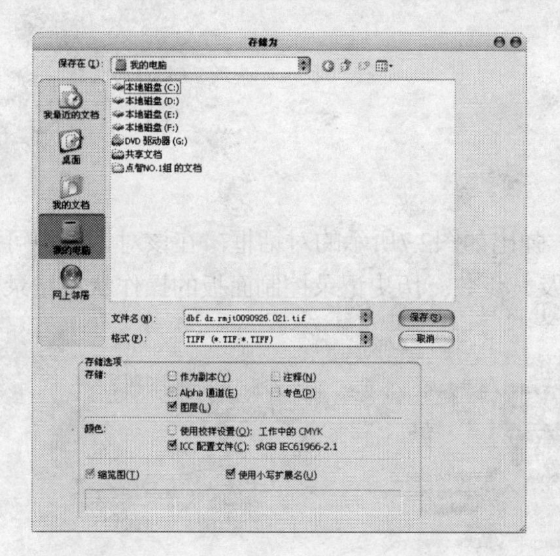

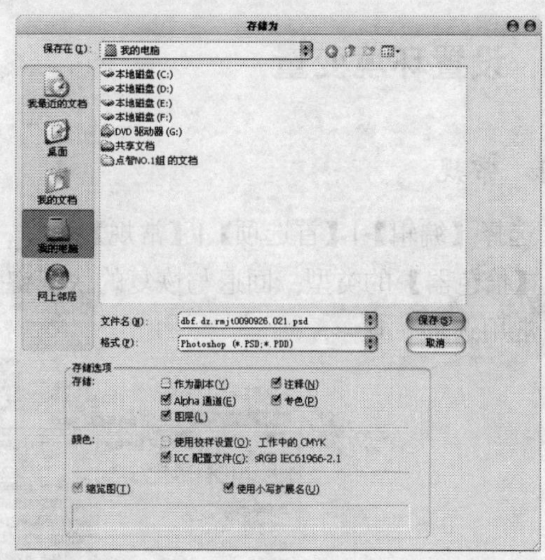

图2.5　【存储为】对话框

2.1.7　使用【存储为】命令

选择【文件】|【存储为】命令可以改变图像的格式、名字、保存路径来保存图像，并开始操作新存储的文件。

2.1.8　文件简介

使用【文件简介】功能，可以对一些比较重要的文件进行标注，这样当处于不同地域或不同工作时间的其他操作者对此文件进行处理时，可以查看该文件的文件信息，以了解前一操作者的相关信息。

选择【文件】|【文件简介】命令，将弹出如图2.6所示对话框，在此可以对文件的内容、作者、注解、工作项目名称、版权类型、网址等信息进行标注。此外，还可以选择【相机数据】、【视频数据】、【音频数据】等选项卡为不同类型的文件填写不同的信息内容。

图2.6　【文件简介】对话框

2.2 设置环境变量

2.2.1 常规

选择【编辑】|【首选项】|【常规】命令，弹出如图2.7所示的对话框，在该对话框中可以设置【拾色器】的类型、回退与恢复的快捷键及其步数、历史记录控制面板的操作状态记录数值等常用选项。

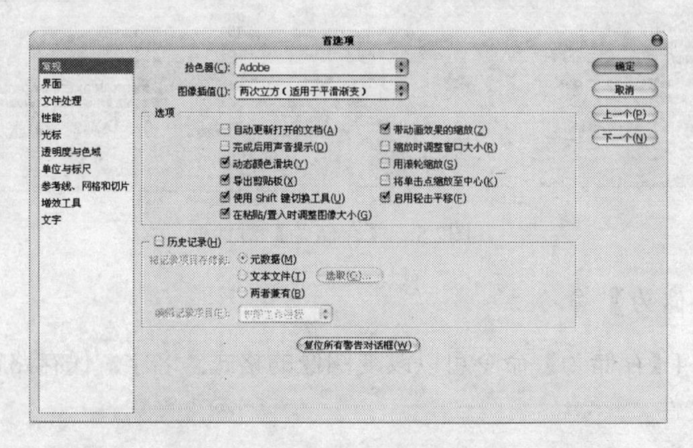

图2.7 【常规】选项对话框

- 拾色器：在此下拉列表框中可以选择不同的拾色器类型，其中包括Windows和Adobe两种。两种类型拾色器的基本功能完全相同，只是所表现的方法有所不同。
- 图像插值：在此下拉列表框中可以通过选择不同选项，确定Photoshop在进行插值时所使用的方法，其中有5个选项：邻近、两次线性、两次立方、两次立方较平滑、两次立方较锐利。

在【选项】参数控制区域的选项较多，在此介绍最为常用的几个。

- 导出剪贴板：在此复选框被选中的情况下，如果在Photoshop执行【拷贝】操作后切换至其他程序，可以通过执行粘贴操作，得到在Photoshop中所拷贝的图像。
- 完成后用声音提示：在此复选框被选中的情况下，当Photoshop完成一项操作任务后短鸣，以提示用户操作完成。
- 使用shift键切换工具：在此复选框被选中的情况下，要在同一组中以快捷键切换不同的工具必须按shift键，例如按L键可以切换至套索工具，如果要切换为多边形套索工具，必须按shift+L键。
- 缩放时调整窗口大小：选中此复选框，则在缩放图像的显示大小时，图像的窗口随之一起进行缩放，反之则不行。

2.2.2 文件处理

选择【编辑】|【首选项】|【文件处理】命令，弹出如图2.8所示的【首选项】对话框。

- 图像预览 此选项用于设置Photoshop在保存文件时是否生成该图像的缩微预览图像。选择【总不存储】选项，保存的文件没有预览图像；选择【总是存储】选项，则保存文件都有预览图像；选择【存储时提问】选项，再保存文件将有提示框出现。

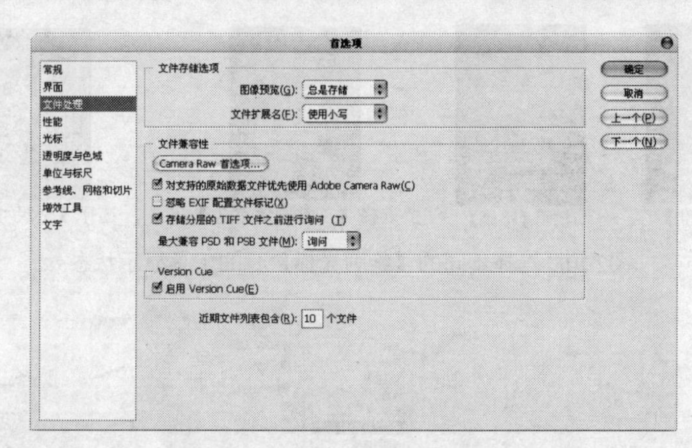

图2.8　【首选项】对话框

- 文件扩展名：选择【使用大写】选项，文件扩展名用大写字符；选择【使用小写】选项，文件扩展名用小写字符。
- 近期文件列表包含__个文件：此参数的数值用于设置在【文件】|【最近打开文件】子菜单中列出的最近打开的文件数量。

2.2.3 光标

选择【编辑】|【首选项】|【光标】命令，弹出如图2.9所示【首选项】对话框。

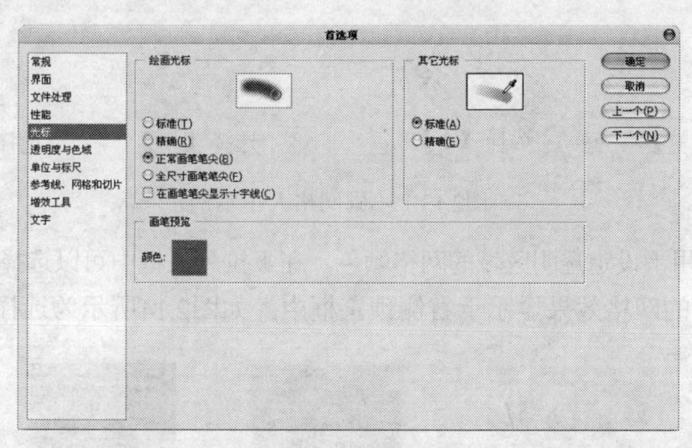

图2.9　【光标】选项框

- 绘画光标：在此可以选择使用各工具在工作时的显示光标，如图2.10所示为分别选择不同的选项时工具的显示状态。
- 在画笔笔尖显示十字线：当选择【正常画笔笔尖】或【全尺寸画笔笔尖】时，此复选框才可以被激活，选中此复选框，画笔的中心显示一个十字线，如图2.11所示。
- 其他光标：其他光标选项组用于设定除绘图工具外的其他工具光标的显示状态。

2.2.4 透明度与色域

选择【编辑】|【首选项】|【透明度与色域】命令，弹出如图2.12所示【透明度与色域】选项框。

- 网格大小：此下拉列表框中的选项用于设定透明区域的网格大小，分别选择下拉列表框中的4个选项后，网格显示如图2.13所示。

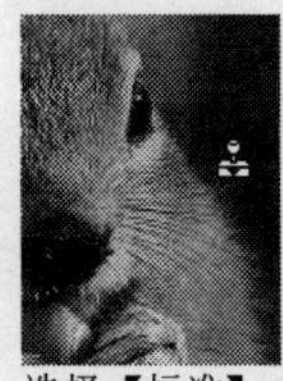

选择【标准】

选择【精确】

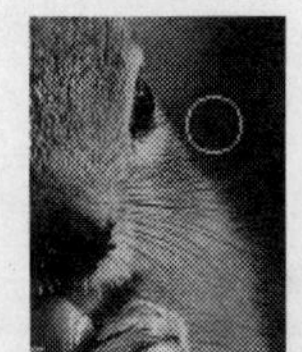
选择【正常画笔笔尖】

选择【全尺寸画笔笔尖】

图2.10　选择不同的【绘画光标】时的工具显示状态

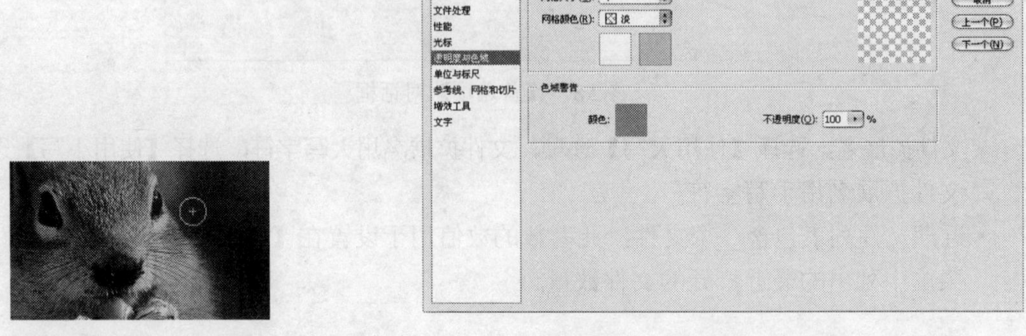

图2.11　选择【在画笔笔尖显示十字线】

图2.12　【透明度与色域】选项框

图2.13　不同网格大小示例

- 网格颜色　用于设定透明区域的网格颜色，在下拉列表框中可以选择多种不同网格颜色，完成设置后的网格效果显示于右侧预览框中，如图2.14所示为选择不同选项的效果。

图2.14　不同网格颜色示例

- 色域警告：在该选项组中可以设定色域警告的颜色和不透明度。

2.2.5　单位与标尺

选择【编辑】|【首选项】|【单位与标尺】命令，弹出如图2.15所示的【单位与标尺】选项框。

- 标尺：在此下拉列表框中，可以选择标尺的单位。
- 文字：选择此下拉列表框中的选项，可以设置文字的度量单位。
- 新文档预设分辨率：在此可以设置打印分辨率及屏幕分辨率。

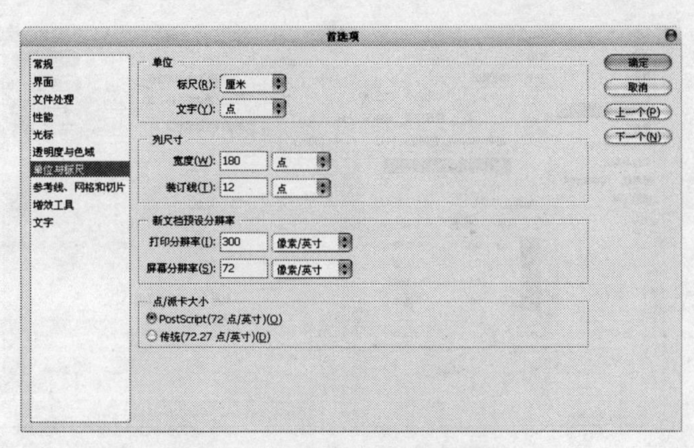

图2.15　【单位与标尺】选项框

2.2.6　参考线、网格和切片

选择【编辑】|【首选项】|【参考线、网格和切片】命令，弹出如图2.16所示的【首选项】对话框。

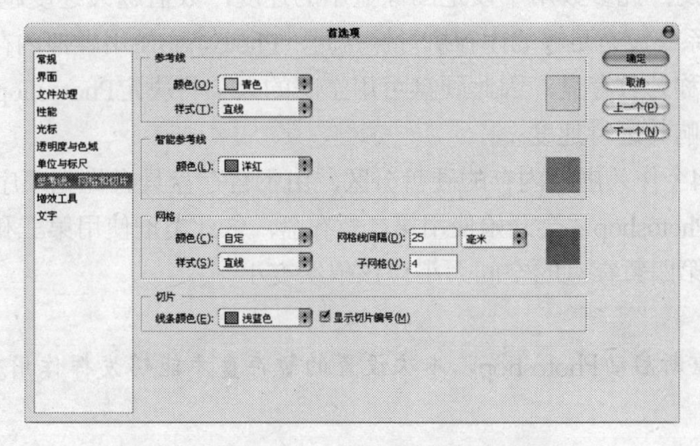

图2.16　【参考线、网格和切片】选项框

- 参考线：在【颜色】下拉列表框中可以选择预设的数种参考线颜色，在【样式】下拉列表框中可以定义参考线的类型。
- 智能参考线：在【颜色】下拉列表框中可以选择智能参考线在显示时的颜色。
- 网格：在【网格线间隔】数值输入框中输入数值，可以设置主网络线（即如图2.17所示的网格线中较粗的线）间的距离。在【子网格】数值输入框中输入数值，可以设置子网格线（即如图2.17所示的网格线中较细的线）间距。

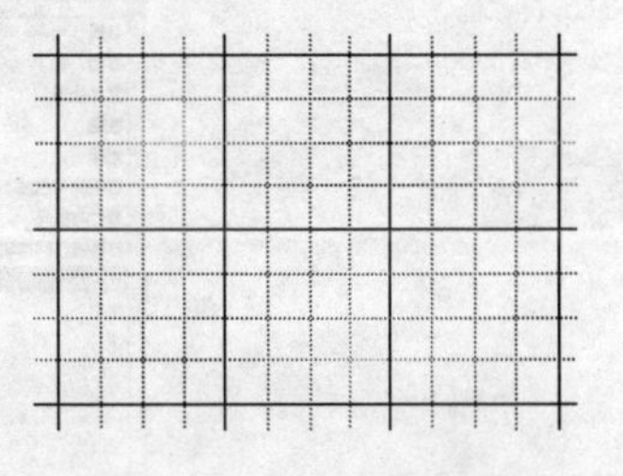

图2.17　网格线示意图

- 切片：在此选项控制区域，可以从【线条颜色】下拉列表框中选择一种颜色以定义切片的线条颜色。

2.2.7　性能

选择【编辑】|【首选项】|【性能】命令，弹出如图2.18所示的【首选项】对话框。

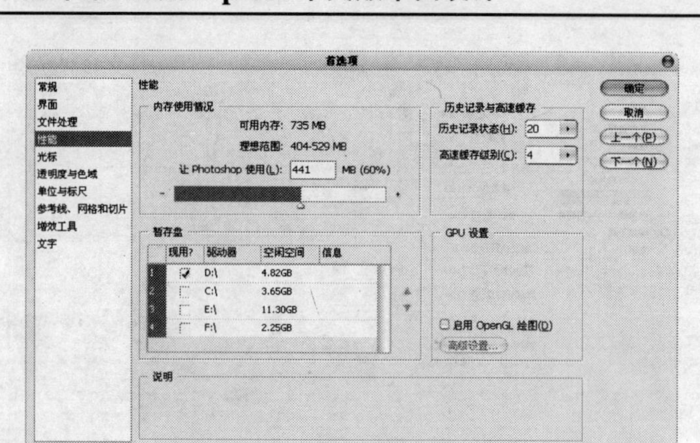

图2.18 【性能】选项框

- 让Photoshop使用___MB：在此数值输入框中输入数值可以为Photoshop设定在运行时可用的物理内存量，如果要同时运行几个大型程序，此数值不宜设置过高。
- 历史记录状态：在数值输入框中输入最多可回退的最多步数。
- 高速缓存级别：此参数用于设定图像显示的速度，数值越大速度越快。
- 暂存盘：当系统没有足够的内存执行操作时，Photoshop使用虚拟内存技术，即使用硬盘虚拟内存，称为暂存盘，因此硬盘可用空间的大小将决定Photoshop的暂存盘大小，从而进一步影响其运行速度。

在此可以设定4个作为虚拟内存的硬盘分区，由于暂存盘具有优先顺序，即只有当第一暂存盘空间不足时，Photoshop才会开始使用第二暂存盘，依此类推使用第三和第四暂存盘，因此在设置时从第一至第四暂存盘的空间大小应该依次变小。

只有再次重新启动Photoshop，本次设置的暂存盘才能够发挥作用。

2.2.8 增效工具

选择【编辑】|【首选项】|【增效工具】命令，弹出如图2.19所示的【首选项】对话框。

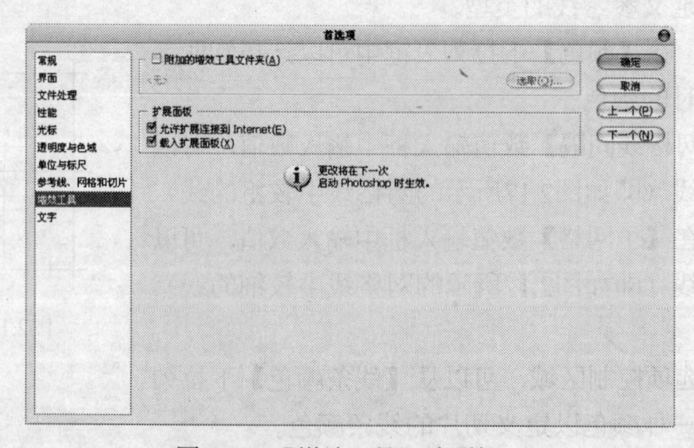

图2.19 【增效工具】选项框

- 附加的增效工具文件夹：在此可以指定外部滤镜的安装目录。

2.2.9　文字

选择【编辑】|【首选项】|【文字】命令，弹出如图2.20所示的【首选项】对话框。

- 以英文显示字体名称：在此复选项框被选中的情况下，在工具选项条及文字控制面板的字体下拉列表框中以英文名称显示中文字体名称。

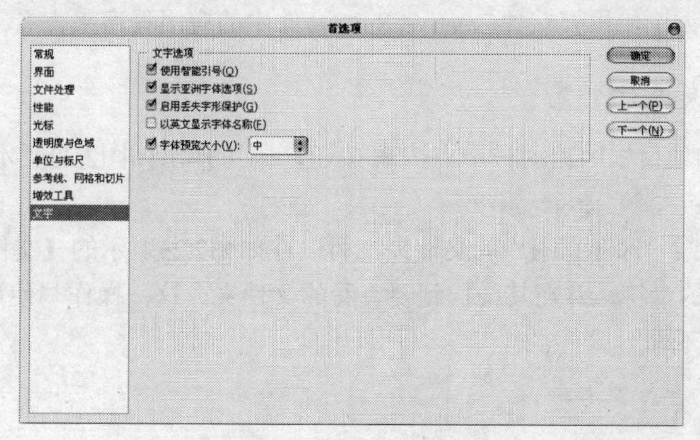

图2.20　【文字】选项框

- 字体预览大小：此处的选项用于设置预览字体的大小，如图2.21所示为分别选择不同选项时的预览效果。

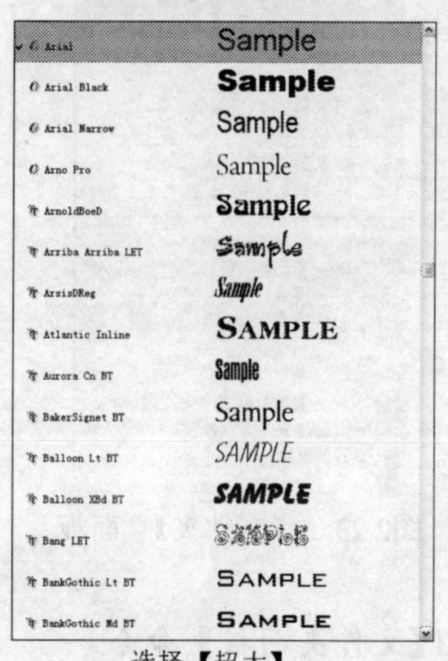
选择【超大】

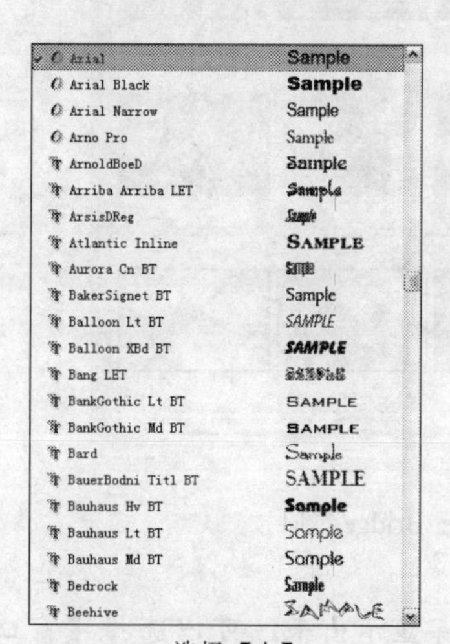
选择【大】

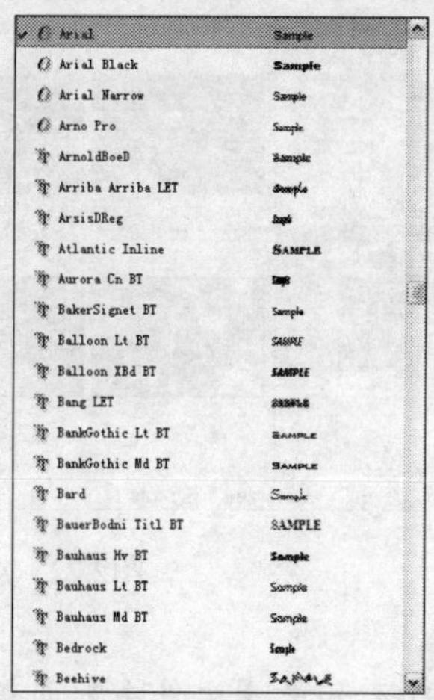
选择【小】

图2.21　选择不同选项时字体的预览状态

2.3　使用Adobe Bridge CS4管理图像

Adobe Bridge功能非常强大，可用于组织、浏览和寻找所需的图形图像文件资源，使用Adobe Bridge可以直接预览并操作PSD、AI、INDD和PDF等格式的文件。

Adobe Bridge 既可以独立使用，也可以从Photoshop CS4、Illustrator CS4、InDesign CS4等软件中启动。换言之，我们可以单独运行Adobe Bridge，也可以在上述软件中启动该程序。

详细说起来，使用Adobe Bridge可以完成以下操作。

- 浏览图像文件，在Adobe Bridge中可以查看、搜索、排序、管理和处理图像文件，可以对文件进行重命名、移动和删除、旋转图像以及运行批处理命令。
- 打开和编辑相机原始数据，可以从Adobe Bridge中打开和编辑相机原始数据文件，并将其保存为与Photoshop兼容的格式。
- 进行色彩管理，可以使用Adobe Bridge在不同应用程序之间同步设置颜色。这种操作方法可以确保无论使用哪一种Creative Suite套件中的应用程序来查看，颜色效果都相同。

2.3.1 选择文件夹进行浏览

在Photoshop的项目程序启动栏中点按▣按钮，则可弹出如图2.22所示的Adobe Bridge窗口。

如果希望查看某一保存有图片的文件夹，可以在如图2.23所示的【文件夹】面板中点按要浏览的文件夹所在的盘符，并在其中找到要查看的文件夹，这一操作与使用Windows的资源浏览器并没有太大的不同。

图2.22 Adobe Bridge窗口

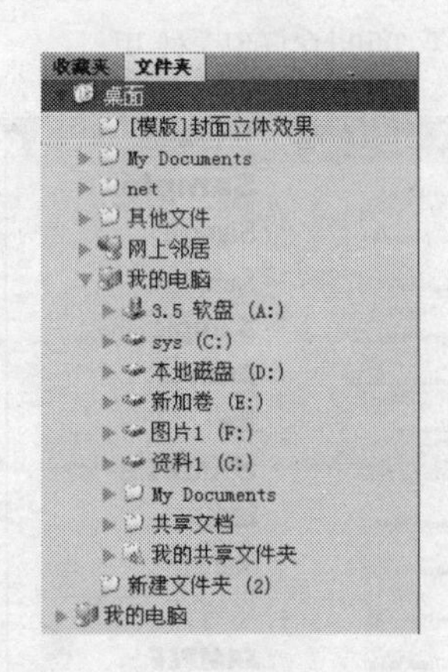

图2.23 【文件夹】面板

如果【文件夹】面板没有显示出来，可以选择【窗口】|【文件夹面板】命令。

与使用【文件夹】面板一样，我们也可以使用【收藏夹】面板浏览某些文件夹中的图片。在默认情况下，【收藏夹】面板中仅有【我的电脑】、【桌面】、【My Documents】等几个文件夹，但我们可以通过下面所讲述的操作步骤，将自己常用的文件夹保存在【收藏夹】面板中。

（1）选择【窗口】|【文件夹面板】命令显示【文件夹】面板，选择【窗口】|【收藏夹】命令显示【收藏夹】面板。

（2）通过拖动【文件夹】面板的名称，使其在窗口中被组织成为与【收藏夹】面板上下摆放的状态，如图2.24所示。

（3）在【文件夹】面板中选择要保存在【收藏夹】面板中的文件夹。

（4）将被选择的文件夹直接拖至【收藏夹】面板中，直至出现一个粗直线，如图2.25所示。

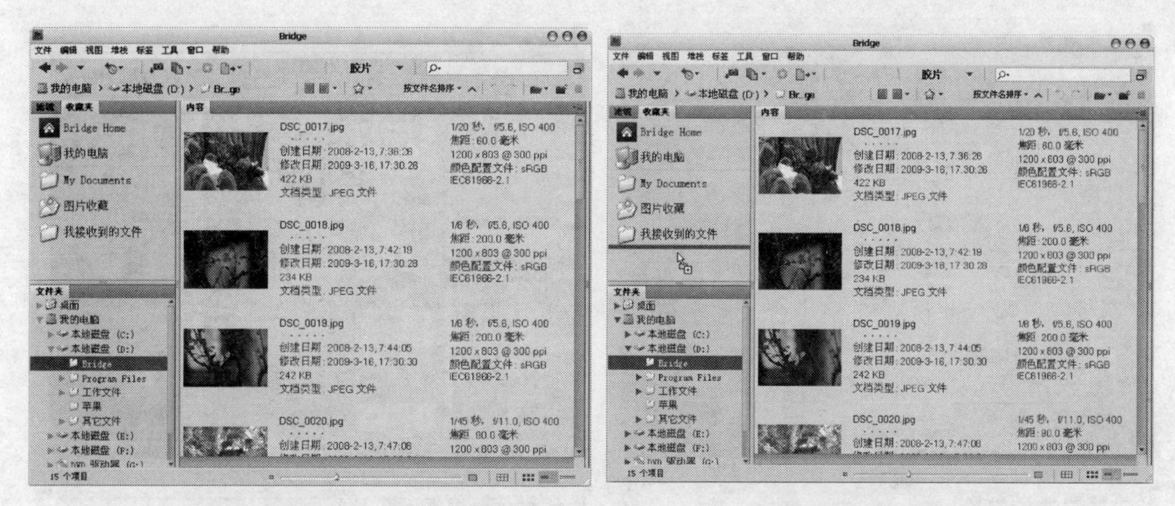

图2.24　摆放两块面板的位置　　　　图2.25　拖动文件夹的状态

（5）释放鼠标后，即可在【收藏夹】面板中看到上一步操作拖动的文件夹，按上述方法操作后，我们就能够直接在【收藏夹】面板中快速选中常用的文件夹，如图2.26所示。

如果要从【收藏夹】面板中移除某一个文件夹，可以在其名称上点按，在弹出的菜单中选择【从收藏夹中移去】的命令。

除上述方法外，还可以在窗口上方点按下拉列表按钮，在弹出的下拉列菜单中选择【收藏夹】面板中的文件夹与最近访问过的文件夹，如图2.27所示。

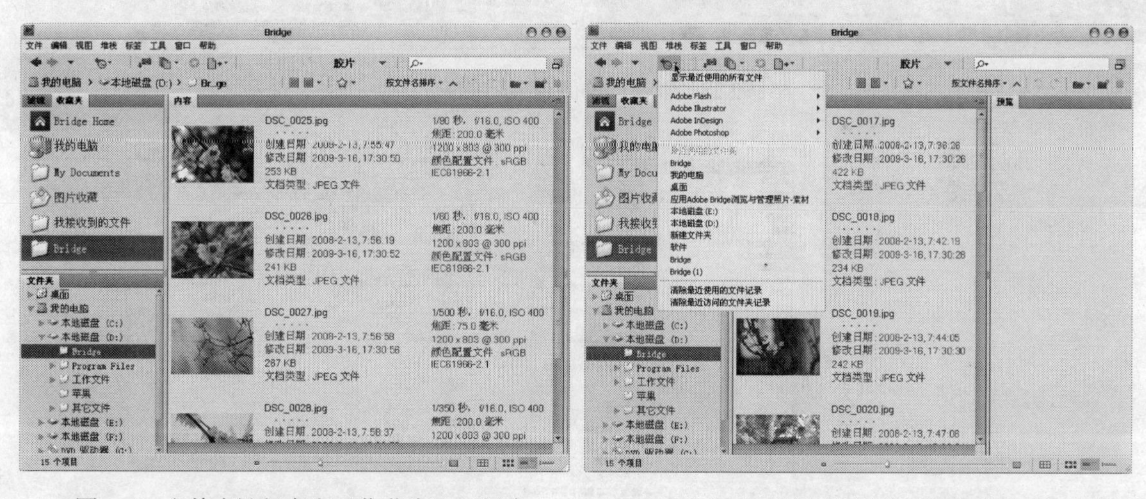

图2.26　文件夹被保存在【收藏夹】面板中　　　　图2.27　访问最近使用过的文件夹

点按下拉列表框旁边的【返回】按钮、【前进】按钮，如果点按【反回父级】按钮，可以在菜单中选择并访问当前文件夹的父级文件夹。

2.3.2　改变Adobe Bridge窗口显示颜色

Bridge窗口的底色，可以根据操作者的喜好进行改，如图2.28所示为几种不同的窗口效果。

选择【编辑】|【首选项】命令，在弹出的如图2.29所示的对话框中拖动【用户界面亮度】、【图像背景】滑块，即可改变窗口显示的颜色。

图2.28　以不同的颜色显示的窗口

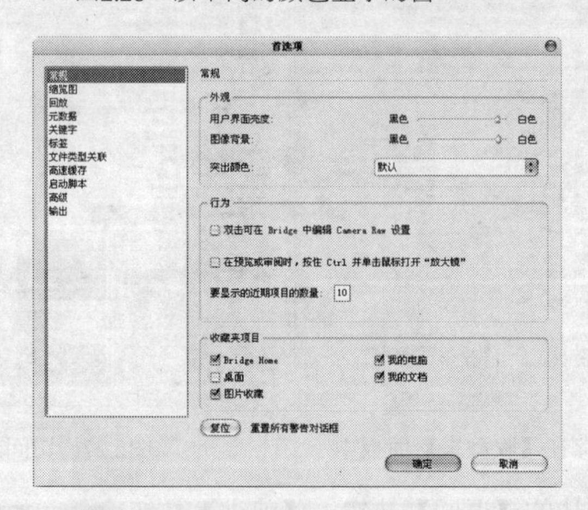

图2.29　【首选项】对话框

2.3.3　改变Adobe Bridge窗口中的面板

Adobe Bridge窗口中的面板均能够自由拖动组合，这一点类似于Photoshop的面板，两者的操作也完全一样，即在Adobe Bridge窗口中可以通过拖动面板的标题栏随意组合不同的面板。如图2.30所示为笔者通过组合面板得到的不同显示状态。

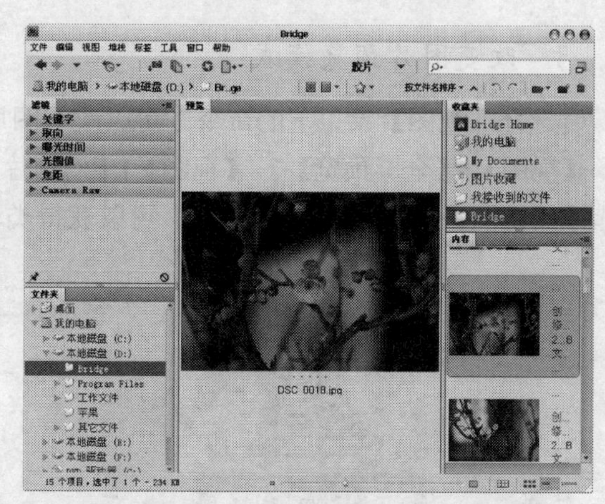

图2.30　不同面板组合状态

2.3.4　改变Adobe Bridge窗口显示状态

Adobe Bridge提供了多种窗口显示方式来适应用不同的工作状态，例如可以在查找图片时采取能够显示大量图片的窗口显示方式，在观赏图片时采用适宜于展示图片的幻灯片的显示状态。

要改变Adobe Bridge CS4的窗口显示状态，可以在其窗口顶部点按用于控制窗口显示模式的按钮 **必要项 胶片 元数据 输出 关键字 预览 看片台 文件夹** ，如图2.31所示为四种不同的窗口显示状态。

预览模式

看片台模式

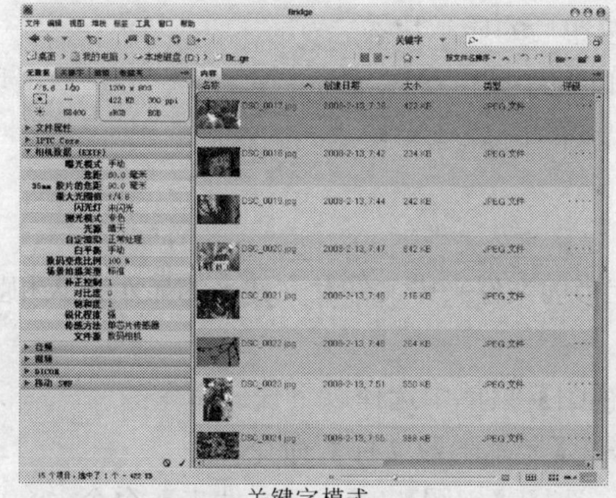

关键字模式

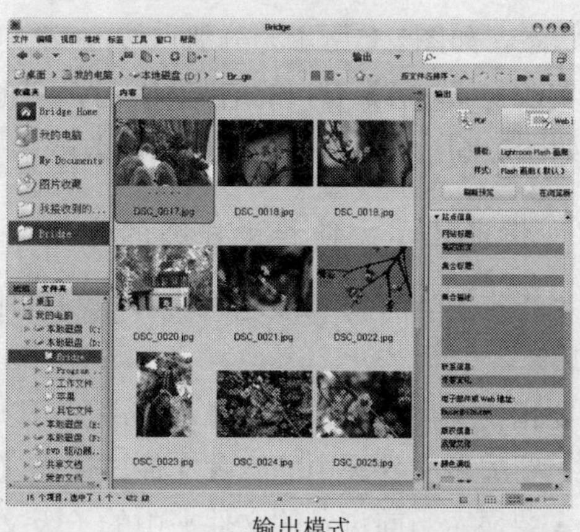

输出模式

图2.31　四种不同的窗口显示状态

2.3.5 改变图片预览模式

选择【视图】菜单下的命令，可以改变图片的预览状态，如图2.32和图2.33所示为分别选择【视图】|【全屏预览】、【视图】|【幻灯片放映】两个命令时图片的不同预览效果，如果选择【视图】|【审阅模式】命令，可以获得类似于3D式的图片预览效果，如图2.34所示。

图2.32 全屏预览模式

图2.33 幻灯片预览模式

图2.34 审阅预览模式

进入全屏、幻灯片或审阅模式状态后可以按H键显示操作帮助提示信息，要退出显示模式可以按esc键。

2.3.6 改变【内容】窗口显示状态

在窗口右下角，直接点按4个按钮，即可以使Adobe Bridge改变【内容】窗口显示状态，如图2.35所示为分别点按4按钮后的显示状态。

要改变【内容】窗口的缩览图尺寸，可拖动窗口下方滑块条，如图2.36所示为不同的滑块位置改变缩览图尺寸的状态。

2.3.7 指定显示文件和文件夹的方法

当指定了当前浏览的文件夹后，我们可以指定当前文件夹中文件及文件夹的显示方式和显示顺序。

要指定文件或文件夹的显示方法，可以从【视图】菜单中选择以下任一命令：

- 要显示文件夹中的隐藏文件，选择【视图】|【显示隐藏文件】命令。
- 要显示当前浏览的文件夹中的子级文件夹，选择【视图】|【显示文件夹】命令。

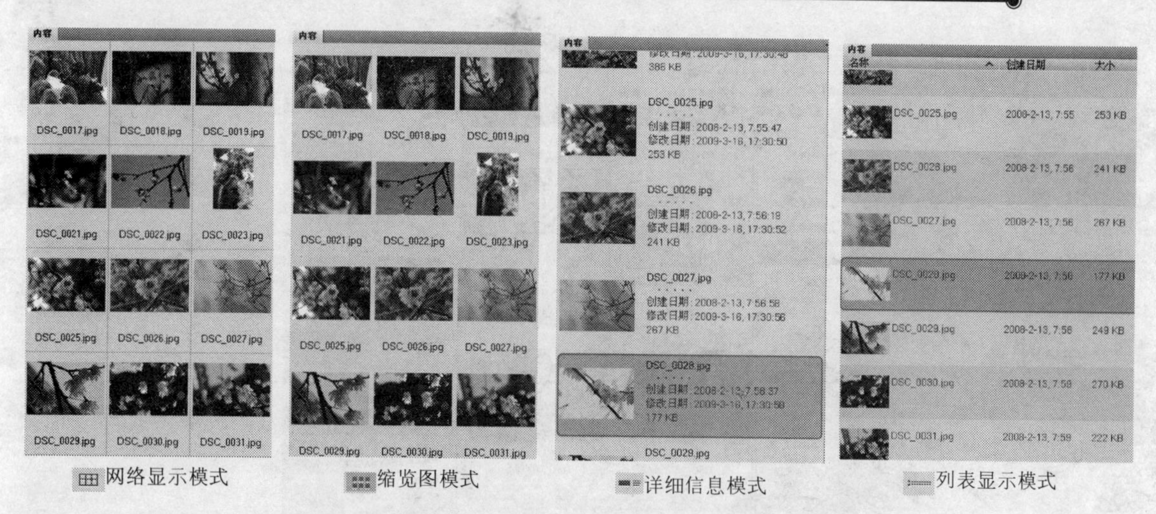

图2.35　四种不同的窗口显示状态

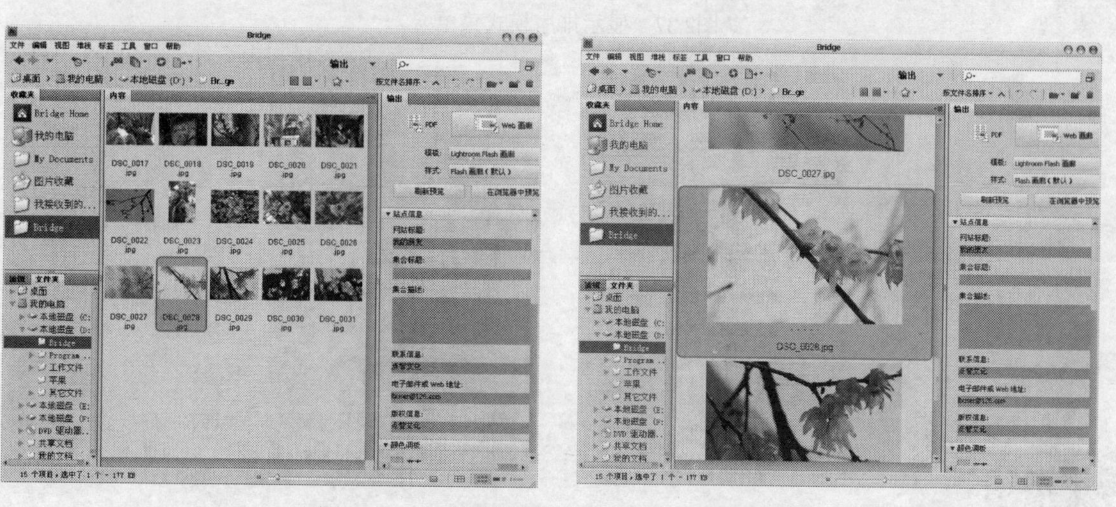

图2.36　不同的滑块位置改变缩览图尺寸的状态

- 如果希望显示当前游览的文件夹中的子级文件夹中所有可视图片，选择【视图】|【显示子文件夹中的项目】命令。

2.3.8　对文件进行排序显示的方法

在预览某一文件夹中的图像文件时，Adobe Bridge CS4可以按多种模式对这些图像文件进行排序显示，从而使浏览者快速找到自己需要的图像文件。

要完成排序显示操作，可以在Adobe Bridge CS4窗口的右上方点按下拉列表按钮，在弹出的菜单中选择一种合适的排序方式，如图2.37所示。

如果点按按钮，可以降序排列文件。如果点按按钮，可以升序排列文件。

2.3.9　查看照片元数据

使用Adobe Bridge CS4可以轻松查看数码照片的拍摄数据，这对于希望通过拍摄元数据学习摄影的爱好者而言，很有作用，如图2.38所示为不同的照片显示的拍摄元数据，可以看出来，通过此面板，可以清晰地了解到该照片在拍摄时所采用的光圈、快门时间、白平衡及ISO数据。

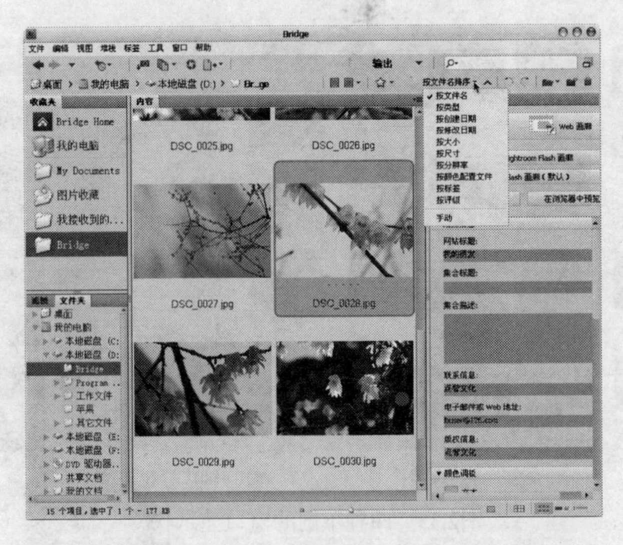

图2.37　显示排序模式菜单

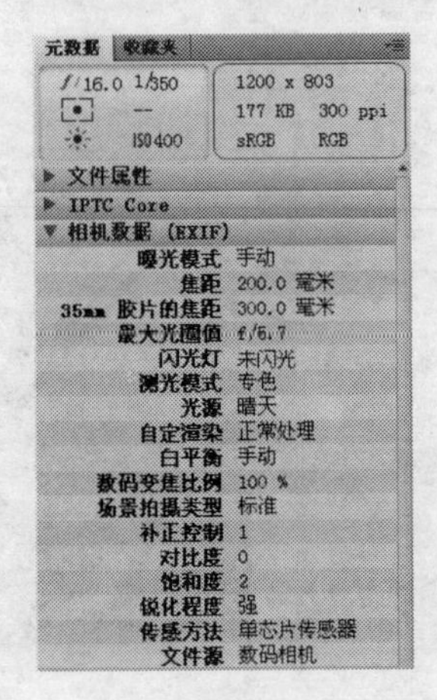

图2.38　不同照片的元数据

2.3.10　放大观察图片

图2.39　放大观察的状态

Adobe Bridge CS4提供了放大观察预览图的功能，使用此功能能够使我们更好地观察图片的细节。在【预览】面板中将光标放于图片上，当放大镜图标出现时，点按图片即可显示一个小型的放大观察窗口，如图2.39所示，拖动此观察窗口，即可通过放大观察的方式观察图片的不同部分，如图2.40所示。

如果当前预览的是一个堆栈，则其中每一个图像文件都可以独立进行放大观察，如图2.41所示。

2.3.11　堆栈文件

使用堆栈功能可以将文件归组为一个缩览图组，可以使用此功能堆叠任何类型的文件。

使用堆栈的优点在于，我们可以像标记单个文件一样来标记堆栈，而且对展开的堆栈应用的命令会应用于该堆栈中的所有文件，例如旋转、复制、删除等操作。

图2.40　不同的观察位置

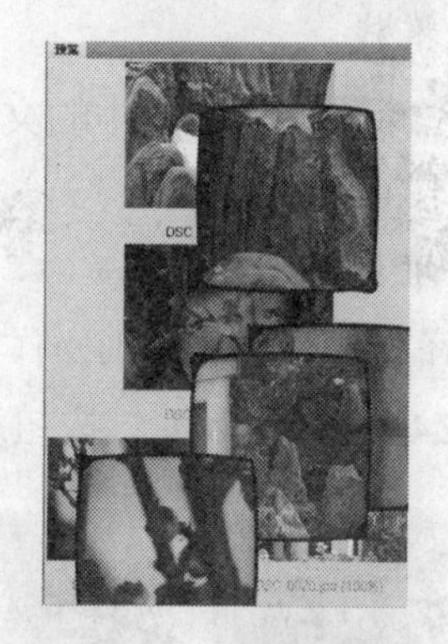

图2.41　放大观察堆栈文件

如果只选择了该堆栈中的栈顶文件，则对折叠的堆栈应用的命令只应用于该堆栈中的栈顶文件。如果通过点按该堆栈边框选择了堆栈中的所有文件，则该命令应用于该堆栈中的所有文件。

下面是关于堆栈文件的一些操作。

1. 创建堆栈

在Adobe Bridge窗口中选择要创建成为堆栈的若干文件，然后按⌘+G组合键（也可以选择【堆栈】|【归组为堆栈】命令）即可将这些文件创建成为一个堆栈，如图2.42所示。

图2.42　堆栈显示状态

2. 展开或折叠堆栈

要展示一个堆栈可以采取下面所讲述的三种方法中的任意一种。

- 按⌘+→（向右箭头键）；
- 点按堆栈上方的数字；
- 选择【堆栈】|【打开堆栈】命令。

要折叠一个堆栈可以采取下面所讲述的三种方法中的任意一种。

- 按⌘+←（向左箭头键）；
- 点按堆栈上方的数字；
- 选择【堆栈】|【关闭堆栈】命令。

3. 取消堆栈

要取消一个堆栈，使其中的文件重新成为独立的文件，可以按⌘+shift+G键（也可以选择【堆栈】|【取消堆栈组】命令）。

4. 操作堆栈中的图像

如果选择了一个堆栈，则操作将针对该堆栈中的所有图像进行，如图2.43所示为操作前的状态，如图2.44所示为点按按钮进行操作后的效果。

图2.43 操作前的状态

图2.44 旋转操作后的状态

2.3.12 在Photoshop或Camera RAW中打开图片

将Adobe Bridge中的图片导入到Photoshop中的操作非常简单，可以使用以下几种方法中的一种。

- 直接在Adobe Bridge中双击图片。
- 将图片从Adobe Bridge中拖至Photoshop中。
- 在图片中按⌘键点按，在弹出的菜单中选择【打开】命令。

  如果希望在Camera RAW对话框中打开照片（无论此照片是否是RAW格式），可以在选择照片在对话框上方点按按钮，或者在照片上按⌘键，在弹出的菜单中选择【在Camera RAW中打开】命令。

2.3.13 管理文件

在某此方面，我们可以像使用Windows的资源管理器一样使用Adobe Bridge管理文件，例如，可以很容易地拖放文件、在文件夹之间移动文件、复制文件。

下面分别讲解不同操作的操作方法。

- 复制文件：选择文件，然后选择【编辑】|【复制】命令，也可以选择【文件】|【复制到】级联菜单中的命令，将当前选中的图像复制到指定的位置。
- 粘贴文件：选择【编辑】|【粘贴】命令。
- 将文件移动到另一个文件夹：选择文件，然后将文件拖移到另一个文件夹中。
- 重命名文件：点按文件名，键入新名称，并按enter键。
- 将文件置入应用程序：选择文件，然后选择【文件】|【置入】级联菜单中的应用程序名称。

- 将文件从Adobe Bridge中拖出：选择文件，然后将其拖移到桌面上或另一个文件夹中，该文件会被复制到桌面或该文件夹中。
- 将文件拖入Adobe Bridge中：在桌面上、文件夹中或支持拖放的另一个应用程序中选择一个或多个文件，然后将其拖到Adobe Bridge显示窗口中，则这些文件会从当前位置移动到Adobe Bridge中显示的文件夹中。
- 删除文件或文件夹：选择文件或文件夹并点按【删除项目】按钮，或在文件上按⌘键点按，在弹出的快捷菜单中选择【删除】命令。
- 复制文件和文件夹：选择文件或文件夹并选择【编辑】|【复制】命令，或者按⌘键并拖动文件或文件夹，将其移至另一个文件夹。
- 创建新文件夹：点按【创建新文件夹】按钮，或选择【文件】|【新建文件夹】命令。
- 打开最新使用的文件：点按按钮在弹出的菜单中进行选择。

2.3.14　旋转图片

可以直接在Adobe Bridge中对图像进行旋转操作，点按窗口上方的或按钮即可将图像按顺时针或逆时针方向旋转90度。

如图2.45所示为旋转前的状态，如图2.46所示为旋转后的状态。

图2.45　旋转前的状态

图2.46　旋转后的状态

2.3.15　标记文件

Adobe Bridge的实用功能之一是使用颜色标记文件，按这种方法对文件进行标记后，可以使文件显示为某一种特定的颜色，从而直接区别不同文件。

如图2.47所示为经过标记后的文件，可以看出经过标记后，各种文件一目了然。

- 若要标记文件，首先选择文件，然后从【标签】菜单中选择一种标签类型，或在文件上按⌘键点按，在弹出的快捷菜单的【标签】菜单中进行选择。
- 若要从文件中去除标签，选择【标签】|【无标签】命令。

2.3.16　自定义标签类型

由于Adobe Bridge CS4默认了若干种标签类型，例如红色表示【选择】、黄色表示【第二】、绿色表示【已批准】，因此在【标签】菜单中仅能够看到上述选项。

图2.47　标记后的文件

但是我们能够通过自定义改变这些选项，其方法如下所述。

（1）选择【编辑】|【首选项】命令，在如图2.48所示的对话框中选择【标签】项。

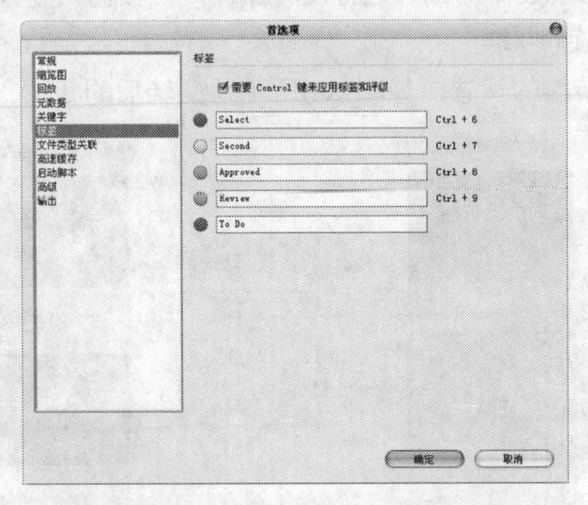

图2.48　【首选项】对话框

（2）在该对话框右侧每一种颜色的右侧输入希望定义的选项名称，如图2.49所示为笔者自行定义的状态。

（3）点按【确定】退出对话框，则可以在【标签】菜单中看到所定义的效果，如图2.50所示。

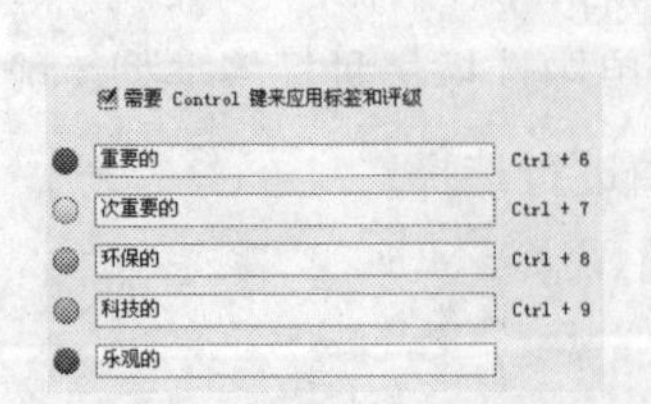

图2.49　自定义的状态

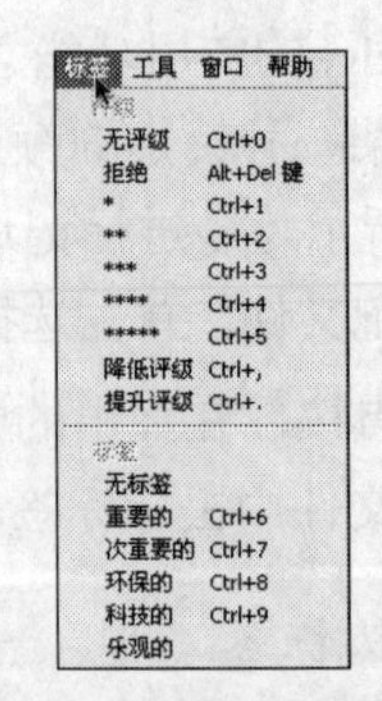

图2.50　菜单显示效果

2.3.17　为文件标星级

为文件标星级同样是Adobe Bridge提供的一种实用功能，Adobe Bridge提供了从一星到五星的5级星级，如图2.51所示为经过标级后的文件。

图2.51　标级后的文件

许多摄影爱好者都有大量自己拍摄的照片，使用此功能我们可以按照从最好到最差的顺序对这些照片进行评级，通过初始评级后，可以选择只查看和使用评级为四星级或五星级标准的照片，从而便于我们对不同品质的照片进行不同的操作。

要对文件进行标级操作，先选择一个或多个文件，然后进行以下任一操作：

· 点按按钮在【详细信息】显示模式状态下，点按代表要赋予给文件的星数的点。

· 从【标签】菜单中选择星级。

· 要添加一颗星选择【标签】|【提升评级】。要去除一颗星选择【标签】|【降低评级】。

· 要去除所有的星选择【标签】|【无评级】命令。

选择【视图】|【排序】下的命令或选择【未筛选】下拉列表框中的星级名称，就可以方便地根据文件的评级进行查看了。

已经打开的文件无法进行标星级操作。

2.3.18　筛选文件

对文件进行标记与分级后，可以方便我们通过筛选操作对这些文件进行选择与显示操作，例如可以只显示一星的图像，或标定为【重要】的图像。

如果无法显示星星，可以在Bridge CS4窗口底部拖动缩览图滑块以调整缩览图的大小。

要进行筛选操作，必须选择【窗口】|【滤镜】命令，以显示【滤镜】面板，在【滤镜】面板中点按【标签】或【评级】下方的选项，即可使窗口只显示符合需要的图像。

例如，如图2.52所示的【滤镜】面板表明，显示标定为“4星”以及“重要的”的所有图像文件。

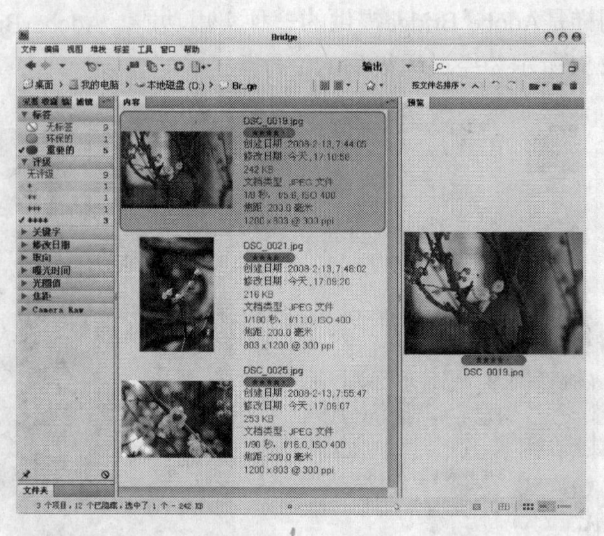

图2.52　【滤镜】面板使用示例

2.3.19　在Adobe Bridge中运行自动化任务

在【工具】|【Photoshop】下包含有各个Photoshop自动化任务命令，在显示窗口中选择图像文件后，可以直接选择这些命令以运行指定的自动化任务。

2.3.20　批量重命名文件

批量重命名功能是Adobe Bridge提供的非常实用的一项功能，使用此功能我们能够一次性重命名一批文件。要重命名一批文件可以参考以下操作步骤。

（1）在Adobe Bridge中选择【工具】|【批重命名】命令，弹出如图2.53所示的对话框。

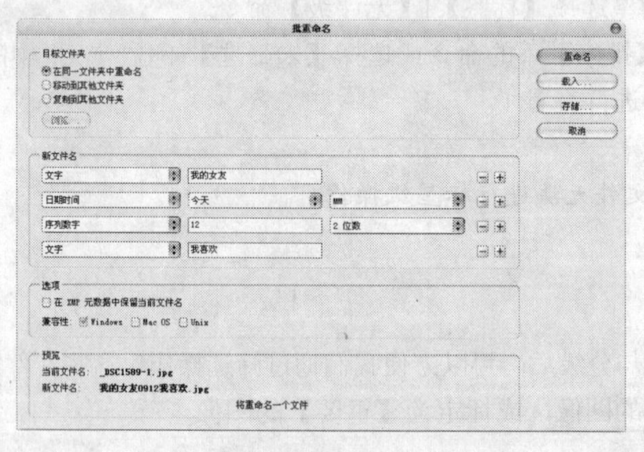

图2.53　【批重命名】对话框

（2）在【目标文件夹中】选择一个选项，以确定是在同一文件夹中进行重命名操作，还是将重命名的文件移至不同的文件夹中。

（3）在【新文件名】区域确定重命名后文件名命名的规则。如果规则项不够用可以点按+按钮以增加规则，反之，可以点按−按钮以减少规则。

（4）观察【预视】区域命名前后文件名的区别，并对文件名的命名规则进行调整，直至得到满意的文件名。

（5）点按 重命名 ，即开始命名操作。

（6）如果希望保存该命令规则，可以点按 存储... 按钮将其保存成为一个【我的批重命名.设置】命令。

（7）如果希望调用已经设置好的文件名命名规则，可以点按 载入... 按钮，调用相关文件。

如图2.54展示了一个典型的命名示例，经过此操作后，完成命名操作的图像文件如图2.55所示。

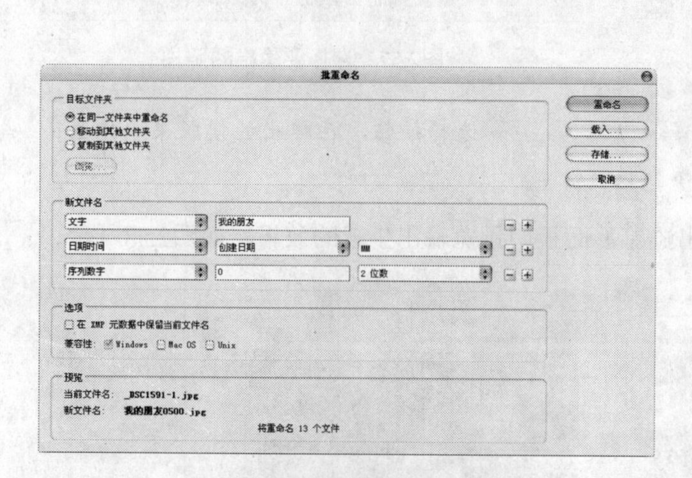

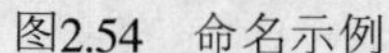
图2.54 命名示例

图2.55 重命名后的图像文件

提示 本小节应用到的素材为随书配套资料中的“第2章\2.3.20批量重命名文件-素材”文件夹中的图片。

2.3.21 输出照片为PDF或照片画廊

【输出照片】是Adobe Bridge CS4版本新增的功能，利用此功能，我们可以轻松地将所选择的照片输出成为一个PDF文件或Web照片画廊。

要使用此功能，可以按下面的步骤操作。

（1）点按【输出】窗口模式菜单名称，此时Adobe Bridge窗口显示如图2.56所示。

（2）选择要输出的照片，此时【预览】面板将显示所有被选中的照片，如图2.57所示。

（3）在【输出】面板的上方选择输出类型，如果要输出为PDF文件，点按 PDF 按钮，要输出成为网页照片点按 Web 画廊 按钮。

（4）设置Adobe Bridge窗口右侧的【输出】面板中的具体参数，这些参数都比较简单，故不再赘述，各位读者稍加尝试就能够了解各个参数的意义。

图2.56 以【输出】窗口模式显示

图2.57 选择要输出的照片

也可以点按【模板】右侧的选择按钮，在弹出的模版菜单中选择一个模板以快速取得合适的参数设置。

（5）点按 刷新预览 按钮，在【输出预览】面板中预览输出生成的效果，如图2.58所示。

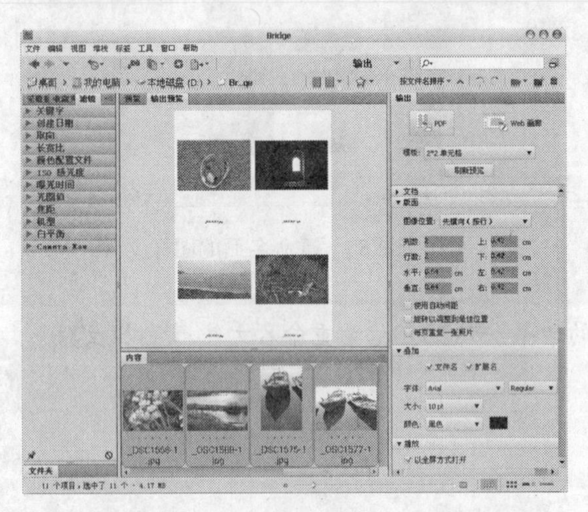

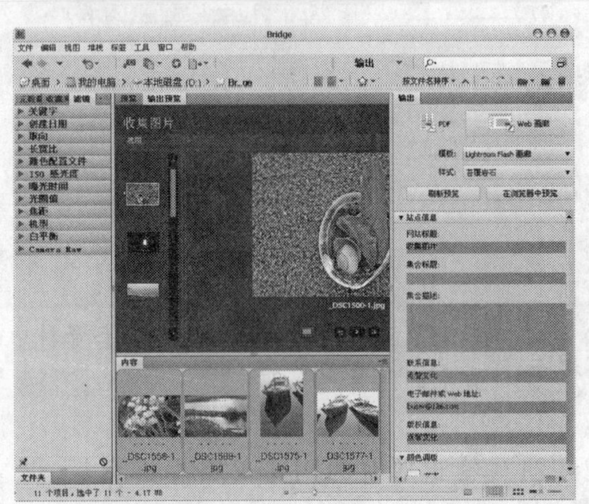

图2.58 不同输出类型的输出预览效果

（6）完成所有设置后，在【输出】面板的最下方点按 存储 按钮，设置保存输出内容的位置，则可完成输出操作。

第3章 图像的基本编辑方法

本章重点讲解位图图像与矢量图形间的区别，从而将【图像】一词的应用范围定义为位图类的图像，并通过讲解图像尺寸与分辨率，分析应用于不同领域的图像应该具有不同分辨率。

3.1　位图图像与矢量图形

位图图像和矢量图形是计算机图形图像的两种主要形式，理解两者间的区别对深入掌握图形图像类的软件，尤其是Photoshop十分有帮助。

3.1.1　位图图像

位图图像也叫作栅格图像，原因是位图图像用像素来表现图像，在放大到一定程度时此类图像表现出明显的栅格化现象。大量不同位置、颜色值的像素构成了完整的图像，此类图像在放大观察时都能够看到清晰的方格形像素，如图3.1所示。

原图像

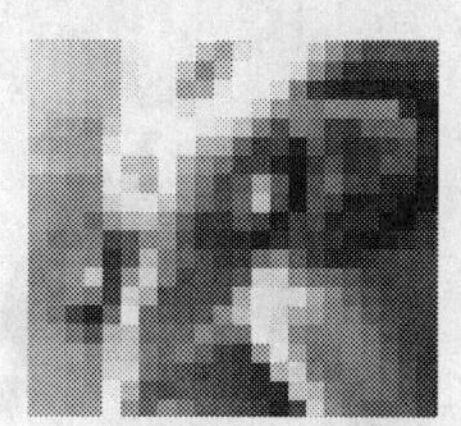
放大后显示出的像素块

图3.1　原图与放大图像

因为图像是由方形像素组成，这就导致图像必然是方形的，理解像素的这一特点有助于我们理解深入到像素级别进行编辑操作的方式。

另外，当我们使用任何一种选择工具制作选择区域时，应该理解其选择的形状实际上是由细小的方格所构成的，如图3.2所示。

像素及编辑状态

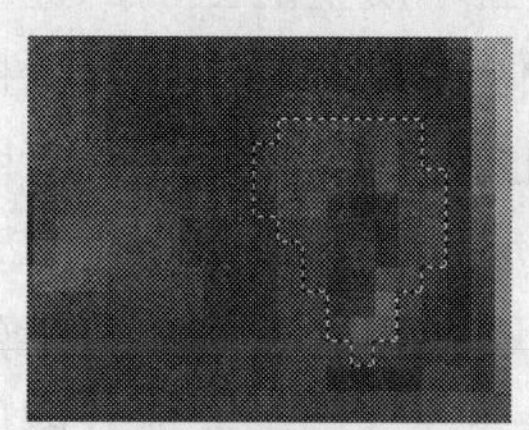
以小方块构成的选择区域

图3.2　选择位图状态

位图图像的构成特点使它很适合表现细节丰富、细腻的效果，如照片及在阴影和色彩方面有细微变化的效果。

位图图像的不足之处是，每一幅图像包含固定的像素信息，因此无法通过处理得到更多细节，而且要得到的图像品质越高文件的大小也越大。

3.1.2　矢量图形

矢量图形是另一类图像的表现形式，矢量图形是以数学公式的方式记录，因此在缩放时没有失真现象，而且其文件尺寸较小。

用矢量表达的图形，线条非常光滑、流畅，当我们对矢量图形进行放大时，线条依然可以保持良好的光滑性及比例相似性，从而在整体上保持图形不变形，如图3.3所示为矢量图形及其放大后的效果。

图3.3　矢量图形放大后仍清晰

如前所述，矢量图形的优点是与分辨率无关，我们可以根据需要进行缩放，不会遗漏任何细节或降低其清晰度。因此，矢量图形常用于表现具有大面积色块的卡通、公司LOGO，如图3.4所示。

图3.4　矢量卡通及LOGO

在Photoshop中使用钢笔工具及形状工具绘制的路径属于矢量图形的范畴。

3.1.3　矢量图形与位图图像的关系

尽管图形与图像有着本质上的区别，但二者之间仍有着密切的可转换性联系。

- 将图形转换为图像：很多图形处理软件都具有渲染功能，该功能的主要作用就是将矢量图形转换成为图像，用于供打印或者图像处理软件使用。
- 将图像转换为图形：很多时候我们希望将图像转换为图形，以便于缩放和编辑。但迄今为止仍没有一个成熟的技术可以将图像完美地转换为图形。如果对图形质量要求不高，可以在很多图形处理软件中完成从图像到图形的转换操作。

虽然，我们将处理位图的软件称为图像处理软件，将绘制矢量图形的软件称为矢量软件，但实际上两者之间的界限并不是非常严格的，因为现在很多图像处理软件都包含了一定的图形绘制功能，而图形绘制矢量软件也包含了一定的图像处理功能。

实际上，如果使用矢量软件的水平够高，一样能够绘制出具有照片效果的位图图像效果，如图3.5所示为国外艺术家使用Illustrator绘制的作品，如图3.6所示为此作品在矢量线条显示状态下的效果，可以看出只有位图图像才适合表现该作品逼真的质感与丰富的细节。

图3.5　使用Illustrator绘制的作品

图3.6　在矢量线条显示状态下的作品

如果能够灵活掌握Photoshop中的钢笔工具，也一样能够绘制出只有矢量软件才合适表现的矢量感觉作品，如图3.7所示的作品均为Photoshop作品。

图3.7 使用Photoshop绘制的矢量感觉作品

3.2 图像尺寸及分辨率

图像的尺寸及分辨率对于一幅图像而言非常重要，因为尺寸大小或图像的分辨率不符合要求，都可能会导致最终得到的图像无法使用。

3.2.1 图像尺寸

如果需要改变图像尺寸，可以使用【图像】|【图像大小】命令，其对话框如图3.8所示。

在此分别在像素总量不变的情况下改变图像尺寸，以及在像素总量变化的情况下改变图像尺寸为例，讲解如何使用此命令。

1. 在像素总量不变的情况下改变图像尺寸

在像素总量不变的情况下改变图像尺寸的操作方法如下所述。

（1）在【图像大小】对话框中取消【重定图像像素】复选框，此时该对话框如图3.9所示。

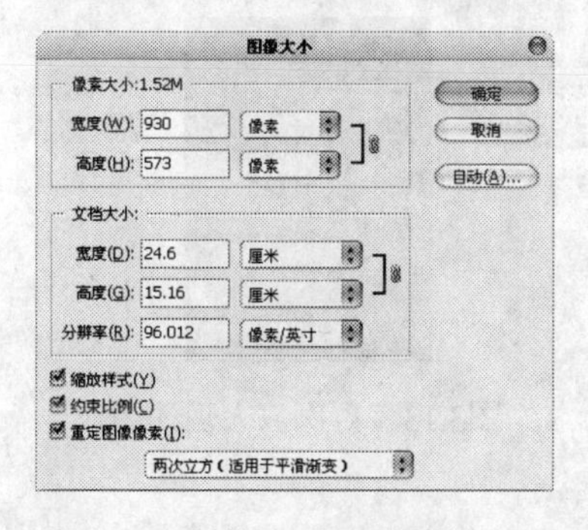

图3.8 【图像大小】对话框

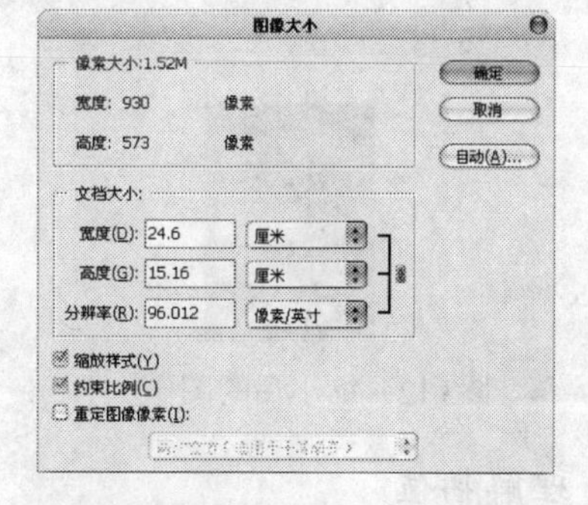

图3.9 取消选择【重定图像像素】复选框

（2）在对话框的【宽度】、【高度】数值输入框右侧选择合适的单位。

（3）分别在对话框的【宽度】、【高度】两个数值输入框中输入小于原值的数值，即可降低图像的尺寸，此时输入的数值无论大小，对话框中【像素大小】数值都不会有变化。

（4）如果在改变其尺寸时需要保持图像的长宽比，选择【约束比例】复选框，否则取消其选定状态。

2. 在像素总量变化的情况下改变图像的尺寸

在像素总量变化的情况下改变图像尺寸的操作方法如下所述。

（1）保持【图像大小】对话框中【重定图像像素】复选框处于选中状态。

（2）在【宽度】、【高度】数值输入框右侧选择合适的单位，并在对话框的【宽度】、【高度】两个数值输入框中输入不同的数值，如图3.10所示。

此时对话框上方将显示两个数值，前一数值为以当前输入的数值计算时图像的大小，后一数值为原图像大小。如果前一数值大于后一数值，表明图像经过了插值运算，像素量增多了；如果前一数值小于原数值，表明图像的总像素量减少了。

如果在像素总量发生变化的情况下将图像的尺寸变小，然后以同样方法将图像的尺寸放大，不会得到原图像的细节，因为Photoshop无法找回损失的图像细节。

如图3.11所示为原图像，如图3.12所示为在像素总量发生变化的情况下将图像的尺寸变为原大的40%的效果，如图3.13所示为以同样的方法将尺寸恢复为原大小后的效果，比较缩放前后的图像，可以看出恢复为原来的图像没有原图像清晰。

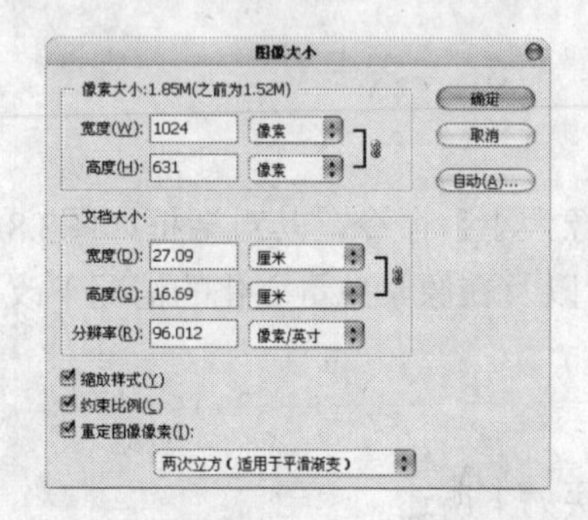

图3.10 图像尺寸变大时的对话框

图3.11 原图像

图3.12 缩小后的图像

图3.13 再次放大后的图像

3.2.2 理解插值

插值是在两件事物之间进行估计的一种数学方法。例如，要在2与4之间取一个数，很可能选3，这就是插值。在需要对图像的像素进行重新分布或改变像素数量的情况下，Photoshop使用插值的方法对像素进行重新估计。

例如，如果要在黑色和白色之间确定一个中间值，Photoshop可能选择50%的灰色，也可能是其他灰色。

如图3.14左图所示为一条黑白分明的锯齿状的线，如果对此锯齿线进行模糊，使像素重新分布，则可以得到如图3.14右图所示效果，可以看出在黑与白之间出现了第三种像素，即灰色。

原图

像素重新分布时出现第三种像素

图3.14　原图与邻近后相比

图3.14说明，如果原图是清晰的，在增加了图像分辨率使图像的像素总量增大后，图像有可能会变得更加模糊，使原本较清晰、锐度较好的图像变得不清晰。因此Photoshop的插值运算并非是万能的，仅在有限的情况下使用插值运算可以得到较好的效果。

Photoshop提供了5种插值运算方法，我们可以在【图像大小】对话框的【重定图像像素】下拉列表框中选择，如图3.15所示。

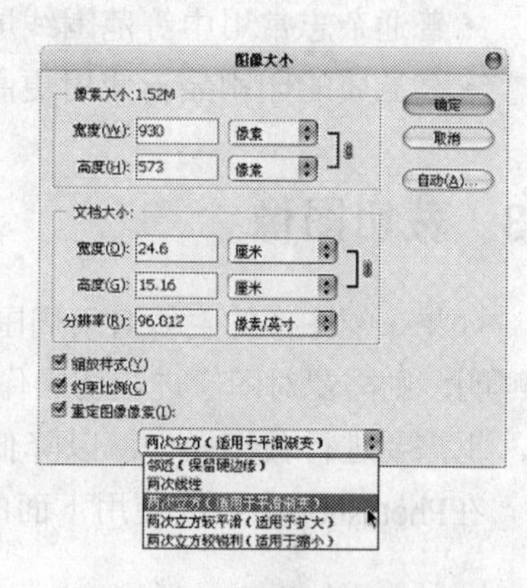

图3.15　【图像大小】对话框

在5种插值运算方法中，【两次立方】是最通用的一种，其他方法的特点如下：

- 邻近（保留硬边缘）：此插值运算方法适用于有矢量化特征的位图图像。
- 两次线性：对于要求速度但不太注重运算后质量的图像，可以使用此方法。
- 两次立方（适用于平滑渐变）：最通用的一种运算方法，在对其他方法不够了解的情况下，最好选择此种运算方法。
- 两次立方较平滑（适用于扩大）：适用于放大图像时使用的一种插值运算方法。
- 两次立方较锐利（适用于缩小）：适用于缩小图像时使用的一种插值运算方法，但有时可能会使缩小后的图像过于锐利。

3.2.3　图像的分辨率

分辨率是图像中每单位打印长度所显示的像素数目，通常用像素/英寸来表示。

高分辨率的图像比相同打印尺寸的低分辨率图像包含较多的像素，因而图像显得较细腻。

要确定图像的分辨率，首先必须考虑图像最终用途。如果制作的图像仅用于网上显示，图像分辨率只需满足典型的显示器分辨率（72像素或96像素）就可以了。如果图像用于印刷，应该具有300像素。

使用太高或者太低的分辨率都不恰当，使用太低的分辨率打印图像会导致输出时图像显示粗糙的像素效果，而使用太高的分辨率会增加文件大小，并降低图像的打印速度。

许多图片都来源于扫描已有的出版物，对于印前人员而言，在扫描时确定图像的用途并进一步确定扫描时的分辨率非常必要，因为如果图像的最终用途不要求过高的分辨率则无须使用300像素甚至更高的分辨率进行扫描，那样只会浪费时间，反之，如果图像用于专业印刷则需要将分辨率定于300像素或更高。

在印刷时往往使用线屏而不是分辨率来定义印刷的精度，在数量上线屏是分辨率的2倍，因此，当我们听到一份出版物是以175线屏印刷的，则意味着出版物中的图像必须具有350像素。

了解这一点，有助于我们在知道图像的最终用途后，确定图像的扫描分辨率。

例如，如果一个出版物以线屏85来印刷，则意味着出版物中的图像分辨率应该是170像素，换言之，在扫描时应该将扫描分辨率定于170像素或者更高一些。

下面列出一些常见印刷品在印刷时所用线屏，以便估算在扫描用于制作这些出版物的图像时所使用的分辨率。

- 报纸印刷常用低线屏（85～150）的图像。
- 普通杂志常用中等范围线屏值（135～175）的图像。
- 高品质的印刷品会使用更高的线屏值，这往往需要向印刷商咨询。

3.3 裁切图像

如果一幅图像的主体对象周围有许多其他对象，从而喧宾夺主，生成的主体对象不突出、不鲜明，则需要对图像进裁切操作。另外，如果图像具有在删除后不会影响体现效果的其他部分，也需要进行裁切操作，以降低文件大小。

在Photoshop中可以使用下面的三种方法进行裁切操作。

3.3.1 使用裁剪工具

裁剪工具可以裁切选定的图像区域，下面通过一个示例讲解如何使用裁剪工具。

（1）打开随书配套资料中的文件“第3章\3.3.1使用裁剪工具-素材.jpg”，在工具箱中选择裁剪工具，在图像中拖动，得到一个裁切控制框，此时裁切控制框外部的图像将变暗显示，如图3.16右图所示。

原图像

得到裁切控制框

图3.16 图裁切前与裁切后对比

图3.17 最终效果

（2）双击裁切控制框，得到图3.17所示效果。

如果希望获得准确的裁切效果，可以在使用此工具之前，在如图3.18所示的工具选项条上设置具体的参数。

例如，如果希望在进行裁切后，得到一个宽度与高度都是20厘米、分辨率为100像素/英寸的图像，可以将此工具选项条设置为如图3.19所示状态，再进行裁切操作。

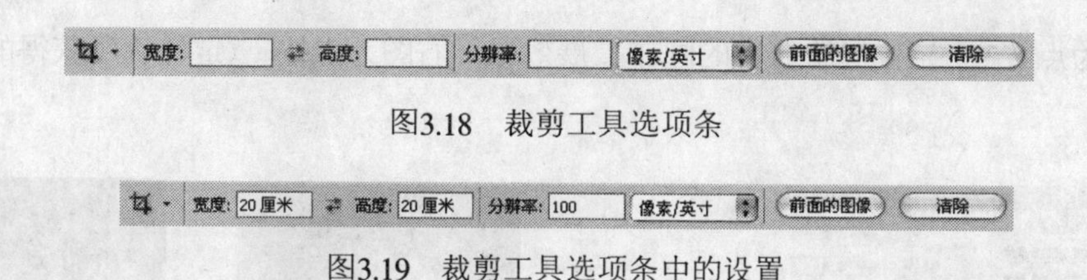

图3.18　裁剪工具选项条

图3.19　裁剪工具选项条中的设置

3.3.2　使用【裁剪】命令

使用选择工具配合【图像】|【裁剪】命令也可以对图像进行裁切，具体操作步骤如下。

（1）在工具箱中选择矩形选框工具⬚。

（2）围绕图像中需要保留的部分，制作一个选择区域，如图3.20所示。

（3）选择【图像】|【裁剪】命令，即可完成裁切操作，按⌘+D键取消选区，得到如图3.21所示效果。

图3.20　选择需要保留的部分

图3.21　裁切后的效果

3.3.3　使用【裁切】命令

选择【图像】|【裁切】命令也可以进行快速裁切，选择此命令后弹出如图3.22所示的对话框。

- 基于：在此选项区域中选择裁切图像所基于的准则。如果当前图像的图层为透明，则选中【透明像素】选项。
- 裁切掉：在此区域中选择裁切的方位。

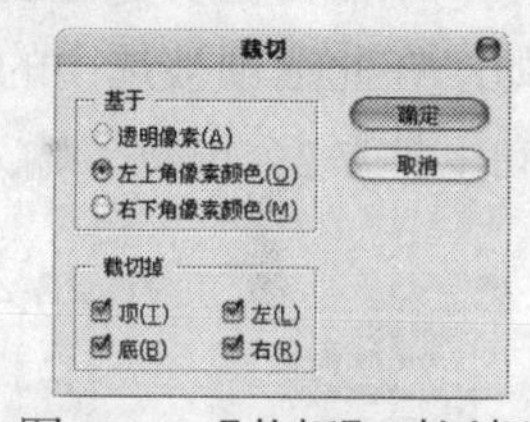

图3.22　【裁切】对话框

3.4　画布操作

在Photoshop中画布的大小及方向并非一成不变，我们可以在任何情况下按自己需要方式改变画布的大小及方向。

3.4.1　改变画布尺寸

如果需要扩展图像的画布，可以选择【图像】|【画布大小】命令。如果在如图3.23所示的对话框中输入的数值大于原数值，则可以扩展画面，反之将裁切画面。

如图3.24所示是使用【画布大小】命令扩展画布后的前后对比，新的画布将会以背景色填充扩展得到的区域。

此对话框中的【定位】选项非常重要，它决定了新画布和原来图像的相对位置。如图3.25

所示，左图为点按定位块所获得的画布扩展效果，右图为点按定位块所获得的画布扩展效果。

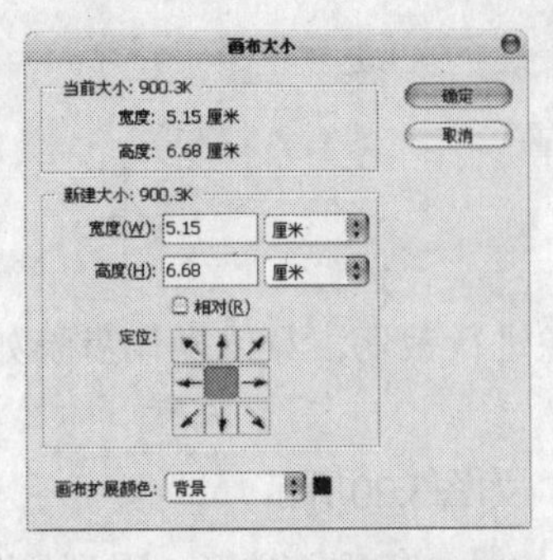

图3.23 【画布大小】对话框

图3.24 操作前后效果对比

图3.25 使用不同定位选项得到的不同效果

如果需要在改变画面尺寸时参考原画面的尺寸数值，可以选择对话框中的【相对】复选框，例如，在此选项被选中的情况下，在两个数值输入框中输入数值2，则可以分别在宽度与高度方向上扩展2个单位，输入-2，则可以分别在宽度与高度方向上向内收缩2个单位。

3.4.2 改变画布方向

180 度(1)
90 度(顺时针)(9)
90 度(逆时针)(0)
任意角度(A)...
水平翻转画布(H)
垂直翻转画布(V)

图3.26 【图像旋转】子菜单命令

在需要旋转图像的时候，可以选择【图像】|【图像旋转】命令，此命令下的子菜单命令如图3.26所示。

（1）以图3.27为原图，选择【180度】命令将图像旋转180°，如图3.28所示。

（2）选择【90度（顺时针）】命令将图像顺时针旋转90°，如图3.29所示。

图3.27 原图

图3.28 旋转180°的效果

（3）选择【90度（逆时针）】命令将图像逆时针旋转90°，如图3.30所示。

图3.29 顺时针旋转90°

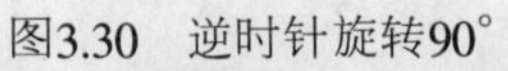

图3.30 逆时针旋转90°

（4）选择【任意角度】命令按指定方向和角度旋转图像，选择该命令将弹出【旋转画布】对话框，如图3.31所示。

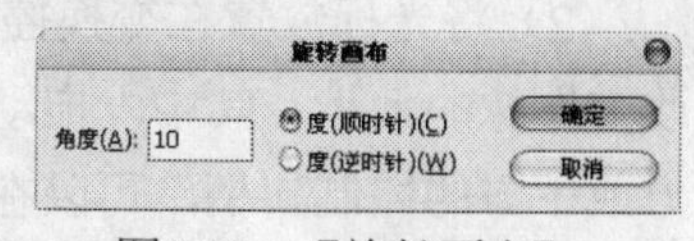

图3.31　【旋转画布】对话框

（5）选择【水平翻转画布】命令将图像在水平方向上进行镜像翻转，如图3.32所示。

（6）选择【垂直翻转画布】命令将图像在垂直方向上镜像翻转，如图3.33所示。

图3.32　水平镜像

图3.33　垂直镜像

上述命令对整幅图像进行操作，包括图层、通道、路径。在学习此操作时注意与3.5.2节所讲述的旋转图像进行对比，在进行对比学习时应该使用带有至少两个以上图层的图像文件进行练习，以区分两者之间的异同。

3.5　变换图像

利用Photoshop的变换命令，可以对选择区域中的图像在整体上进行变换，例如可以缩放对象、倾斜对象、旋转对象、翻转对象或扭曲对象等。

要用变换命令变换对象，可以按下述步骤操作。

（1）打开一幅需要变换的图像，使用任何一种选择工具，选择需要进行变换的图像。

（2）在【编辑】|【变换】子菜单命令中选择需要使用的变换命令，此时被选择图像四周出现变换控制框，其中包括8个控制句柄及一个控制中心点，如图3.34所示。

（3）拖动8个控制句柄中任意一个，即可对图像进行变换。

（4）得到需要的效果后，在变换控制框中双击鼠标以确定变换效果，如果要在操作中取消变换操作，则按esc键直接退出变换操作。

（5）在操作中可以移动变换控制中心点，以改变变换控制基准点。

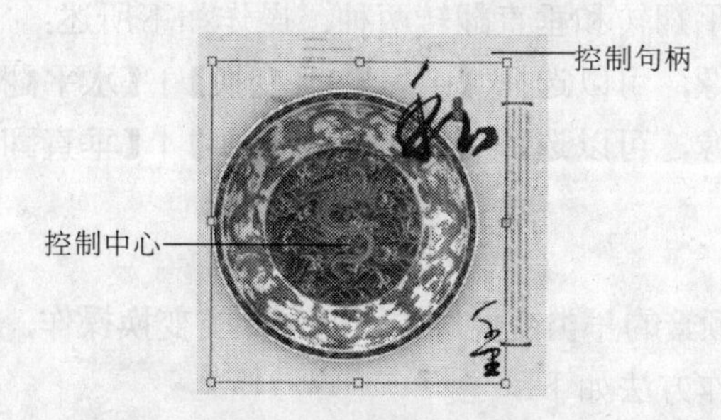

图3.34　使用变换工具选中对象后显示的控制句柄和控制中心点

3.5.1　缩放对象

要缩放图像可以按照如下所述进行操作。

（1）选中要缩放的图像，选择【编辑】|【变换】|【缩放】命令或按⌘+T键调出自由变换控制框。

（2）将光标放置在变换控制框中的变换控制句柄上，当光标变为双箭头时拖动鼠标，即可改变图像的大小。其中，拖动左侧或右侧的控制句柄，可以在水平方向改变图像大小；拖动上方或下方的控制句柄，可以在垂直方向上改变图像大小；拖动角部控制句柄，可以同时在水平或垂直方向改变图像大小。

（3）得到需要的效果后释放鼠标，并双击变换控制框以确认缩放操作。

如图3.35所示为水平缩放图像的操作示例。

3.5.2 旋转图像

旋转图像的操作类似于缩放图像，只是将光标移至变换控制框附近时，光标会变为一个弯曲箭头↶，此时拖动鼠标，即可以中心点为基准旋转图像。

如图3.36所示为旋转图像示例，这里笔者将变换控制中心点移至左上角处。

图3.35 水平缩放图像的操作示例

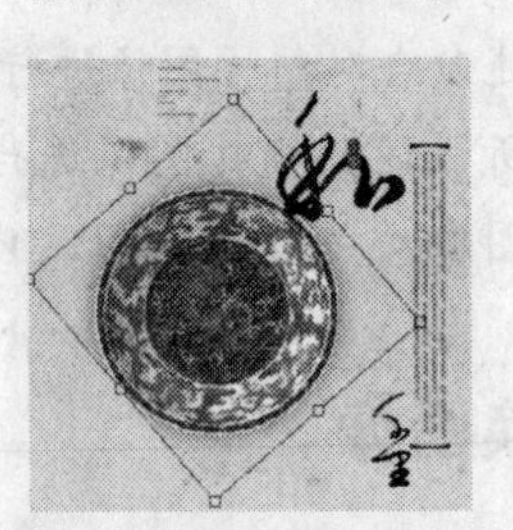

图3.36 旋转图像示例

注意：如果需要按15°的倍数旋转图像，可以在拖动鼠标的时候按住shift键，得到需要的效果后，双击变换控制框即可。

3.5.3 斜切图像

斜切图像的操作类似于缩放图像，只是将光标移至变换控制框附近时，光标会变为一个箭头▸，此时拖动鼠标即可使图像在光标移动的方向上发生斜切变形。

3.5.4 翻转图像

翻转图像操作包括水平翻转和垂直翻转两种，操作如下所述：

- 如果要水平翻转图像，可以选择【编辑】|【变换】|【水平翻转】命令。
- 如果要垂直翻转图像，可以选择【编辑】|【变换】|【垂直翻转】命令。

3.5.5 扭曲图像

扭曲图像是应用非常频繁的一类变换操作，通过此类变换操作，可以使图像在任何一个控制句柄处发生变形，其操作方法如下所述。

（1）打开随书配套资料中的文件“第3章\3.5.5扭曲图像-素材1.tif”和“第3章\3.5.5扭曲图像-素材2.tif”，如图3.37所示。将右侧的绘画图像拖至画框图像中，得到“图层1”。

（2）按⌘+T组合键调出自由变换控制框，按住shift键缩小图像以便于看到下面的画框边缘。

（3）按住⌘键并将光标置于四角任意一个控制句柄上，当光标变为一个箭头▸时拖动鼠标，即可使图像发生拉斜变形，如图3.38所示。

图3.37　原图像效果

（4）确认扭曲完毕后，按enter键或在控制框内部双击以确认变换操作。如图3.39所示为设置此图层的混合模式为“正片叠底”以增加图像逼真程度后的效果。

图3.38　图像发生拉斜变形

图3.39　增加图像逼真程度后的效果

3.5.6　透视图像

通过对图像应用透视变换命令，可以使图像获得透视效果，其操作方法如下所述。

（1）打开随书配套资料中的文件“第3章\3.5.6透视图像-素材.psd”，如图3.40所示。选择【编辑】|【变换】|【透视】命令。

（2）将光标移至变换控制句柄上，当光标变为一个箭头▸时拖动鼠标，即可使图像发生透视变形。

（3）得到需要的效果后释放鼠标，并双击变换控制框以确认透视操作。

如图3.41所示，使用此命令并结合图层操作，制作出具有空间透视效果的图像，如图3.42所示为变换时的自由变换控制框状态。

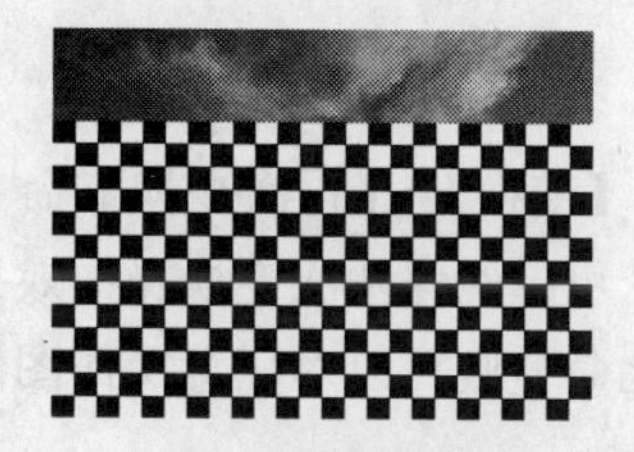

图3.40　素材图像

图3.41　制作的透视效果

图3.42　自由变换控制框状态

执行此操作时应该尽量缩小图像的观察比例，尽量多显示一些图像外周围的灰色区域，以便于拖动控制句柄。

3.5.7 精确变换

通过以上所述的各种变换操作，可以对图像进行粗放型变换，如果要对图像进行精确变换，则需要使用变换工具选项条中的参数项。

要对图像进行精确变换操作，可以按下述操作指导进行操作。

（1）选中要做精确变换的图像，按⌘+T键调出自由变换控制框。

（2）设置如图3.43所示的变换工具选项条中的参数项。

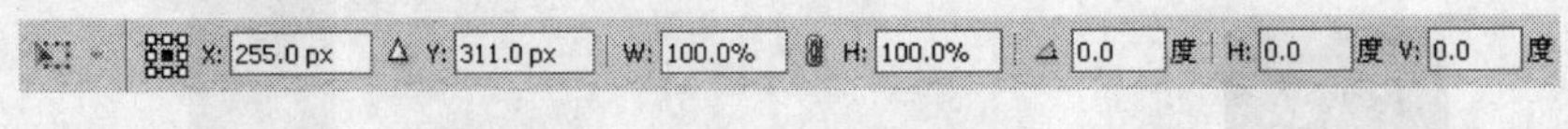

图3.43　变换工具选项条

工具选项条中各项参数如下所述。

- 使用参考点：在使用工具选项条对图像进行精确变换操作时，可以使用工具条中的确定操作参考点，在中用户可以确定9个参考点位置。例如，要以图像的左上角点为参考点，点按使其显示为形即可。
- 精确移动图像：要精确改变图像的水平位置，分别在X、Y数值输入框中输入数值。如果要定位图像的绝对水平位置，直接输入数值即可，如果要使填入的数值为相对于原图像所在位置移动的一个增量，应该点按按钮，使其处于被按下的状态。
- 精确缩放图像：要精确改变图像的宽度与高度，可以分别在Width、Height数值输入框中输入数值。如果要保持图像的宽高比，应该点按按钮，使其处于被按下的状态。
- 精确旋转图像：要精确改变图像的角度，需要在数值输入框中输入角度数值。
- 精确斜切图像：要改变图像水平及垂直方向上的斜切变形，可以分别在H:、V:数值输入框中输入角度数值。在工具选项条中完成参数设置后，可以点按✓按钮确认，如果要取消操作可以点按⊘按钮。

3.5.8 再次变换

如果已进行过任何一种变换操作，可以选择【编辑】|【变换】|【再次变换】命令，以相同的参数值再次对当前操作图像进行变换操作，使用此命令可以确保两次变换操作效果相同。例如，如果上一次变换操作为将操作图像旋转90°，选择此命令则可以对任意操作图像完成旋转90°的操作。

如果在选择此命令的时候按住option键，则可以对被操作图像进行变换操作的同时进行复制，如果要制作多个副本连续变换操作效果，此操作非常有效，下面我们通过一个小示例讲解此操作。

（1）打开随书配套资料中的文件“第3章\3.5.8再次变换-素材.psd”，素材图像及“图层”面板如图3.44所示。

（2）按住⌘键点按“图层1”，调出其选区。

（3）按⌘+T组合键调出自由控制框，将控制框的旋转中心点移至如图3.45所示的位置。

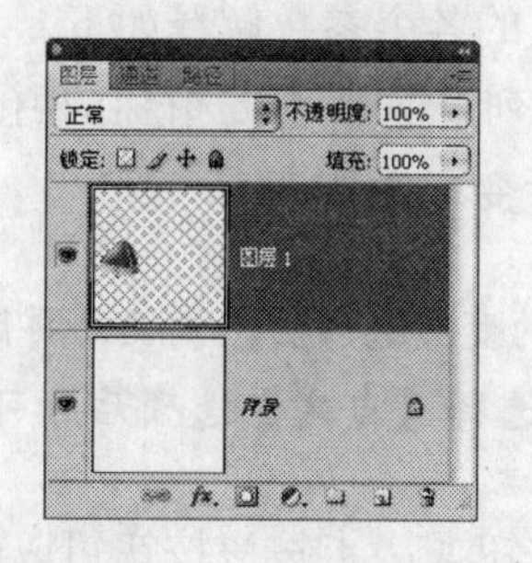

图3.44　素材图像及“图层”面板

（4）在工具选项条中设置高度和宽度的缩放值为90%，旋转角度为36°，得到如图3.46所示的效果。

（5）按enter键确认变换操作，再按⌘+Z组合键后退一步到变换前的状态，确认选区没有被取消，然后按住⌘+option+shift+T组合键执行再次变换操作40次，按⌘+D键取消选区，得到如图3.47所示的最终效果。

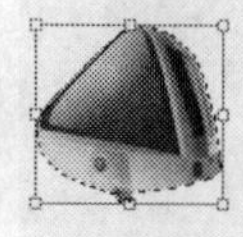

图3.45　移动旋转中心点　　图3.46　精确设置旋转和缩放值后的效果　　图3.47　得到的最终效果

3.5.9　变形图像

使用变形功能，我们可以对图像进行更为灵活和细致的变形操作，例如制作页面折角及翻转胶片等效果。

选择【编辑】|【变换】|【变形】命令即可调出变形控制框，同时工具选项条将变为如图3.48所示的状态。

图3.48 工具选项条

在调出变形控制框后，我们可以采用两种方法对图像进行变形操作。

· 直接在图像内部、节点或控制句柄上拖动，直至将图像变形为所需要的效果。

· 在工具选项条的【变形】下拉列表框中选择适当的形状，如图3.49所示。

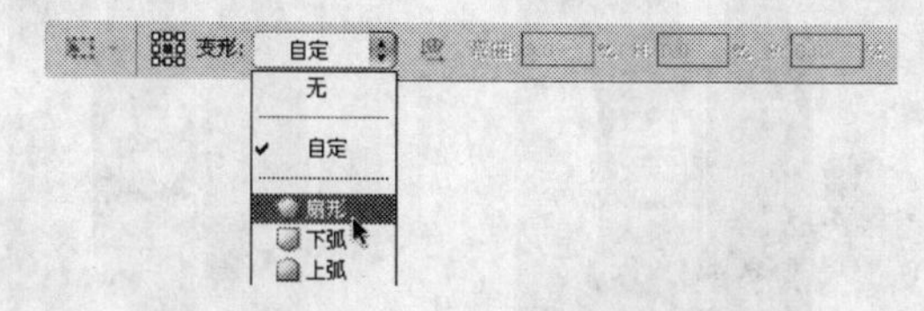

图3.49　工具选项条中的下拉列表框

变形工具选项条上的各个参数解释如下。

• 变形：在该下拉列表框中可以选择15种预设的变形选项，如果选择【自定】选项则可以随意对图像进行变形操作。

在选择了预设的变形选项后，则无法再随意对变形控制框进行编辑，需要在【变形】下拉列表框中选择【自定】选项后才可以继续编辑。

• 更改变形方向按钮：点按该按钮可以改变图像变形的方向。

• 弯曲：在此输入正或负数可以调整图像的扭曲程度。

• H、V输入框：在此输入数值可以控制图像扭曲时在水平和垂直方向上的比例。

下面将以一个示例讲解变形控制框的使用方法。

（1）打开随书配套资料中的文件“第3章\3.5.9变形图像-素材1.tif”和“第3章\3.5.9变形图像-素材2.tif”，如图3.50所示。

图3.50 背景素材图像和标签素材图像

图3.51 变形控制框的状态

（2）使用移动工具将标签图像拖至背景图像中，按⌘+T组合键调出变形控制框，按住shift键成比例缩小图像并将其移至绿色的瓶子处，在控制框中按⌘键点按，在弹出的菜单中选择【变形】命令，此时的状态如图3.51所示。

（3）移动鼠标至变形控制框的节点上方并按照如图3.52所示的效果进行编辑，按enter键确认变形操作，使用线性渐变工具为商标添加上明暗，得到如图3.53所示的效果，以同样的方法给红色的瓶子也制作一个标签，得到如图3.54所示的效果。

图3.52 拖动变形控制框的节点（右侧为放大观察效果）

图3.53　调整明暗的效果

图3.54　最终效果

3.5.10　使用内容识别比例变换

内容识别比例变换功能是最新的Photoshop CS4新增的功能，使用此功能对图像进行缩放处理，可以在不更改图像中重要可视内容（如人物、建筑、动物等）的情况下调整图像大小。

如图3.55所示为原素材，如图3.56所示为使用常规变换缩放操作的结果，图3.57所示为使用内容识别比例变换对图像进行垂直放大操作后的效果，可以看出来原图像中的人像基本没有受到影响。

图3.55　原素材

图3.56 常规缩放效果

图3.57　使用内容识别比例变换的效果

此功能不适用于处理调整图层、图层蒙版、各个通道、智能对象、3D图层、视频图层、图层组，或者同时处理多个图层。

此功能的使用方法如下所述。

（1）选择要缩放的图像后，选择【编辑】|【内容识别比例】命令。

（2）在如图3.58所示的工具选项条中设置相关选项。

图3.58　内容识别比例工具选项条

- 数量：在此可以指定内容识别缩放与常规缩放的比例。
- 保护：如果要使用Alpha通道保护特定区域，可以在此选择相应的Alpha通道。
- 保护肤色按钮：如果试图保留含肤色的区域，可以选中此按钮。

（3）拖动围绕在被变换图像周围的变换控制框，可得到需要的变换效果。

第4章
选　　区

虽然，仅使用选择区域不能够制作出精美绝伦的图像，但创建选区仍在Photoshop中占据着非常重要的地位。因为在制作时，取得精确的、符合需要的选择，是制作一幅成功图像的基本条件。

在Photoshop中可以将选择区域分为规则形、不规则形及精确形，每一种选择区域都有相对应的选择方法，要成为一名Photoshop的高手，深入理解这些选择方法间的区别，并能够灵活运用它们是至关重要的。

本章围绕选区模式、制作不同选区所应掌握的工具、调整选区以及变换选区等内容，深入讲解相关工具与功能命令的使用方法及操作技巧，力求使各位读者在学习本章后，能够制作出需要的选区。

4.1 制作选择区域

4.1.1 了解选择区域

选择区域是用于限定当前操作的区域，当选区存在的情况下，所有操作都会被限定在选择区域的内部。如图4.1所示为一个有选择区域的图像，如图4.2所示为对此图像执行【色相/饱和度】操作后的效果，可以看出此操作被限定在选择区域的内部。

图4.1 原图像

图4.2 执行【色相/饱和度】操作后的效果

Photoshop制作选区的工具与命令非常丰富，下面介绍各选择工具及命令的使用方法。

4.1.2 选择所有像素

选择【选择】|【全部】命令或按⌘+A组合键执行【全选】操作，可以将图像中的所有像素（包括透明像素）选中，如果图像具有不止一个图层，应该先在图层面板中选择图层，然后选择【选择】|【全部】命令或按⌘+A组合键执行【全选】操作，在此情况下图像四周显示浮动的蚂蚁线，如图4.3所示。

图4.3 全选图像操作效果

4.1.3 制作矩形选区

使用矩形选框工具可建立矩形选区，其操作非常简单，只要用鼠标拖过要选择的区域即可。在此需要重点讲解的是矩形选框工具选项条【样式】下拉列表框中的选项，如图4.4所示。

图4.4 矩形选框工具选项条

分别选择【样式】下拉列表框中的【正常】、【固定比例】和【固定大小】3个选项，可以得到3种创建矩形选区的方式。

- 正常：选择此选项，可自由创建任何宽高比例、任何大小的矩形选择区域。
- 固定比例：选择此选项，其后的【宽度】和【高度】数值输入框将被激活，在其中输入数值设置选择区域高度与宽度的比例，可得到精确的不同宽高比的选择区域。
- 固定大小：选择此选项，【宽度】和【高度】数值输入框将被激活，在此数值输入框中输入数值，可以确定新选区高度与宽度精确数值。在此模式下只需在图像中点按，即可创建大小确定、尺寸精确的选择区域。
- 调整边缘：使用【调整边缘】命令可以对现有的选区进行更为深入的修改，从而帮助用户得到更为精确的选区，详细讲解见4.4.1节。

4.1.4 制作圆形选区

制作圆形选区，需要使用椭圆选框工具，由于此工具的使用方法与矩形选框工具的使用方法基本相同，具体操作步骤及参数设置请参阅矩形选框工具。

4.1.5 制作单行（列）选区

单行选框工具或单列选框工具可将选框定义为1个像素宽的行或列，从而得到单行或列选区。使用此工具制作选择区域并填充颜色，可以得到直线。

4.1.6 制作不规则形选区

在Photoshop中不规则选区有两类，一类是使用套索工具制作的手绘式不规则选区，如图4.5所示，另一类是使用多边形套索工具制作的具有直边的选择区域，如图4.6所示。

图4.5 手绘式不规则选区

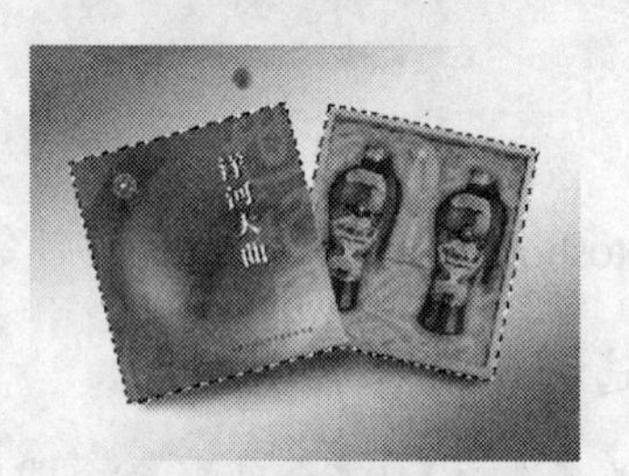

图4.6 多边形不规则选区

制作不规则形选区可以使用套索工具，其工作模式类似于使用铅笔工具描绘被选择的区域自由度非常大，但其精确度也很有保证，使用套索工具的操作指导如下所述。

（1）选择套索工具，并在其工具选项条中设置适当的参数。

（2）按住鼠标围绕需要选择的图像拖动光标。

（3）要闭合选区，释放鼠标即可。

要制作多边形式的不规则形选区需要使用多边形套索工具，其操作指导如下所述。

（1）选择多边形套索工具，并在其工具选项条中设置适当的参数。

（2）在图像中点按以设置选择区域的起始点。

（3）围绕需要选择的图像，不断点按以确定节点，节点与节点之间将自动连接成为选择线。

（4）如果在操作时出现误操作，按delete键可删除最近确定的节点。

（5）要闭合选择区域，将光标放于起点上，此时光标旁边会出现一个闭合的圆圈，点按即可。如果光标在未起始的其他位置，双击鼠标也可以闭合选区。

在使用套索工具与多边形套索工具工作时，可以根据需要在这两者之间灵活切换，其转换键为option。

4.1.7 自动追踪图像边缘制作选区

磁性套索工具可以根据图像的对比度自动跟踪图像的边缘，并沿图像的边缘生成选择区域，特别适合于选择背景较复杂，与选择的图像有较高对比度的图像。

例如，由于图4.7所示的图像具有很高的对比度，因此使用磁性套索工具创建选区是比较理想的方法，图4.8所示为最终的选择区域。

图4.7 磁性套索的选择状态

图4.8 生成的选择区域

此工具的操作指导如下所述。

（1）选择磁性套索工具，并设置其工具选项条如图4.9所示。

图4.9 磁性套索工具选项条

（2）如果要设置套索工具探索图像的宽度范围，在【宽度】数值输入框中输入数值。

（3）如果要设置边缘的对比度，在【边对比度】数值输入框中输入数值，数值越大磁性套索工具对颜色对比反差的敏感程度越低。

（4）如果要设置磁性套索工具在定义选择边界线时插入节点的数量，在【频率】数值输入框中输入数值，数值越高插入的定位节点越多，得到的选择区域也越精确。

（5）在图像中点按设置开始选择的位置，然后释放鼠标并围绕需要选择的图像的边缘移动光标。使用此工具进行工作时Photoshop会自动插入定位节点，如果希望手动插入定位节点，也可以点按鼠标。

（6）如果要绘制手画线段，将光标沿需要跟踪的边缘移动。移动光标选择线会自动贴紧图像中对比最强烈的边缘。

（7）如果出现误操作，按delete键删除最近绘制的不需要的线段和节点。

（8）双击鼠标可以闭合选择区域。

注意

在使用磁性套索工具时，可以暂时切换为其他套索工具。如果要切换为多边形套索工具，可按住option键，然后在图像上点按。如果要切换至套索工具工作状态，可以先切换为多边形套索工具，然后再按住option键按套索的工作方式制作选区。

此工具对于边缘对比度强烈的图像具有很好的作用，因此在操作时注意当前操作的图像是否有良好的对比度。

4.1.8 点按式依据颜色制作选区

使用魔棒工具可以依据图像的颜色分布情况制作选择区域，此工具的工具选项条如图4.10所示，通过灵活调整此工具的【容差】值并配合选区工作模式按钮，能够较好地将需要选择的图像从整个图像中选择出来。

使用魔棒工具制作选区的具体操作步骤如下所述。

图4.10 魔棒工具的工具选项条

（1）在工具箱中选择魔棒工具，并在其工具选项条中设置适当的参数值。

（2）在【容差】数值输入框中输入数值，输入从0到255之间的一个像素值。

（3）选取【消除锯齿】复选框，以得到平滑的选区边缘。

（4）如果要选择使用所有可见图层中数据的颜色，选取【对所有图层取样】复选框，否则魔棒工具仅从当前图层中选择颜色。

（5）如果希望选择以连续的方式做选择，选取【连续】复选框，否则取消其复选状态。

（6）在图像中点按要选择的颜色，根据选择的情况调整【容差】数值。

（7）配合shift键与option键增加或减少选择区域，直至得到需要的选择区域。

如果【容差】数值输入框中输入较低的数值，可以选择与点按像素非常相似的颜色，输入较高的数值可以获得较大的颜色范围，从而扩大选择范围。如图4.11所示为原图像，如图4.12所示为设置【容差】数值为20时的效果，如图4.13所示为设置【容差】数值为60时的效果。

图4.11 原素材图像

图4.12 设置【容差】为20时的效果

图4.13 设置【容差】为60时的效果

如图4.14所示为在选择【连续的】复选框的情况下，点按绿色草地所得到的选择区域，图4.15 所示为未选中此复选框点按同一位置所得到的选择区域，可以看到不相邻的颜色值在【容差】范围内的图像也会被同时选中。

图4.14 选择【连续的】复选框后得到的选择区域

图4.15 未选【连续的】复选框得到的选择区域

除了使用魔棒工具，还可以使用【色彩范围】命令依据颜色制作选区。选择【选择】|【色彩范围】命令后，弹出如图4.16所示对话框。

利用颜色范围命令制作选区的操作指导如下所述。

（1）打开随书配套资料中的文件“第4章\4.1.8点按式依据颜色制作选区-3-素材.jpg”，如图4.17所示。选择【选择】|【色彩范围】命令，弹出【色彩范围】对话框。

（2）确定需要选择的图像部分，如果要选择图像中的红色，则在【选择】下拉列表框中选择红色，在大多数情况下我们要自定义要选择的颜色，应该在【选择】下拉列表框中选择【取样颜色】选项。

（3）选择【选择范围】选项使对话框预视窗口中显示当前选择的图像范围，如图4.18所示。

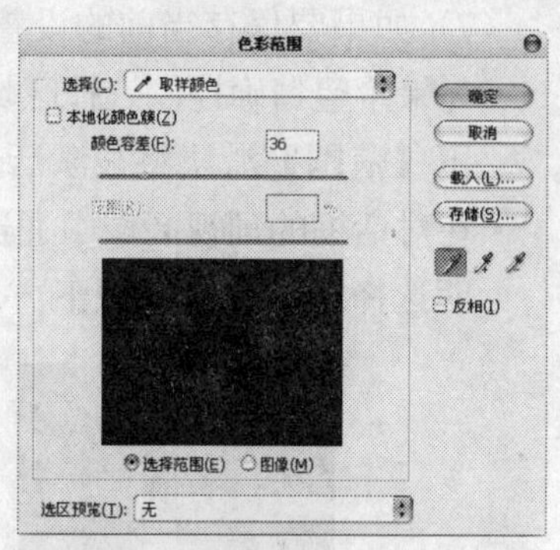

图4.16 【色彩范围】对话框

图4.17 素材图像

图4.18 【色彩范围】对话框

（4）用工具在需要选择的图像部分点按，观察对话框预视窗中图像的选择情况，白色代表已被选择的部分，白色区域越大表明选择的图像范围越大。

按shift键可以切换为吸管加以增加颜色，按option键可切换到吸管以减去颜色；颜色可从对话框预览图中或图像中用吸管来拾取。

（5）拖动【容差值】滑块，直至所有需要选择的图像都在预视窗口中显示为白色（即处于被选中的状态），如图4.19所示为【容差值】较小时的选择范围，如图4.20所示为【容差值】较大时的选择范围。

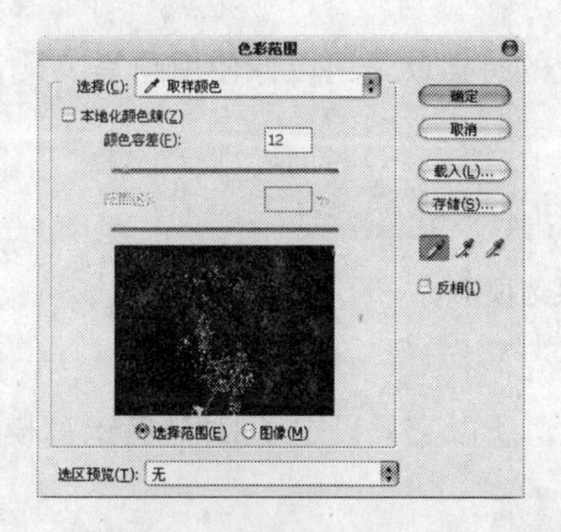

图4.19 较小的选择范围

图4.20 较大的选择范围

（6）如果需要添加另一种颜色的选择范围，在对话框中选择，在图像中要添加的颜色区域点按，如果要减少某种颜色的选择范围，在对话框中选择，在图像中点按。

（7）如果要保存当前的设置，点按【存储】按钮将其保存为.axt文件。

- 如果希望精确控制选择区域的大小，选择【本地化颜色簇】选项，此选项被选中的情况下【范围】滑块将被激活。
- 在对话框的预视区域中通过点按确定选择区域的中心位置，如图4.21所示的预视状态表明选择区域位于图像下方，如图4.22所示的预视状态表明选择区域位于图像上方。

图4.21　选择区域在下方

图4.22　选择区域在上方

- 通过拖动【范围】滑块可以改变对话框预视区域中的光点范围，光点越大则表明选择区域越大，如图4.23所示为【范围】值为26%时的光点大小及对应的得到的选择区域，如图4.24所示为【范围】值为65%时的光点大小及对应的得到的选择区域。

图4.23　【范围】值为26%时的光点大小及对应的得到的选择区域

图4.24　【范围】值为65%时的光点大小及对应的得到的选择区域

4.1.9　涂抹式依据颜色制作选区

快速选择工具是一项优秀的选择功能，其最大的特点就是可以像使用画笔工具绘图一样的来创建选区，此工具的选项条如图4.25所示。

图4.25　快速选择工具选项条

快速选择工具选项条中的参数解释如下。

- 选区运算模式：限于该工具创建选区的特殊性，所以它只设定了3种选区运算模式，即新选区、添加到选区和从选区减去。
- 画笔：点按右侧的三角按钮可调出如图4.26所示的画笔参数设置框，在此可以对涂抹时的画笔属性进行设置。在涂抹过程中，可以设置画笔的硬度，以便创建具有一定羽化边缘的选区。

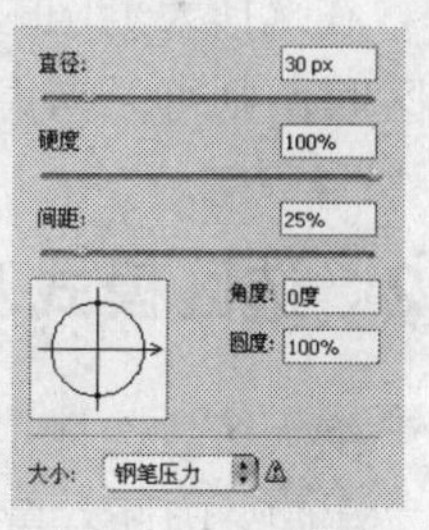

图4.26 设置画笔参数

- 对所有图层取样：选中此选项后，将不再区分当前选择了哪个图层，而是将所有我们看到的图像视为在一个图层上，然后来创建选区。
- 自动增强：选中此选项后，可以在绘制选区的过程中，自动增加选区的边缘。
- 调整边缘：使用【调整边缘】命令可以对现有的选区进行更为深入的修改，从而帮助我们得到更为精确的选区，详细讲解见4.4.1节。

下面通过一个简单的示例来讲解此工具的使用方法。

（1）打开随书配套资料中的文件“第4章\4.1.9涂抹式依据颜色制作选区-素材.tif”。在本示例中，我们将把图像中的狗选择出来。

（2）在工具选项条上设置适当的参数及画笔大小。

（3）在狗以外的左上方区域，按住鼠标不放并向下拖动，在拖动过程中就能够得到类似于如图4.27所示的选区。

（4）在下面的操作中，如果要选择更多的图像，则需要在其工具选项条上选择按钮，或在点按及拖动涂抹前，按住shift键进行操作。如图4.28所示就是按照此方法操作将狗以外的图像选中时的状态。

图4.27 创建选区

图4.28 选中图像

（5）如果发现有多选中的选区，可以按住option键暂时切换至减选选区模式（即从选区减去模式），然后将多余的选区减掉，直至将狗完全选中，如图4.29所示就是将狗脊背上被选中的区域减去后的状态。

（6）由于要选中的是狗以外的区域，所以需要按⌘+shift+I组合键将选区反向，从而真正地将狗图像选中。

如图4.30所示是直接对选中的背景图像应用【壁画】滤镜，并按⌘+D组合键取消选区后的效果。

图4.29 选中狗图像

图4.30 应用滤镜后的效果

通过上面的示例，可以了解到，利用快速选择工具主要可以用两种方式来创建选区，一种是拖动涂抹，另外一种就是点按。

在选择大范围的图像内容时，可以利用拖动涂抹的形式进行处理，而添加或减少小范围的选区时，则可以考虑使用点按的方式进行处理。

4.2 选区模式及快捷键

绝大多数选择工具需要应用不同的选区模式，而快捷键更是在制作选择时提高操作效率的不二法门，因此在掌握若干种创建选区工具后，掌握本节所讲述的这些知识有利于更好地使用不同类型的选择工具。

4.2.1 选区工作模式

选区模式是指在制作选区时的加、减、交操作，根据当前已存在的选择区域，选择不同的选区模式，能够得到不同的选择区域。

在工具箱中选择任一种选择工具，工具选项条都将显示四个选区工作模式选择按钮，下面分别讲解这四个不同按钮的作用。

1. 新选区模式

点按按钮后，无论选择哪一种用于创建选区的工具，在图像中操作，创建的都是新的选区，即绘制新选择区域时，原选择区域将被取消。

2. 添加到选区模式

点按按钮后，无论选择哪一种用于创建选区的工具，在图像中操作，都会在保留原选择区域的情况下，创建新的选择区域，其作用类似于按shift键。

如图4.31所示为原选择区域，如图4.32所示为在此选区模式下绘制选区得到的新选区。

图4.31 原选择区域

图4.32 增加选区

3. 从选区减去模式

点按按钮在图像中操作，可以从已存在的选区中减去当前绘制选区与原选择区域重合的部分。下面通过一个小示例来讲解。

（1）打开随书配套资料中的文件“第4章\4.2.1选区工作模式-素材.tif”，如图4.33所示。使用磁性套索工具，绘制一个如图4.34所示的选区。

图4.33 素材图像

图4.34 绘制选区

（2）点按添加到选区按钮，再使用磁性套索工具，绘制一个如图4.35所示的选区来选取杯子。

（3）使用矩形选框工具，并在其工具选项条中点按从选区减去按钮，此时的鼠标光标变为如图4.36所示的状态，并绘制一个如图4.37所示的选区，如图中4.38所示为相减后的选区。

图4.35　添加选区

图4.36　光标状态

图4.37　绘制选区

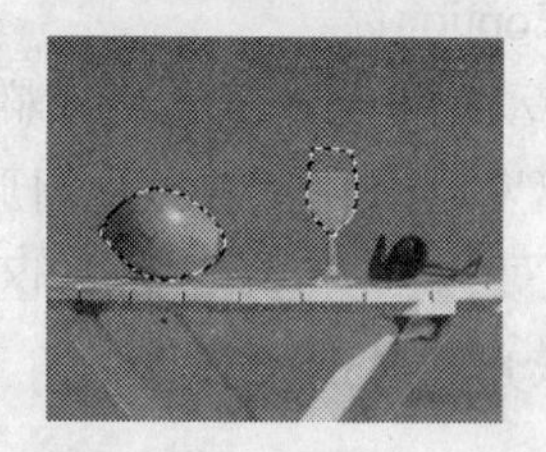

图4.38　相减后的选区

4. 与选区交叉模式

点按按钮在图像中操作，可以得到新选区与已有的选区相交叉（重合）的部分。下面通过一个小示例来讲解。

（1）打开随书配套资料中的文件"第4章\4.2.1选区工作模式-素材.tif"，并使用椭圆选框工具绘制一个如图4.39所示的选区，在其工具选项条上点按与选区交叉按钮，此时的光标变为如图4.40所示的效果。

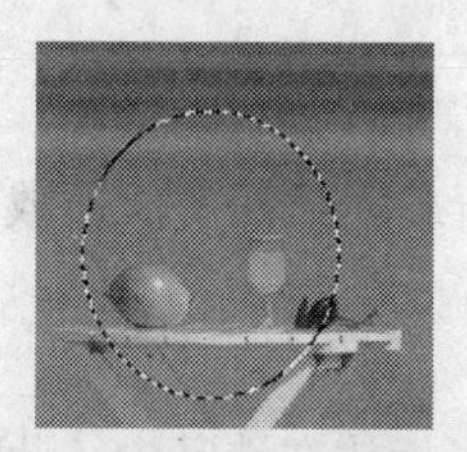

图4.39　创建一个圆形选区

图4.40　光标状态

（2）再次使用椭圆选框工具，从上至下绘制一个如图4.41所示的椭圆，得到如图4.42所示的选区交叉效果。

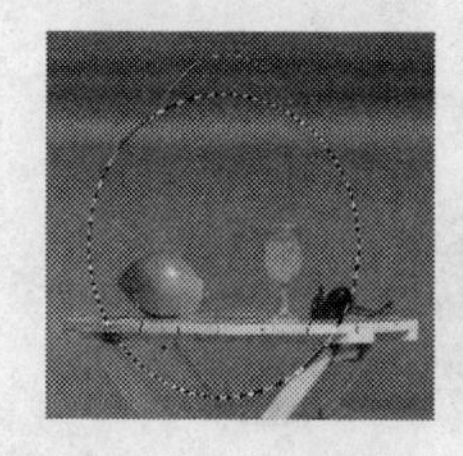

图4.41　绘制相交叉的椭圆选区

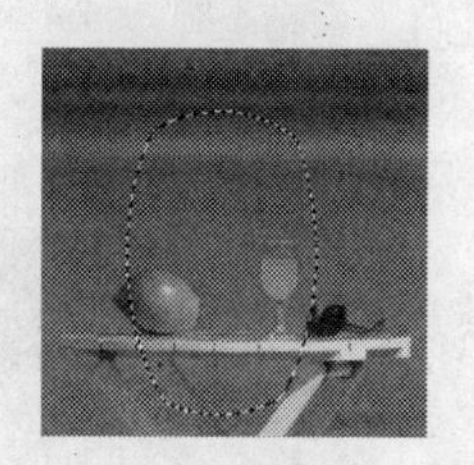

图4.42　交叉后的效果

4.2.2 制作选区的快捷键

在制作选择区域时，通常需要一些快捷键以使操作效率更高，下面是在制作选区中经常使用的快捷键。

- 如果要添加到选区或再选择图像中的另外一个区域，按shift键再绘制需要增加的选择区域，此时鼠标为+形。
- 如果要从一个已存在的选区中减去一个正在绘制的选区，按option键的同时再绘制要减去的选择区域，此时鼠标为+形。
- 如果需要绘制正方形或圆形选择区域，在拖动矩形选框工具或椭圆选框工具时按shift键。
- 如果要从当前点按点开始以向外发散的方式绘制选区，在拖动矩形或椭圆选框工具时按住option键。
- 在拖动矩形选框工具或椭圆选框工具时按住option+shift组合键，可以从当前点按的点出发，绘制正方形及圆形选择区域。
- 如果要得到与已存在的选区交叉的部分，按option+shift组合键然后绘制新的选区，此时鼠标为+ₓ形。

4.3 选择区域基本操作

4.3.1 全选与取消选择区域

- 选择【选择】|【全部】命令，可以选中整个图像。
- 选择【选择】|【取消选择】命令，可以取消当前存在的选择区域。与菜单命令相比，此命令的快捷键⌘+D更为常用。

4.3.2 再次选择选区

选择【选择】|【重新选择】命令，可以使Photoshop重新载入最后一次所放弃的选区。

4.3.3 移动选区

移动选区的操作十分简单，使用任何一种选择工具，将光标放在选区内，此时光标的形状将会改变为▹⬚，表示可以移动。

直接拖动选区，即可将其移动至图像另一处，如图4.43所示为移动前后对比图。

图4.43 原选区及移动后的选区

要限制选区移动的方向为45°的倍数，可以先开始拖动，然后按住shift键继续拖动；要按1个像素的增量移动选区，可以使用键盘上的方向键；要按10个像素的较大增量移动选区，可以按住shift键，再按方向键。

许多初学者经常将移动选区与移动图像混淆，实际上如果要移动图像应该选择工具箱中的移动工具，然后拖动选择区域，如图4.44所示为移动图像后的效果，可以看出选择区域内的像素将被移动，并显示出图像的背景色（在此为白色）。

图4.44 移动图像后的效果

4.3.4 隐藏或显示选区

闪烁显示的选区会影响图像的观察效果，因此在需要的情况下可以控制选区边线是否需要显示。

要隐藏选区，选择【视图】|【显示】|【选区边缘】命令，或按⌘+H组合键，再次选择此命令或按⌘+H组合键，可以显示选区的边缘线。

4.3.5 反向

选择【选择】|【反向】命令，可以在图像中颠倒选择区域与非选择区域，使选择区域成为非选择区域，而非选区则成为选择区域。

如果需要选择的对象本身非常复杂，但其背景较为单纯，则可以使用此命令。

例如，要选择图中的花朵，可以用魔棒工具选择其四周的白色，如图4.45左图所示，然后选择【选择】|【反向】命令，即可得到如图4.45右图所示的选择区域。

图4.45 原图选区及反选后的效果

4.4 调整选择区域

通过调整选择区域命令，可以扩大、缩小、平滑当前选择区域，从而使选择区域能够满足不断变化的工作要求。

4.4.1 调整边缘

使用【调整边缘】命令可以对现有的选区进行更为深入的修改，从而得到更为精确的选区，选择【选择】|【调整边缘】命令，即可调出其对话框，如图4.46所示。

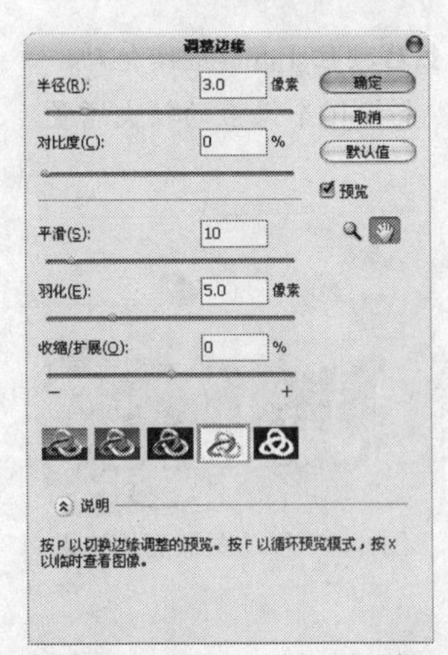

图4.46 【调整边缘】对话框

另外，在各个选区绘制工具的工具选项条上，也都增加了【调整边缘】按钮，点按此按钮即可调出【调整边缘】对话框，对当前的选区进行编辑。如图4.47所示的3个工具选项条的最右侧都存在着【调整边缘】按钮，点按此按钮，同样会弹出【调整边缘】对话框。

【调整边缘】对话框中的参数解释如下。

- 半径：此参数可以微调选区与图像边缘之间的距离，数值越大，则选区会越来越精确地靠近图像边缘。
- 对比度：设置此参数可以调整边缘的虚化程度，数值越大则边缘越锐化。通常可以帮助我们创建比较精确的选区。
- 平滑：当创建的选区边缘非常生硬，甚至有明显的锯齿时，使用此选项来进行柔化处理。

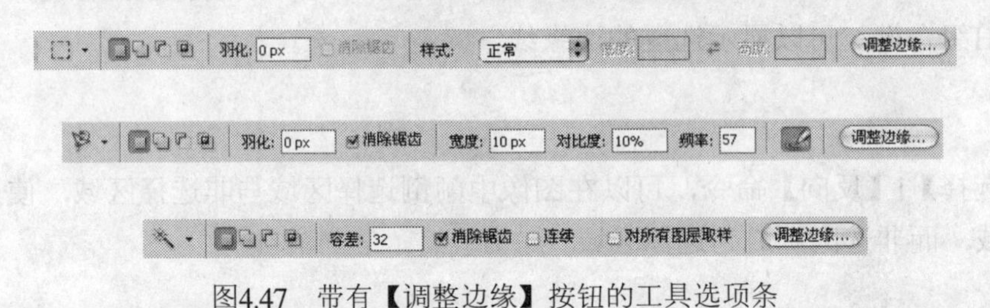

图4.47 带有【调整边缘】按钮的工具选项条

- 羽化：此参数与【羽化】命令的功能基本相同，都是用来柔化选区边缘的。
- 收缩/扩展：该参数与【收缩】和【扩展】命令的功能基本相同，向左侧拖动滑块可以收缩选区，而向右侧拖动则可以扩展选区。
- 预览方式 此命令具有5种不同的选区预览方式，操作者可根据不同的需要选择最需要的预览方式。如图4.48所示，按照从左至右顺序分别演示的各种预览方式的效果。

图4.48 5种不同的预览效果

- 说明区域：点按按钮后，对话框将向下扩展出一块区域，用于显示说明文字，当光标置于不同的参数上时，此区域将显示不同的提示信息，以帮助我们进行具体操作。

4.4.2 扩大或缩小选区

选择【选择】|【修改】|【扩展】或【选择】|【修改】|【收缩】命令，在两个命令的弹出对话框中输入数值来分别定义选区的扩大及缩小量，可以扩大或缩小选择区域。

如图4.49所示为原选择区域，如图4.50所示为扩大选区后的效果，如图4.51所示为缩小选区后的效果。

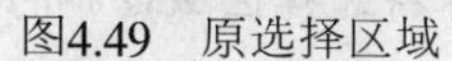

图4.49 原选择区域

图4.50 扩大选区后的效果

图4.51 缩小选区后的效果

可以看出，通过执行扩大选区操作，可用选择区域的形状向外扩展，从而将原来不属于选择区域内的图像选择进来；而通过执行缩小选区操作，可以用选择区域的形状排除原来属于选择区域内的图像。

4.4.3 羽化选区

在Photoshop中实现羽化效果，可以采取两种方法。第一种是，在使用选择、圆形套索、多边形套索等工具时，在工具选项条的【羽化】数值输入框中设置不为零的羽化值。

如果已经存在一个选择区域，可以选择【选择】|【修改】|【羽化】命令，在弹出的对话框中输入数值，使当前选择区域具有羽化效果。

4.4.4 边界化选区

选择【选择】|【修改】|【边界】命令并在弹出的对话框中输入一个像素值，可以将当前选择区域边界化。

如图4.52所示为原选择区域，如图4.53所示为选择此命令后得到的选区，如图4.54所示为对选区填充白色后的效果。

图4.52 原选择区域

图4.53 应用【边界】命令后的选区状态

图4.54 填充白色后的效果

4.5 变换选择区域

通过对选择区域进行缩放、旋转、镜像等操作，可以对现存选区二次利用，得到新的选区，从而大大降低制作新选择区域的难度。要变换选择区域，可按下述步骤操作。

图4.55　选区的变换控制句柄

（1）选择【选择】|【变换选区】命令。

（2）选择区域周围出现变换控制句柄，如图4.55所示。

（3）拖动控制句柄即可完成调整选择区域的操作。

按shift键拖动控制句柄，可保持选择区域边界的高宽比例不变；旋转选择区域的同时按住shift键，可以按15°为增量旋转选择区域。

如果要精确控制选择区域，可以在控制句柄存在的情况下，在如图4.56所示的工具选项条上设置参数。

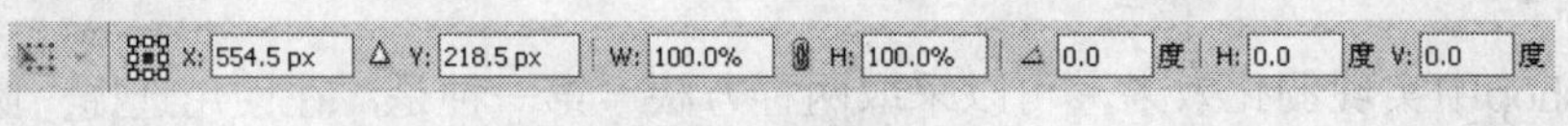

图4.56　工具选项条

工具选项条各参数如下所述。

- 用工具条中的可以确定操作参考点，能够确定的位置包括左上、左下、右上、右下在内共9个。例如，要以选择区域的左上角点为参考点，点按使其显示为形即可。
- 要精确改变选择区域的水平位置，可以分别在X、Y数值输入框中输入数值。
- 如果要定位选择区域的绝对水平位置，直接输入数值即可，如果要使填入的数值为相对于原选择区域所在位置移动的一个增量，应该点按，使其处于被按下的状态。
- 要精确改变选择区域的宽度与高度，可以分别在W、H数值输入框中输入数值。
- 如果要保持选择区域的宽高比，应该点按，使其处于被按下的状态。
- 要精确改变选择区域的角度，需要在数值输入框中输入角度数值。
- 要改变选择区域水平及垂直方向上的斜切变形度，可以分别在H:、V:数值输入框中输入角度数值。

在工具选项条中完成参数设置后，可点按按钮确认，如要取消操作可以点按按钮。

4.6　快速蒙版

快速蒙版是一种制作选区的方法，其实质与使用Alpha通道制作选择区域异曲同功。下面我们通过选择如图4.57所示的美女，讲解如何使用快速蒙版制作选择区域。

（1）打开随书配套资料中的文件“第4章\4.6快速蒙版-素材.jpg”，使用套索工具，绘制一个任意的选择区域，如图4.58所示。

（2）在工具箱中点按以快速蒙版模式编辑按钮，进入快速蒙版模式编辑状态，其效果如图4.59所示，可以看到，在此模式下除当前选择区域外的其他区域增被一层淡淡的红色覆盖。

（3）设置前景色为白色，选择铅笔工具，并在其工具选项条中设置适当的画笔大小，在美女的身上绘制，以消除其他区域所覆盖的红色，此步操作的目的在于通过消除红色增大选择区域，效果如图4.60所示。

图4.57　素材图像

图4.58　创建一个任意选区

图4.59　快速蒙版模式下显示的效果

注意

此步操作不用太精细，只需将身上的红色基本去除即可，身体边缘的细节可以在以下的步骤中去除。

（4）选择铅笔工具，并在其工具选项条中设置一个较小的画笔，沿美女的身体边缘进行绘画，从而去除绘画处的红色，在需要的情况下应该放大图像进行绘制，效果如图4.61所示。

（5）如果在绘画过程中，消除不应该去除的红色，可以设置前景色填充黑色，在不需要显示出来的多余位置进行绘画，从而再次以红色覆盖这些区域。

（6）继续进行绘画，直到美女身体的所有区域包括身体边缘细节的红色都被去除，效果如图4.62所示。

图4.60　去除部分红色

图4.61　放大显示以精细地去除红色

（7）在工具箱中点按以标准模式编辑按钮，退出蒙版模式编辑状态，并得到精确的选择区域，如图4.63所示。

图4.62　去除身体上的所有红色

图4.63　返回正常模式得到精确的选择区域

在快速蒙版模式下，几乎可以使用任何作图手段进行绘画，其原则是要增加选择区域用白色作为前景色进行绘画，要去除选择区域用黑色作为前景色进行绘画。另外，如何使用介于黑色与白色间的任何一种具有不同程度灰色的颜色进行作图，可以得到具有不同透明度值的选择区域；使用画笔工具在要选择的对象的边缘处进行绘画时，可以得到具有羽化值的选择区域。

在本例中笔者仅使用铅笔工具进行操作，用户也可以尝试使用其他工具与命令，例如套索工具、填充命令，甚至可以尝试使用滤镜命令。

如图4.64所示为在图4.63所示的状态下，选择【滤镜】|【像素化】|【彩色半调】命令，所得到的效果及对应的选择区域。

图4.64　应用滤镜后所得到的不规则选区

第5章 绘画与图像的修饰

自Photoshop 7.0版本开始，Photoshop绘画功能就有了很大增加，主要体现在强大的笔刷面板与丰富的预设笔刷上。Photoshop中用于绘画的工具包括画笔工具 和铅笔工具 ，配合其他创建图形和修改图像的工具，可以得到非常好的图像效果。

5.1 选择前景色与背景色

Photoshop中的绘图与传统手绘有相似之处，也有不同之处。

相似之处在于，无论是传统绘画还是使用Photoshop 绘图，都需要使用画笔和颜色；不同之处在于，在Photoshop中绘图所使用的画笔具有很强的可调性，而颜色选择的范围和余地也很大。

Photoshop中的画布颜色和绘图色彩都能够进行调整，这两种颜色通常利用工具箱中的前景色与背景色来设置。

前景色是用于作图的颜色，可以将其理解为传统绘画时所使用的颜料。

要设置前景色，可以点按工具箱中的前景色图标，在弹出的如图5.1所示的【拾色器】对话框中进行设置。

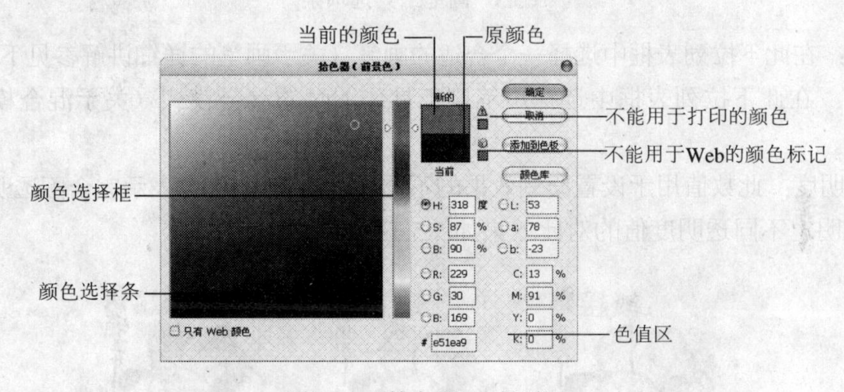

图5.1 【拾色器】对话框

设置前景色的操作步骤如下所述。

（1）拖动颜色选择条中的滑块，以设定一种基色。

（2）在颜色选择框中选择所需要的颜色。

（3）如果明确知道所需颜色的色值，可以在色值区的数值输入框中直接输入颜色值或颜色代码。

（4）在当前选择颜色图标的右侧，如果有⚠标记，表示当前选择的颜色不能用于四色印刷，点按该标记，Photoshop自动选择可用于印刷并与当前选择最接近的颜色。

（5）在当前选择颜色图标的右侧，如果有标记，表示当前选择的颜色不能用于Web的显示，点按该标记，Photoshop自动选择可用于Web显示并与当前选择最接近的颜色。

（6）选中【只有Web颜色】选项，【拾色器】对话框显示如图5.2所示，其中的颜色均可用于Web显示。

（7）根据需要设置颜色后，点按【确定】按钮，工具箱中的前景色图标即显示相应的颜色。

背景色是画布的颜色，根据作图的要求，可以设置不同的颜色，点按背景色图标，即显示【拾色器】对话框，其设置方法与前景色相同，这里不再一一详述。

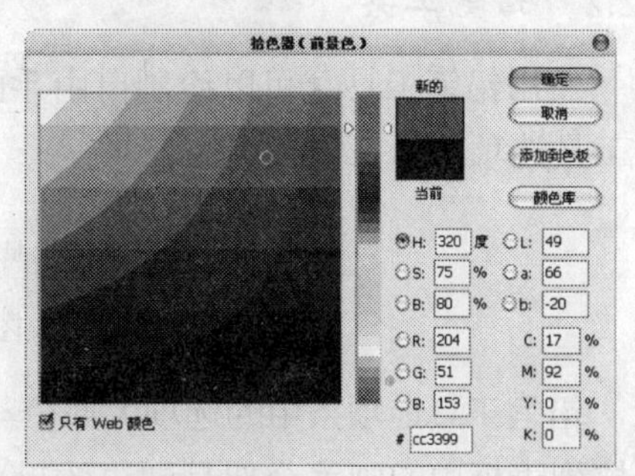

图5.2 【只有Web颜色】的【拾色器】对话框

5.2 绘图工具

Photoshop中用于绘制的工具包括画笔工具和铅笔工具，用它们作图均要选择合适的笔刷，笔刷的设置集中在【画笔】面板中，本节将讲解关于绘图工具的使用及操作技巧。

5.2.1 画笔工具

利用画笔工具可以绘制边缘柔和的线条，选择工具箱中的画笔工具，并设置如图5.3所示的画笔工具选项条即可进行绘画操作。

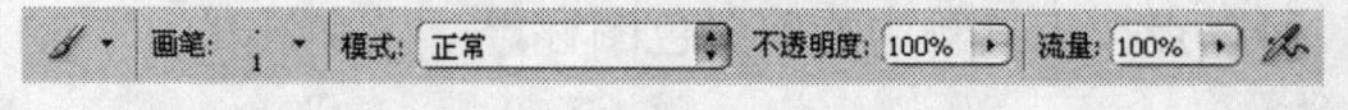

图5.3 画笔工具选项条

- 画笔：在此下拉列表框中选择一个合适的画笔（关于画笔的详细讲解参见下一小节）。
- 模式：在此下拉列表框中选择用笔刷工具作图时的混合模式（关于混合模式参见第8章）。
- 不透明度：此数值用于设置绘制效果的不透明度，其中100%表示完全不透明，0表示完全透明，不同透明度值的对比效果如图5.4所示。

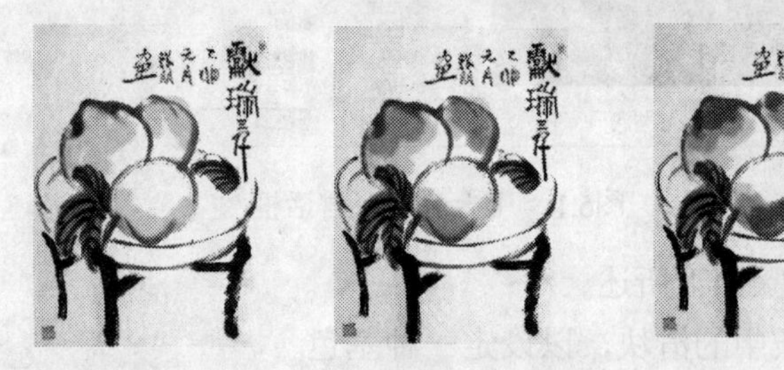

图5.4 不同透明度的笔刷效果

- 流量：此选项可以设置作图时的速度，数值越小，用笔刷绘图的速度越慢。

如果在工具选项条中点按按钮，可以用喷枪的模式工作。

要体会喷枪工作模式与未处于喷枪工作模式的区别，可以在点按按钮后，按住鼠标不放进行绘制操作。

5.2.2 铅笔工具

使用铅笔工具可以绘制自由手画线，在工具箱中选择铅笔工具后，显示如图5.5所示的工具选项条。

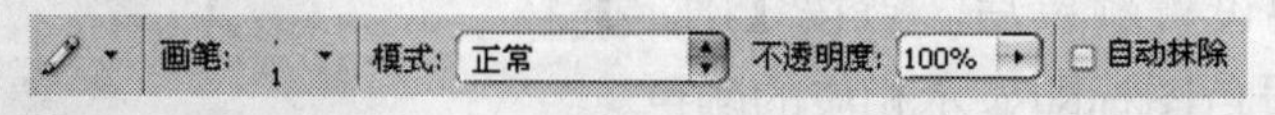

图5.5 铅笔工具选项条

铅笔工具选项条中的选项大部分与笔刷工具相同，不同之处是，铅笔工具选项条中的画笔下拉列表框中的画笔全部是硬边效果，绘制的线条也是硬边，绘制效果如图5.6所示。

图5.6　铅笔工具的硬边效果

- 自动抹除：选择此选项使用铅笔工具绘图时，当光标的起点位于以前使用铅笔工具绘制的线条上时，可以在光标经过的地方填充背景色。

5.2.3　【画笔】面板

选择【窗口】|【画笔】命令，弹出如图5.7所示的【画笔】面板。

工具箱的很多工具选项条中都有【画笔】选项，要设置【画笔】选项必须要掌握【画笔】面板，因为各种笔刷属性的调整设置参数基本上集中在【画笔】面板中。

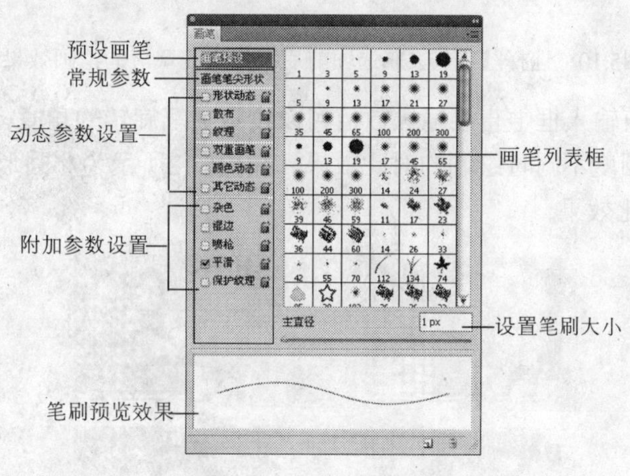

图5.7　【画笔】面板

在默认状态下，【画笔预设】选项被选中，在【画笔】面板的画笔列表框中，通过点按可以选择不同的画笔笔刷。

下面详细讲解【画笔】面板中的各个参数选项。

1. 设置常规参数

点按【画笔】面板中的【画笔笔尖形状】选项，显示如图5.8所示的【画笔】面板，在此可以设置当前画笔的基本属性，其中包括画笔的【直径】、【圆度】、【间距】等参数。

- 直径：在【直径】数值输入框中输入数值或调节滑块，可以设置画笔的大小，数值越大，画笔直径越大，如图5.9所示。

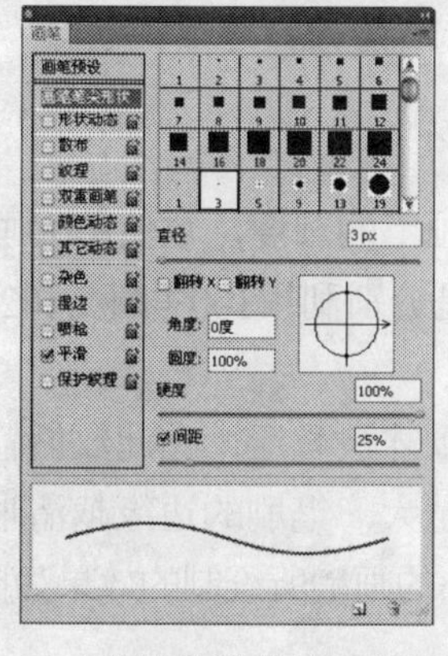

图5.8　显示常规参数的【画笔】面板

图5.9　不同画笔大小绘制的粗细不同的直线

- 翻转X：选择该选项后，画笔方向将做水平翻转。如图5.10所示为保持【角度】和【圆度】数值不变的情况下选择此选项前后的绘画效果，可以看出雪花的角度在水平方向上发生了翻转。

图5.10 选择【翻转X】选项前后模拟雪花飞落的绘画效果

- 角度：在该数值输入框中直接输入数值可以设置画笔旋转的角度。如图5.11所示为圆形画笔角度相同圆度不同时绘制的对比效果，如图5.12所示为非圆形画笔角度相同圆度不同时绘制的对比效果。

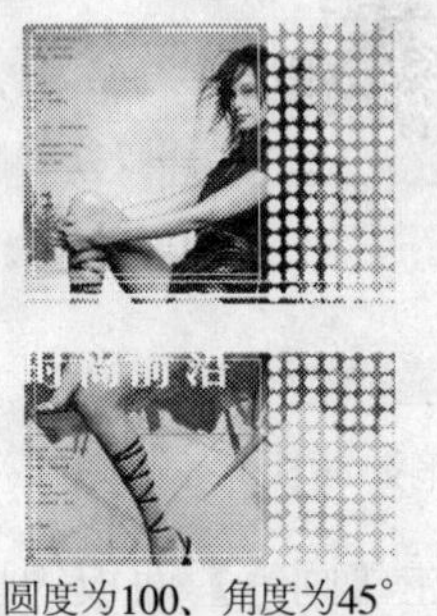

圆度为100、角度为45°

圆度为50、角度为45°

图5.11 圆形画笔绘图对比效果

圆度为100、角度为45°

圆度为50、角度为45°

图5.12 非圆形画笔绘图对比效果

- 圆度：在【圆度】数值输入框中输入数值可以设置画笔的圆度，数值越大画笔越趋向于正圆或画笔在定义时所具有的比例。如图5.13所示是分别利用100%圆度和20%圆度的画笔绘制的效果。
- 硬度：当在画笔列表框中选择椭圆形画笔时，此选项才被激活。在此数值输入框中输入数值或调节滑块，可以设置画笔边缘的硬度，数值越大，笔刷的边缘越清晰，数值越小边缘越柔和。硬度为90%和硬度为0%时，用同一大小的画笔所绘制的效果如图5.14所示。

图5.13　不同圆度的画笔效果

- 间距：在该数值输入框中输入数值或调节滑块，可以设置绘图时组成线段的两点间的距离，数值越大间距越大。将画笔的【间距】设置为一个足够大的数值，可以得到如图5.15所示的点线效果。

图5.14　不同画笔硬度的效果

图5.15　点线效果

2. 形状动态参数

形状动态参数区域的选项包括，形状动态、散布、纹理、双重画笔、颜色动态、其他动态，配合应用各种选项可得到非常丰富的画笔效果。

选择【形状动态】选项，【画笔】面板显示如图5.16所示。

- 大小抖动：此参数控制画笔在绘制过程中尺寸的波动幅度，数值越大，波动的幅度越大，如图5.17所示为使用音乐符画笔分别设置不同“大小抖动”数值时得到的不同效果。

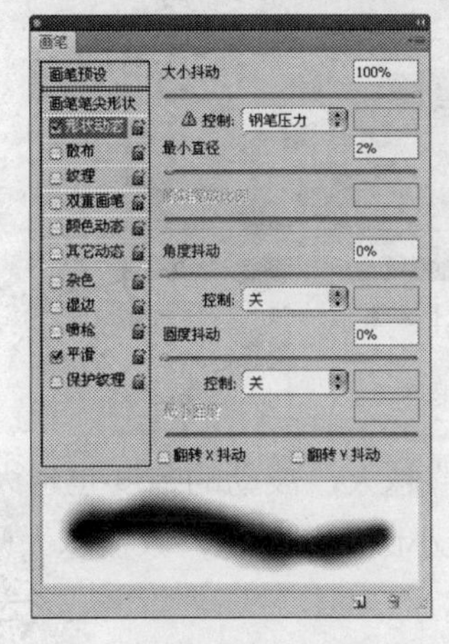

图5.16　选择【形状动态】时的【画笔】面板

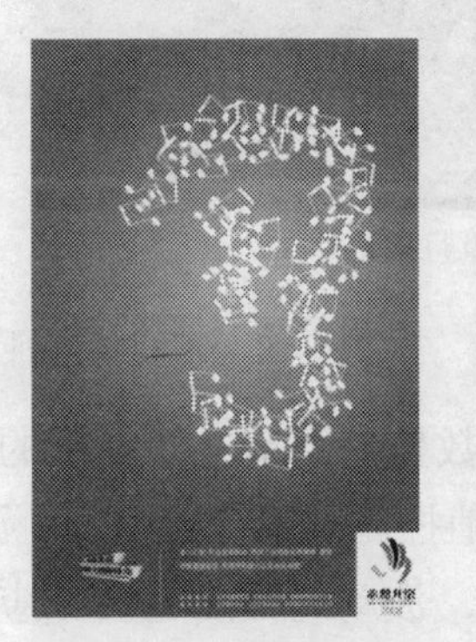
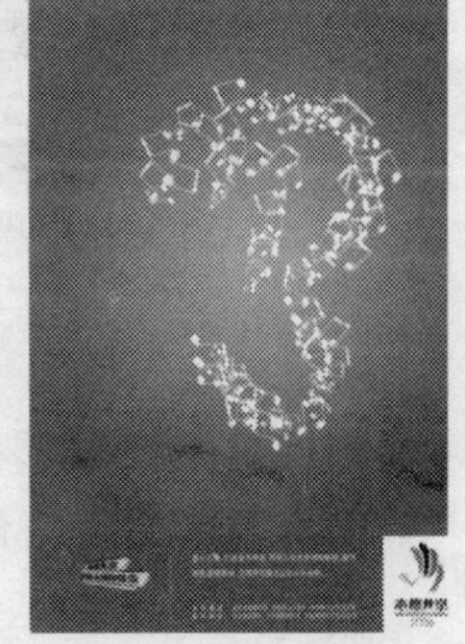

图5.17　不同【大小抖动】数值的对比效果图

为方便示例，笔者在此为瓶子形画笔设置了一个较大的间距值，因此其间距较大。

【大小抖动】选项下方的【控制】选项控制画笔波动的方式，其中包括：关、渐隐、钢笔压力、钢笔斜度、光笔轮等五种方式。

选择【渐隐】选项，将激活其右侧的数值输入框，在此可以输入数值以改变画笔笔触渐隐的步长，数值越大，画笔消失的速度越慢，其描绘的线段越长，对比效果如图5.18所示。

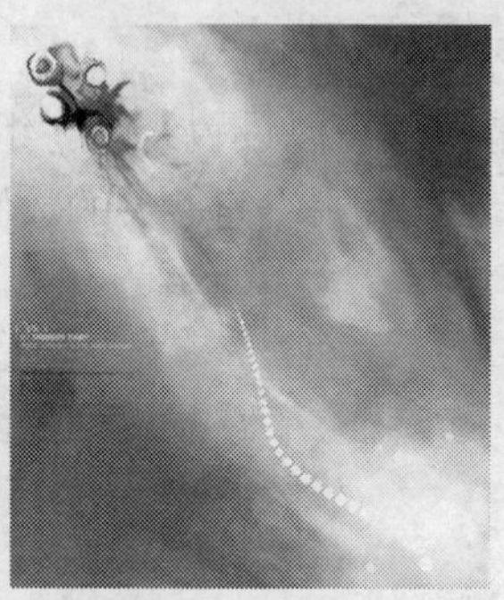

【渐隐】数值为40

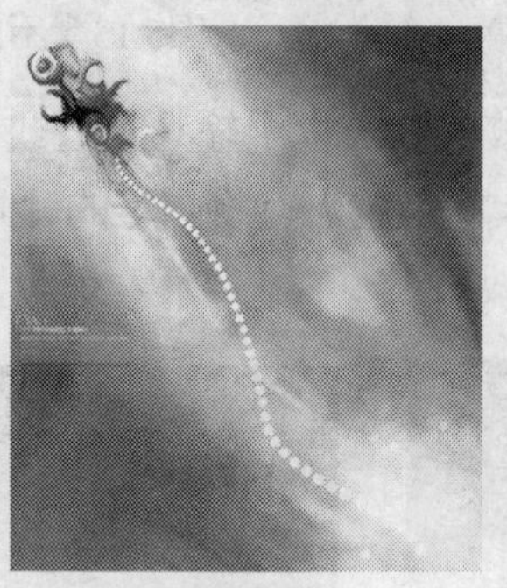

【渐隐】数值为70

图5.18　不同渐隐数值的对比效果图

由于钢笔压力、钢笔斜度、光笔轮三种方式都需要压感笔的支持，因此如果没有安装此硬件，在【控制】下拉列表框的左侧将显示一个叹号 控制: 钢笔压力 。

- 最小值径：此数值控制尺寸发生波动时画笔的最小尺寸。数值越大，发生波动的范围越小，波动的幅度也会相应变小，画笔的尺寸动态达到最小时尺寸最大。
- 角度抖动：此参数控制画笔在角度上的波动幅度，数值越大，波动的幅度也越大，画笔显得越紊乱，其效果如图5.19所示。

【角度抖动】值为0

【角度抖动】值为55

图5.19　不同角度抖动数值的对比效果图

- 圆度抖动：此参数控制画笔在圆度上的波动幅度，数值越大，波动的幅度也越大。
- 最小圆度：此数值控制画笔在圆度发生波动时画笔的最小圆度尺寸值，数值越大则发生波动的范围越小，波动的幅度也会相应变小。

3. 散布参数

在【画笔】面板中选择【散布】选项，【画笔】面板如图5.20所示，其中包括散布、数量、数量抖动等参数。

· 散布：此参数控制画笔偏离使用画笔绘制的笔划的偏离程度。数值越大，偏离的程度越大，如图5.21所示为在其他参数相同的情况下，设置不同“散布”数值时的不同绘画效果。

· 两轴：选择此复选框，画笔点在X和Y两个轴向上发生分散，如果不选择此复选框，则只在X轴向上发生分散。

· 数量：此参数控制笔划上画笔点的数量，数值越大构成画笔笔划的点越多，如图5.22所为其他参数相同的情况下使用较小“数量”值与较大“数量”值时所得到的不同绘画效果。

· 数量抖动：此参数控制在绘制的笔划中画笔点数量的波动幅度。数值越大得到的笔划中画笔的数量抖动幅度越大。

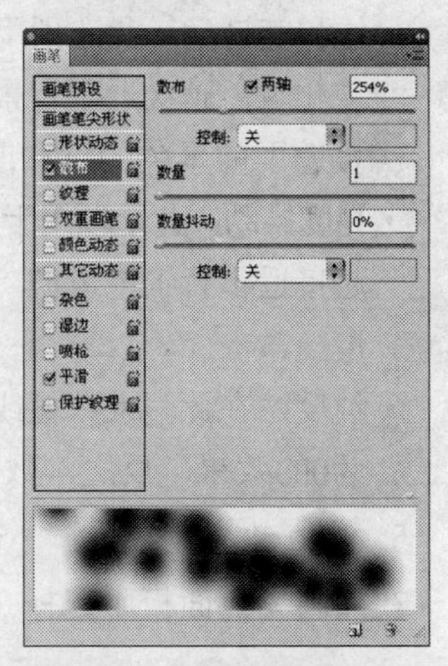

图5.20 选择【散布】选项的【画笔】面板

图5.21 不同散布数值的对比效果图

图5.22 设置不同的数量值得到的效果

4. 颜色动态

在【画笔】面板中选择【颜色动态】选项，其【画笔】面板如图5.23所示，选择此选项可以动态改变画笔颜色效果。

· 前景/背景抖动：在此输入数值或拖动滑块，可以在应用画笔时控制画笔的颜色变化情况。数值越大画笔的颜色发生随机变化时，越接近于背景色，反之，数值越小画笔的颜色发生随机变化时，越接近于前景色。

· 色相抖动：此选项用于控制画笔色调的随机效果，数值越大画笔的色调发生随机变化时，越接近于背景色色相，反之，数值越小画笔的色调发生随机变化时，越接近于前景色色相。

- 饱和度抖动：此选项用于控制画笔饱和度的随机效果，数值越大画笔的饱和度发生随机变化时，越接近于背景色的饱和度，反之，数值越小画笔的饱和度发生随机变化时，越接近于前景色的饱和度。
- 亮度抖动：此选项用于控制画笔亮度的随机效果，数值越大画笔的亮度发生随机变化时，越接近于背景色色调，反之，数值越小画笔的亮度发生随机变化时，越接近于前景色亮度。
- 纯度：在此输入数值或拖动滑块，可以控制笔划的纯度，数值为-100时笔划呈现饱和度为0的效果，反之，数值为100时笔划呈现完全饱和的效果。

5. 其他动态

在【画笔】面板中选择【其他动态】选项时，【画笔】面板如图5.24所示。

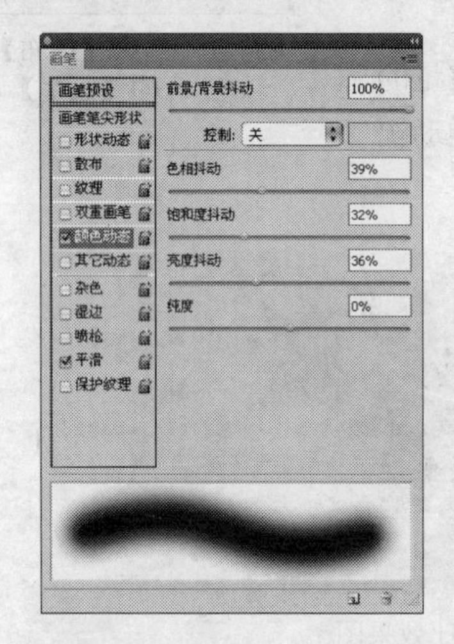

图5.23 选择【颜色动态】选项的【画笔】面板

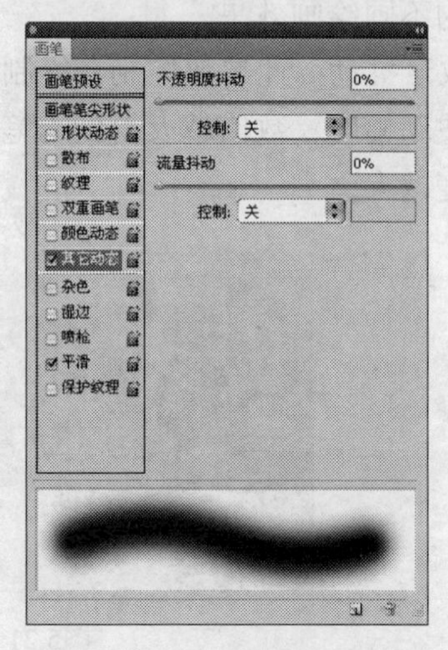

图5.24 选择【其他动态】选项时【画笔】面板

选择【其他动态】选项时，【画笔】面板中的参数解释如下。

- 不透明度抖动：此选项用于控制画笔的随机不透明度效果。如图5.25所示为在保持其他参数不变的情况下，以不同【不透明度抖动】数值绘制图像背景的效果。

图5.25 设置不同的【不透明度抖动】数值时为模特背景绘画的效果

- 流量抖动：此选项用于控制用画笔绘制时的消褪速度，百分数越大，消褪越明显。

6. 管理预设画笔

Photoshop有多种预设的画笔，在默认情况下，只显示其中的一部分，要显示其他预设的画笔，可以点按【画笔】面板右侧的按钮，在弹出的菜单中选择要调入的画笔名称，弹出如图5.26所示的对话框。

在对话框中点按【确定】按钮即可显示调入的画笔；点按【追加】按钮，可以将选择的画笔添加至【画笔】面板中。

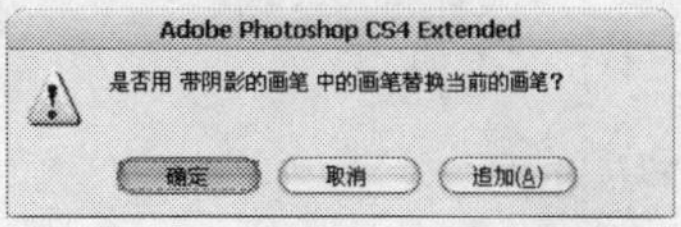

图5.26　调入预设的画笔对话框

7. 定义画笔

如果需要更个性化的画笔，需要自定义画笔。

自定义画笔的方法非常简单，其操作步骤如下。

（1）创建要定义为画笔的对象，可以是图像或文字。

（2）选择要作为画笔的图像或文字（选择时可以使用矩形选框工具、套索工具、魔棒工具等），将要定义为画笔的部分选中，如图5.27所示。

注意：选择区域的形状可以是规则型的，也可以是不规则型的，但其形状会影响画笔的形状。

（3）选择【编辑】|【定义画笔预设】命令，在弹出的对话框中输入画笔的名称，然后点按【确定】按钮，如图5.28所示。

图5.27　选择要定义为画笔的部分

图5.28　【画笔名称】对话框

（4）完成操作后，即可在【画笔】面板中查看到新定义的画笔。

5.3　橡皮擦工具

利用橡皮擦工具可以擦除图像，并以背景色或透明像素填充被擦除的区域。

利用背景橡皮擦工具可以直接擦除图像的像素，使擦除的地方变为透明。

利用魔术橡皮擦工具可以一次性选择并擦除容差值以内的所有颜色。

5.3.1　橡皮擦工具

在工具箱中选择橡皮擦工具，其工具选项条如图5.29所示。

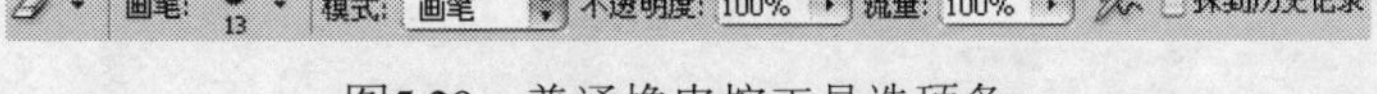

图5.29　普通橡皮擦工具选项条

用橡皮擦工具在图像的背景层中擦除时，擦除的区域将填充背景色；擦除非背景层中的其他图层中的内容时，被擦除的区域变为透明。

- 画笔：在此下拉列表框中选择用于擦除的画笔。
- 模式：在此下拉列表中选择擦除时的模式，其中包括，画笔、铅笔和块，依次选择这三个选项，分别可以得到柔和的、硬边的、块状的擦除痕迹。
- 不透明度：此数值框中的数值用于设置擦除笔刷的不透明度，如果数值低于100%，则擦除后不会完全去除被操作区域的像素，如图5.30所示。

图5.30　为橡皮擦工具设置不同不透明度数值擦除后的效果

- 抹到历史记录：选择该复选框进行擦除时，系统不再以背景色或透明填充被擦除的区域，而是以历史面板中选择的图像状态覆盖当前被擦除的区域。

5.3.2　背景橡皮擦工具

背景橡皮擦工具可用于擦除图层中的图像，使被擦除的区域转变为透明，在擦除像素的同时还可以保留图像的边缘。从操作原理上讲，背景橡皮擦将采集画笔中心（也称为热点）的色样，并擦除此工具操作范围内任何位置出现的采样颜色。

选择背景橡皮擦工具，其工具选项条如图5.31所示。

画笔: 13　限制: 连续　容差: 50%　保护前景色

图5.31　背景擦除工具选项条

此工具选项条中的【画笔】选项与橡皮擦工具一样，这里不再一一详述。

- 取样模式：分别点按3个图标，可以分别用3种不同的取样模式进行擦除操作。点按图标，可以使用此工具随着移动连续进行颜色取样。点按图标，只在开始进行擦除操作时进行一次取样操作。点按图标，以背景色进行取样，从而只擦除图像中有背景色的区域。
- 限制：在此下拉列表框中选择擦除的限制，其中包括【不连续】、【连续】和【查找边缘】3个选项。选择【连续】选项，只擦除在容差范围内与取样颜色连续的颜色区域，此选项的作用与【不连续】恰好相反，如图5.32所示为原图像以及分别选择这两个选项进行操作的效果。选择【查找边缘】选项，可以在擦除颜色时保存图像的对比明显的边缘。

图5.32　原图像及设置不同【限制】选项时的擦除效果

• 容差：此数值用于设定擦除图像时的色值范围，低容差仅擦除与采样颜色非常相似的区域，高容差将擦除范围更广的颜色，如图5.33所示。

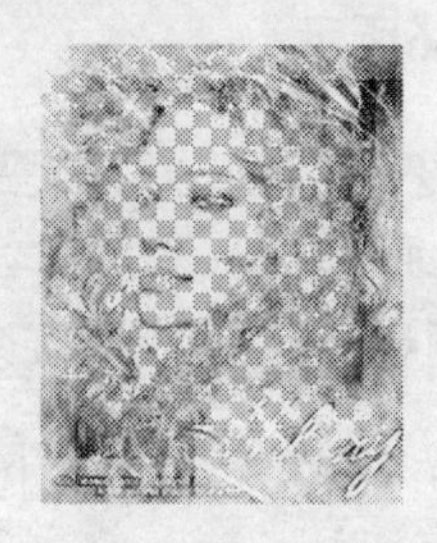
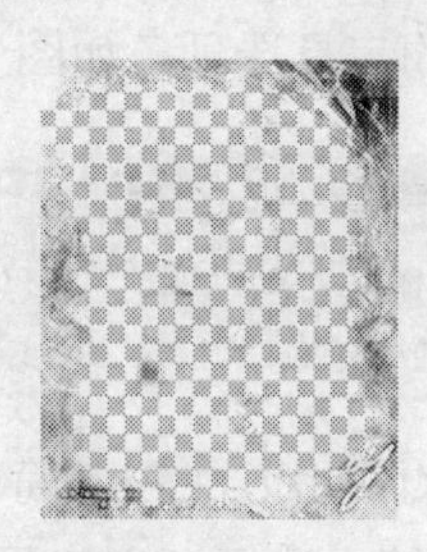

图5.33　原图像及设置不同【容差】值时的擦除效果

• 保护前景色：选择此复选框，可在擦除的过程中保护图像中填充有前景色的图像区域不被擦除。

5.3.3　魔术橡皮擦工具

使用魔术橡皮擦工具可以一次性擦除图像中具有相同颜色的图像，选择魔术橡皮擦工具后，其工具选项条如图5.34所示。

图5.34　魔术橡皮擦工具选项条

• 容差：此数值用于确定擦除图像的颜色的容差范围。
• 消除锯齿：选择此复选框，可以消除擦除后图像出现的锯齿。
• 连续：选择此复选框魔术橡皮擦工具只对连续的、符合颜色容差要求的像素进行擦除，如图5.35所示。

点按位置示意

选择【连续】复选框后点按的效果

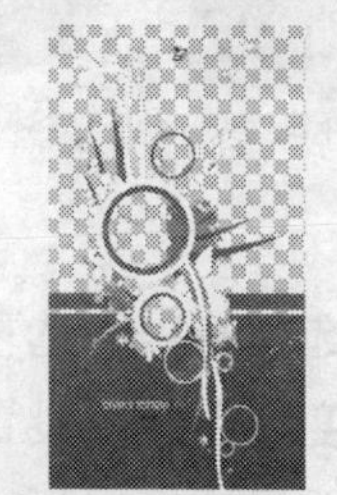
未选择【连续】复选框后点按的效果

图5.35　魔术橡皮擦操作示例

• 对所有图层取样：选择此复选框，无论在哪个图层上操作，魔术橡皮擦工具的擦除操作对所有可见图层中的图像都发生作用。
• 不透明度：此数值框中的数值用于设定擦除时的不透明度。

5.4　渐变工具

渐变工具用于创建不同颜色间的混合过渡效果，Photoshop提供了可以创建5类渐变的渐变工具，即线性渐变工具、径向渐变工具、角度渐变工具、对称渐变工具、菱形渐变工具。

5.4.1 渐变工具选项条

渐变工具的工具选项条如图5.36所示。

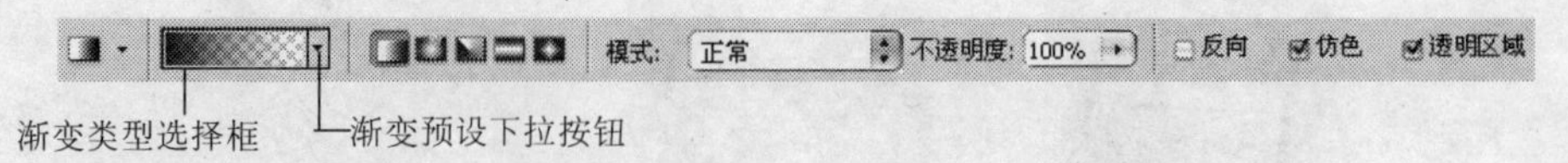

图5.36 渐变工具选项条

渐变工具的使用方法较为简单，其操作步骤如下所述。

（1）在工具箱中选择渐变工具。

（2）在工具选项条的5种渐变类型中选择合适的渐变类型。

（3）点按【渐变效果框】下拉按钮，弹出的如图5.37所示的【渐变类型】面板，在其中选择合适的渐变效果。

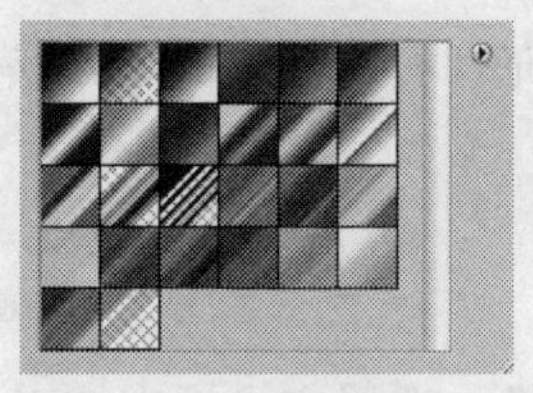

图5.37 渐变类型面板

（4）设置渐变工具选项条中的其他的选项。

（5）在图像中拖动渐变工具，即可创建渐变效果。

在拖动过程中拖动的距离越长，渐变过渡越柔和，反之过渡越急促。在拖动过程中，按shift键可以在水平、垂直或45°方向应用渐变。

- 渐变类型：在Photoshop中共可以创建5种类型的渐变，如图5.38所示。

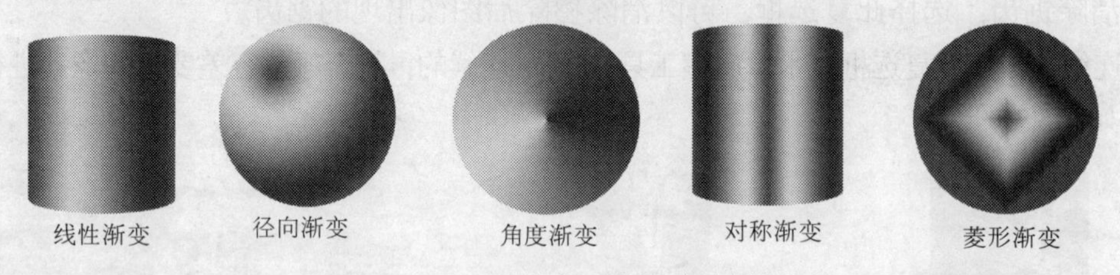

图5.38 不同渐变类型的渐变效果

- 模式：选择其中的选项可以设置渐变颜色与底图的混合模式。
- 不透明度：在此可设置渐变的不透明度，数值越大则渐变越不透明，反之越透明。
- 反向：选择该复选框，可以使当前的渐变反向填充。
- 仿色：选择该复选框，可以平滑渐变中的过渡色，以防止在输出混合色时出现色带效果，从而导致渐变过渡出现跳跃效果。
- 透明区域：选择该复选框可使当前的渐变按设置呈现透明效果，反之，即使此渐变具有透明效果亦无法显示出来。

5.4.2 创建实色渐变

虽然Photoshop所自带的渐变类型足够丰富，但在有些情况下，我们还是需要自定义新的渐变，以配合图像的整体效果。要创建实色渐变可按下述步骤操作。

（1）在工具选项条中选择任一种渐变工具。

（2）点按渐变类型选择框，如图5.39所示，即可调出如图5.40所示的【渐变编辑器】对话框。

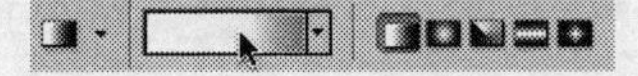

图5.39　点按渐变类型选择框

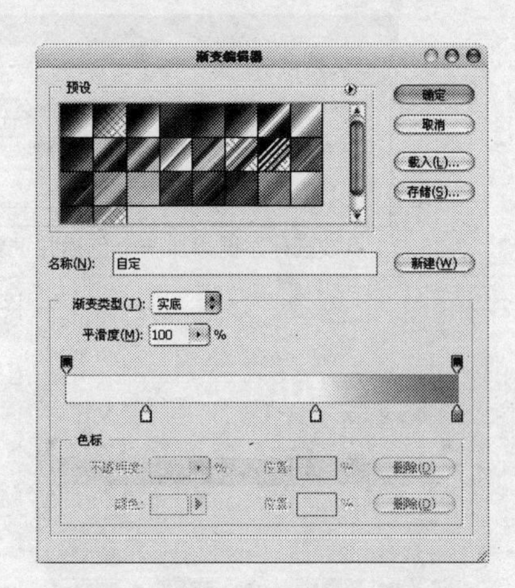

图5.40　【渐变编辑器】对话框

（3）点按【预置】区域中的任意一种渐变，以基于该渐变来创建新的渐变。

（4）在【渐变类型】下拉列表框中选择【实底】选项，如图5.41所示。

（5）点按起点颜色色标使该色标处于选中的状态，如图5.42所示。

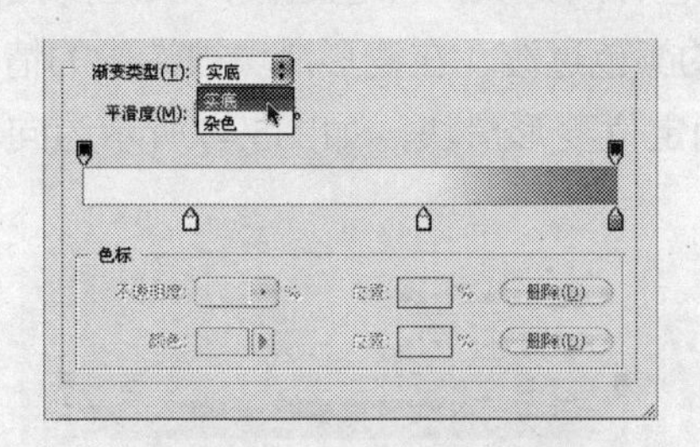

图5.41　选择渐变类型

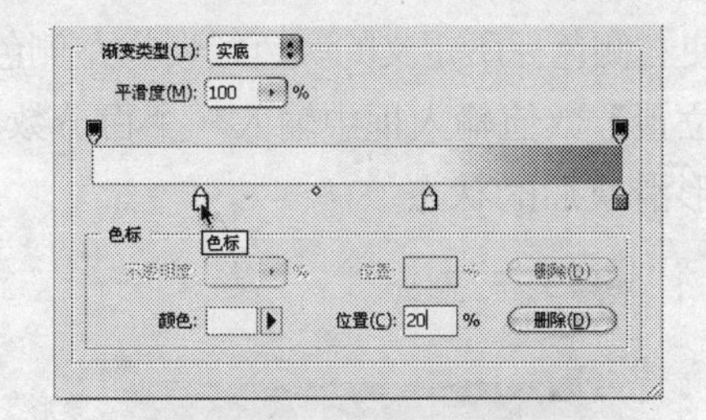

图5.42　选择颜色块

（6）点按该对话框底部的【颜色】右侧的三角按钮▸，弹出选项菜单，该菜单中各选项的解释如下。

- 选择【前景】以将该色标定义为前景色，选择此选项可使此色标所定义的颜色随前景色的变化而变化。
- 如果选择【背景】可以将该色标定义为背景色，选择此选项可使此色标所定义的颜色随背景色的变化而变化。
- 如果需要选择其他颜色来定义该色标，可选择【用户颜色】选项或双击色标，在弹出的【选择色标颜色】对话框中选择颜色。

（7）按照本示例（5）、（6）中所述方法为其他色标定义颜色。

（8）如果需要在起点与终点色标中添加色标以将该渐变类型定义为多色渐变，可以直接在渐变条下面的空白处点按，如图5.43所示，然后按照（5）、（6）中所述的方法定义该处色标的颜色。

（9）要调整色标的位置，可以按住鼠标将色标拖曳到目标位置，如图5.44所示，或在色标被选中的情况下，在【位置】数值输入框中输入数值，以精确定义色标的位置，如图5.45所示为改变色标位置后的状态。

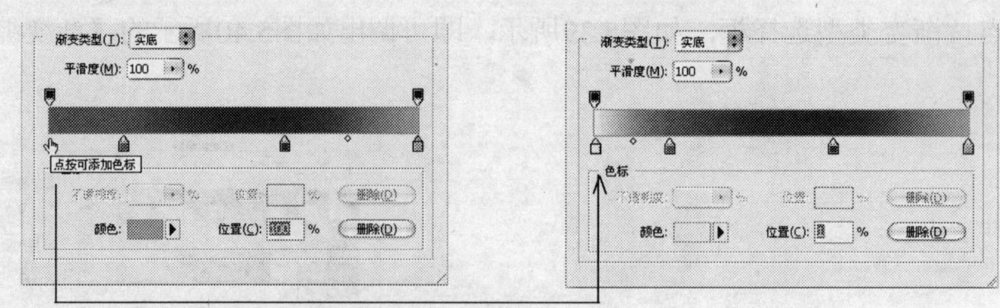

图5.43　创建色标

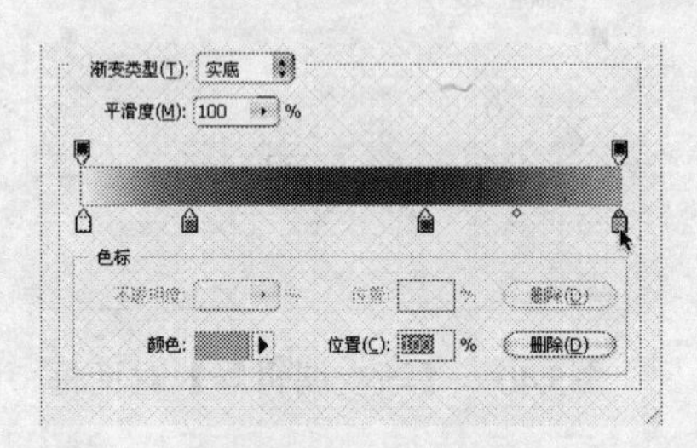

图5.44　拖动色标

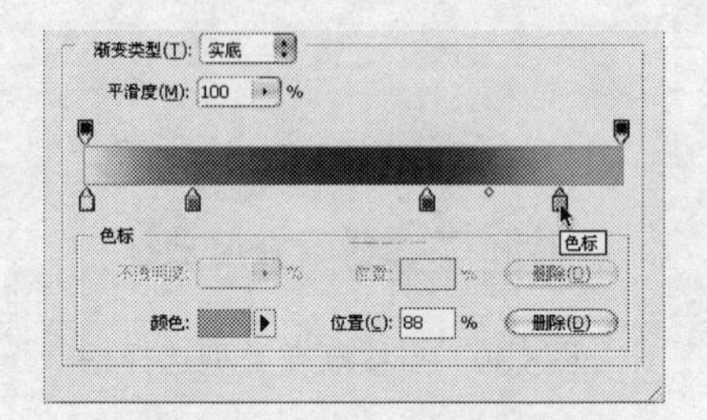

图5.45　拖动色标后状态

（10）如果需要调整渐变的急缓程度，可以拖曳两个色标中间的菱形滑块，如图5.46所示。向右侧拖动可以使右侧色标所定义的颜色缓慢向左侧色标所定义的颜色过渡，反之，向左侧拖动可使右侧色标所定义的颜色缓慢向左侧色标所定义的颜色过渡。在菱形滑块被选中的情况下，在【位置】数值输入框中输入一个百分数，可以精确定位菱形滑块，如图5.47所示为向右侧拖动菱形滑块后的状态。

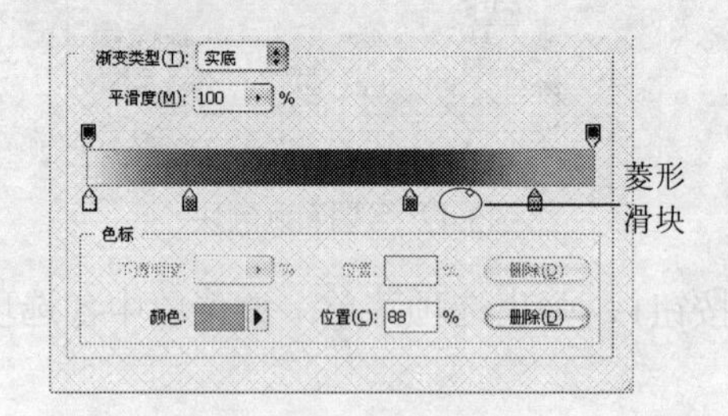

图5.46　拖动菱形滑块

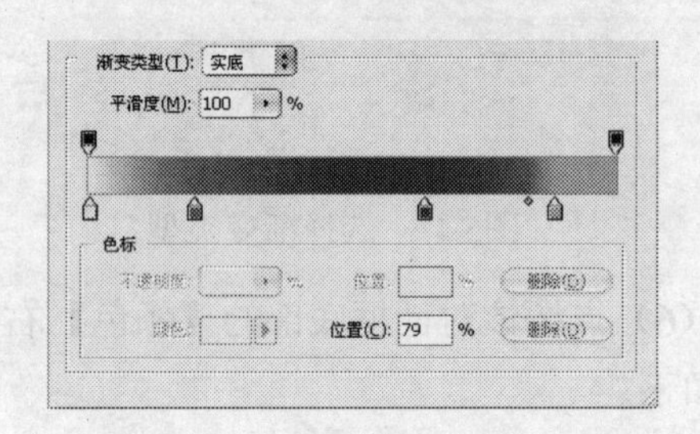

图5.47　拖动菱形滑块后的状态

（11）如果要删除处于选中状态下的色标，可以直接按delete键，或者按住鼠标向下拖动，直至该色标消失为止，如图5.48所示。

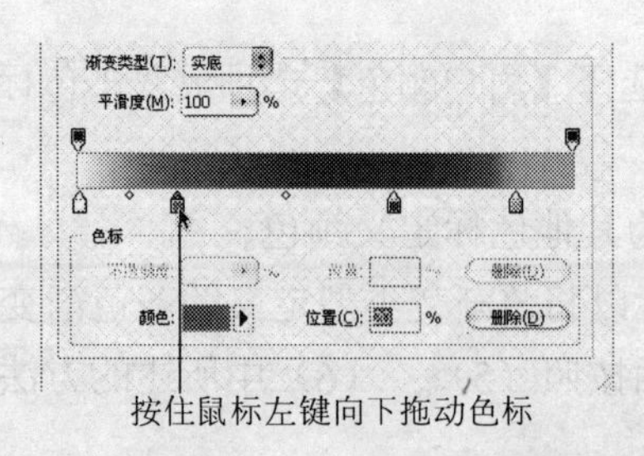

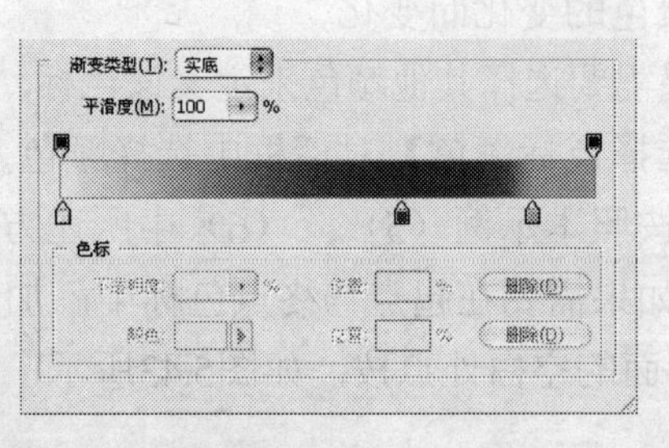

图5.48　删除色标及删除色标后的状态

（12）拖动菱形滑块定义该渐变的平滑程度。

（13）完成渐变颜色设置后，在【名称】输入框中输入该渐变的名称。

（14）如果要将渐变存储在预设置面板中，点按【新建】按钮即可。

（15）点按【确定】按钮退出【渐变编辑器】对话框，新创建的渐变自动处于被选中状态。

5.4.3 创建透明渐变

在Photoshop中除可创建不透明的实色渐变外，还可以创建具有透明效果的渐变。

要创建具有透明效果的渐变，可以按下述步骤操作。

（1）按照上一小节创建实色渐变的方法创建一个实色渐变。

（2）在渐变条上方需要产生透明效果处点按，以增加一个不透明色标，如图5.49所示。

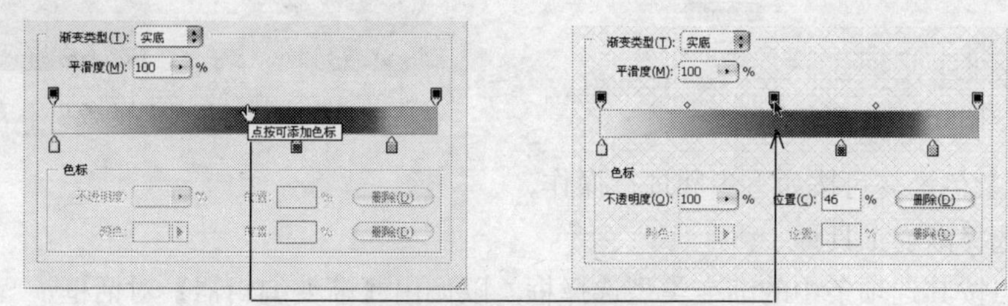

图5.49 增加不透明色标

（3）在该透明色标处于被选中状态下，在【不透明度】数值输入框中输入数值以定义其透明度。

（4）如果需要在渐变条的多处产生透明效果，可以在渐变条上多次点按，以增加多个不透明色标。

（5）如果需要控制由两个不透明色标所定义的透明效果间的过渡效果，可以拖动两个色标中间的菱形滑块。

如图5.50所示为一个非常典型的具有多个不透明色标的透明渐变，如图5.51所示为应用渐变后的效果，可以看出图像四角部分均不透明，仅中间的区域呈现透明效果。

图5.50 具有多个不透明色标的渐变

在【渐变编辑器】对话框中，不透明度色标值从左至右分别为100%、32%、100%、0%、32%。

图5.51 在透明背景上的渐变效果及对一幅图像应用渐变后的效果

在使用具有透明度的渐变时，一定要选中渐变工具选项条上的【透明区域】复选框，否则将无法显示渐变的透明效果。

5.4.4 创建杂色渐变

除了创建平滑渐变外，还可以创建杂色渐变。如图5.52所示为笔者创建的杂色渐变，如图5.53所示为将此渐变运用在图像中的前后对比效果。

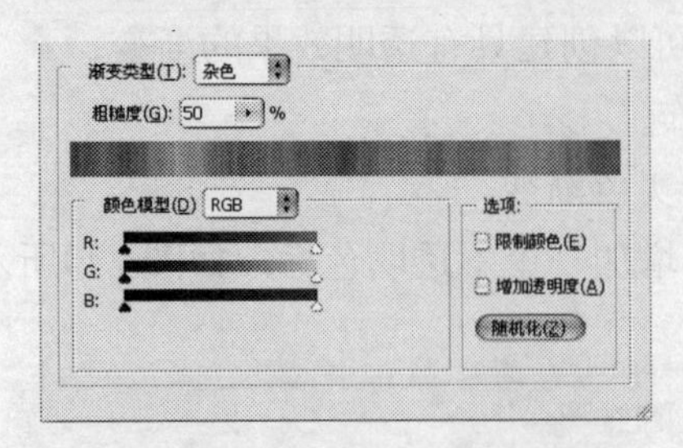

图5.52 创建杂色渐变

图5.53 运用前后的效果

要创建杂色渐变可按如下步骤进行操作。

（1）选择渐变工具。

（2）点按其选项条中的渐变类型选择框，以调出【渐变编辑器】对话框。

（3）在【渐变类型】下拉列表中选择【杂色】选项，如图5.54所示，选择该选项后则变为如图5.55所示的状态。

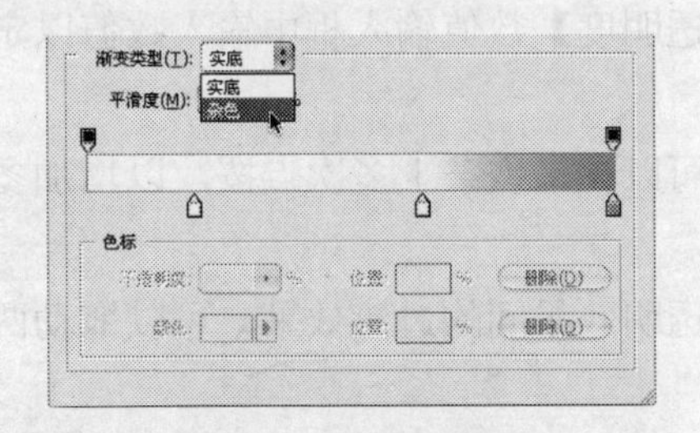

图5.54 选择渐变类型

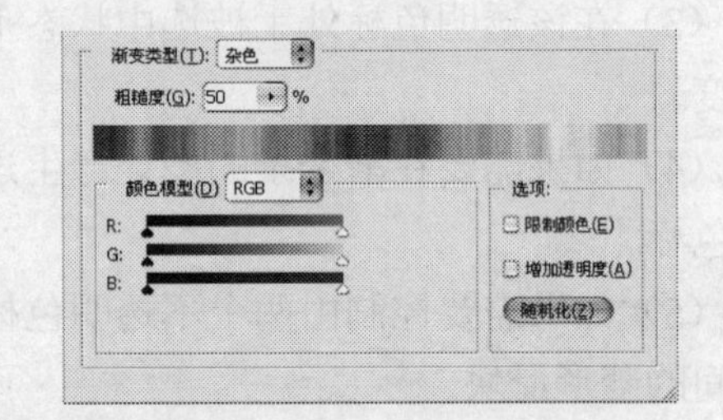

图5.55 选择【杂色】选项后的状态

（4）在【粗糙度】数值输入框中输入数值或拖动其滑块，可以控制渐变的粗糙程度，数值越大则颜色的对比度越明显，如图5.56所示为设置不同的【粗糙度】数值时呈现的渐变效果。

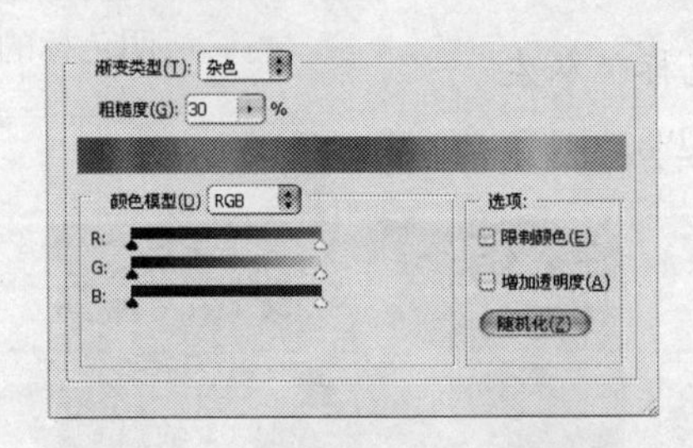

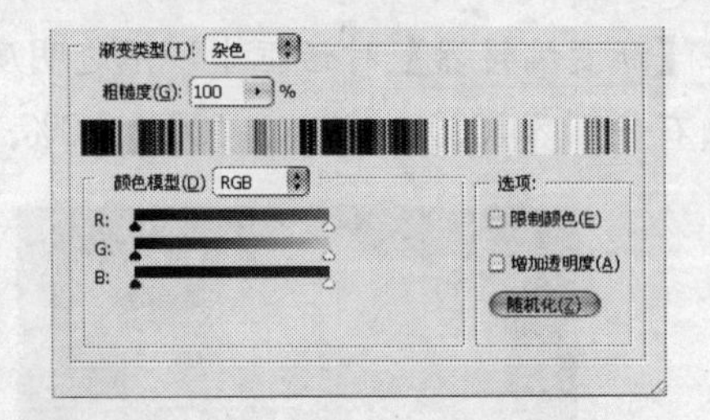

图5.56 设置不同的【粗糙度】数值时的渐变效果

（5）在【颜色模型】下拉列表中可以选择渐变颜色在取样时的色域。

（6）要调整颜色范围，拖动各个颜色滑块。对于所选颜色模型中的每个颜色组件，都可以拖动滑块定义可接受值的范围。

（7）选择【限制颜色】复选框可以避免杂色渐变中出现过饱和的颜色。

（8）选择【增加透明度】复选框可以创建出具有透明效果的杂色渐变。

（9）点按【随机化】按钮可以随机得到不同的杂色渐变。

5.4.5　存储渐变

要将一组预设渐变存储为渐变库，可按如下操作步骤进行：

（1）点按【渐变编辑器】对话框右侧的【存储】按钮。

（2）在弹出的【存储】对话框中选择文件保存的路径并输入文件名称。

（3）设置完毕后，点按【保存】按钮即可。

5.5　定义图案

如果对图案的要求并不严格，可以直接使用软件内置的默认图案，如果软件内置的图案不能够满足使用要求，则必须定义图案。

要定义图案可以按下述步骤操作。

（1）打开随书配套资料中的文件“第5章\5.5定义图案-素材.jpg”，如图5.57所示。

（2）在工具箱中选择矩形选框工具，并在其工具选项条中设置羽化数值为0。

（3）在打开的图像文件中框选图像局部作为图案，如图5.58所示。

图5.57　要定义图案的图像

图5.58　框选要定义图案的局部图像

（4）选择【编辑】|【定义图案】命令，在弹出的如图5.59所示的对话框中输入图案的名称。

这样即可在图案列表框中选择通过自定义得到的图案，如图5.60所示。

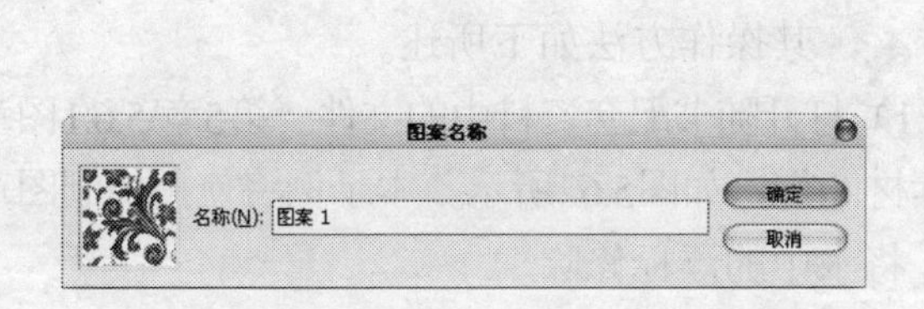

图5.59　【图案名称】对话框

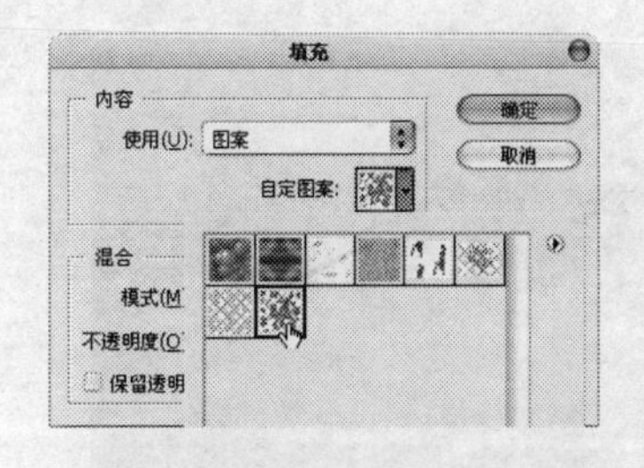

图5.60　图案选择下拉列表框

5.6　修饰图像

修饰图像常用在两种情况下，第一是通过修饰图像改变图像的局部细节或修补图像的不足之处，第二是在绘图后对图像进行修饰，从而使绘图时被忽略的细节得到纠正。

Photoshop中常用的修饰图像工具包括仿制图章工具、修补工具两大类，下面分别进行一一讲述。

5.6.1 图章工具

图章工具能够复制图像或图案的一部分至同一个图像文件其他区域或另一个图像文件中。虽然同样是复制操作，此工具不同于【拷贝】、【粘贴】命令之处在于，使用绘图工作方式进行复制，具有非常大的灵活性，可以对图像的局部进行复制操作。

图章工具包括两种，一种是仿制图章工具，另一种是图案图章工具。

1. 仿制图章工具

选择仿制图章工具后，其工具选项条如图5.61所示。

画笔: 模式: 正常 不透明度: 100% 流量: 100% 对齐 样本: 当前图层

图5.61 仿制图章工具选项条

下面讲解其中几个重要的选项。

- 对齐：在此复选框被选择的状态下，整个取样区域仅应用一次，即使操作由于某种原因而停止，再次继续使用仿制图章工具进行操作时，仍可从上次结束操作时的位置开始。反之，如果未选择此复选框，则每次停止操作再继续绘画时，都将从初始参考点位置开始应用取样区域，因此在操作过程中，参考点与操作点间的位置与角度关系处于变化之中，该复选框对在不同的图像上应用图像的同一部分的多个副本很有用。
- 样本：在此下拉列表框中，我们可以选择定义源图像时所取的图层范围，其中包括了【当前图层】、【当前和下方图层】以及【所有图层】3个选项，从其名称上便可以轻松理解在定义样式时所使用的图层范围。
- 忽略调整图层按钮：在【样本】下拉列表框中选择了【当前和下方图层】或【所有图层】时，该按钮将被激活，按下以后将在定义源图像时忽略图层中的调整图层。

注意 调整图层的内容请参考本书8.1节。

图5.62 素材图像

在此以修除水中的杂物为例，讲解如何使用仿制图章工具，其操作方法如下所述。

（1）打开随书配套资料中的文件“第5章\5.6.1图章工具-素材.tif”，如图5.62所示。本示例将使用仿制图章工具将水中的浮标修除。

（2）在工具箱中选择仿制图章工具，设置其工具选项条如图5.63所示。

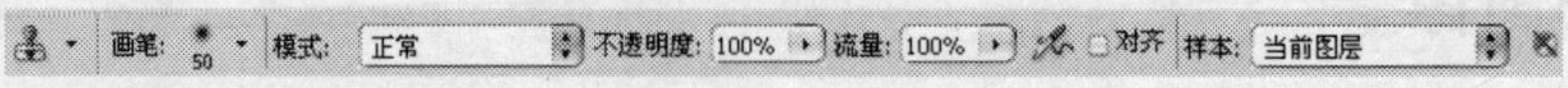

画笔: 50 模式: 正常 不透明度: 100% 流量: 100% 对齐 样本: 当前图层

图5.63 仿制图章工具选项条

提示 在此不要选择“对齐”复选框，这样在复制过程中可以重复在取样点进行取样复制。另外，笔者选择的是“正常”模式，各位读者也可以尝试选择不同的模式，以观察得到的不同效果。

（3）按住option键的同时使用仿制图章工具在海水的波浪上点按，如图5.64所示，以确定复制的取样点。

图5.64　定义取样点

（4）确定取样点后，释放option键，然后在浮标上涂抹以去除图像，如图5.65所示。按照同样的方法进行涂抹，如图5.66所示是去除外层浮标后的图像效果，如图5.67所示是去除所有浮标后的效果，此时图像的整体效果如图5.68所示。

图5.65　开始涂抹

图5.66　去除外层浮标

图5.67　去除全部浮标

图5.68　整体效果

在使用仿制图章工具进行复制的过程中，图像参考点位置将显示一个十字准心，而在操作处将显示仿制图章工具图标或代表笔刷大小的空心圆，在“对齐”选项被选中的情况下，十字准心与操作处显示的图标或空心圆间的相对位置与角度不变。

2. 图案图章工具

图案图章工具用来选择图像的某一部分，然后将选择区作为图案来绘制。图案图章工具的工具选项条如图5.69所示，其中的选项说明请参看前面的介绍。

画笔: 21　模式: 正常　不透明度: 100%　流量: 100%　对齐　印象派效果

图5.69　图案图章工具选项条

与仿制图章工具不同的是，图案图章工具用一个自定义或预设的图案覆盖制作区域。

5.6.2 使用【仿制源】面板

使用图章工具无法实现定义多个仿制源点的功能，换言之，当我们按住option再次从一个新的图像区域开始定义复制源点时，旧的复制源点将被取代，自CS3版本以来，不仅解决了这一问题，还能够在复制时旋转、缩放被复制图像，从而为复制工作增加了更大的灵活，下面详细讲解这一革命性的【仿制源】面板。

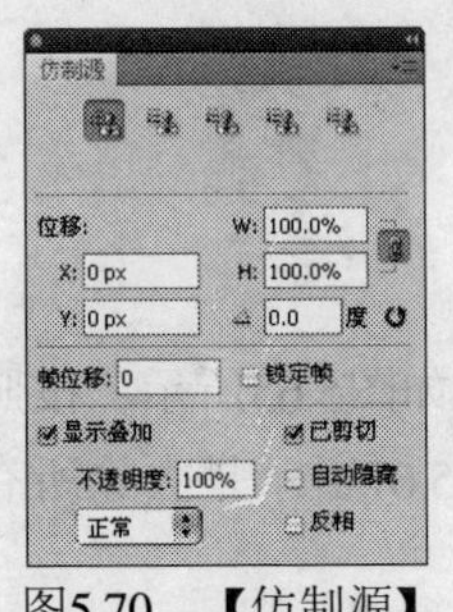

图5.70 【仿制源】面板

1. 认识【仿制源】面板

选择【窗口】|【仿制源】命令，即可显示如图5.70所示的【仿制源】面板。

可以看出来，【仿制源】面板的结构非常清晰，最上面一排图标用于定义多个仿制源，第二排用于定义进行仿制操作时图像产生的位移、旋转角度、缩放比例等情况。第三排用于处理仿制动画，最下面的一排用于定义进行仿制时显示的状态。

2. 定义多个仿制源

要定义多个仿制源，可以按下面的步骤操作。

（1）打开随书配套资料中的文件“第5章\ 5.6.2使用【仿制源】面板-1-素材.psd”，如图5.71所示，【图层】面板如图5.72所示。

图5.71 素材图像

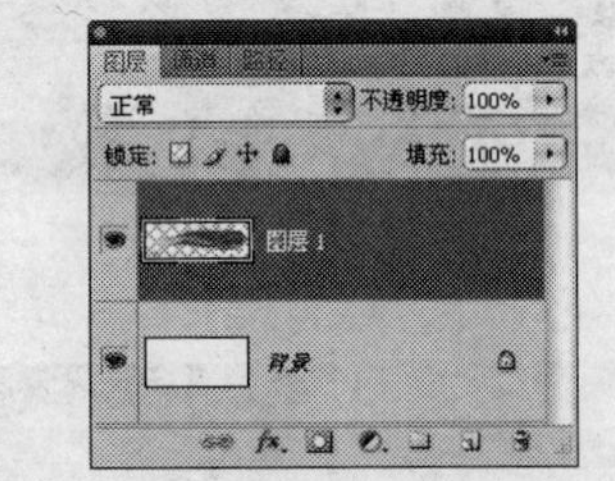

图5.72 【图层】面板

（2）在工具箱中选择仿制图章工具。设置仿制图案类型为“柔角”，大小为“100”，按住option键，用仿制图章工具在如图5.73所示的位置点按一下，以创建一个仿制源点，此时【仿制源】面板如图5.74所示，可以看到，在第一个仿制源图标的下方，有当前通过点按定义的仿制源的文件名称。

（3）在【仿制源】面板中点按第二个仿制源图标，将光标放于此图标上，可以显示如图5.75所示的提示，可以看到，这是一个还没有使用的仿制源。

图5.73 定义仿制源的位置

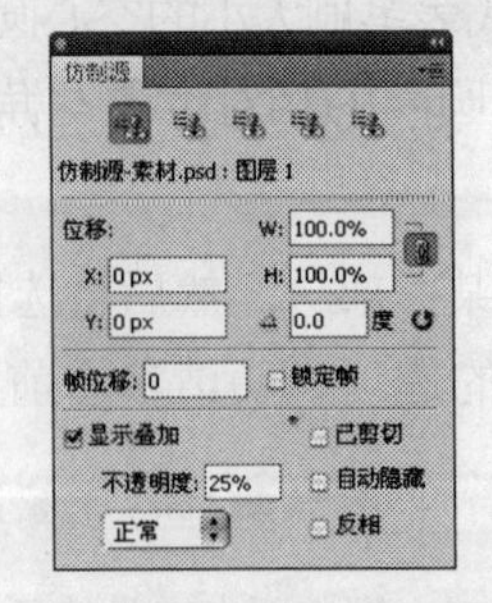

图5.74 定义第一个仿制源的面板

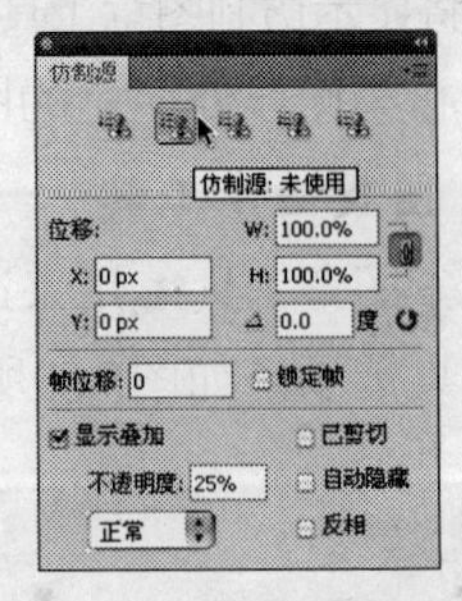

图5.75 尚未使用的仿制源图标

（4）按住option键，用仿制图章工具在图像中定义第二个仿制源的位置点按一下，即可创建第二个仿制源点。

按同样的方法，可以使用仿制图章工具定义多个仿制源点。

3. 使用多个仿制源点

按上面所讲述的方法得到多个仿制源点后，可以按下面的方法使用不同的仿制源点。

（1）确认要使用的仿制源点，点按面板中左起第一个仿制源图标，因为在前面操作中，我们用此图标进行了相关定义，状态如图5.76所示。

（2）使用仿制图章工具在图像空白处进行拖动，即可开始进行仿制操作，如图5.77所示。

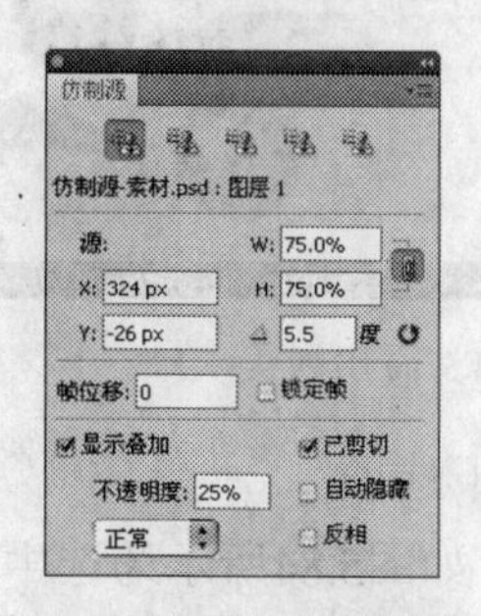

图5.76　设置仿制源的状态

图5.77　使用第一个仿制源点进行仿制操作后的效果

提示　此时可以看到复制出的鱼同原来的鱼呈现一定的夹角，且体形也变小了。

（3）点按面板中左起第二个仿制源图标，我们对此图标进行定义，状态如图5.78所示。

（4）使用仿制图章工具在图像左侧空白处进行拖动，即可进行仿制操作，操作效果如图5.79所示。

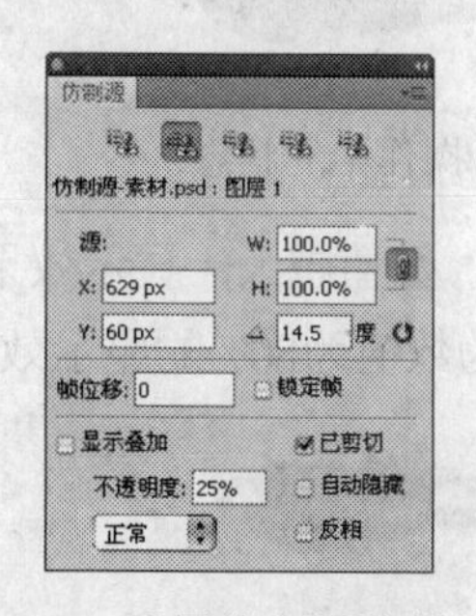

图5.78　设置仿制源的状态

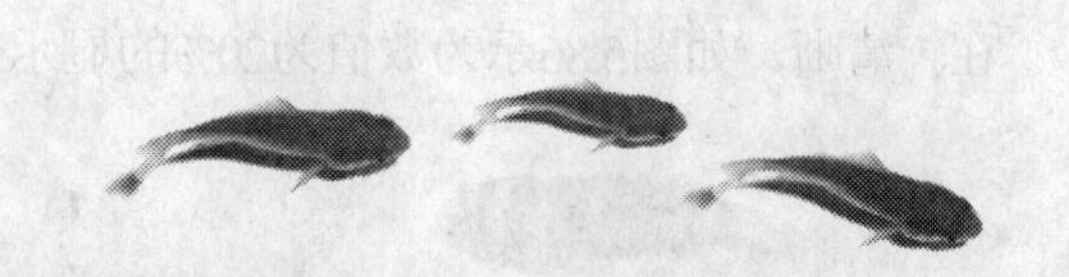

图5.79　使用第二个仿制源点进行仿制操作后的效果

（5）点按面板中左起第三个仿制源图标，我们对此图标进行定义，在如图5.80所示的位置点按，设置状态如图5.81所示。

（6）使用仿制图章工具在图像左侧空白处进行拖动，操作效果如图5.82所示，如图5.83所示为应用效果，具体操作请参考后面的章节及源文件。

4. 定义显示效果

使用最新的【仿制源】面板，可以定义在进行仿制操作时图像的显示效果，以便于我们更清晰地预知仿制操作所得到的效果。

图5.80　定义仿制源的位置

图5.81　设置仿制源的状态

图5.82　使用第三个仿制源点进行仿制操作后的效果

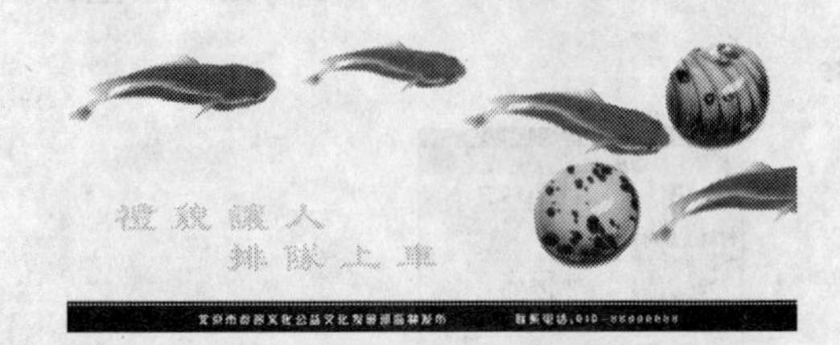

图5.83　应用效果

下面分别讲解【仿制源】面板中用于定义仿制时显示效果的若干选项。

- 显示叠加：选择此复选框，方可在仿制操作中显示预览效果，如图5.84所示为选中后未操作前的预览状态，如图5.85所示为选中后操作中的操作效果，可以看到，在叠加预览图像显示的情况下，我们能够更加准确地预见操作后的效果，从而避免错误操作。

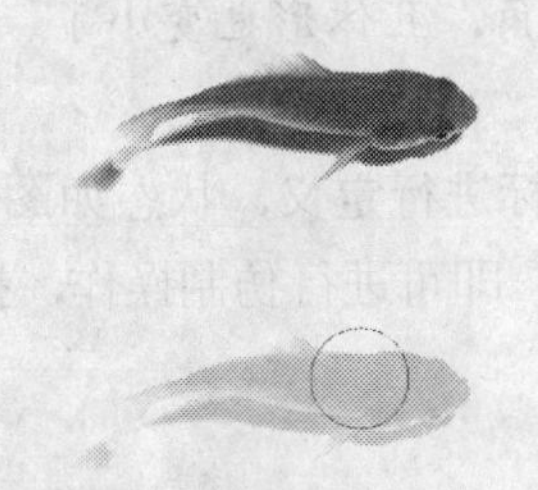

图5.84　操作前的状态

图5.85　操作中的状态

- 不透明度：此参数用于制作叠加预览图像的不透明度显示效果，数值越大，显示效果越实在、清晰，如图5.86示为数值为20%的显示效果，如图5.87示为数值为80%的显示效果。

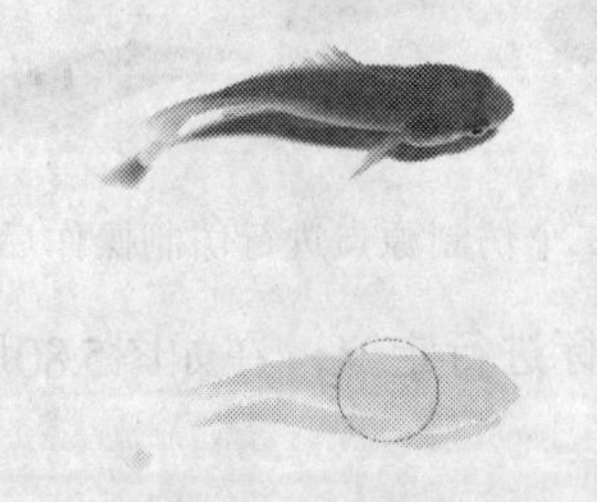

图5.86　数值为20%的显示效果

图5.87　数值为80％的显示效果

- 自动隐藏：在此复选框被选中的情况下，在进行仿制操作时，叠加预览图像将暂时处于隐藏状态，不再显示。
- 模式下拉列表框：在此下拉列表框中可以显示叠加预览图像与原始图像的叠加模式，其叠加模式如图5.88所示，各位读者可以尝试选择不同模式时的显示状态。

- 复位变换：点按此按钮，可以将W、H及角度数值输入框中的数值重新设置为0。
- 已剪切：此复选框为Photoshop CS4新增的功能，在此复选框及“显示叠加”复选框被选中的情况下，Photoshop将操作中的预视区域的大小剪切为画笔大小。
- 反相：在此复选框被选中的情况下，叠加预览图像呈反相显示状态，如图5.89所示。

图5.88　模式下拉列表

图5.89　反相显示状态

5. 变换仿制效果

除了控制显示状态，使用新的【仿制源】面板最大的优点在于，我们能够在仿制中控制所得到的图像与原始被仿制的图像的变换关系，例如，我们可以按一定的角度进行仿制，或者使仿制操作后得到的图像与原始图像呈现一定的比例。

下面通过具体操作方法。

（1）打开随书配套资料中的文件“第5章\5.6.2使用【仿制源】面板-2-素材.psd”，如图5.90所示，【图层】面板状态如图5.91所示。

图5.90　素材图像

图5.91　【图层】面板

（2）选择“图层 1”，在工具箱中选择仿制图章工具，适当设置仿制图章工具的大小并移动到如图5.92所示的位置，按住option键点按一下，以创建一个仿制源点，此时【仿制源】面板如图5.93所示。

（3）设置【仿制源】面板如图5.94所示，图像状态如图5.95所示。

（4）选择“图层 1”将其拖到创建新图层按钮上得到“图层 1 副本”，选择【仿制源】面板第二个仿制源点，状态如图5.96所示，然后将鼠标移动到如图5.97所示的位置，按option键点按定义仿制源，设置【仿制源】面板如图5.98所示，此时图像效果如图5.99所示。

图5.92　定义仿制源点的位置

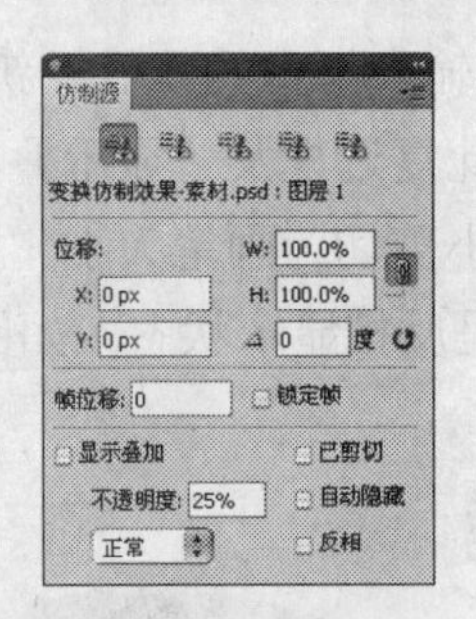

图5.93 【仿制源】面板

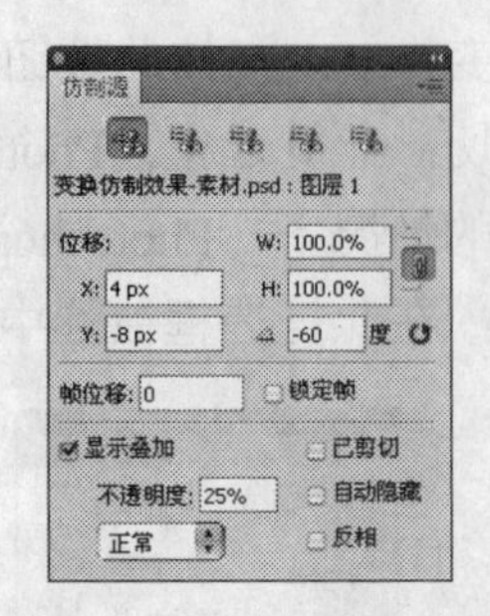

图5.94 设置参数后的面板

图5.95 调整参数后的效果

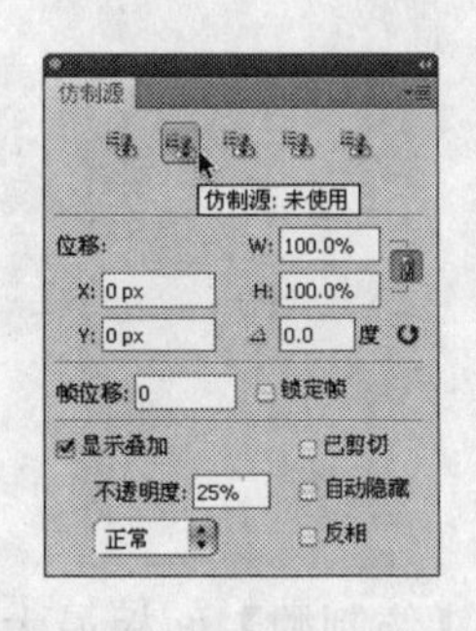

图5.96 选择第二个仿制源点

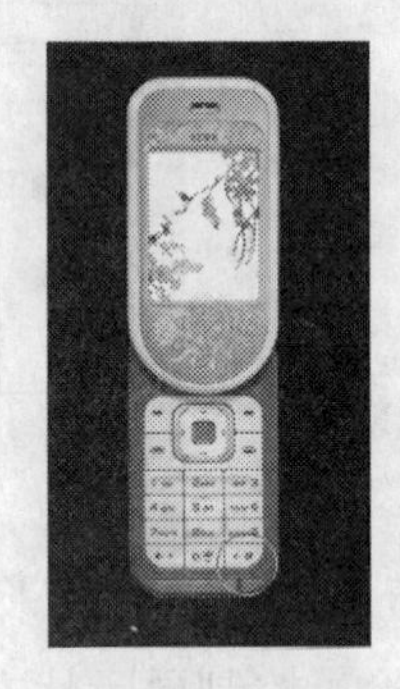

图5.97 定义仿制源的位置

（5）选择【图层 1】，在【仿制源】面板上选择第一个仿制源点，此时图像状态如图5.100所示。

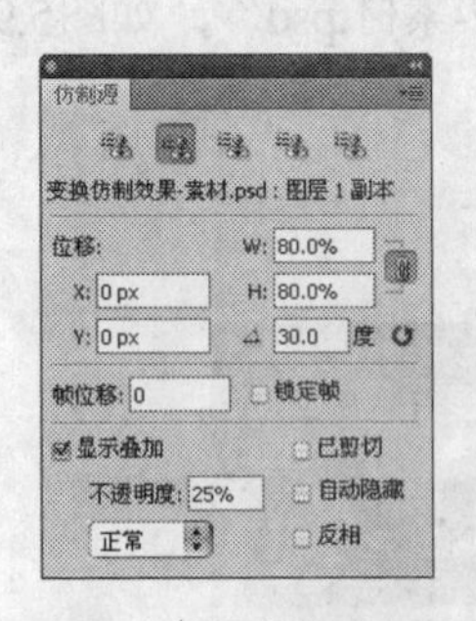

图5.98 【仿制源】面板

图5.99 设置参数后的状态

图5.100 选择第一个仿制源的状态

图5.101 编辑选区的状态

（6）选择钢笔工具沿手机上面的部分绘制路径并将其转化为选区，然后按⌘+shift+I组合键将选区反选，选择仿制图章工具状态如图5.101所示，在仿制图章工具的工具选项条上设置“不透明度”为30%，在左边虚的图像上进行涂抹，直至左边图像全部涂抹掉，在【仿制源】面板上取消选择【显示叠加】复选框，取消叠加得到如图5.102所示的效果。

（7）按⌘键点按【图层 1】缩览图以载入选区，按⌘+shift+I组合键将选区反选，然后使用仿制图章工具在如图5.103所示的位置进行涂抹，直到如图5.104所示的状态，按⌘+D组合键取消选区得到如图5.105所示的效果。

图5.102　涂抹后的状态

图5.103　涂抹位置

图5.104　涂抹后的状态

图5.105　取消选区的状态

（8）选择【图层 1 副本】，在【仿制源】面板上选择第二个仿制源点，此时图像状态如图5.106所示，按⌘键点按【图层 1 副本】载入选区，按⌘+shift+I组合键将选区反选，状态如图5.107所示，使用仿制图章工具在右边虚的图像上涂抹，在【仿制源】面板上取消选择【显示叠加】复选框，取消叠加并取消选区得到如图5.108所示的效果。

图5.106　选择第二个仿制源的状态

图5.107　编辑选区的状态

图5.108　取消选区的状态

（9）按⌘键点按“图层 1 副本”载入选区，按⌘+shift+I组合键将选区反选，将仿制图章工具移动至如图5.109所示的地方进行涂抹，涂抹后的状态如图5.110所示，取消选区后的状态如图5.111所示。应用效果如图5.112所示。

图5.109　涂抹位置

图5.110　涂抹后的状态

图5.111 取消选区后的状态

图5.112 应用效果

5.6.3 修复工具

在Photoshop中有4个修复工具，使用这些工具，可以非常快速、有效地去除人物脸部的皱纹、雀斑和红眼。

1. 污点修复画笔工具

污点修复画笔工具可以用于去除照片中的杂色或污斑，此工具与下面将要讲解到的修复画笔工具非常相似，不同的是使用此工具不需要进行采样操作，只需要用此工具在图像中有杂色或污斑的地方点按一下即可去除此处的杂色或污斑。

（1）打开随书配套资料中的文件“第5章\5.6.3修复工具-1-素材.tif”，如图5.113所示。如图5.114所示，左图为用修复画笔工具点按前的效果，右图为直接在照片中点按色斑后的效果。

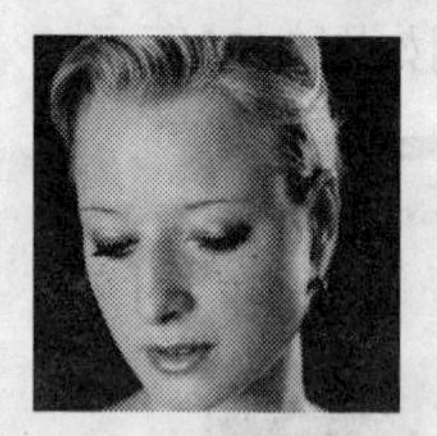

图5.113 素材图像（右图为放大后的局部效果）

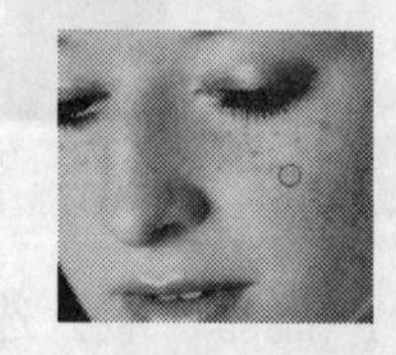

图5.114 修复污点前后的对照

（2）如图5.115所示为去除色斑后的整体的效果。

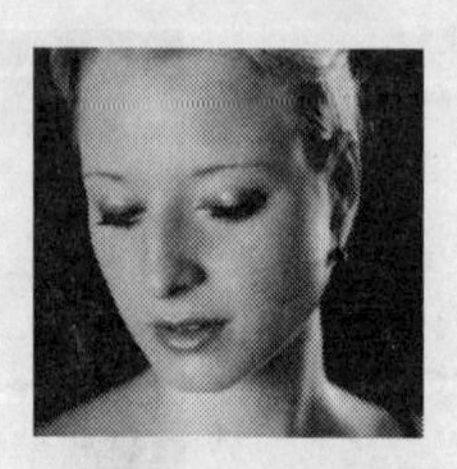

图5.115 修复后的效果

2. 修复画笔工具

要使用修复画笔工具 可以参阅下面所示的示例。

（1）打开随书配套资料中的文件“第5章\5.6.3修复工具-2-素材.tif”。

（2）在工具箱中选择修复画笔工具，并在其工具选项条中进行如图5.116所示的设置。

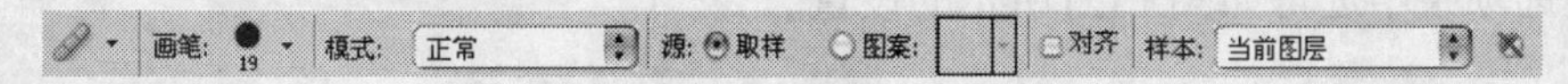

图5.116　修复画笔工具选项条

在修复画笔工具选项条中，重要参数的讲解如下。

- 取样：用取样区域的图像修复需要改变的区域。
- 图案：用图案修复需要改变的区域。
- 样本：在此下拉列表框中，我们可以选择定义源图像时所取的图层范围，其中包括了【当前图层】、【当前和下方图层】以及【所有图层】3个选项。
- 忽略调整图层按钮：在【样本】下拉列表框中选择了【当前和下方图层】或【所有图层】，该按钮将被激活，按下该按钮将在定义源图像时忽略图层中的调整图层。

（3）按option键在肩膀的其他完好区域取样，在有颜色及文字的区域上涂抹，其效果如图5.117所示，操作过程的状态如图5.118所示，按此方法去除其他地方的文字及颜色得到如图5.119所示的效果。

图5.117　在有颜色及文字的区域涂抹

图5.118　操作过程的状态

在使用修复画笔工具时，十字为取样点，小圆圈为当前涂抹的区域。

（4）继续在肩膀上皮肤肌理较好的区域按option键进行取样，然后在需要加强皮肤质感的区域涂抹，即可得到如图5.120所示的最终效果。

图5.119　涂抹后的效果

图5.120　添加肌理后的效果

3. 修补工具

修补工具的操作方法与修复画笔工具不同，在此以一个示例来讲解如何使用此工具，具体操作方法如下所述。

（1）打开随书配套资料中的文件“第5章\5.6.3修复工具-3-素材.tif”。选择修补工具，并在其工具选项条中进行如图5.121所示的设置。

图5.121　修补工具的工具选项条

（2）用此工具选择不需要的区域，其使用方法与套索工具类似，如图5.122所示。

（3）将修补工具置于选择区域内，拖至如图5.123所示的位置，释放鼠标得到如图5.124所示的效果。

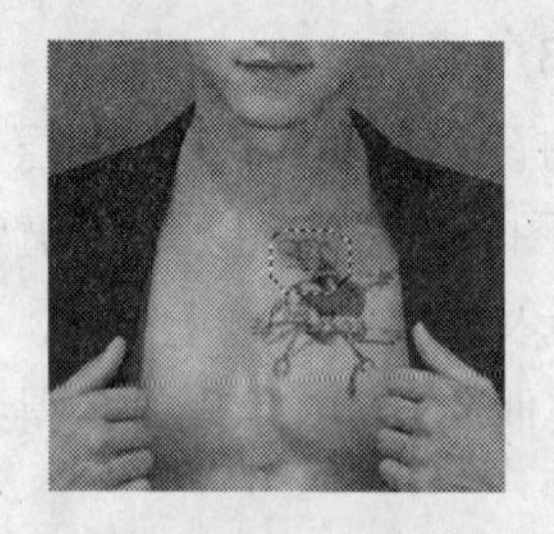

图5.122　选择脸部右侧的笑纹

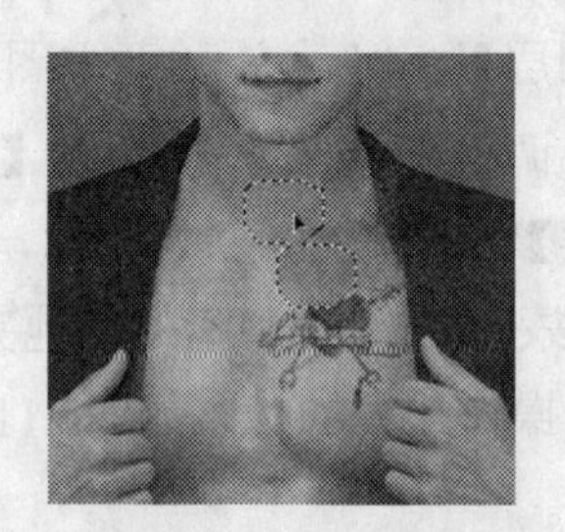

图5.123　移动后的选择区域

在使用修补工具进行工作时，也可以选用其他选择工具制作一个精确的选择区域，然后利用此工具拖动选择区域至无瑕疵的图像。

（4）按⌘+D组合键取消选区，按照（1）~（3）的操作制作出如图5.125所示的最终效果。

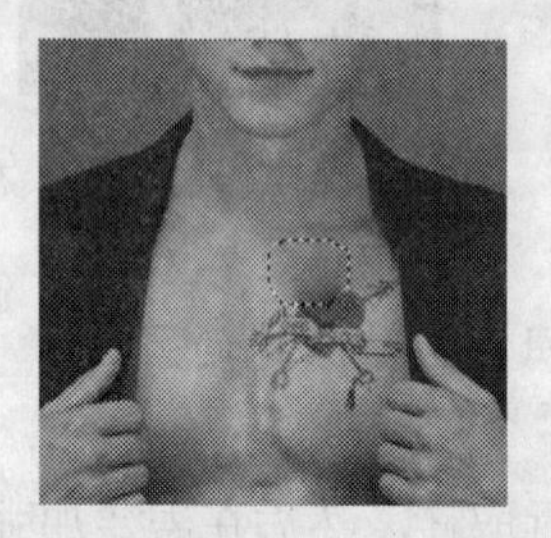

图5.124　释放光标所得效果

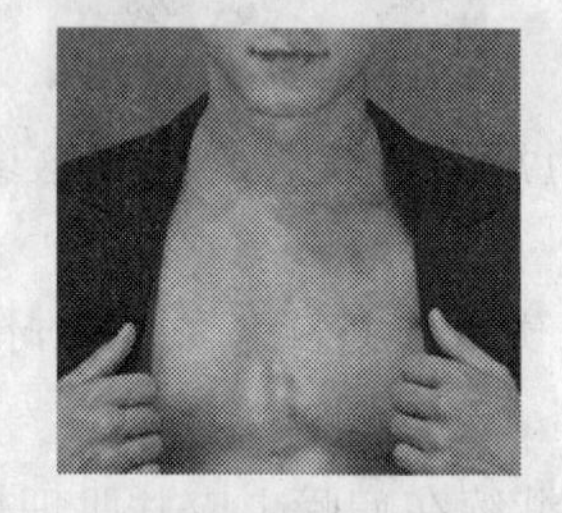

图5.125　精细调整所得效果

如图5.126所示为修补前后的对比效果。

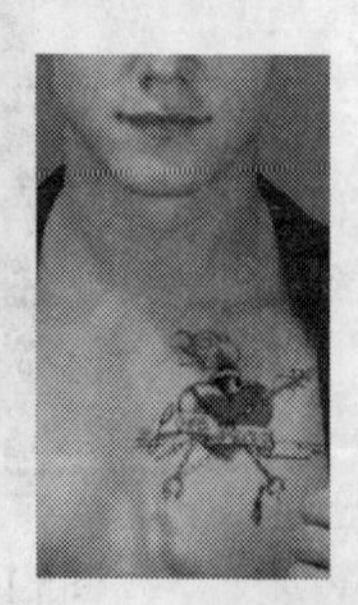

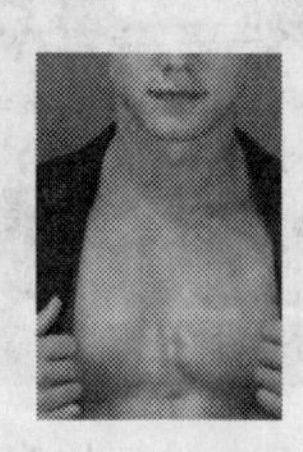

图5.126　修补前后的对比效果

5.7 纠正错误

除了非常简单的常用命令【编辑】|【前进一步】和【编辑】|【后退一步】外，历史记录画笔工具和【历史记录】面板是应用最为频繁，功能最强大的纠错手段。

5.7.1 【历史记录】面板

在默认情况下，【历史记录】面板可以记录对当前图像文件所做的最近20步操作，在工作界面中有图像文件的状态下，选择【窗口】|【历史记录】命令，弹出如图5.127所示的【历史记录】面板。

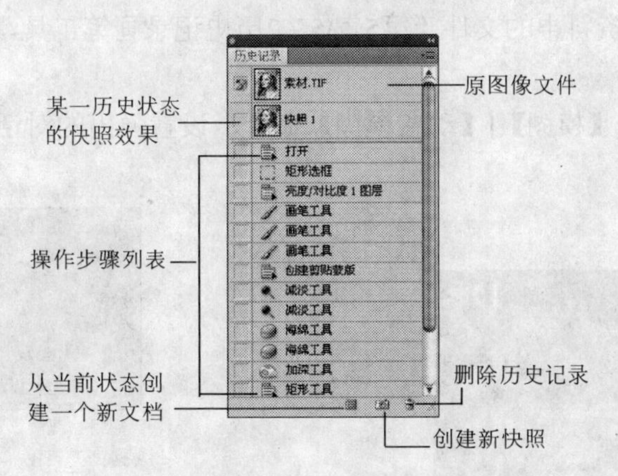

图5.127　【历史记录】面板

如果需要，可以选择【编辑】|【预置】|【常规】命令，在弹出的对话框中更改【历史记录状态】数值框中的数值，以重新设置记录步骤。

要应用【历史记录】面板，可以参考以下操作。

（1）如果需要返回至以前所操作的某一个历史状态，直接在操作步骤列表区域点按该操作步骤，即可使图像的操作状态返回至该历史状态。例如，点按如图5.127所示的【历史记录】面板中的移动选区栏时，图像返回至移动选区前的状态，此状态后的历史操作呈灰色显示，再进行其他操作时，【历史记录】面板继续从此向下记录。

（2）点按【创建新快照】按钮，可以将当前操作状态下的图像效果，保存为快照效果，通过将若干种操作状态保存为多个快照，可以在不同的快照间相互对比，以观察不同操作方法所得到的最终效果的优劣。

（3）点按【从当前状态创建新文档】按钮，可以将当前操作状态下的文件复制为一个新文件，新文件将具有当前操作文件的通道、图层、选区等相关信息。

要删除历史状态，可以将历史状态栏拖曳至删除按钮中，即可删除此历史状态，与之相关的图像编辑状态也被丢弃。

如果选择【历史记录】面板右上角的按钮，在弹出菜单中选择【清除历史记录】命令，可以清除【历史记录】面板中除当前选择栏以外的其他所有状态栏，图像将保持编辑后的状态。

删除历史栏或清除历史状态后，立即选择【编辑】|【返回】命令，可以将被删除的历史记录恢复。但是，如果在清除图像的历史状态时按住option键选择【清除历史记录】命令，所清除的历史状态将无法使用【返回】命令恢复。

5.7.2 历史记录画笔工具

历史记录画笔工具需要结合【历史记录】面板来使用，其主要功用是可以将图像的某一区域恢复至某一历史状态，以形成特殊效果。

下面通过使用历史记录画笔工具、【动感模糊】命令及【历史记录】面板，制作人物渐隐于模糊图像之中的效果，其操作步骤如下。

（1）打开随书配套资料中的文件“第5章\5.7.2历史记录画笔工具-素材.png”，如图5.128所示。

（2）选择【滤镜】|【模糊】|【动感模糊】命令，设置弹出的对话框如图5.129所示。

图5.128 原图像

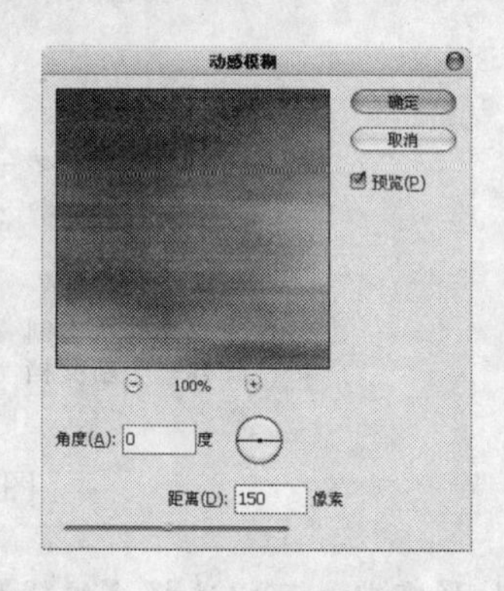

图4.129 【动感模糊】对话框

（3）点按【确定】按钮退出【动感模糊】对话框，得到如图5.130所示的效果，此时的【历史记录】面板如图5.131所示。

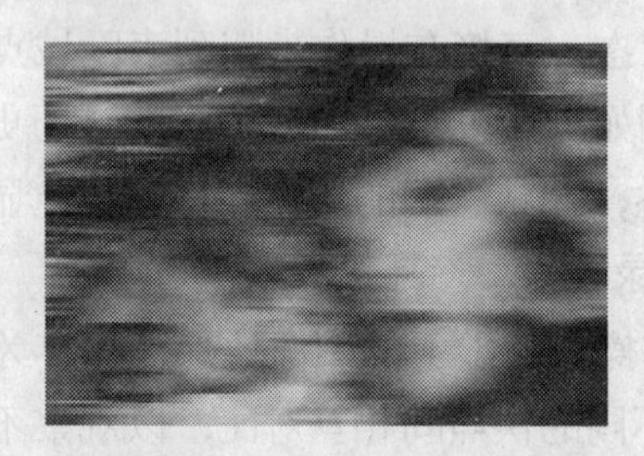

图5.130 使用【动感模糊】命令后的效果

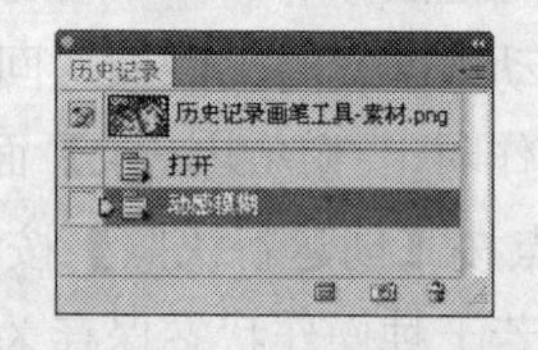

图5.131 对应的【历史记录】面板

（4）在“历史记录”面板中点按【动感模糊】前一操作步骤左侧的位置，如图5.132所示。

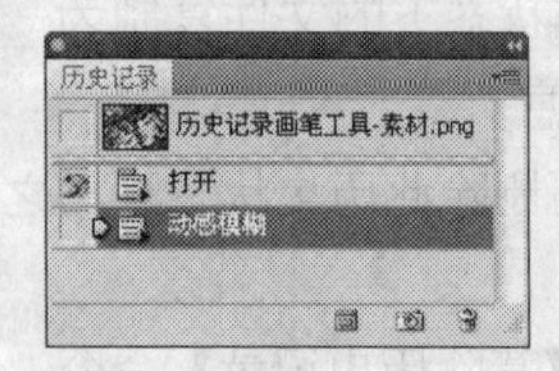

图5.132 【历史记录】面板

（5）在工具箱中选择历史记录画笔工具，选择一个大小合适的笔刷在人物的身体部分进行涂抹，得到如图5.133所示的效果，此时的【历史记录】面板如图5.134所示。

图5.133 使用历史画笔后的效果

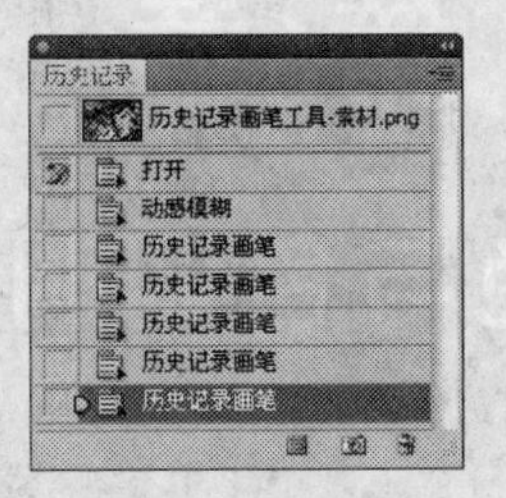

图5.134 使用历史画笔后的【历史记录】面板

第6章 颜色与色调调整

正如我们所看到的世界是五彩斑斓的一样，Photoshop中的图像也是色彩缤纷的，如果这两者之间缺少颜色的协调，Photoshop则不再有存在的意义，因为它无法真实反映和传达视觉效果。因此在Photoshop中颜色是非常重要的，一幅图像可以没有独特的创意与构成，但一定应该具有真实、自然的颜色。

Photoshop具有强大的颜色管理与处理功能，通过合理使用相关功能，不仅能够保证颜色在各种操作平台及设备上表现一致，而且能够完美改变和更换图像颜色。

本章重点讲解颜色方面的知识，包括颜色的基本概念、颜色模式、调整颜色的各种命令的使用方法等。其中有许多概念和知识对于学习Photoshop并希望从事平面设计领域工作的读者而言非常重要。

6.1　关于颜色

颜色是由三个实体、光线、观察者及被观察对象所组成的，简而言之，颜色是物体的反射光线进入人眼后在人脑中产生的映像。

例如，一个红色的苹果之所以被认为是红色，是因为苹果本身吸收了很多绿色、蓝色而反射了红色，因此红色光线进入人眼后，形成红色的印象。

由于不同对象反射不同光线，因此我们看到的世界是五彩斑斓的。

6.1.1　眼睛的影响

影响颜色感受的最后一个物理变量不能使用任何校正来克服。这就是视网膜上的锥状体——人眼的光接受器，其对红、绿、蓝的识别比对其他颜色的识别更为敏感。就大脑而言，颜色是一种神经反应，锥状体受到光的刺激而激发。这些显微细胞上的微小基因变异解释了两个人在相同的条件下看待同一物体会有所差别的事实。

6.1.2　用计算机表现颜色

用计算机表现颜色，就是将现实生活中的颜色一一和数字对应起来，在需要的时候，再将这些数字还原为颜色，这样就实现了颜色的表现。例如，如果只有两种颜色黑色、白色，可以分别用0和1来代表它们。

如果一个图像的某一点是白色，将它记录为1并存储起来，反之，如果是黑色，则记录为0，当需要重显这幅图像时，计算机根据此点的代号1或0，将其显示为白色或黑色。

虽然我们在这里所举的例子较为简单，但是用计算机表现颜色的基本原理就是这样的。

6.1.3　颜色位数

在使用计算机的过程中，我们还需要了解什么是颜色位数。这有助于判断颜色的显示数量。

正如我们所知，计算机对数据的处理是二进制的，0和1是二进制中所使用的数字。要表示两种颜色，最少可以用1位来实现，一种对应0，另一种对应1；同样，如果希望表示4种颜色，至少需要两位来表示，这是因为22等于4，依此类推要显示256种颜色则需要8位，而以24位来显示颜色则可以得到通常意义上的真彩色，表示24位色已经能够如实反应颜色世界的真实状况。

当然，自然界中的颜色远远不止这些，但是，人眼所能分辨出的颜色仅限于此范围之内，所以更多的颜色没有实际意义。

6.1.4　屏幕分辨率和显卡显存

了解了颜色位数的概念，我们就很容易了解屏幕分辨率、颜色数目和显卡显存之间的关系。屏幕分辨率实际上由屏幕上像素点的数目来确定，要使像素正确显示颜色，必须占用一定的显存空间。因此，显卡显存的数目由屏幕上的像素数与每个像素占用字节数的乘积所决定。

对于24位色，每个基色用8位（也即1个字节）来表示，换句话说，一种颜色是由3个字节确定的。因此，所需显存的数目可以通过屏幕像素数目和3的乘积来确定。

例如，对于800×600屏幕分辨率，要显示24位色，可以由如下公式获得显存数目：

800 × 600 × 3 = 1 440 000（字节）

对于1024 × 768的屏幕分辨率，要显示24位色，可以由如下公式获得显存数目：

1024 × 768 × 3 = 2 359 296（字节）

一般来说，显卡的显存以兆（MB）为单位，因此，要在800 × 600的屏幕上显示真彩色，需要2MB显存，要在1024 × 768的屏幕上显示真彩，则需要3MB显存。

因此，当我们购买显卡时，可以根据此原理估算显卡的显存是否能够满足需要。

6.2 颜色模式

要在Photoshop中正确地选择颜色，必须了解颜色模式。正确的颜色模式可以提供一种将颜色转换成为数字数据的方法，从而使颜色在多种操作平台或媒介中得到一致的描述。

这是因为人与人之间对颜色的感觉不太一致，这依赖于每个人的视觉系统及心理因素，比如，对于一个红绿色盲的人来说，他无法区分红色和绿色，而当我们提到墨绿色时，由于不同人具有对此颜色的不同感受，因此在表现此颜色时也不尽相同，所以，要在不同人中协同工作，必须将每一种颜色量化，从而使这种颜色在任何时间、任何情况下都显示相同的颜色。

仍以墨绿色为例，如果以R34、G112、B11来定义此颜色，则即使使用不同平台且由不同人操作，也可以得到一致的颜色，只是在所使用的软件或显示器不同的情况下，这种颜色看上去可能会不太相同，如果排除这些客观因素，这种由数据定义颜色的方法保证了不同的人有可能得到相同的颜色。

在Photoshop中，这一点通过定义颜色模式来实现，Photoshop支持各种的颜色模式，常见模式包括HSB（色相、饱和度、亮度）、RGB（红、绿、蓝）、CMYK（青、洋红、黄、黑）等，下面分别讲解各种颜色的基本概念。

6.2.1 HSB模式

HSB模式是基于人类对颜色的感觉来确立的，它描述了颜色的三个基本特征，这三个基本特性分别是色相、饱和度和亮度。

- 色相：是从物体反射或透过物体传播的颜色。在0到360度的标准色轮上，色相是按位置度量的。在通常的使用中，色相是由颜色名称标识的，比如红、橙或绿色。如图6.1所示（B）。
- 饱和度：有时也称彩度，是指颜色的强度或纯度。饱和度表示色相中灰成分所占的比例，用0%（灰色）到100%（完全饱和）的百分比来度量。在标准色轮上，从中心向边缘饱和度是递增的。如图6.1所示（A）。
- 亮度：是颜色的相对明暗程度，通常用0%（黑）到100%（白）的百分比来度量。如图6.1所示（C）。

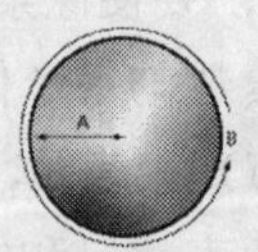

A. 饱和度 B. 色相 C. 亮度 D. 所有色相

图6.1 HSB模式原理图

6.2.2　RGB模式

自然界中的各种颜色都可以在计算机中显示，其实现方法非常简单，正如大多数人知道的，颜色是由红色、绿色和蓝色三种基色构成，计算机也正是通过调和这三种颜色来表现成千上万种颜色。计算机屏幕上最小单位是像素点，每个像素点的颜色都由这三种基色来决定，通过改变每个像素点上每个基色的亮度，就可以实现不同的颜色。

例如，将三种基色的亮度都调为最大，就形成了白色；将三种基色的亮度都调为最小，就形成了黑色；如果某一种基色的亮度最大而其他两种基色的亮度最小，则可以得到基色本身；如果这些基色的亮度不是最大也不是最小，就可以调和出其他的成颜色。从某种角度上说，计算机可以处理再现任何颜色。

我们将这种基于三原色的颜色模型称做RGB模型，RGB分别是红色、绿色和蓝色三种颜色英文的首字母缩写。

由于RGB三种颜色合成起来可以产生白色，因此也被称为加色。绝大部分的可见光谱可以用红、绿和蓝三色光按不同比例和强度的混合来表示，其原理如图6.2所示。

6.2.3　CMYK模式

CMYK模式以打印在纸张上的油墨的光线吸收特性为基础，当白光照射到半透明油墨上时，部分光谱被吸收，部分被反射回眼睛。

理论上，纯青色、洋红和黄色色素能够合成吸收所有颜色并产生黑色。因此，CMYK模式也被称为减色模式。

因为所有打印油墨都会包含一些杂质，这三种油墨实际上产生一种土灰色，必须与黑色油墨混合才能产生真正的黑色，因此将这些油墨混合起来进行印刷称为四色印刷。

减色（CMYK）和加色（RGB）是互补色，每对减色产生一种加色，反之亦然，原理如图6.3所示。

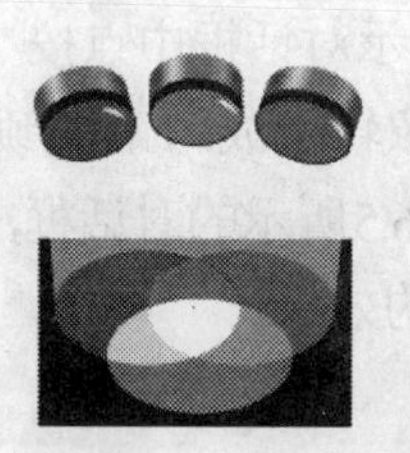

图6.2　RGB模式原理图

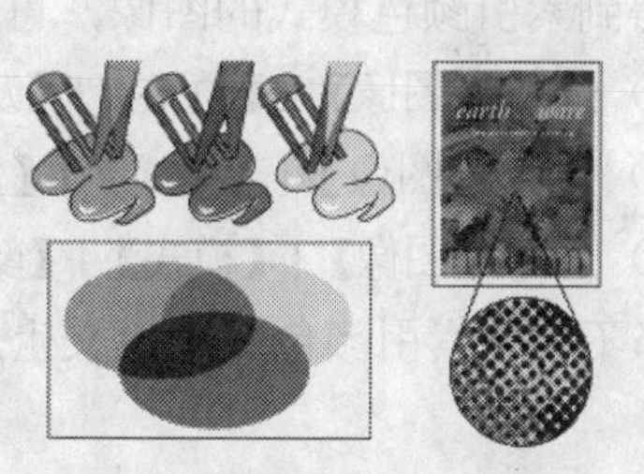

图6.3　CMYK模式原理图

在Photoshop的CMYK模式中，每个像素的每种印刷油墨会被分配一个百分比值。最亮（高光）颜色分配较低的印刷油墨颜色百分比值，较暗（阴影）颜色分配较高的百分比值。例如，要在CMYK图像中表现白色，四种颜色的颜色值都会是0%。

6.2.4　Lab模式

L*a*b颜色模型是在1931年国际照明委员会（CIE）制定的颜色度量国际标准的基础上建立的，1976年这种模型被重新修订并命名为CIE L*a*b，如图6.4所示是L*a*b颜色原理图。

L*a*b颜色由亮度或光亮度分量（L）和两个色度分量组成；这两个分量即a分量（从绿到红）和b分量（从蓝到黄）。

在Photoshop的Lab模式（名称中删除了星号）中，光亮度分量（L）范围可以从0到100，a分量（绿到红）和b分量（蓝到黄）范围都为＋120到－120。

L*a*b颜色设计与设备无关，因此不管使用什么设备（如显示器、打印机、计算机或扫描仪）创建或输出图像，这种颜色模型产生的颜色都能够保持一致。

因为Lab颜色与设备无关，所以它是Photoshop在不同颜色模式之间转换时使用的内部颜色模式。

6.2.5 位图模式

位图模式的图像也叫作黑白图像或一位图像，因为其位深度为1。

由于位图图像由1位像素的颜色（黑或白）组成，所以所要求的磁盘空间最少。

6.2.6 双色调模式

使用2到4种彩色油墨创建双色调（两种颜色）、三色调（三种颜色）和四色调（四种颜色）灰度图像。

双色调模式用于单色调、双色调、三色调和四色调。这些图像是8位/像素的灰度、单通道图像。

6.2.7 索引颜色模式

索引颜色模式是单通道图像（8位/像素），使用256种颜色来表现图像，在这种模式中只能应用有限的编辑。将一幅其他模式的图像转换为索引颜色时，Photoshop会构建一个颜色查照表（CLUT），它存放并索引图像中的颜色。如果原图像中的一种颜色没有出现在查照表中，Photoshop会选取已有颜色中最相近的颜色或使用已有颜色模拟该种颜色。

要得到索引颜色模式的图像，可以按下面的步骤操作。

（1）选择【图像】|【模式】|【灰度】命令，在弹出的提示对话框中点按【确定】按钮。

（2）选择【图像】|【模式】|【索引颜色】命令，将图像转换成为索引颜色模式。

（3）选择【图像】|【模式】|【颜色表】命令，弹出如图6.5所示的对话框，在弹出的对话框中选择不同的索引颜色表来定义生成的索引颜色模式图像的效果。

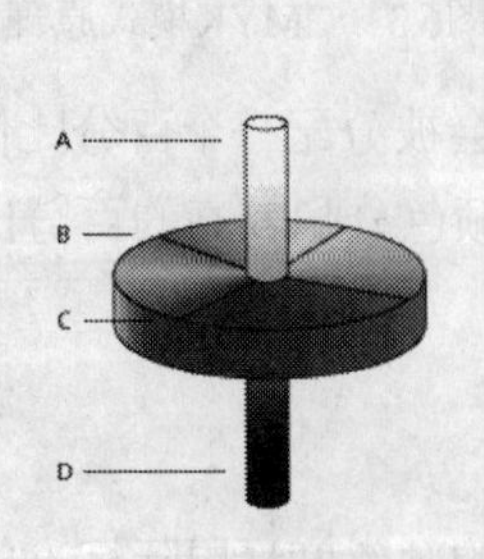

图6.4 L*a*b颜色原理图

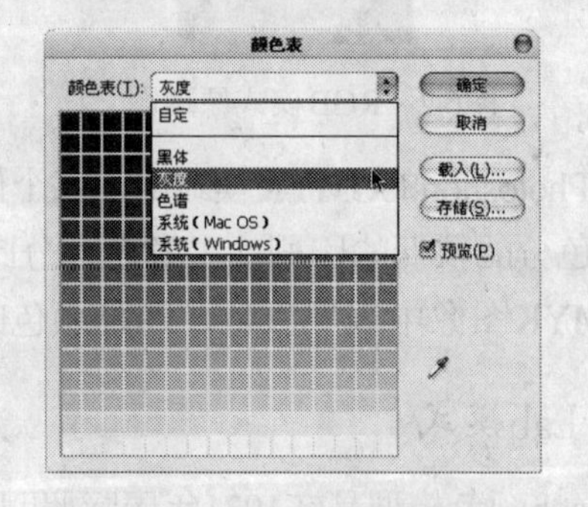

图6.5 【颜色表】对话框

通过限制调色板中颜色的数量，可以减小索引颜色模式图像文件的大小，同时保持视觉上图像的品质基本不变，因此索引颜色模式的图像常用于网页图像。

如图6.6所示的效果能够帮助读者理解索引颜色模式。

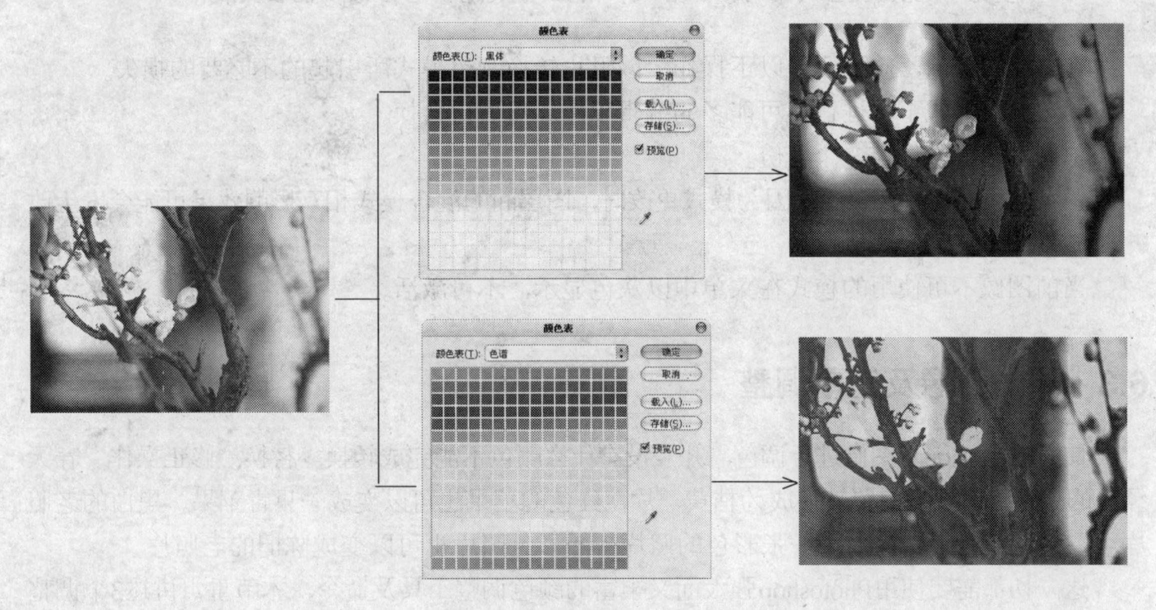

图6.6 索引颜色模式示意图

6.2.8 灰度模式

灰度模式的图像由8位/像素的信息组成，并使用256级的灰色来模拟颜色的层次。图像的每个像素都有一个从0到255之间的亮度值。

将彩色图像转换成灰度图像，Photoshop会删除原图像中所有的颜色信息，被转换的像素用灰度级表示原像素的亮度。

6.2.9 色域

每一种颜色模式所能表现的颜色范围是不同的，任何一种颜色模型都不能将全部颜色都表现出来。我们能做到的只是使计算机或印刷品里的颜色尽可能地与自然的颜色相像而已。因此，我们在选择颜色模式时需要考虑该颜色所能够表现的颜色数量，即色域。

在Photoshop使用的所有颜色模型中，Lab具有最宽的色域，它包括了RGB和CMYK色域中的所有颜色，因此许多在RGB和CMYK模式定义的显示色域中无法显示的颜色都可以在Lab色域中表现，三者间的色域关系如图6.7所示。

如图6.7中，A范围是Lab色域，B范围是RGB色域，C范围是CMYK色域。

理解色域这一概念，有助于我们理解为什么在转换颜色模式时应该以Lab颜色模式作为转换时的中间颜色模式。

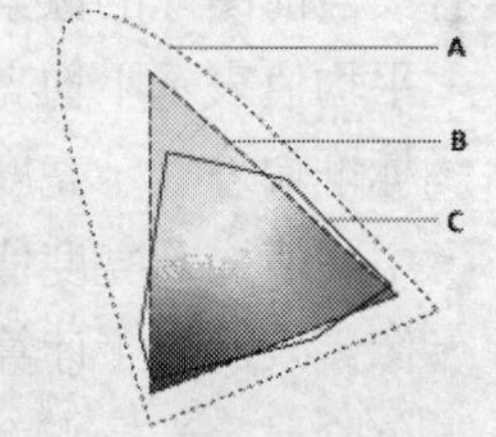

图6.7 不同的色域

6.2.10 转换颜色模式

因为不同颜色模式具不同色域及表现特点，因此，在实际工作中，将图像从一种颜色模式转换为另一种颜色模式非常常见。

将图像从一种模式转换为另一种模式，可能会永久性地损失某些图像中的颜色值。例如，将RGB图像转换为CMYK模式的图像时，CMYK色域之外的RGB颜色值会经调整落入CMYK色域之内，换言之，对应的RGB颜色信息可能丢失。

在转换图像前，应该执行以下操作，以阻止转换颜色模式所引起的不必要的损失。

· 在原来模式下，进行尽可能多的编辑工作，然后再转换。
· 在转换之前保存一个备份。
· 在转换之前拼合图层，因为模式更改时，图层间的混合模式相互影响效果可能会发生改变。

当前图像不可使用的模式在菜单中以灰色显示，不可激活。

6.3 评估图像及简单调整

使用Photoshop对图像进行调色，几乎没有什么颜色不能完成转换、替换、修正操作。春天绿色的草地可以根据需要转换成为枯黄一片，红色的苹果也可以变成一只青苹果。黑白的老照片可以经过调色，转换成为一张彩色的照片；而彩色照片也可以变成陈旧的老照片。

这一切都需要使用Photoshop强大而又丰富的颜色调整工具及命令，本节重点讲述3个调整工具、8个调整命令、3个自动调整命令、5个特殊效果命令。

6.3.1 用直方图评估图像色调

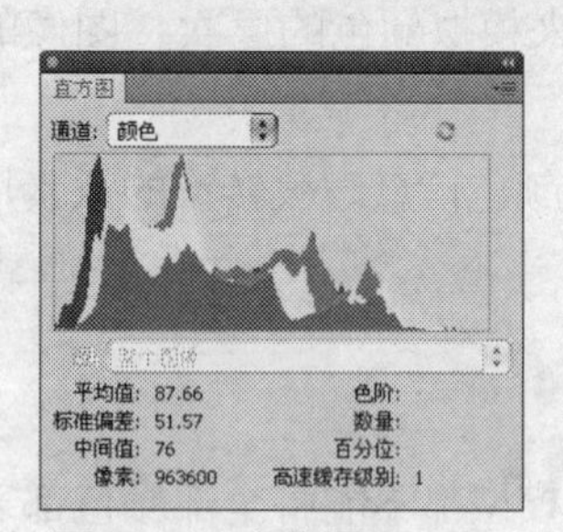

图6.8 【直方图】面板

“对症下药”这个词不仅适用于现实生活中，对于使用Photoshop调整颜色也同样适用，不过其含义已经改变为针对不同图像的色调使用不同的调整命令与方法。

要了解图像的色调类型，可在图像处于打开的状态下选择【窗口】|【直方图】命令，打开如图6.8所示的【直方图】面板，可以看出此面板中包含一个直方图。

直方图以256条垂直线来显示图像的色调范围，这些线从左到右分别代表最暗到最亮的每一个色调，每条线的高度指示图像中该色调有多少像素。

通过观察图像的直方图，则可以了解图像每个亮度色阶处像素的数量及各种像素在图像中的分布情况，从而识别图像的色调类型并确定调整图像时的方式、方法。

有关当前图像的像素亮度值的统计信息出现在直方图的下方，其中：

· 平均值表示平均亮度值。
· 标准偏差表示亮度值的变化范围。
· 中间值显示亮度值范围内的中间值。
· 像素表示用于计算直方图的像素总数。
· 色阶显示光标下面区域的亮度级别。
· 数量表示相当于光标下面亮度级别的像素总数。

・百分位：显示光标所指的级别或该级别以下的像素累计数。该值表示为图像中所有像素的百分数，从最左侧的0%到最右侧的100%。

・高速缓存级别：显示图像高速缓存的设置。

除了按默认情况下的设置查看全部图像的亮度，也可以在【通道】的下拉列表框中选择某一个通道，例如【红】、【绿】等，查看单通道图像直方图。

要查看直方图中特定色调信息，可将光标置于该点上；若要查看某一特定范围内的信息，可在直方图中拖动光标突出显示该范围，如图6.9所示为查看红色通道中色调级数从81～162之间的像素信息。

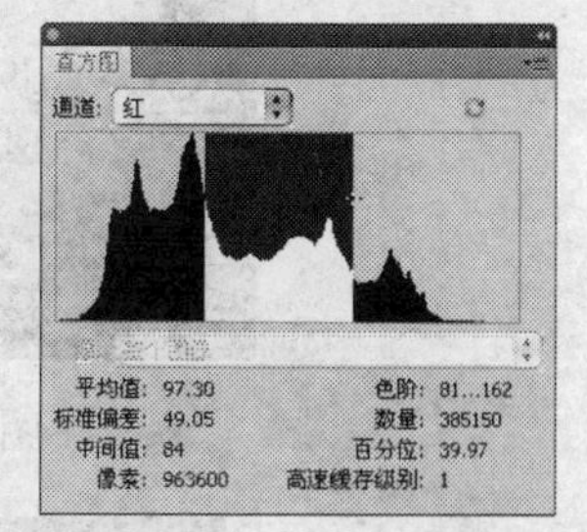

图6.9 查看某特定通道中特定范围的颜色信息

要显示图像某部分的直方图数据，先使用任意一种选择方法选择该部分，在默认情况下，直方图显示整个图像的色调范围。

对于暗色调图像，直方图将显示有过多像素集中在阴影处（即水平轴的左侧），如图6.10所示，而且其中间值偏低，对于此类图像应该视像素的总量调亮暗部。

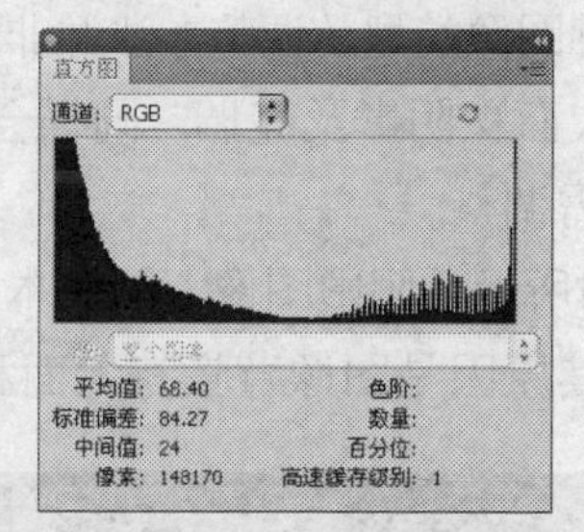

图6.10 暗色调图像及对应的直方图

对于亮色调图像，直方图将显示有过多像素集中在高光处（即水平轴的右侧），如图6.11所示，对于此类图像应该视像素的总量适当调亮暗部、加暗亮部。

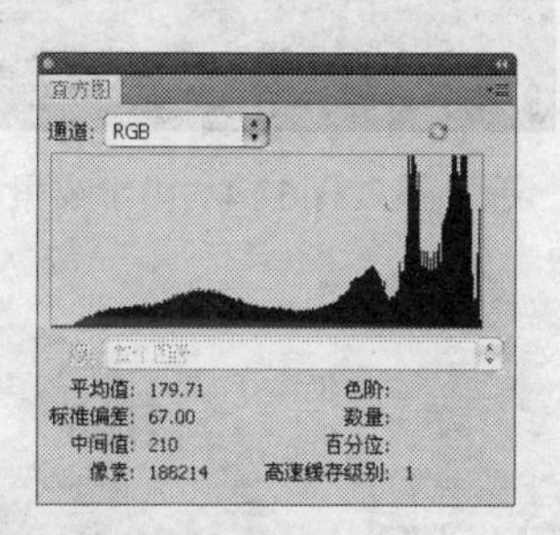

图6.11 亮色调图像及其直方图

对于色调均匀且连续的图像，直方图将显示像素均匀地显示在图像的中间处（即水平轴的中央位置），如图6.12所示，此类图像基本无需调整。

对于色调不连续的图像，直方图将显示像素在分布时有跳跃现象（即出现断点），如图6.13所示，此类图像有细节丢失。

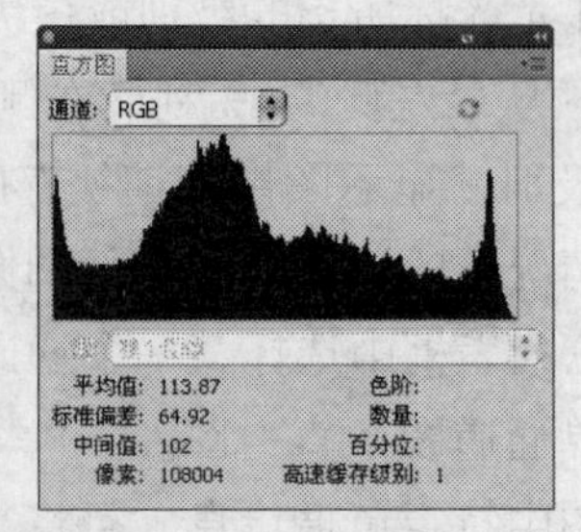

图6.12　色调均匀且连续的图像及其直方图

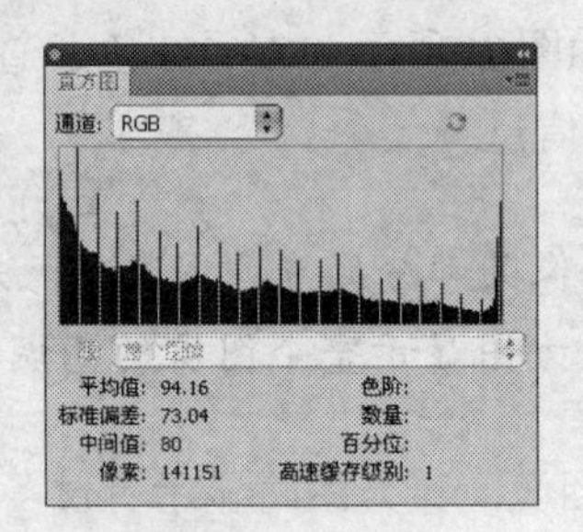

图6.13　色调不连续的图像及其直方图

以上所述的各种图像类型及调整方法并非绝对，因为在某些情况下由于构图（夜景或雪地）原因，图像中存在大面积阴影及亮调，同样会导致直方图的像素在水平轴的一侧大量聚集，但这样的图像可能无需调整。

例如，如图6.14所示为阴影图像，图像本身表现的是夜景，因此出现大面积阴影。如图6.15所示为亮调图像，其原因是图像背景有大面积白色区域。

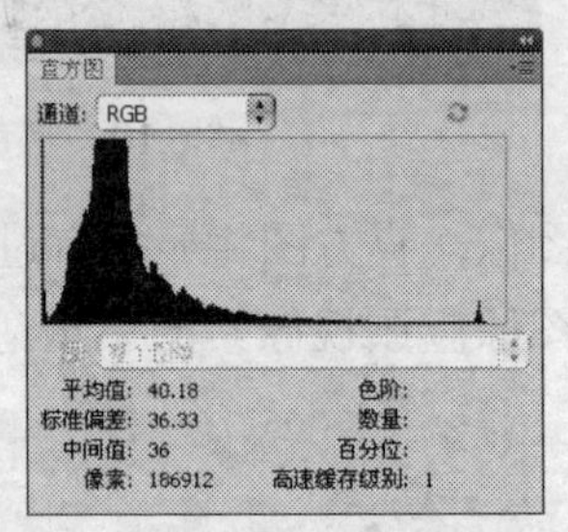

图6.14　由于夜景出现大面积阴影的图像

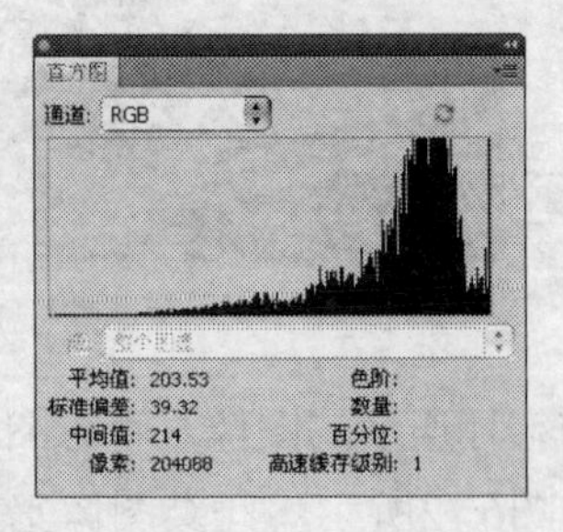

图6.15　由于背景出现大面积亮调的图像

6.3.2 局部加亮图像

使用减淡工具可以增亮图像中较暗的部分，其工具选项条如图6.16所示。

画笔: 65 范围: 中间调 曝光度: 50% 保护色调

图6.16 减淡工具选项条

使用此工具调整图像的操作步骤如下所述。

（1）在工具箱中选择减淡工具，并在其工具选项条中选择合适的画笔大小。

（2）同时可以在工具选项条中选择调整图像的色调范围，要调整图像的阴影可以选择【阴影】，要调整图像亮调可以选择【高光】，要调整图像的中色调可以选择【中间调】。

（3）在工具选项条中设置【曝光度】数值，以定义使用此工具操作时亮化的程度，此数值越大亮化的效果越明显。如果希望在操作后图像的色调不发生变化，则选择【保护色调】选项。

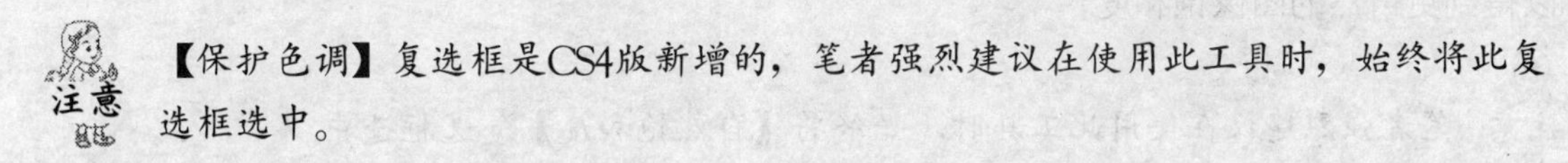

注意 【保护色调】复选框是CS4版新增的，笔者强烈建议在使用此工具时，始终将此复选框选中。

（4）设置所有参数后，使用此工具在图像中需要调亮的区域涂抹即可。

如图6.17所示为对原图像使用此工具操作前后的对比效果，可以看出，在处理后的图像中霓虹灯的效果更加夺目。

图6.17 使减淡工具前后的对比效果

6.3.3 局部加暗图像

使用加深工具可以使图像中被操作的区域变暗，其工具选项条如图6.18所示。

画笔: 65 范围: 中间调 曝光度: 50% 保护色调

图6.18 加深工具选项条

此工具的工具选项条、操作方法与减淡工具类似，因此不再重述。如图6.19所示为对原图像使用此工具操作前后的对比效果。

6.3.4 降低图像局部饱和度

使用海绵工具可以更改图像的色彩饱和度，其工具选项条如图6.20所示。

此工具的使用方法与减淡工具基本相同，不同之处在于，需要在【模式】下拉列表框中进行选择，其中，选择【饱和】选项，可以增加操作区域的颜色饱和度，选择【降低饱和度】

选项，则可以去除操作区域的颜色饱和度。

图6.19　加暗图像前后的对比效果

画笔: 65 模式: 降低饱和度 流量: 50% 自然饱和度

图6.20　海绵工具选项条

【自然饱和度】复选框是CS4版新增的选项，选择此复选框后使用此工具对图像进行操作，可以得到更自然的图像饱和度。

笔者强烈建议在使用此工具时，始终将【自然饱和度】复选框选中。

6.3.5　去除图像颜色

应用【图像】|【调整】|【去色】命令，可以删除彩色图像中的所有颜色，将其转换为相同颜色模式的灰度图像。其操作非常简单，如下所述。

（1）打开需要去色的图像。

（2）选择【图像】|【调整】|【去色】命令，即可完成操作。

根据需要可以对图像的局部进行去色操作，此时要确定使用具有羽化值的选择工具选择要去除颜色的图像区域，再使用此命令进行操作，以避免出现过于直接的颜色过渡。有关选择工具的详细讲解请参阅本书第4章。

6.3.6　反相图像

应用【图像】|【调整】|【反相】命令，可以反相图像。对于黑白图像，使用此命令可以将其转换为底片效果。对于彩色图像，使用此命令可以将图像中的各部分颜色转换为补色取得彩色负片效果，如图6.21所示为使用此命令前后的对比效果。

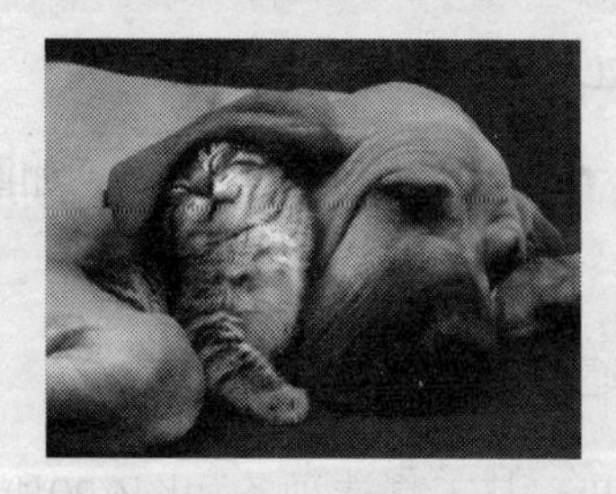

图6.21　反相前后的对比效果

同样，如果使用此命令对图像的局部进行操作，也可以在局部取得相同的效果。

6.3.7 色调均化

应用【图像】|【调整】|【色调均化】命令，可以按亮度重新分布图像的像素，使其更均匀地分布在整个图像上。

使用此命令时，Photoshop先查找图像最亮及最暗处像素的色值，然后将最暗的像素重新映射为黑色，最亮的像素映射为白色。之后，Photoshop对整幅图像进行色调均化，即重新分布处于最暗色值与最亮色值中间的像素。

如图6.22所示为原图，如图6.23所示为使用此命令后的效果。

图6.22 原素材图像

图6.23 应用【色调均化】命令后的效果

如果在执行此命令前存在一个选择区域，选择此命令后弹出图6.24所示对话框。

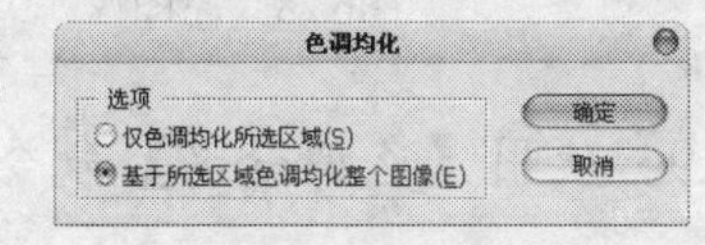

图6.24 【色调均化】对话框

- 选择【仅色调均化所选区域】选项，则仅均匀分布所选区域的像素。
- 选择【基于所选区域色调均化整个图像】选项，Photoshop将基于选区中的像素均匀分布图像的所有像素。

使用此命令对较暗的图像进行操作后，往往会使图像的亮部过亮，在此种情况下，可以选择【编辑】|【渐隐】命令，弹出【渐隐】对话框，如图6.25所示。

图6.26所示为图像经过色调均化处理化后，选择【编辑】|【渐隐】命令，并设置【不透明度】数值为50%后的效果。

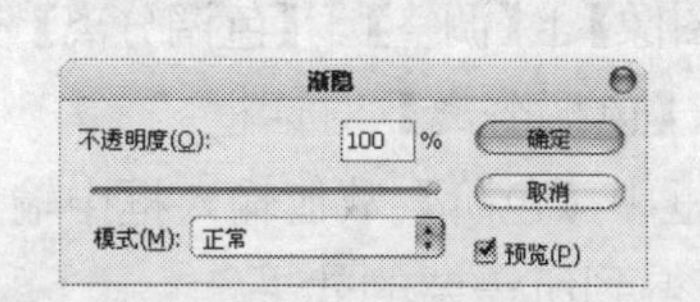

图6.25 【渐隐】对话框

图6.26 渐隐50%后效果

6.3.8 使用【阈值】命令

使用【图像】|【调整】|【阈值】命令，可以将彩色图像转换为一幅黑白图像。此命令允许使用者指定阈值，在转换过程中，被操作图像中比此阈值高的像素将会被转换为白色，所有比此阈值低的像素将会被转换为黑色。

此命令操作步骤如下所述。

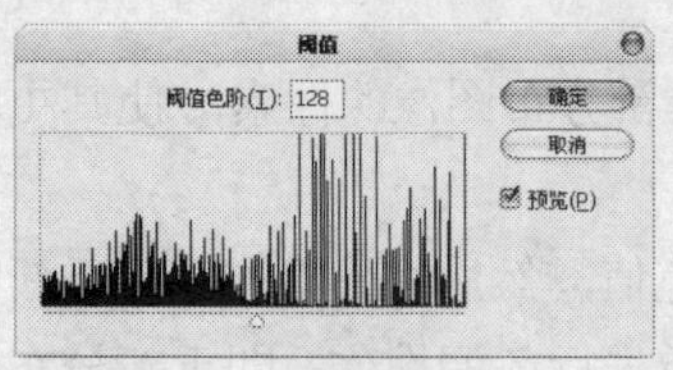

图6.27　【阈值】对话框

（1）打开随书配套资料中的文件“第6章\6.3.8使用【阈值】命令-素材.jpg”，选择【图像】|【调整】|【阈值】命令，弹出如图6.27所示的【阈值】对话框。

（2）拖动对话框中的三角形滑块，直至得到所需要的效果。

如图6.28所示为原图像，如图6.29所示为操作后的效果。此命令操作有点类似将灰度模式的图像转换为位图模式的图像，不同的是它更加灵活，更加实用。

图6.28　原图像

图6.29　操作后的效果

6.3.9　使用【色调分离】命令

使用【色调分离】命令可以减少彩色或灰阶图像中色调等级的数目，其原理为按照操作者在【色调分离】对话框中设定的色调数目来定义图像的显示颜色。

例如，如果将彩色图像的色调等级制定为6级，Photoshop可以在图像中找出6种基本色，并将图像中所有颜色强制与这6种颜色匹配。

在【色调分离】对话框中，可以使用上下方向键来快速试用不同的色调等级。

此命令适用于在照片中制作特殊效果，如制作较大的单色调区域，其操作步骤如下所述。

图6.30　【色调分离】对话框

（1）打开随书配套资料中的文件“第6章\6.3.9使用【色调分离】命令-素材.tif”。

（2）选择【图像】|【调整】|【色调分离】命令，弹出图6.30所示的【色调分离】对话框。

（3）在对话框中【色阶】数值输入框中输入数值或拖动其下方的滑块，同时预览被操作图像的变化，直至得到所需要的效果。

如图6.31所示为原图像，如图6.32所示为使用【色阶】数值为4时所得到效果，如图6.33所示为使用【色阶】数值为10时所得到效果，如图6.34所示为使用【色阶】数值为50时所得效果。

如果这四个图像都以PSD格式保存，原图像的大小为235K，使用【色阶】数值为50处理后的图像则为233K，使用【色阶】数值为10处理后的图像则为223K，使用【色阶】数值为4处理后的图像则为68K。

因此，根据不同的需要使用不同【色阶】值处理图像后，可以有效降低图像大小。

图3.31　原图像

图6.32　【色阶】数值为4的效果

图6.33　【色阶】数值为10的效果

图6.34　【色阶】数值为50的效果

6.3.10　使用【亮度/对比度】命令

【亮度/对比度】命令是一个非常简单易用的命令，使用它可以方便快捷地调整图像明暗度，其对话框如图6.35所示。

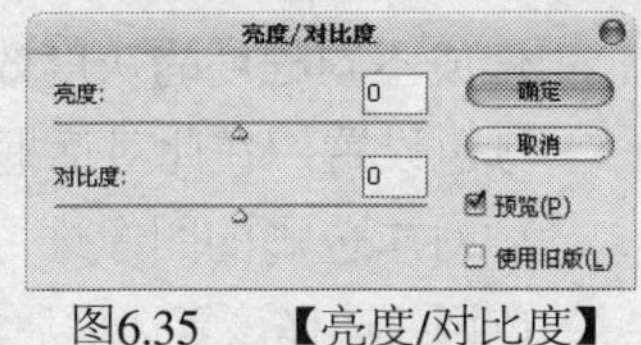

图6.35　【亮度/对比度】对话框

在【亮度/对比度】对话框中，各参数的解释如下所述。

- 亮度：用于调整图像的亮度。数值为正时，增加图像亮度；数值为负时，降低图像的亮度。
- 对比度：用于调整图像的对比度。数值为正时增加图像的对比度，数值为负时降低图像的对比度。
- 使用旧版：可以通过选择此复选框来使用CS3版本以前的【亮度/对比度】命令来调整图像，不建议选择此选项。

如图6.36所示为原图像，如图6.37所示是处理完成后的效果。如图6.38所示为选中【使用旧版】复选框对图像处理后的效果，可以看出，除了亮度与对比度发生变化外，图像的色彩也发生了很大的变化。

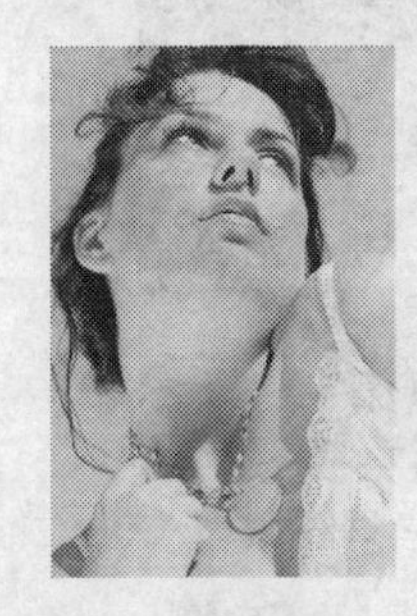

图6.36　原图像

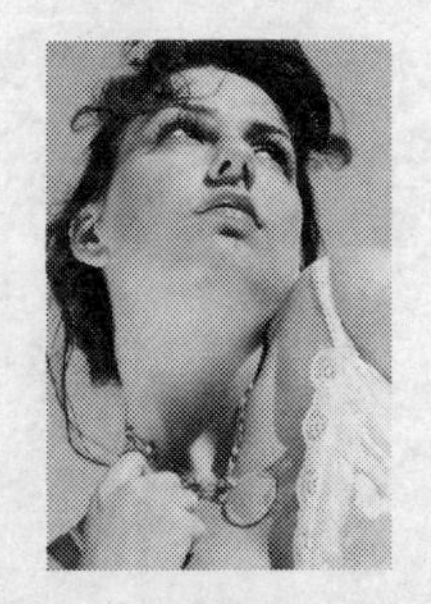

图6.37　新版处理后的效果

图6.38　旧版处理后的效果

6.3.11 使用【黑白】命令

【黑白】命令可以将图像处理成为灰度图像效果，也可以选择一种颜色，将图像处理成为单一色彩的图像。

选择【图像】|【调整】|【黑白】命令，即可调出如图6.39所示的对话框。

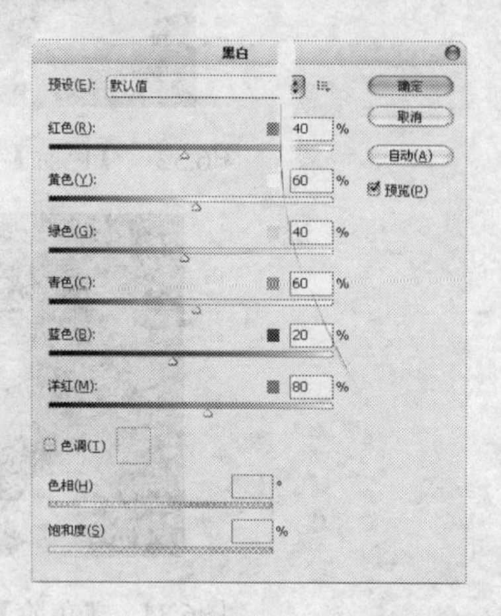

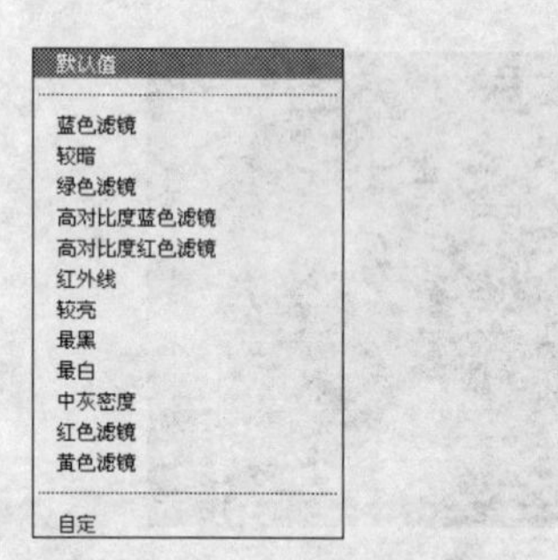

图6.39 【黑白】对话框

在【黑白】对话框中，各参数的解释如下：

- 预设：在此下拉列表框中，可以选择Photoshop自带的多种图像处理方案，从而将图像处理成不同程度的灰度效果。
- 颜色设置：在此对话框中间的位置存在着6个滑块，分别拖动各个滑块，即可对原图像中对应色彩的图像进行灰度处理。
- 色调：选择该复选框后，对话框底部的两个色条及右侧的色块将被激活，如图6.40所示。其中两个色条分别代表了【色相】与【饱和度】，在其中调整出一个要叠加到图像上的颜色，即可轻松地完成对图像的着色操作；另外，我们也可以直接点按右侧的颜色块，在弹出的【拾色器】对话框中选择一个需要的颜色即可。

下面将通过一个示例来讲解如何使用【黑白】命令先制作灰度图像，再为图像叠加颜色，从而得到艺术化的摄影图像效果。

（1）打开随书配套资料中的文件“第6章\6.3.11使用【黑白】命令-素材.tif”，如图6.41所示。

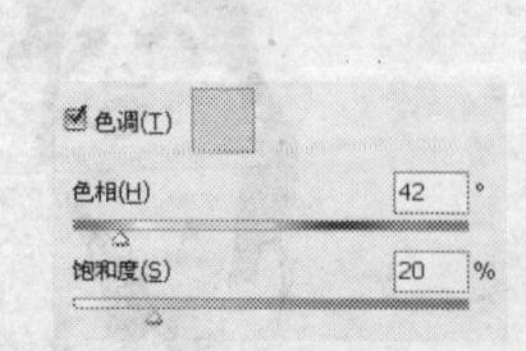

图6.40 激活后的色彩调整区

图6.41 素材图像

（2）选择【图像】|【调整】|【黑白】命令，在弹出的对话框中选择【预设】下拉列表框中的一种处理方案，或直接在中间的颜色设置区域中拖动各个滑块，以调整图像的效果。

（3）在【预设】下拉列表框中选择【绿色滤镜】预设方案，如图6.42所示，此时图像的状态如图6.43所示。

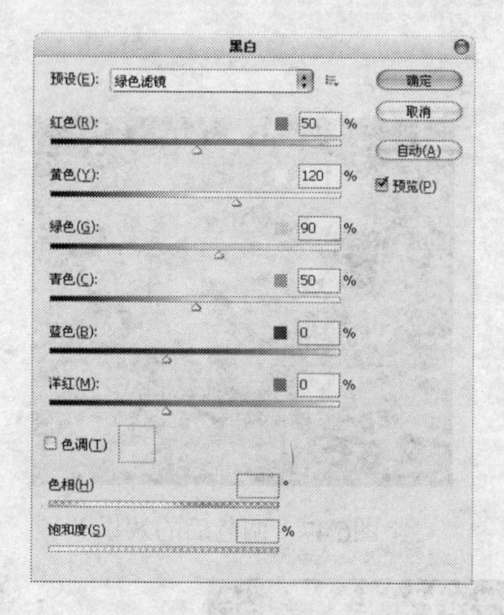

图6.42 【黑白】对话框

图6.43 使用预设方案调整后的效果

由于图像的背景为蓝色，而我们希望灰度图像的背景稍暗一些，以突出其前景的人像，因此下面调整【蓝色】滑块，将图像背景处理的稍黑些，

（4）如图6.44所示是笔者所设置的参数，此时图像的效果如图6.45所示。

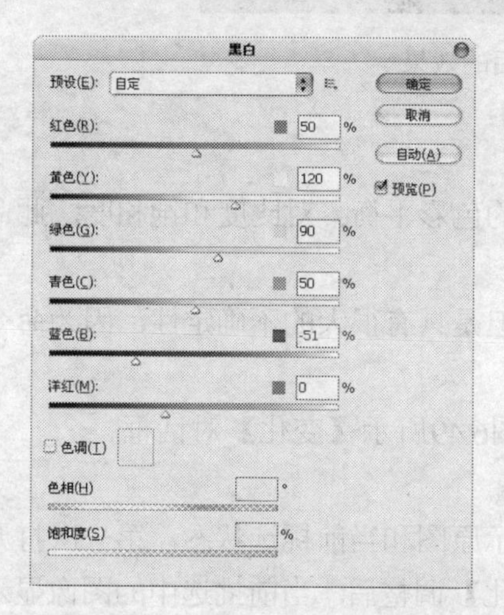

图6.44 自定义调整图像

图6.45 调色后的效果

至此，我们已经将图像处理成为比较满意的灰度效果，下面我们再继续在此基础上为图像叠加一种艺术化的色彩。

（5）选中对话框底部的【色调】复选框，此时下面的颜色设置区域将被激活，分别拖动【色相】及【饱和度】滑块，同时预览图像的效果，直至满意为止。如图6.46所示是笔者所调整的颜色参数，如图6.47是得到的图像效果。

除了上面讲解的为图像叠加橙红色以外，还可以调整其他不同的颜色，如图6.48所示就是笔者分别为图像叠加了青色和绿色后得到的不同效果。

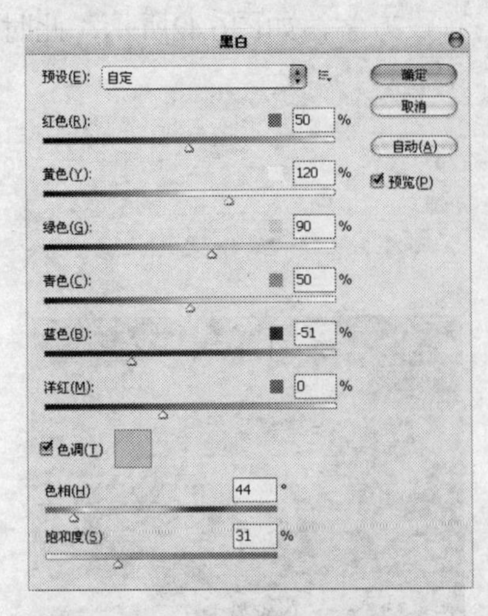

图6.46　颜色参数设置

图6.47　调色后的效果

图6.48　调整其他颜色后的效果

6.3.12　使用【变化】命令

【变化】命令允许使用者可视地调整图像或选区的色彩平衡、对比度和饱和度，此命令对于调整不需要精确色彩的图像最有用。

使用此命令对图像进行调整虽然十分直观有效，但是具有很大的不确定性，因为命令操作者的视觉感觉将对调整效果起到决定性的作用。

选择【图像】|【调整】|【变化】命令，弹出如图6.49所示【变化】对话框。

对话框各区域及参数的解释如下。

- 原稿、当前挑选：对话框顶部的两个缩微图显示原图和当前挑选状态，第一次打开该对话框时，这两个图像显示完全相同，使用【变化】调整后，当前挑选中的图像显示为调整后的状态。
- 较亮、当前挑选、较暗：分别点按较亮、较暗两个缩微图，可以增亮或加暗图像，当前挑选缩微图显示当前调整的效果。
- 阴影、中间色调、高光与饱和度：选择对应的选项，可分别调整图像中该区域的色相、亮度与饱和度。
- 精细/粗糙：拖动该滑块可确定每次调整的数量，将滑块向右侧移动一格，可使调整度双倍增加。
- 调整色相：对话框左下方有7个缩略图，中间的当前挑选缩略图与左上角的当前挑选缩略图的作用相同，用于显示调整后的图像效果。

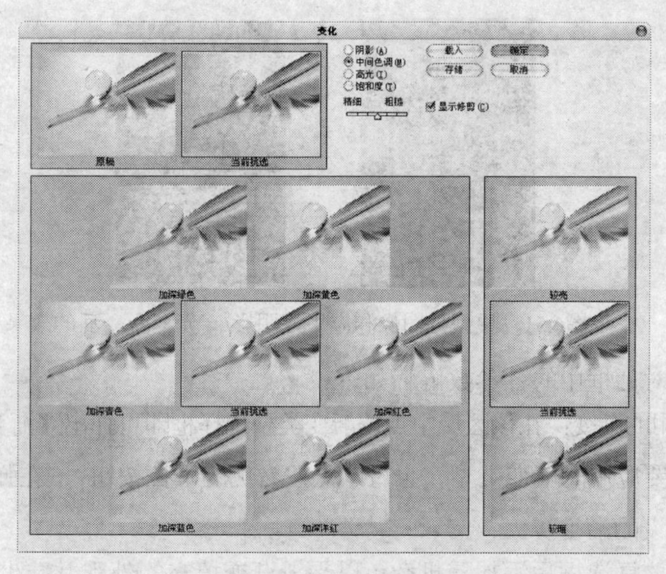

图6.49 【变化】对话框

另外6个缩略图可以分别用来改变图像的RGB和CMYK6种颜色，点按其中任意一个缩略图，均可增加与该缩略图对应的颜色。

此命令的使用步骤较为简单，只需要点按上面所提到的若干个缩略图即可，例如，点按【加深红色】缩略图，可在一定程度上增加红色；要将图像恢复到最初始的状态，可以点按【原图】缩略图；如果希望降低图像的亮度，可以点按【较暗】 缩略图。

6.3.13 使用【阴影/高光】命令

【阴影/高光】命令专门用于处理在摄影中由于用光不当使局部过亮或过暗的照片。选择【图像】|【调整】|【阴影/高光】命令，弹出如图6.50所示的对话框。

- 阴影：在此拖动【数量】滑块或在此数值输入框中输入相应的数值，可改变暗部区域的明亮程度，数值越大即滑块的位置越偏向右侧，调整后的图像的暗部区域也相应越亮。
- 高光：在此拖动【数量】下方的滑块或在此数值输入框中输入相应的数值，即可改变高亮区域的明亮程度，数值越大即滑块的位置越偏向右侧，调整后高亮区域也会相应变暗。

如图6.51中所示为原图像和应用该命令后的效果。

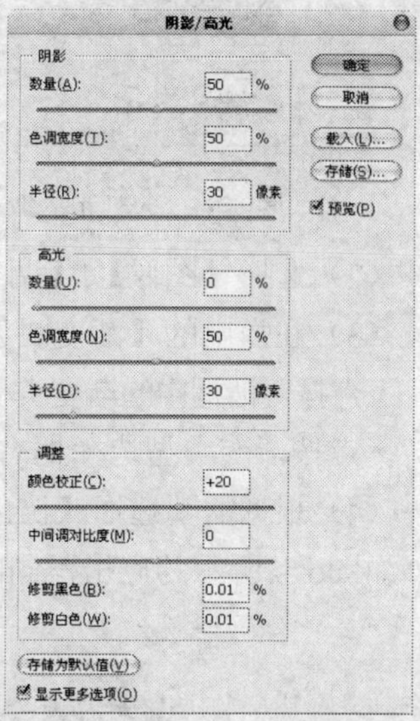

图6.50 【阴影/高光】对话框

6.3.14 使用【渐变映射】命令

【渐变映射】的主要功能是将渐变作用于图像，此命令将图像的灰度范围映射到指定的渐变填充色，如果指定了一个双色渐变，则图像中的阴影映射到渐变填充的一个端点颜色，高光映射到另一个端点颜色，中间调映射到两个端点间的层次。

选择【图像】|【调整】|【渐变映射】命令，弹出如图6.52所示的【渐变映射】对话框。

图6.51 原素材图像和应用【阴影/高光】命令后的效果

【渐变映射】对话框中的各参数解释如下。

· 灰度映射所用的渐变：在该区域中点按渐变类型选择框即可弹出【渐变编辑器】对话框，然后自定义要应用的渐变类型。也可以点按右侧的下拉按钮▾，在弹出的渐变预设框中选择一个预设的渐变。
· 仿色：选择该复选框后添加随机杂色以平滑渐变填充的外观并减少宽带效果。
· 反向：选择该复选框后会按反方向映射渐变。

下面就以一个实例来讲解【渐变映射】命令的操作方法，其操作步骤如下：

（1）打开随书配套资料中的文件“第6章\6.3.14使用【渐变映射】命令-素材.jpg”，如图6.53所示。

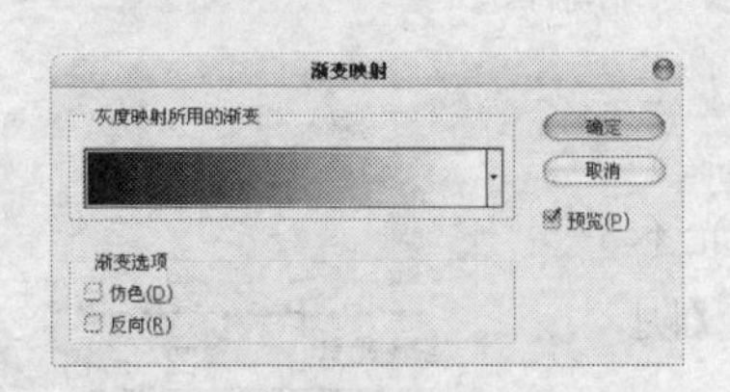

图6.52 【渐变映射】对话框

图6.53 素材图像

（2）选择【图像】|【调整】|【渐变映射】命令。

（3）在弹出的【渐变映射】对话框中执行下面的操作之一：

· 点按对话框中的渐变类型选择框，在弹出的【渐变编辑器】对话框中自定义渐变的类型。
· 点按渐变类型选择框右侧的下拉按钮，在弹出的渐变预设框中选择一个预设的渐变。

（4）根据需要选择【仿色】、【反向】复选框后，点按【确定】按钮退出对话框即可。如图6.54所示为应用不同的渐变映射后的效果。

图6.54 应用不同渐变映射后的效果

6.4 图像调整高级方法

6.4.1 使用【色阶】命令

通过【色阶】命令在图像中调整高光和阴影，从而使整个图像的色调重新分布。选择【图像】|【调整】|【色阶】命令，弹出图6.55所示的【色阶】对话框。

使用此命令调整图像的准则如下所述。

- 如果要对图像的全部色调做调节，在【通道】下拉列表框中选择RGB，否则仅选择其中之一，以调节该色调范围内的图像。
- 如果要增加图像的对比度，拖动【输入色阶】下方的滑块，如果要减少图像的对比度，拖动【输出色阶】下方的滑块。
- 拖动【输入色阶】下方的白色滑块可将图像加亮。如图6.56所示为原图像，如图6.57所示为拖动白色滑块时的【色阶】对话框，如图6.58所示为加亮后的效果。

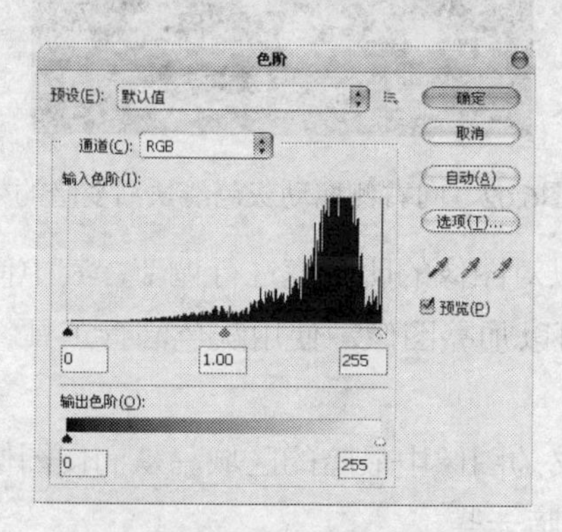

图6.55 【色阶】对话框

图6.56 原图像

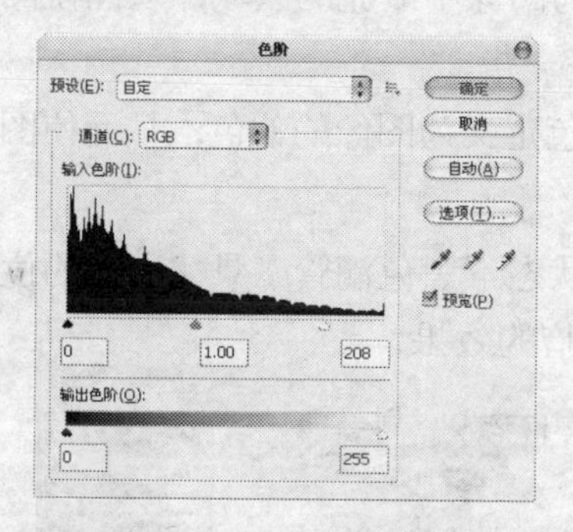

图6.57 拖动白色滑块

图6.58 调节后的效果1

- 拖动【输入色阶】下方的黑色滑块可将图像变暗。如图6.59所示为拖动黑色滑块时的【色阶】对话框，如图6.60所示为变暗后的效果。
- 拖动【输入色阶】下方的灰色滑块，可以使图像像素重新分布，其中向左拖动使图像的亮部增加，整体图像变亮，向右拖动使图像暗部区域增加，整体图像变暗。如图6.61所示为向左拖动灰色滑块时的效果，如图6.62所示为向右移动后的效果。
- 点按【自动】按钮，可使Photoshop自动调节图像的对比度及明暗度。

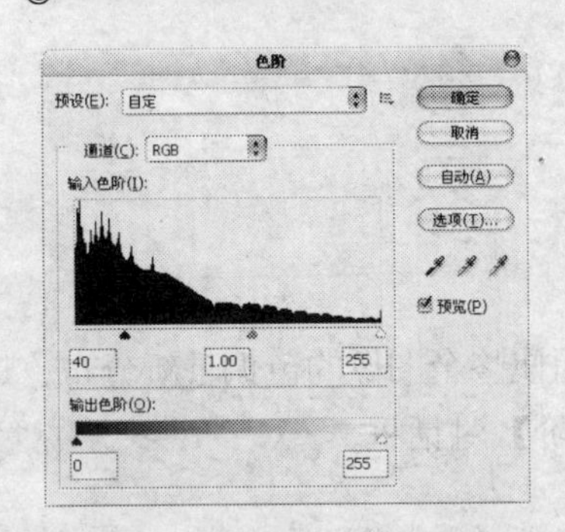

图6.59 拖动黑色滑块

图6.60 调节后的效果2

图6.61 向左侧拖动灰色滑块后变亮的效果

图6.62 向右侧拖动灰色滑块后变暗的效果

除上述方法外，利用对话框中的滴管工具，也可以对图像的明暗度进行调节，其中使用黑色滴管工具可以使图像变暗，使用白色滴管工具可以加亮图像，使用灰色滴管工具可以去除图像的偏色。3个滴管工具的功用如下所述。

- 黑色滴管工具：可以将图像中的点按位置定义为图像中最暗的区域，从而使图像的明阴影重新分布，大多数情况下，可以使图像更暗一些。
- 白色滴管工具：可以将图像中的点按位置定义为图像中最亮的区域，从而使图像的明阴影重新分布，大多数情况下，可以使图像更亮一些。
- 灰色滴管工具：可以将图像中的点按位置的颜色定义为图像的偏色，从而使图像的色调重新分布，用于去除图像的偏色情况。

如图6.63所示为原图像及【色阶】对话框处于打开状态下黑色滴管工具所在的位置，如图6.64所示为使用黑色滴管工具点按图像后图像整体变暗的效果。

图6.63 原图像及黑色滴管工具所在的位置

图6.64 使用黑色滴管点按图像后的效果

如图6.65所示为原图像及【色阶】对话框处于打开状态下使用白色滴管工具所在的位置，如图6.66所示为使用白色滴管工具点按图像后图像整体变亮的效果。

图6.65　原图像及白色滴管工具所在的位置

图6.66　用白色滴管点按图像后的效果

图6.67所示为原图像，在【色阶】对话框处于打开状态下，使用灰色滴管在图像中辅助线相交位置进行点按后的效果，如图6.68所示。可以看出，由于去除了部分绿色像素，图像中的人像面部呈现出红润的颜色。

图6.67　原图像

图6.68　使用灰色滴管后的效果

6.4.2　使用【曲线】命令

与【色阶】调整方法一样，使用【曲线】可以调整图像的色调与明暗度，与【色阶】命令不同的是，【曲线】命令可以精确调整高光、阴影和中间调区域中任意一点的色调与明暗。

选择【图像】|【调整】|【曲线】命令，将显示如图6.69所示的【曲线】对话框。

此对话框最重要的工作是调节曲线，曲线的水平轴表示像素原来的色值，即输入色阶，垂直轴表示调整后的色值，即输出色阶。

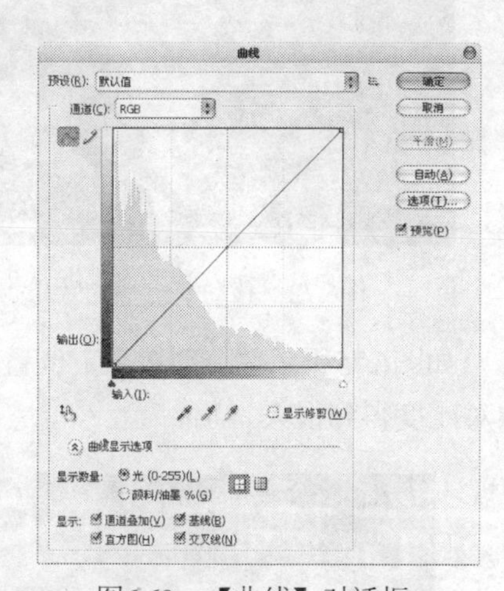

图6.69　【曲线】对话框

注意　对于RGB模式的图像，【曲线】对话框显示的是从0到255间的亮度值，其中阴影（数值为0）位于左边，而对于CMYK模式的图像，【曲线】对话框显示的是0到100间的百分数，高光（数值为0）在左边。

使用此命令调整图像，可以按下述步骤操作。

（1）打开随书配套资料中的文件“第6章\6.4.2使用【曲线】命令-素材.jpg”，如图6.70所示。确定需要调整的区域，在此图像中需要将暗部区域适当加亮。

（2）选择【图像】|【调整】|【曲线】命令，显示【曲线】对话框。

（3）由于本例需要调整整幅的图像，而非图像的某一种颜色，因此，在【通道】下拉列表框中选择RGB。

（4）在曲线上定义图像阴影区域的位置点按一下，以增加一个节点，并向下移动该节点，使图像的暗部再暗一些，如图6.71所示，此时，由于整条曲线向下弯曲，因此图像整体都会变得偏暗，如图6.72所示。

图6.70 原图像

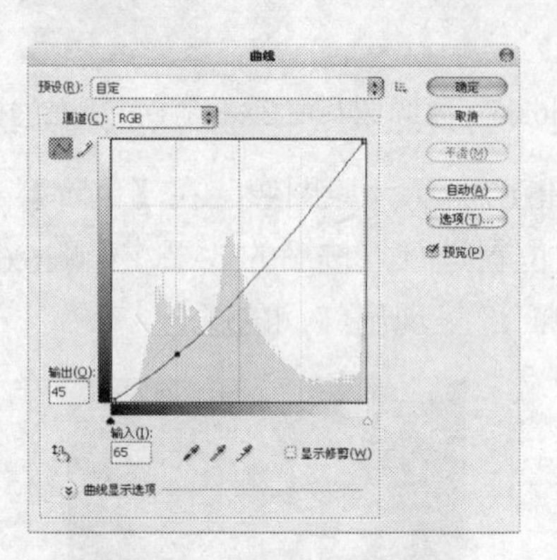

图6.71 移动节点

（5）在曲线上方用于定义图像亮部的位置点按增加一个节点，并向上移动该节点，如图6.73所示，此时曲线为标准的S形曲线，效果如图6.74所示。

图6.72 移动节点后的效果

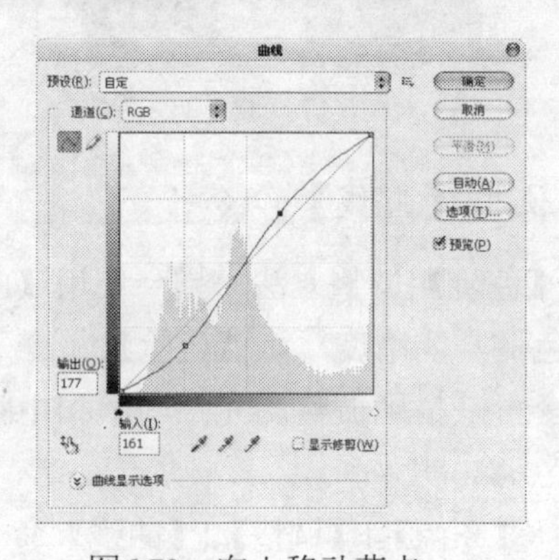

图6.73 向上移动节点

如图6.75所示为分别按上下位置放置调整前后的图像的对比效果，可以看出，调整后的图像对比度得到很大增加。

图6.74 向上移动节点后的效果

图6.75 对比效果（黑线上方为调整后，黑线下方为调整前）

调整曲线的第二种方法是使用铅笔绘制曲线，然后通过平滑曲线来调节图像，其操作步骤为。

（1）点按【曲线】对话框左侧的铅笔按钮。

（2）拖动鼠标在【曲线】图表区绘制需要的曲线。

（3）点按【平滑】按钮以平滑曲线。

注意　要使【曲线】对话框中的网格更精细，可以按option键点按网格，此时对话框如图6.76所示，再次按option键点网格可使其恢复至原状态。

点按【曲线】对话框底部的即可向下扩展出该命令的高级参数，如图6.77所示。

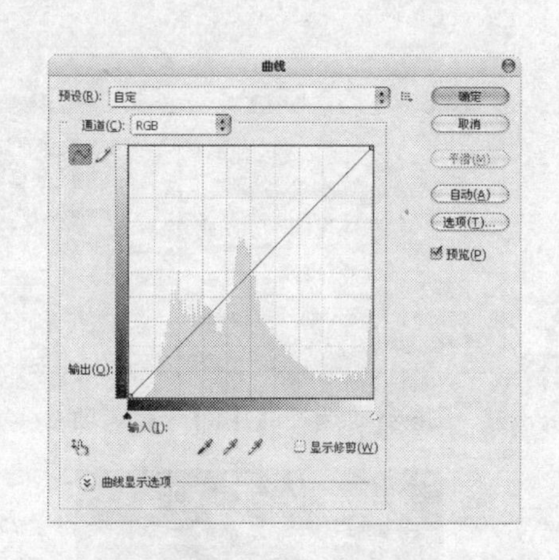

图6.76　显示精细网格的【曲线】对话框

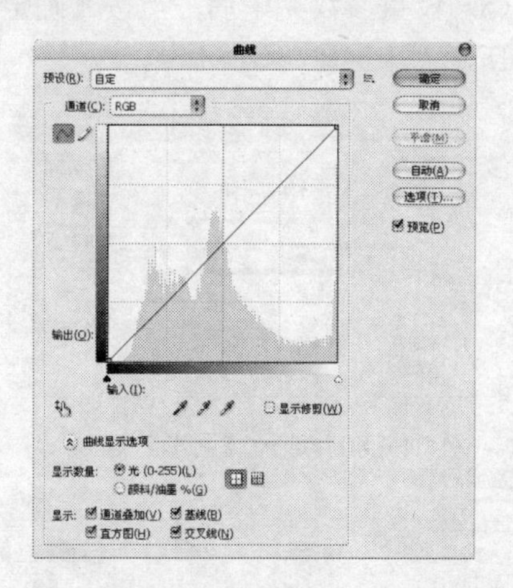

图6.77　显示更多选项的【曲线】对话框

6.4.3　使用【色彩平衡】命令

使用【颜色平衡】命令可以在图像或选择区中增加或减少处于高亮度色\中间色以及阴影色区域中特定的颜色。

选择【图像】|【调整】|【色彩平衡】命令，将弹出如图6.78所示的对话框。

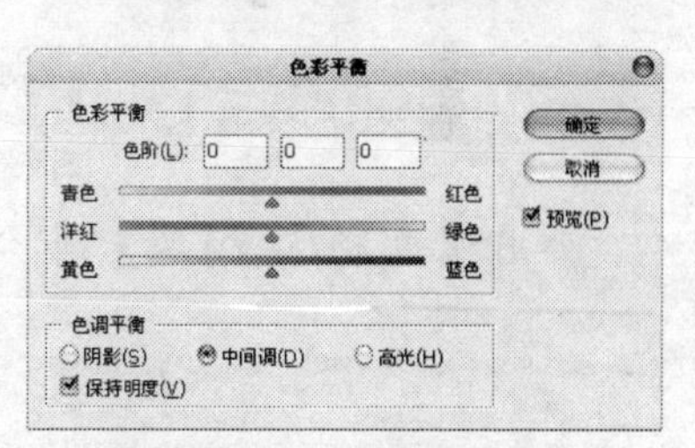

图6.78　【色彩平衡】对话框

在【色彩平衡】对话框中，如下选项可调整图像的颜色平衡。

- 色彩平衡：色彩平衡区显示互补的CMYK色和RGB色。在调节时可以通过拖动滑块增加该颜色在图像中的比例，同时减少该颜色的补色在图像中的比例。例如，要减少图像中的蓝色，可以将【蓝色】滑块向【黄色】方向拖动。
- 阴影、中间调、高光：选中对应的选项，然后拖动滑块可以调整图像中这些区域的颜色值。
- 保持明度：选中【保持明度】复选框，可以保持图像的亮调，即在操作时只有颜色值可被改变，像素的亮度值不可改变。

使用【色彩平衡】命令调整图像的操作步骤如下所述。

（1）打开随书配套资料中的文件“第6章\6.4.3使用【色彩平衡】命令-素材.png”，如图

图6.79　要调整【色彩平衡】的图像

6.79所示。可以看出，该照片明显的偏黄、偏红，下面通过使用【色彩平衡】命令解决这个问题。

（2）选择“图像”|“调整”|“色彩平衡”命令，则弹出【色彩平衡】对话框。

（3）在【色彩平衡】区域中选择要调整的图像范围。

（4）拖动【色彩平衡】区域中的三组滑块，以增加或减少对应的颜色。本示例要减少图像中过多的红色和黄色，所以分别向这两种颜色的反方向拖动滑块，如图6.80、图6.81和图6.82所示。

（5）设置参数完毕后，点按【确定】按钮退出对话框，此时图像色彩已经发生改变，如图6.83所示。

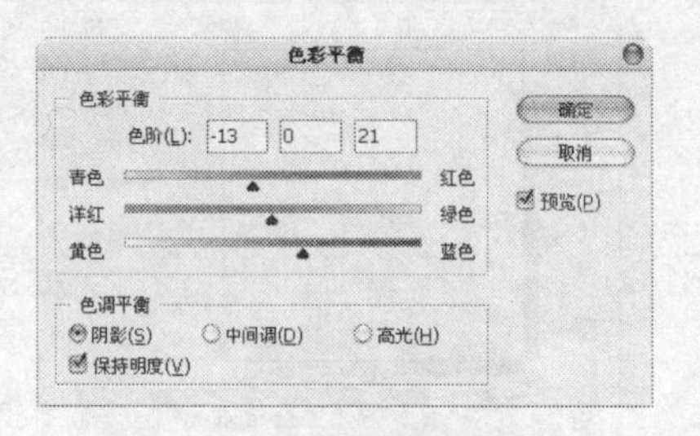

图6.80　选择【阴影】选项

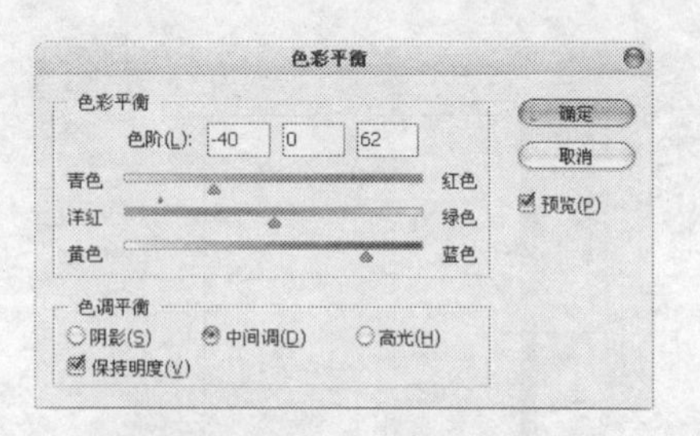

图6.81　选择【中间调】选项

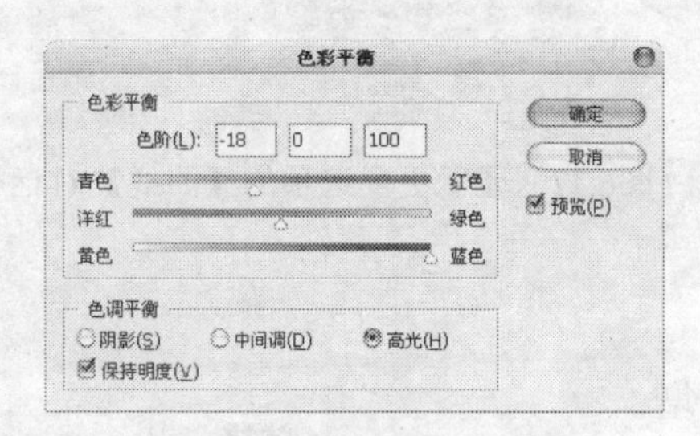

图6.82　选择【高光】选项

图6.83　更改图像色彩

6.4.4　使用【色相/饱和度】命令

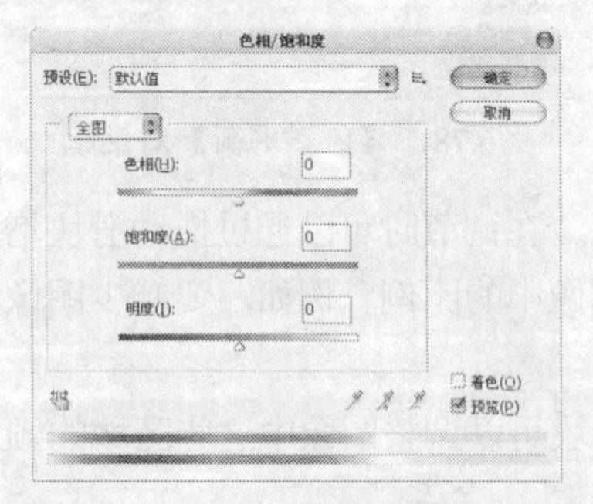

图6.84　【色相/饱和度】对话框

使用【色相/饱和度】命令可以调节图像或选择区的色度、饱和度及亮度，此命令的特点在于可以根据需要调整某一个色调范围内的颜色。

选择【图像】|【调整】|【色相/饱和度】命令，即可显示如图6.84所示的【色相/饱和度】对话框。

该对话框中各参数及选项的意义如下。

在对话框的弹出菜单中选择【全图】，可以同时调节图像中所有的颜色，或者选择某一颜色成分单独调节。

使用【色相/饱和度】对话框中的吸管工具调整图像颜色并修改颜色范围。使用吸管加工具可以扩大范围，使用吸管减工具可以减小范围。

注意　可以在选择吸管时按shift键加大范围，按option键减少范围。

- 色相：使用【色相】调节滑块可以调节图像的色调，无论向右拖动滑块还是向左拖动滑块，都可以得到一个新的色相。
- 饱和度：使用【饱和度】调节滑块可以调节图像的饱和度。向右拖动增加饱和度，向左拖动减少饱和度。
- 明度：使用【明度】调节滑块可调节像素的亮度，向右拖增加亮度，向左拖减少亮度。
- 颜色条：在对话框底部有两个颜色条，代表颜色在颜色轮中的次序及选择范围。上面的颜色条显示调整前的颜色，下面的颜色条显示调整后的色相。
- 着色：【着色】复选框用于将当前图像转换成为某一种色调的单色调图像。
- 图像调整工具：选中此工具后，在图像中点按某一种，并在图像中向左或向右拖动，可以减少或增加包含所点按像素的颜色范围的饱和度。如果在执行此操作时按住了⌘键，则左右拖动可以改变相对应区域的色相。

注意　图像调整工具是CS4版本新增的功能，此功能大大简化了参数调整操作，建议各位读者在实际操作中优先考虑使用。

如果在【编辑】下拉列表框中选择的不同是【全图】选项，颜色条则显示对应的颜色区域，如图6.85所示。

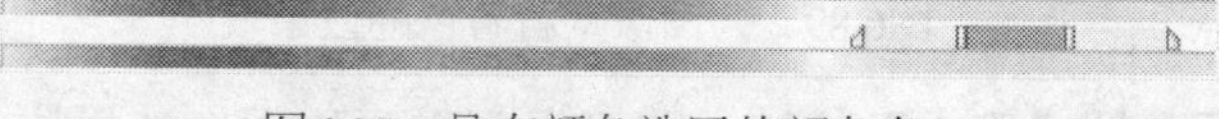

图6.85　具有颜色选区的颜色条

注意　在图6.85中拖动颜色条间的深灰色区域也可以实现确定颜色调整范围的功能。

如果使用【色相】调节滑块做出调整并将颜色条拖到一个新的范围，下面的色条则会在色盘中移动，以标定新的调整颜色。

使用【色相/饱和度】命令调整图像，可以按下述步骤操作。

（1）打开随书配套资料中的文件“第6章\ 6.4.4应用【色相饱和度】命令-素材.png”，如图6.86所示。选择【图像】|【调整】|【色相/饱和度】命令，将会弹出如图6.87所示的“色相/饱和度”对话框。

图6.86　要调整的图像

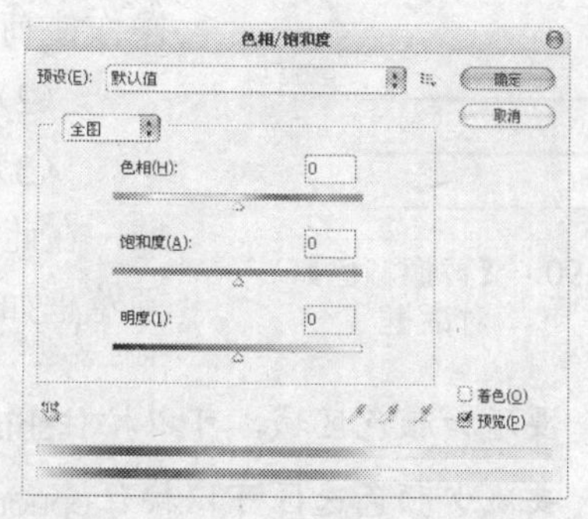

图6.87　【色相/饱和度】对话框

（2）在弹出的【色相/饱和度】对话框中的选择【红色】选项，也可以用右下方的吸管工具在图像中定义要调整的颜色，然后拖动吸管下面的滑块选择颜色的范围，如图6.88所示。

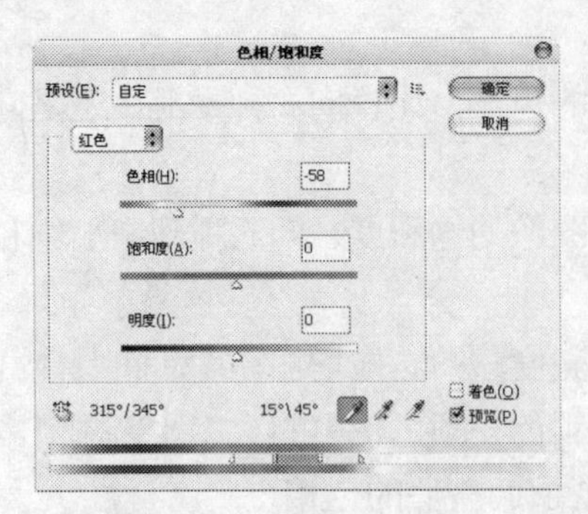

图6.88　仅调整【红色】的色相

（3）如果勾选【着色】复选框，将图像改变为一种双色调效果，如图6.89所示。

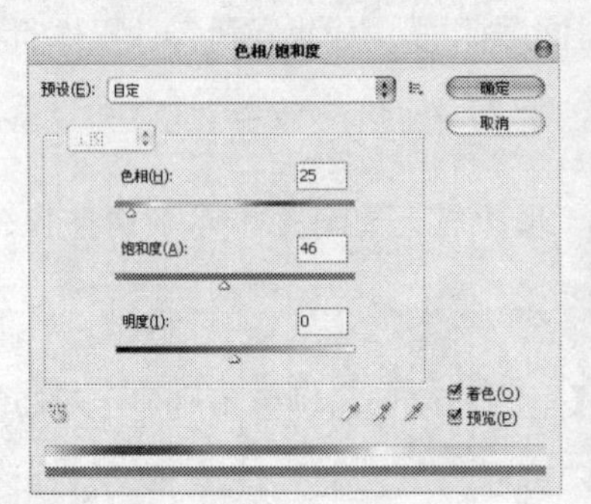

图6.89　为图像重新着色的效果

（4）设置完成后点按【确定】按钮，即可得到需要的图像效果。

6.4.5　使用【替换颜色】命令

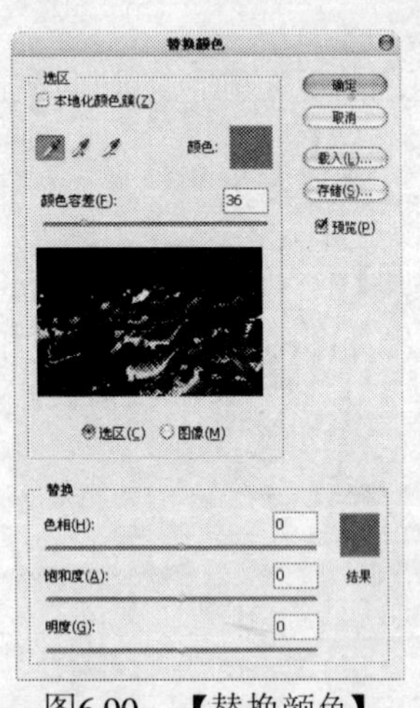

图6.90　【替换颜色】对话框

【替换颜色】命令允许设计人员在图像中基于特定颜色创建暂时的选区来调整该区域的色相、饱和度和亮值，从而以自己需要的颜色替换图像中不需的颜色。如图6.90所示为选择【图像】|【调整】|【替换颜色】命令后弹出的对话框。

此命令的操作方法如下所述。

（1）打开随书配套资料中的文件“第6章\6.4.5使用【替换颜色】命令-素材.jpg”，如图6.91所示。在此需要通过替换颜色的操作使荷花的颜色更加鲜艳、成熟。

（2）选择【图像】|【调整】|【替换颜色】命令。

（3）在对话框的预览框中用吸管工具点按需要调整区域，在此笔者点按图像左侧荷花顶部的红色区域，此时对话框的预览框如图6.92所示。

要增加颜色区域，可以按住shift键点按，或使用吸管加工具点按要添加的区域；要减少颜色选区可以按住option键点按，或使用吸管减工具点按要减少的区域。

图6.91　原图像

图6.92　对话框的预览框

（4）向右拖动【颜色容差】滑块调整所选区域，直至预视区域如图6.93所示。

（5）拖移【色相】、【饱和度】、【明度】滑块，直至将所选的颜色区域改变为绿色，此时对话框如图6.94所示，改变后的图像如图6.95所示。

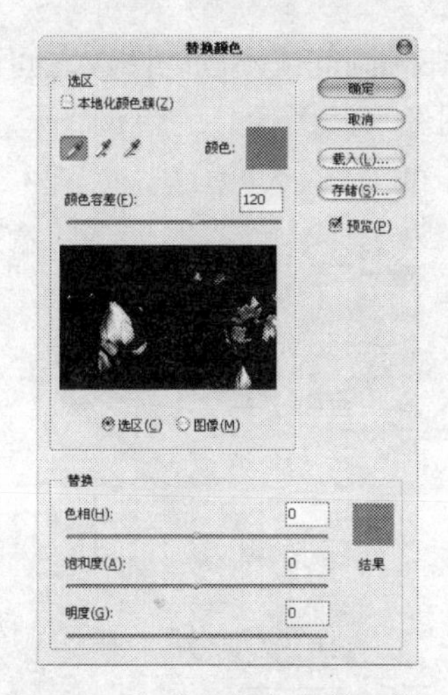

图6.93　拖动【颜色容差】滑块后的预视区域

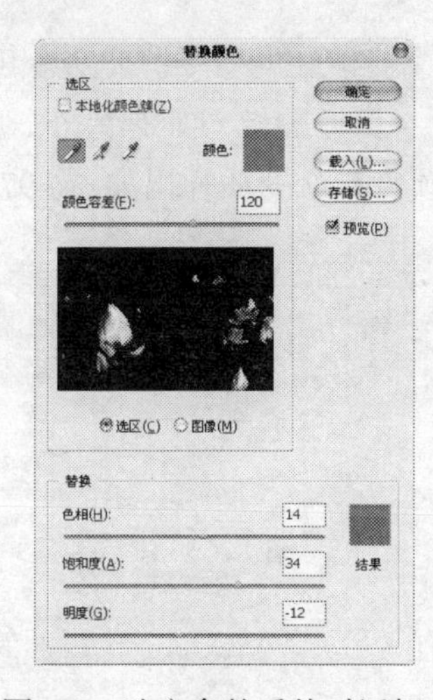

图6.94　改变参数后的对话框

图6.95　调整后的图像

注意　如果有其他颜色改变的区域，可以使用历史记录画笔工具将其消除。如果在图像中选择多个颜色范围，则应该选择【本地化颜色簇】复选框，以得到更加精确的选择范围，此复选框是CS4版本的新增功能。

6.4.6　使用【可选颜色】命令

除三原色外，其他颜色都是由两种或几种颜色混合而成的，例如，橙色可以用纯黄色和少量的红色混合得到，如果我们需要将这个橙色中的红色完全去掉，可以利用【可选颜色】命令来完成，同时又不会影响其他颜色中混合的红色。

利用该命令进行色彩校正也是高端扫描仪和分色程序使用的一项技术，它通过在图像中在每个加色和减色的原色分量中增加和减少印刷色用量来改变图像，但保证在调整的同时不会影响任何其他颜色。

选择【图像】|【调整】|【可选颜色】命令，弹出如图6.96所示的对话框。

【可选颜色】对话框中的参数解释如下：

- 颜色：在该下拉列表框中可以选择要调整的颜色。
- 青色、洋红、黄色、黑色：分别拖动各自的滑块或在对应的数值输入框中输入数值，就可以增加或减少它们在图像中的占有量。
- 相对：选择该选项后，所做的调整是按照总量的百分比来更改颜色。例如，将30%的红色减少20%，则红色的总量减少为30%*20% = 6%，结果就是红色的像素总量变为24%。

选择【相对】选项时，无法对白色进行调整，因为它不包含颜色成分。

- 绝对：选择该选项后，所做的调整是按照相加或相减的方式进行累积的。例如，将30%的红色减少20%，结果就是红色的像素总量变为10%。

6.4.7 使用【匹配颜色】命令

【匹配颜色】命令是一个具有较高智能化的命令，此命令可以在相同的或不同的图像之间进行颜色的匹配，也就是使一幅图像（目标图像）具有另外一幅图像（源图像）的色调。

选择【图像】|【调整】|【匹配颜色】命令后弹出如图6.97所示的对话框。

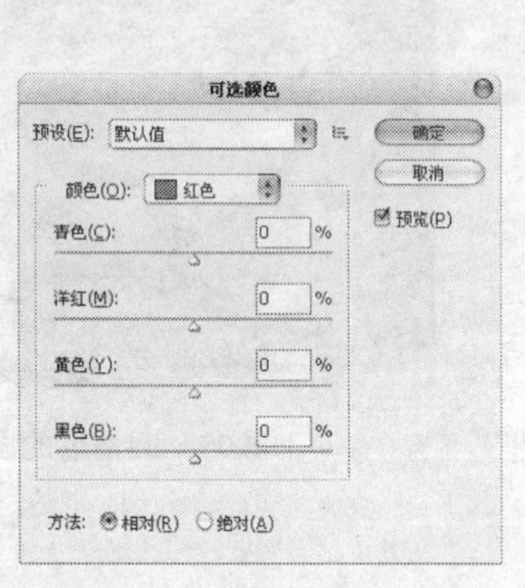

图6.96 【可选颜色】对话框

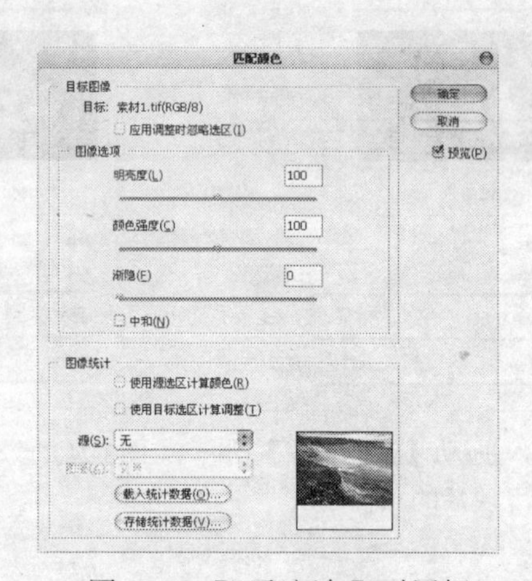

图6.97 【匹配颜色】对话框

【匹配颜色】对话框中的各参数解释如下。

- 目标：在该项后面显示了当前操作的图像文件的名称、图层名称及颜色模式。
- 明亮度：此参数调整得到的图像的亮度，数值越大，则得到的图像的亮度也越高，反之则越低。
- 颜色强度：此参数调整得到的图像的颜色的饱和度，此数值越大，则得到的图像所匹配的颜色的饱和度越大，反之则越低。
- 渐隐：此参数控制得到的图像的颜色与图像的原色相近的程度，此数值越大则得到的图像越接近于原色的效果，反之，匹配的效果越明显。

- 中和：选择该复选框可自动去除目标图像中的色痕。
- 应用调整时忽略选区：如果目标图像中存在选区，则此复选框将被激活，选择此复选框可以忽略选区对于操作的影响。
- 使用源选区计算颜色：选择此复选框，在匹配颜色时仅计算源文件选区中的图像，选区外图像的颜色不计算在内。
- 使用目标选区计算调整：选择此复选框，在匹配颜色时仅计算目标文件选区中的图像，选区外图像的颜色不计算在内。
- 源：在该下拉列表框中可以选择源图像文件的名称。如果选择【无】选项，则目标图像与源图像相同。
- 图层：该下拉列表框中将显示源图像文件中所具有的图层。如果选择【合并的】选项，则将源图像文件中的所有图层合并起来再进行匹配颜色。

【匹配颜色】命令可以很方便地在两个图像文件之间进行颜色匹配，下面我们同样通过一个示例来展示如何使两幅图像具有相同的色调，其操作步骤如下。

（1）打开随书配套资料中的文件“第6章\6.4.7使用【匹配颜色】命令-素材1.tif”和“第6章\6.4.7使用【匹配颜色】命令-素材2.tif”，如图6.98和图6.99所示，从左至右依次为源图像和目标图像。在下面的操作中，我们会将目标图像的暖色调调整为与源图像相同的正常光照效果。

图6.98 源图像

图6.99 目标图像

（2）确定目标图像为当前操作的图像文件，选择【图像】|【调整】|【匹配颜色】命令，在弹出的对话框底部的【源】下拉列表框中选择源图像的名称，此时的【匹配颜色】对话框如图6.100所示，预览的图像效果如图6.101所示。

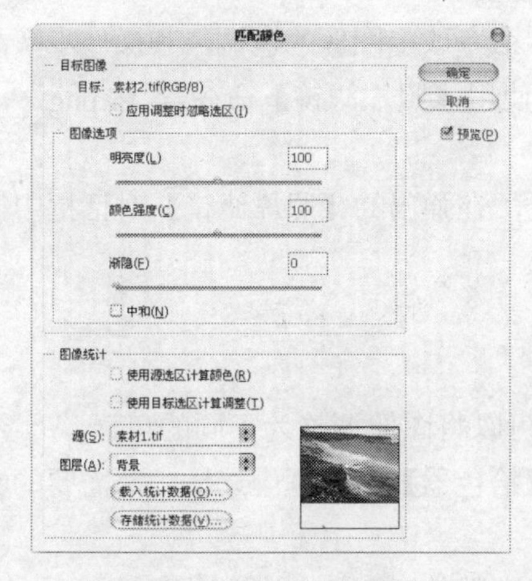

图6.100 【匹配颜色】对话框

图6.101 预览效果

（3）在【匹配颜色】对话框中拖动各个参数的滑块，或在对应的数值输入框中输入数值，设置对话框如图6.102所示。

（4）设置参数完毕后，点按【确定】按钮退出对话框，得到如图6.103所示的效果。

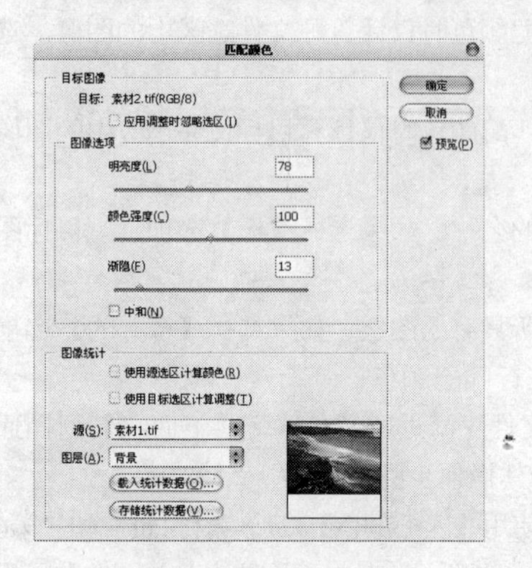

图6.102　设置参数

图6.103　匹配颜色后的效果

6.4.8　使用【照片滤镜】命令

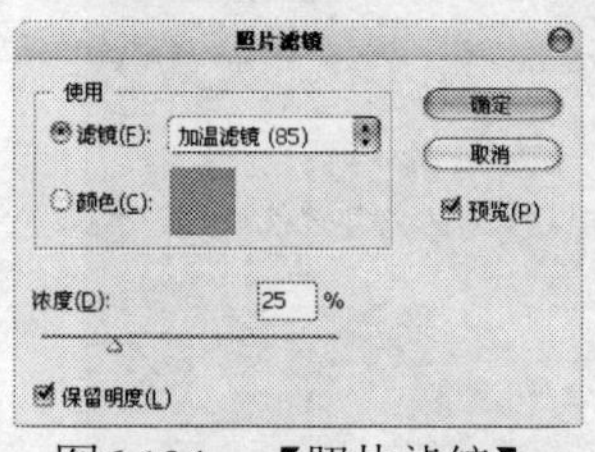

图6.104　【照片滤镜】对话框

【照片滤镜】可以模拟传统光学滤镜特效调整图像的色调，使其具有暖色调或冷色调，也可以根据实际情况自定义其他色调。选择【图像】|【调整】|【照片滤镜】命令，弹出如图6.104所示的对话框。

【照片滤镜】对话框中的各参数解释如下。

- 滤镜：该下拉列表框中包含有多个预设选项，可以根据需要选择合适的选项对图像进行调节。
- 颜色：点按该色块，可以在弹出的【选择滤镜颜色】对话框中自定义一种颜色作为图像的色调。
- 浓度：拖动滑块条以调整应用于图像的颜色数量，该数值越大，颜色的调整越大。
- 保留明度：在调整颜色的同时保持原图像的亮度。

下面通过一个示例来讲解如何利用【照片滤镜】命令改变图像的色调，其操作步骤如下。

（1）打开随书配套资料中的文件“第6章\6.4.8使用【照片滤镜】命令-素材.png”，如图6.105所示。

（2）选择【图像】|【调整】|【照片滤镜】命令，在弹出的【照片滤镜】对话框中执行下列操作之一：

- 选择【加温滤镜】可以将图像调整为暖色调。
- 选择【冷却滤镜】可以将图像调整为冷色调。
- 在【滤镜】下拉列表框中选择其他的选项，可以将图像调整为不同的色调。
- 点按【颜色】后面的颜色块，可以在弹出的【拾色器】对话框中选择一个需要的颜色，从而将图像调整为该色调。

（3）拖动【浓度】滑块或在该数值输入框中输入数值，以定义色调的浓度。

（4）设置参数完毕后，点按【确定】按钮退出对话框即可。

如图6.106所示为经过调整后图像的色调偏暖的效果，如图6.107所示为经过调整后图像的色调偏冷的效果。

图6.105　原图像

图6.106　偏暖色调的图像

图6.107　偏冷色调的图像

6.4.9　使用【曝光度】命令

使用【曝光度】命令可以调整用相机拍摄的曝光不足或曝光过渡的照片，使用此功能非常简单，选择【图像】|【调整】|【曝光度】命令，弹出如图6.108所示的【曝光度】对话框。

【曝光度】对话框中的各参数解释如下。

- 拖动【曝光度】中的滑块或在其数值框中输入数值，输入正值可以增加图像曝光度；输入负值可以降低图像曝光度，使图像倾向于黑色。
- 拖动【位移】中的滑块或在其数值框中输入数值，输入正值可以增加图像曝光度的范围；输入负值可以减低图像曝光度的范围。
- 拖动【灰度系数校正】中的滑块或在其数值框中输入数值，输入正值可以减少图像的灰度值；输入负值可以提高图像的灰度值。

6.4.10　使用【自然饱和度】命令

【自然饱和度】命令是Photoshop CS4版本新增的用于调整图像饱和度的命令，使用此命令调整图像时可以使图像颜色的饱和度不会溢出，换言之，此命令可以仅调整那些与已饱和的颜色相比不饱和的颜色的饱和度。

选择【图像】|【调整】|【自然饱和度】命令后弹出的对话框如图6.109所示。

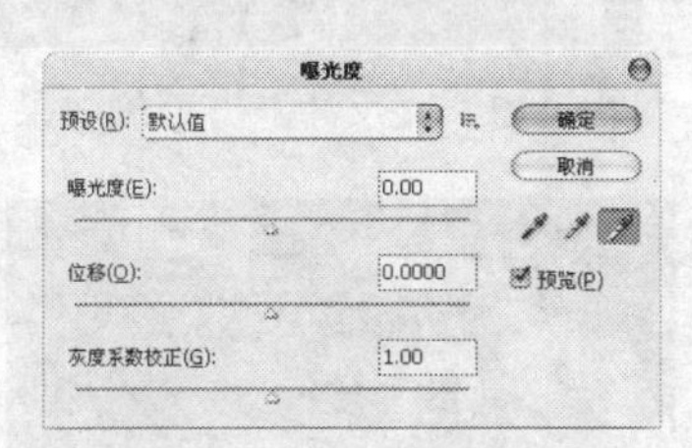

图6.108　【曝光度】对话框

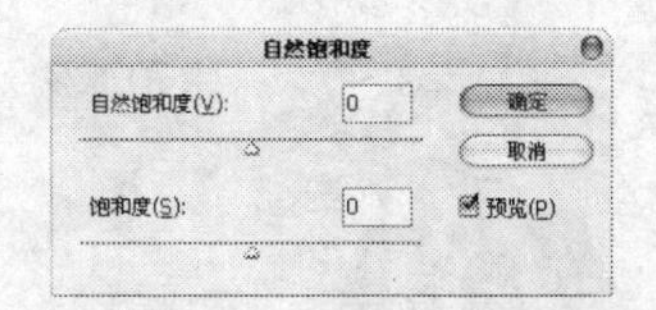

图6.109　【自然饱和度】对话框

- 拖动【自然饱和度】滑块可以使Photoshop调整那些与已饱和的颜色相比不饱和的颜色的饱和度，从而获得更加柔和自然的图像饱和度效果。
- 拖动【饱和度】滑块可以使Photoshop调整图像中所有颜色的饱和度，使所有颜色获得等量饱和度调整，因此使用此滑块可能导致图像的局部颜色过饱和。

使用此命令调整人像照片时，可以防止人像的肤色过度饱和。

6.4.11　快速使用调整命令的技巧1——使用预设

在最新的CS4版本中，许多调整图像的对话框中有了预设功能，如图6.110所示为有预设工具的几个调整对话框。

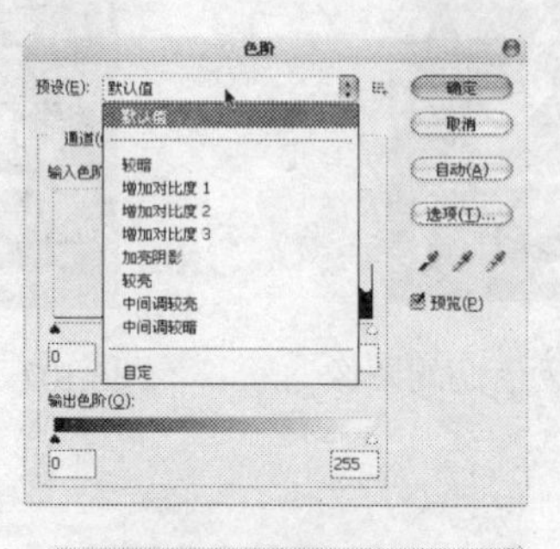

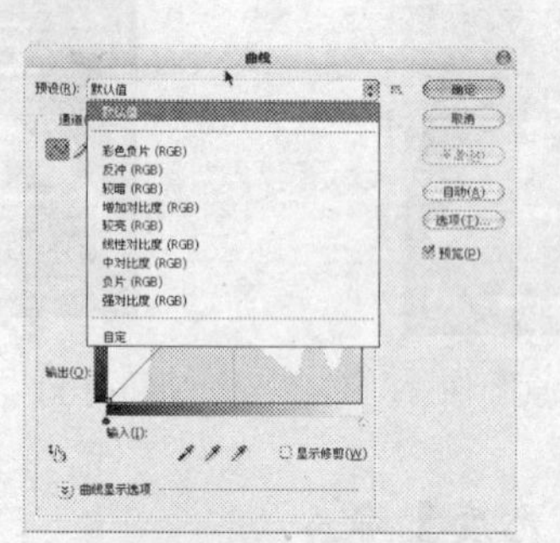

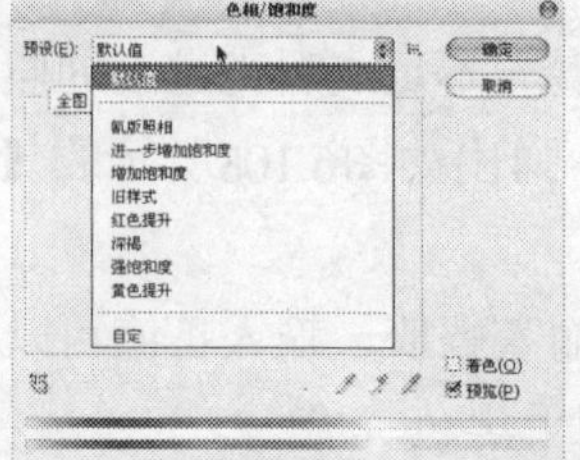

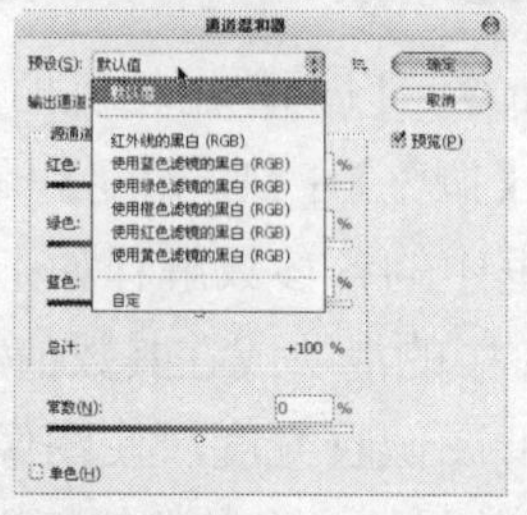

图6.110　有预设功能的调整命令对话框

这一功能大大简化了调整命令的使用方法，例如，对于【曲线】命令，可以直接在【预设】下拉列表框中选择一个Photoshop自带的调整方案，如图6.111所示是原图像，如图6.112、图6.113和图6.114所示分别为设置【反冲】、【负片】和【较暗】以后的效果。

图6.111　素材图像

图6.112　【反冲】方案的效果

图6.113　【彩色负片】方案的效果

图6.114　【强对比度】方案的效果

对于那些不需要得到较精确的调整效果的用户而言，此功能大大简化了操作步骤。

6.4.12　快速使用调整命令的技巧2——存储参数

如果某调整命令有预设参数，则在预设下拉列表框的右侧将显示用于保存或调用参数的按钮，如图6.115所示。

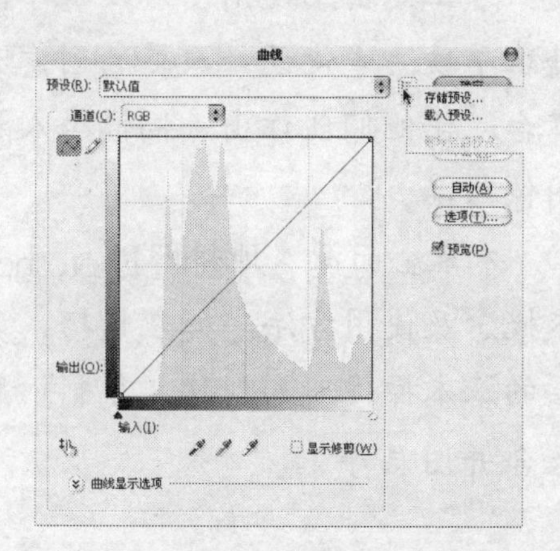

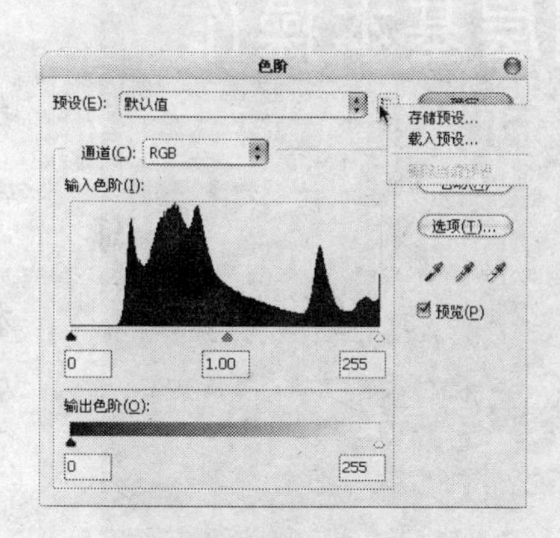

图6.115　能够保存调整参数的调整对话框

如果需要将调整对话框中的参数设置保存为一个设置文件，在以后的工作中使用，可以点按按钮，在弹出的菜单中选择【存储预设】命令，在弹出的对话框中输入文件名称。

如果要调用参数设置文件，可以点按按钮，在弹出的菜单中选择【载入预设】命令，在弹出的文件选择对话框中选择该文件。

第7章 图层基本操作

即使不能将图层称为Photoshop的“灵魂”，至少也能将其称为Photoshop“精髓”。正是由于使用图层及基于图层的各种处理手段，才使设计人员的创意有了施展的舞台，使他们创作出一幅幅令人拍案叫绝的图像珍品。

本章全面深入地讲解Photoshop图层的基本概念及使用方法、处理技巧。其中包括图层的基本操作，如创建、复制、删除图层以及合并图层等。

7.1　图层的基本特性

要更灵活地使用图层，必须了解图层的基本特性，下面我们分别讲解Photoshop中图层的几个基本特性。

7.1.1　透明特性

图层最基本的特性是透明，即透过上面图层的透明部分能够看到下方图层的图像效果，以如图7.1所示的4幅图像为例，如果我们将其按照从下至上的顺序排列在一起，就能够拼合出一幅如图7.2所示的图像，这也从另外一个角度证明了图层透明特性的重要。

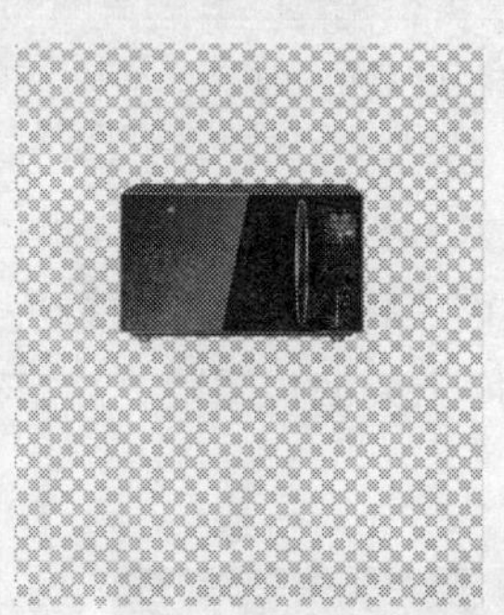

图7.1　4幅图像

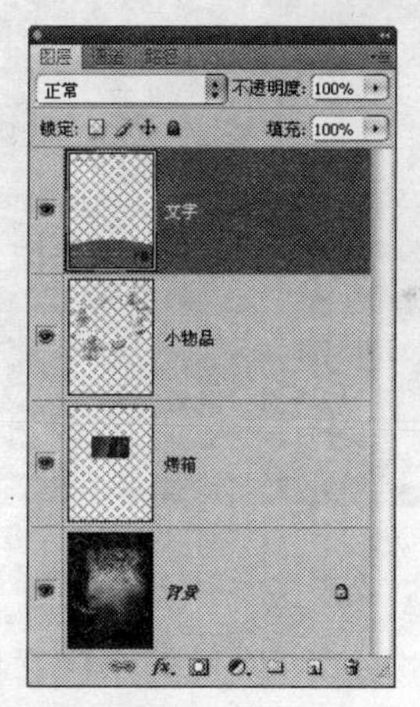

图7.2　拼合得到的效果及对应的【图层】面板

正是由于Photoshop的不同图层分别显示不同图像，因此所有图层中的图像叠加在一起就组成了完整的图像效果，理解图层的透明特性是使用图层进行工作的前提条件。

7.1.2　分层管理特性

应用图层的分层管理特性可以非常方便地改变处于不同图层上的对象，而不会影响其他图层，从而可以尝试各种图层复合，得到不同的效果。以上面的图像为例，为烤箱图像所在的图层设置了一个不透明度后的效果如图7.3所示。通过前面的示例可以知道，烤箱图像位于一个单独的图层上，所以设置了不透明度后，其他图层中的图像不会发生任何变化，这也是图层分层管理特性的最好体现。

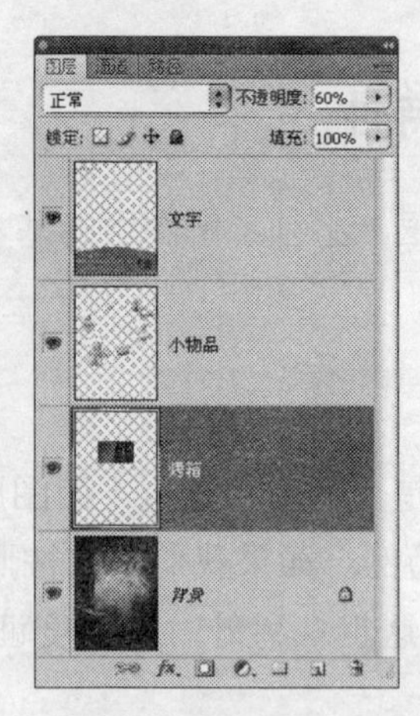

图7.3　改变不同图层的透明度后的效果

7.1.3　可编辑性

图层具有很强的可编辑性，这包括可以在图层中绘制图像，可以移动、复制、删除图层，也可以改变图层的混合模式或为其增加蒙版，如图7.4所示为调整图层“烤箱”及图层“小物品”的顺序后的效果。

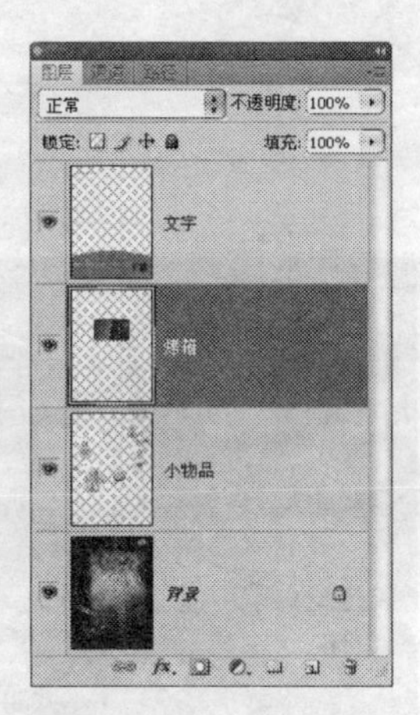

图7.4　调整图层顺序后的效果

以上讲解的是Photoshop中图层的3个优秀特性，虽然Photoshop的图层功能远不止于此，在以后的讲解中，笔者将展示如何为图层添加图层样式得到各式精美的图层效果，如何在图层中应用智能对象功能，以提高图层的编辑灵活性。

7.2　【图层】面板

使用【图层】面板对图层进行操作是Photoshop处理图层的常用手段，虽然，也可以使用【图层】菜单下各命令对图层进行操作，但其简便程度与使用【图层】面板相去甚远。

Photoshop的图层功能几乎都可以通过【图层】面板来实现，因此要掌握图层操作，必须掌握【图层】面板的操作方法，如图7.5所示是一个典型的Photoshop【图层】面板，下面介绍其中各个图标的含义。

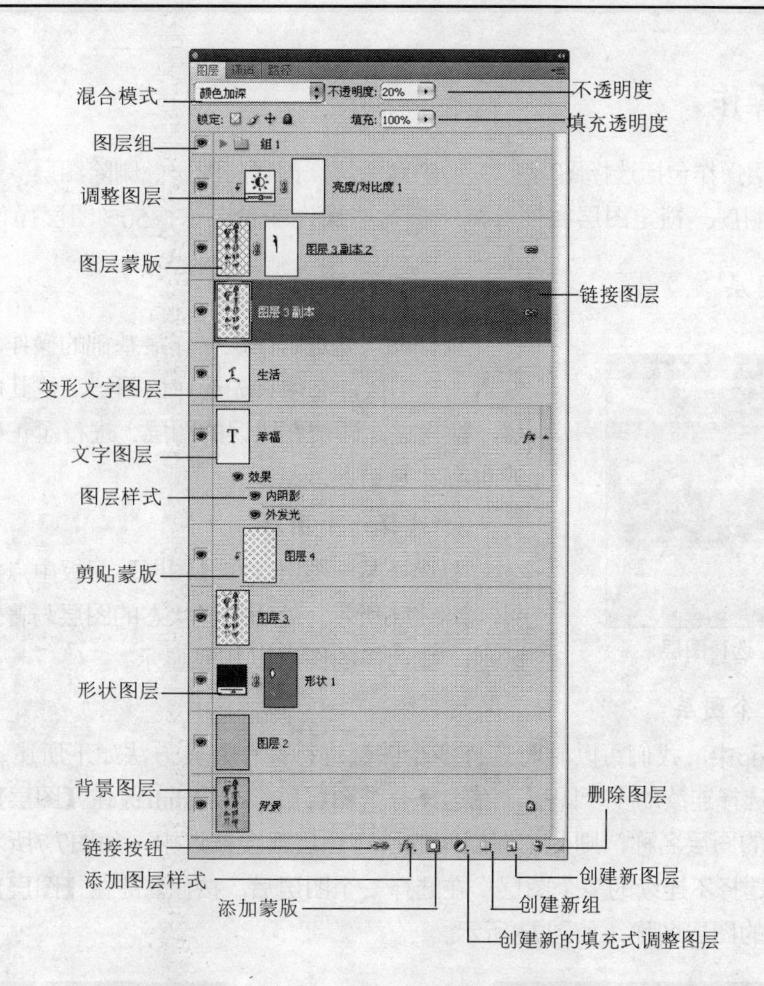

图7.5　【图层】面板

- 正常 混合模式：在此下拉列表框中可以选择图层的混合模式。
- 不透明度: 100%：在此填入数值，可以设置图层的不透明度。
- 锁定：在此点按不同按钮可以锁定图层的位置、可编辑性等属性。
- 填充: 100% 填充透明度：在此填入数值，可以设置图层中绘图的笔划的不透明度。
- 显示标志：此图标用于标志当前图处于显示状态。
- 组1 图层组：此图标用于标记图层组。
- 添加图层蒙版按钮：点按此按钮可以为当前选择的编辑图层增加蒙版。
- 创建新组按钮：点按此按钮可以新建一个图层组。
- 创建新的填充或调整图层按钮：点按此按钮并在弹出菜单中选择一个调整命令，可以新建一个调整图层。
- 创建新图层按钮：点按此按钮可以新建一个图层。
- 删除图层按钮　点按此按钮可以删除一个图层。

【图层】面板中的功能性图标还有许多，在此不能尽列，有关内容将在以后的章节中详细讲解。

7.3 图层操作

常见的图层操作包括选择图层、显示/隐藏图层、创建新图层、删除图层、改变图层次序、改变图层不透明度、锁定图层属性等，掌握这些操作即可以掌握50%图层操作技能与知识。

7.3.1 选择图层

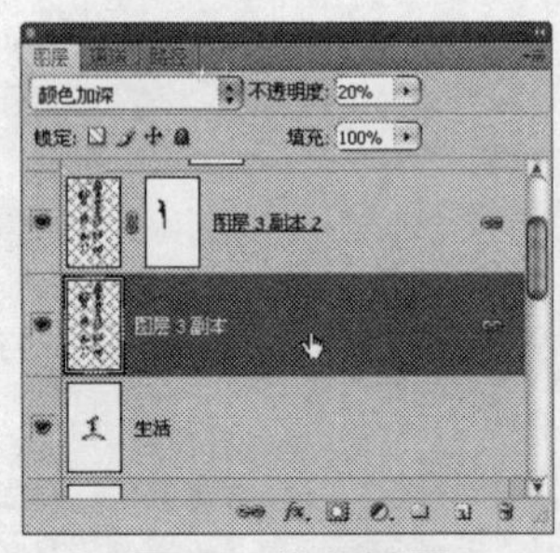

图7.6 选择图层

选择图层是进行图层操作最基础的操作，因为，如果要编辑一个图层，必须首先选择该图层，使其成为当前编辑图层，换言之，即使在错误的图层上进行了正确的操作，得到的也必然是错误的结果。

1. 选择一个图层

要选择某一图层，在【图层】面板中点按需要的图层即可，如图7.6所示。处于选择状态的图层与普通图层具有一定区别，被选择的图层以灰底显示。

2. 选择多个图层

在Photoshop中，我们可以同时选择多个图层进行操作，其方法如下所述。

- 如果要选择连续的多个图层，在选择一个图层后，按住shift键在【图层】面板中点按另一图层的图层名称，则两个图层间的所有图层都会被选中，如图7.7所示。
- 如果要选择不连续的多个图层，在选择一个图层后，按住⌘键在【图层】面板中点按另一图层的图层名称，如图7.8所示。

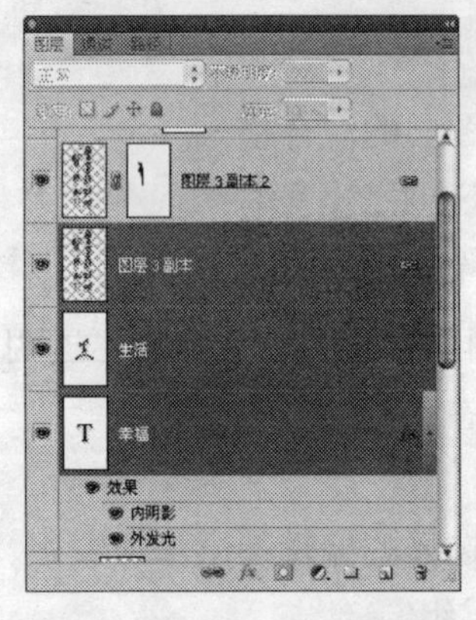

图7.7 选择连续的多个图层

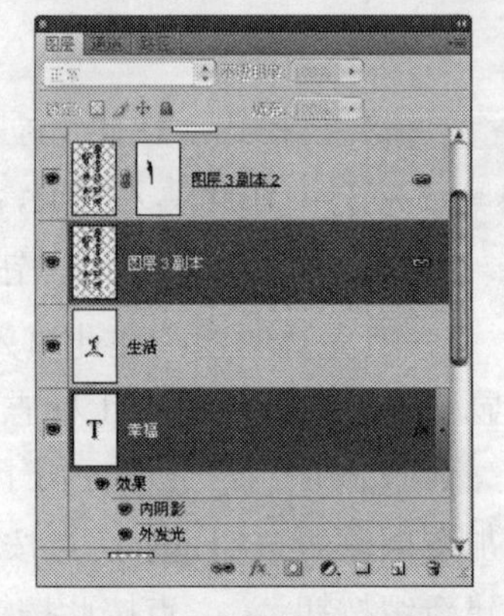

图7.8 选择不连续的多个图层

3. 在图像中选择图层

除了可以在【图层】面板中选择图层外，我们还可以直接在图像中使用移动工具来选择图层，其方法如下所述。

- 选择移动工具，直接在图像中按住⌘键点按要选择的图层中的图像，如果已经在此工具的工具选项条中选择了【自动选择图层】选项，则不必按住⌘键。
- 如果要选择多个图层，按住shift键直接在图像中点按要选择的其他图层的图像，这样即可以选择多个图层。

7.3.2　显示和隐藏图层

由于图层具有透明特性，因此，对一幅图像而言，最终看到的是所有已显示的图层的最终叠加效果。通过显示或隐藏某些图层，可以改变这种叠加效果，从而只显示某些特定的图层。

在【图层】面板中，点按图层左侧的眼睛图标即可隐藏此图层，再次点按可重新显示该图层，如图7.9所示。

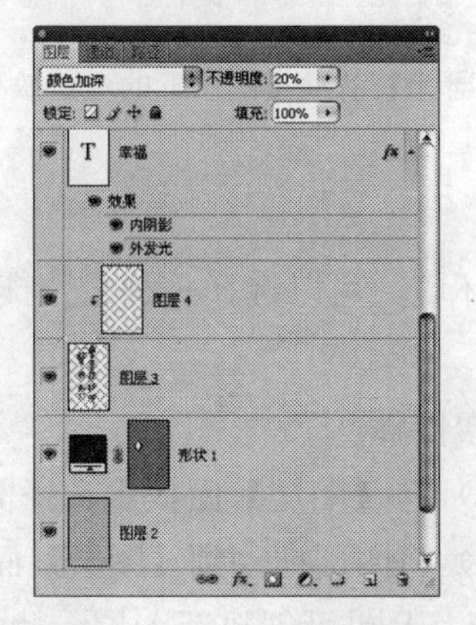
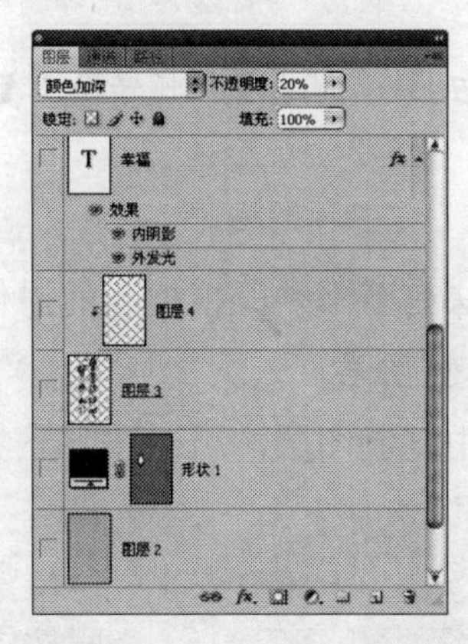

图7.9　显示和隐藏图层

要只显示某一个图层隐藏其他多个图层，可以按option键点按此图层的眼睛图标，再次点按则可重新显示所有图层。

7.3.3　创建新图层

创建新图层的操作方法如下所述。

（1）选择【图层】面板弹出菜单中的【新建图层】命令，弹出如图7.10所示的【新建图层】对话框。

图7.10　【新建图层】对话框

- 名称：在此文本框中输入新图层的名称。
- 不透明度：此数值用于设置新图层的不透明度。
- 颜色：在【颜色】下拉列表框中可以选择一种用于新图层的颜色。
- 模式：在此下拉列表框中选择新图层的混合模式。

（2）设置确定参数后点按【确定】按钮即可创建一个新图层。

更简单的方法是，直接点按【图层】面板底部的创建新图层按钮，这也是创建新图层最常用的方法。

直接点按创建新图层按钮得到的图层的相关属性都为默认值，如果需要在创建新图层时显示【新建图层】对话框，可以按option键点按此按钮。

选择【图层】|【新建】|【背景图层】命令，可以从当前背景层中创建新图层，使用此命令后背景层将转换为【图层 0】，如图7.11所示。此命令是一个可逆操作，即选择【图层】|【新建】|【图层背景】命令，又可以将当前图层转换成不可移动的背景图层。

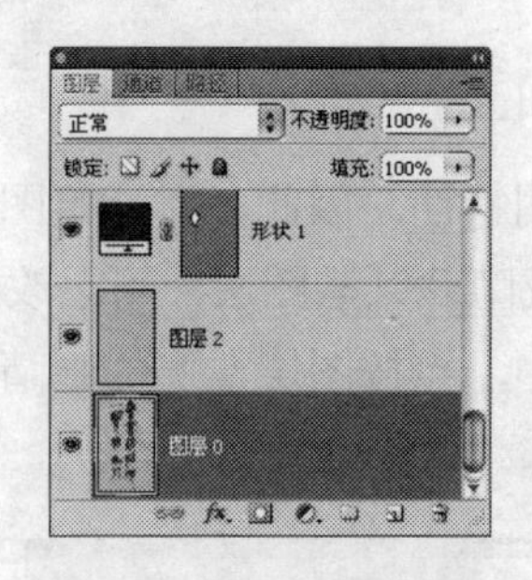

图7.11　【背景】图层转换为【图层 0】前后【图层】的对比效果

7.3.4　复制图层

复制图层的方法有若干种，根据当前操作环境，可以选择一种最快捷有效的操作方法。

1. 在图像内复制图层

要在同一图像中复制图层，可以按下述步骤操作。

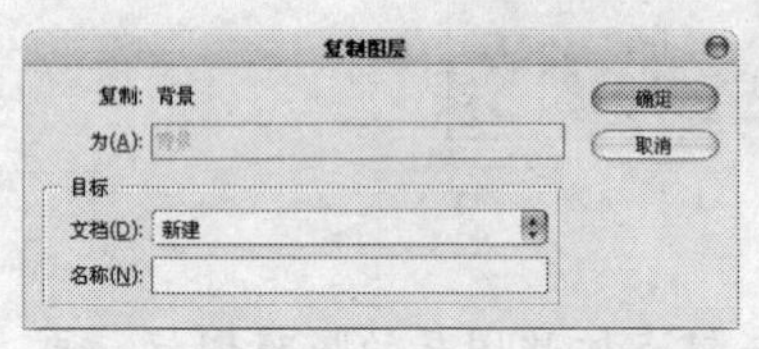

图7.12　【复制图层】对话框

（1）在【图层】面板中选择需要复制的图层。

（2）将图层拖动到【图层】面板底部的创建新图层按钮上即可创建新图层。也可以选择【图层】|【复制图层】命令，或在【图层】面板弹出菜单中选择【复制图层】命令，设置弹出的如图7.12所示的【复制图层】对话框。

在此对话框的【文档】下拉列表框中选择【新建】，并在【名称】文本输入框中输入一个文件名称，可以将当前图层复制为一个新的文件。

2. 在图像间复制图层

要在两个图像间复制图层，可以按下述步骤操作。

（1）在源图像的【图层】面板中选择要复制的图层。

（2）选择【选择】|【全选】命令，选择【编辑】|【拷贝】命令或按⌘+C组合键执行【拷贝】操作。

（3）选择目标图层，并选择【编辑】|【粘贴】命令或按⌘+V组合键执行【粘贴】操作。

对于并列两个图像文件，也可以在使用移动工具从源图像中拖动需要复制的图层到目标图像中，如图7.13所示，复制后的效果如图7.14所示。

如果在执行拖动操作时按住了shift键，源图像与目标图像的文件大小相同时，被拖动的图层会放于与源图像中所处位置的相同位置；源图像与目标图像的大小不同时，被拖动的图层放于目标图像的中间位置。

使用此方法可以将多个图层一次复制到另一图像中。首先，选择要复制的图层，并按住⌘键点按选择要复制到的图层，然后使用移动工具拖动选中的图层至目标图像上即可。

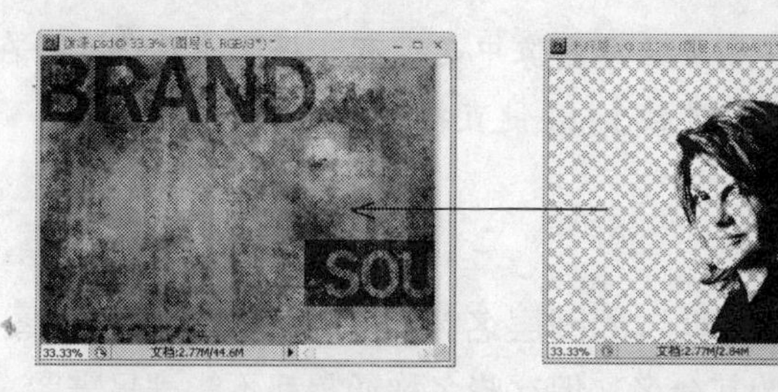

图7.13　直接拖动复制图像

图7.14　复制后的效果

7.3.5　删除图层

1. 删除图层

要删除图层，可以按下述方法中的某一种进行操作。

- 选择需要删除的图层，点按【图层】面板底部的删除图层按钮，在弹出的对话框中直接点按【确定】按钮，即可删除选择的图层。
- 选择需要删除的图层，选择【图层】|【删除】|【图层】命令，在弹出的对话框中直接点按【是】按钮，即可删除选择的图层。
- 选择需要删除的图层，选择【图层】面板弹出菜单中的【删除图层】命令。

按option键点按【图层】面板底部的删除按钮，可以跳过弹出对话框而直接删除选择的图层。

2. 删除隐藏图层

如果需要删除的图层处于隐藏状态，可以按下面的方法操作。

- 选择需要删除的图层，选择【图层】|【删除】|【隐藏图层】命令，在弹出的对话框中直接点按【确定】按钮，即可删除选择的图层。
- 选择需要删除的图层，选择【图层】面板弹出菜单中的【删除隐藏图层】命令。

3. 一次删除多个图层

在Photoshop中，我们可以一次删除多个图层，其方法如下所述。

使用任意一种方法，选择需要删除的多个图层，点按【图层】面板底部的删除图层按钮，在弹出的对话框中直接点按【确定】按钮，即可删除选择的多个图层。

4. 按delete键删除图层

在Photoshop中，如果当前选择的工具是移动工具，则可以通过直接按delete键的方法删除图层，此操作对于删除普通图层、同时选中的多个图层都有效。

按delete键删除图层时，需要注意图像中是否有选择区域或路径存在，在任意一种情况存在的状态下，无法通过按delete键直接删除图层。

7.3.6 重命名图层

在新建图层时，Photoshop以默认的图层名为其命名，对于其他类图层，如文字图层，Photoshop以图层中的文字内容为其命名，但这些名称通常都不能满足需要，因此必须改变图层的名称，从而使其更便于识别。

图层属性
名称(N): 图层 1 确定
颜色(C): 无 取消

图7.15 【图层属性】对话框

要重命名图层，可以右击需要改变名称的图层，在弹出的菜单中选择【图层属性】命令，弹出如图7.15所示的【图层属性】对话框，并在【名称】输入框中输入名称即可。

7.3.7 改变图层的次序

如前所述，由于上下图层间具有相互覆盖的关系，因此，在需要的情况下应该改变其上下次序从而改变上下覆盖的关系，进而改变图像的最终视觉效果。

可以在【图层】面板中直接用鼠标拖动图层，以改变其顺序，当高亮线出现时释放鼠标，即可将图层放于新的图层顺序中，从而改变图层次序。

如图7.16所示为改变顺序前的【图层】面板及图像，如图7.17所示为改变图层顺序后的效果。

图7.16 改变图层顺序前的效果

图7.17 改变图层顺序前的效果

要改变图层次序也可以在【图层】面板中选择需要移动的图层，选择【图层】|【排列】子菜单中的命令，其中可选命令为：

- 选择【置于顶层】命令可将该图层移至所有图层的上方，成为最顶层。
- 选择【前移一层】命令可将该图层上移一层。
- 选择【后移一层】命令可将该图层下移一层。

- 选择【置于底层】命令可将该图层移至除背景层外所有图层的下方，成为底层。
- 选择【反向】命令可以逆序排列当前选择的多个图层，如图7.18所示为选择此命令前的状态及选择此命令后的效果。

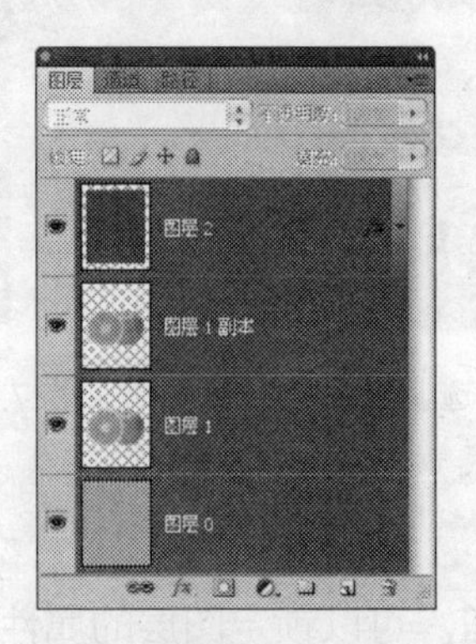

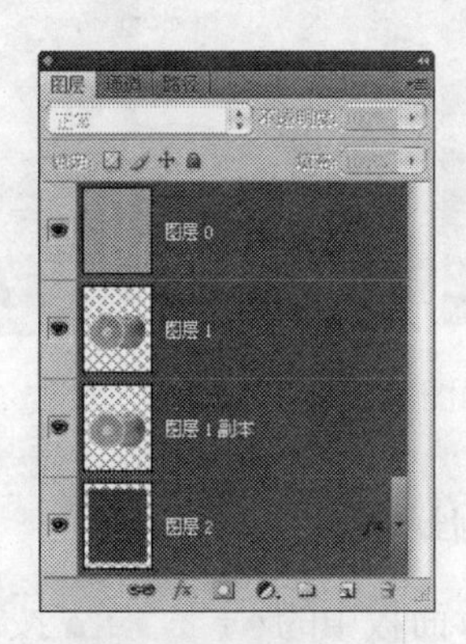

图7.18　选择【反向】命令前后的效果

按⌘+]组合键可将一个选定图层上移一层，按⌘+[组合键可将选择的图层下移一层，按⌘+Shift+]组合键可将当前图层置为顶层，按⌘+Shift+[组合键可将当前图层置为底层。

7.3.8　设置图层不透明度属性

通过设置图层的不透明度值可以改变图层的透明度，当图层不透明度为100%时，当前图层完全遮盖下方的图层，如图7.19所示。

当不透明度小于100%时，可以隐约显示下方图层的图像，如图7.20所示为不透明度设置为50%时的效果。

图7.19　不透明度为100%的效果

图7.20　设置不透明度数值为50%时的效果

7.3.9　设置填充透明度

与图层的不透明度不同，图层的【填充】透明度仅改变在当前图层上使用绘图类工具绘制的图像的不透明度，不会影响图层样式的透明效果。

如图7.21所示为一个具有图层样式的图层，如图7.22所示为将图层不透明度改变为50%时的效果，如图7.23所示为将填充透明度改变为50%的效果。

可以看出，在改变填充透明度后，图层样式的透明度不会受到影响。

图7.21 具有图层样式的图层

图7.22 改变不透明度后的效果

图7.23 改变填充后的效果

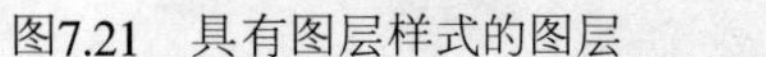

7.3.10 锁定图层属性

通过选择【图层】面板中的锁定: 按钮，可以锁定图层的属性，从而保护图层的非透明区域、整个图像的像素或其位置不被误编辑。

1. 锁定透明区域

要锁定图层的透明区域不被编辑，可以在【图层】面板中点按按钮。

2. 锁定图像

要锁定图层的图像不被编辑，可以在【图层】面板中点按按钮。

3. 锁定位置

要锁定图层位置不被移动，可以在【图层】面板中点按按钮。

4. 部分锁定

要锁定图层全部属性，可以在【图层】面板中点按按钮。

7.3.11 链接图层

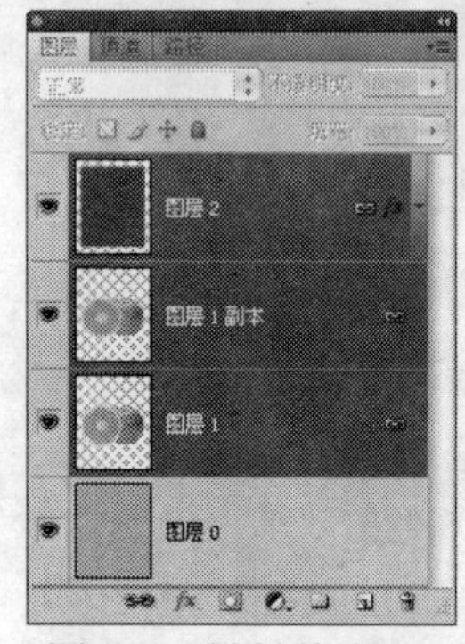

图7.24 被链接在一起的图层

一个或几个图层能够被链接到一起成为一个图层整体，在此情况下，如果移动、缩放或旋转其中某一个图层，则其他链接图层将随之一起发生移动、缩放或旋转，但当前可编辑的图层还是只有一个。

按住⌘键点按要链接的若干个图层以将其选中，在【图层】面板的左下角点按链接图层按钮，如图7.24所示。

如果要取消图层的链接状态，在链接图层被选中的状态下点按链接图层按钮即可将链接的图层解除链接。

7.3.12 显示图层边缘

要显示图层边缘，选择【视图】|【显示】|【图层边缘】命令即可，使用此命令后再选择图层时，图像的周围将出现一个带颜色的方框，如图7.25所示是选择前面的人物时显示的方框效果。

图7.25 选择【图层边缘】命令前后的对比效果

7.4 对齐与分布图层

对齐与分布图层是图层操作的常见操作，适用于许多不同对象分布于不同图层且需要对齐或按规律进行分布的情况。

虽然，在执行对齐与分布时可以使用辅助线和标尺以帮助操作，但是，使用相关菜单命令能够避免人为对齐或分布时出现的误差。

根据操作环境，有两类对齐和分布图层操作，一类是图层与图层前的对齐与分布操作；另一类是图层与选择区域间的对齐与分布操作。

由于两类操作基本类似，故在此仅讲解如何在图层与图层间执行对齐与分布操作。

注意 在按下述方法执行操作前，需要将对齐和分布的图层选中或链接起来。

7.4.1 对齐图层

选择【图层】|【对齐】命令下的子菜单命令，可以将所有链接/选中图层的内容与当前操作图层的内容相互对齐。

- 选择【顶边】命令：可将链接/选中图层顶端像素与当前图层的顶端像素对齐。
- 选择【垂直居中】命令：可将链接/选中图层垂直方向中心的像素与当前图层垂直方向的中心像素对齐。
- 选择【左边】命令：可将链接/选中图层最左端的像素与当前图层最左端的像素对齐，如图7.26所示为未对齐前图层及图层面板，如图7.27所示为按左边对齐后的效果。

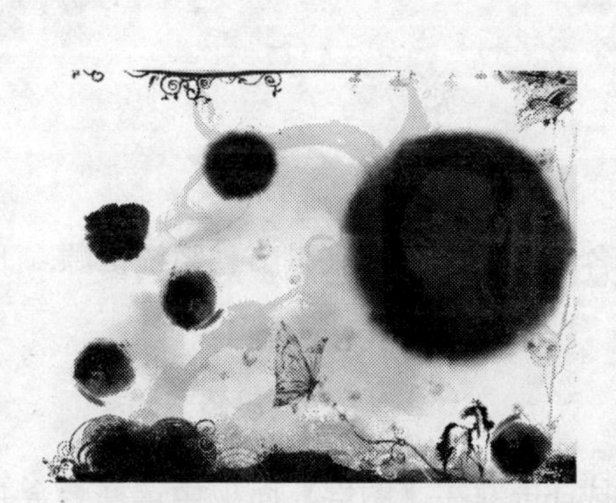
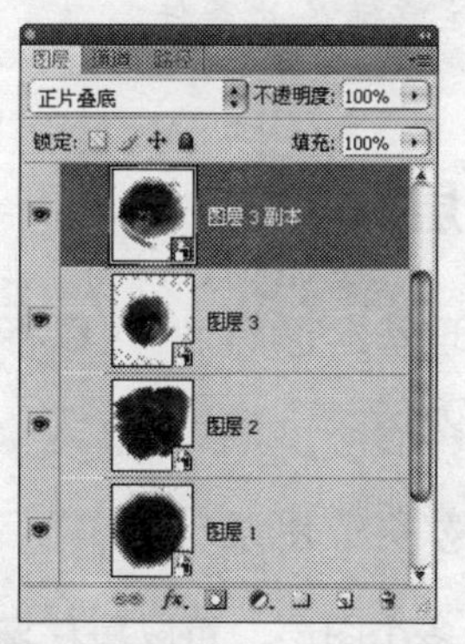

图7.26 未对齐前图层效果及【图层】面板

图7.27　按左边对齐后的效果

- 选择【底边】命令：可将链接/选中图层底端的像素与当前图层底端的像素对齐。
- 选择【水平居中】命令：可将链接/选中图层的水平方向的中心像素与当前图层的水平方向的中心像素对齐。
- 选择【右边】命令：可将链接/选中图层最右端的像素与当前图层最右端的像素对齐。

7.4.2　分布图层

选择【图层】|【分布】命令下的子菜单命令，可以平均分布链接/选中图层，其子菜单命令如下所述。

- 选择【顶边】命令：从每个图层的顶端像素开始，以平均间隔分布链接的图层，如图7.28所示为执行分布操作后的效果。
- 选择【垂直居中】命令：从图层的垂直居中像素开始以平均间隔分布链接/选中图层。
- 选择【底边】命令：从图层的底部像素开始，以平均间隔分布链接的图层。
- 选择【左边】命令：从图层的最左边像素开始，以平均间隔分布链接的图层。
- 选择【水平居中】命令：从图层的水平中心像素开始以平均间隔分布链接/选中图层，如图7.29所示为按水平居中平均分布操作后效果。
- 选择【右边】命令：从每个图层最右边像素开始，以平均间隔分布链接的图层。

图7.28　按顶部平均分布后效果

图7.29　按水平居中分布后的效果

注意　Photoshop只能对齐和分布那些像素大于50%不透明度的图层，所以在对齐和分布图层时应注意满足此条件。

7.5　合并图层

当图像的处理基本完成时，可以将各个图层合并起来以节省系统资源，下面介绍Photoshop合并图层的操作方法。

7.5.1　合并任意多个图层

要合并任意多个图层，可以按住⌘或shift键在【图层】面板中选择要合并的多个图层，选择【图层】|【合并图层】命令或者选择【图层】面板弹出菜单中的【合并图层】命令。

7.5.2 合并所有图层

选择【图层】|【拼合图像】命令或者选择【图层】面板弹出菜单中的【拼合图像】命令，可以将所有可见图层合并至背景图层中，如果当前图像存在隐藏图层，将弹出对话框询问用户是否删除此图层。

合并所有图层后，Photoshop将使用白色填充透明区域，如图7.30所示为一幅具有透明区域的图像，如图7.31所示为合并所有图层后的效果，可以看出此操作使透明区域转换为白色。

图7.30 具有透明区域的图像

图7.31 合并后的效果

7.5.3 向下合并图层

在保证想要合并的两个图层都可见的情况下，在【图层】面板中选择两个图层中处于上方的图层，选择【图层】|【向下合并】命令或者选择【图层】面板弹出菜单中的【向下合并】命令，可以合并两个相邻的图层。

7.5.4 合并可见图层

在保证想要合并的所有图层都可见的情况下，选择【图层】|【合并可见图层】命令或选择【图层】面板弹出菜单中的【合并可见图层】命令，可以将所有可见图层合并为一个图层。

7.5.5 合并图层组

位于一个图层组中的图层可以全部合并于图层组中，通过此操作可以减小文件大小。要合并某一个图层组，只需要在【图层】面板中将其选中，并选择【图层】|【合并图层组】命令即可。

7.6 图层组

也许是受到文件与文件夹间关系的灵感启发，从6.0开始Photoshop可以利用图层组来管理图层，使用图层组可以集中地对某一类图层执行复制、删除、隐藏等操作，不容置疑，此功能大大提高了对图层进行操作的工作效率。

如前所述，图层与图层组间的关系有些类似于文件与文件夹，因此图层组的功能及其使用方法非常容易理解并掌握。

如图7.32所示为未使用图层前的【图层】面板，如图7.33所示为使用图层组进行管理后的效果，可以看出此时图层结构清晰了许多，面板的使用率也高了许多。

要将图层组折叠起来，点按图层组名称前的三角形按钮▼使其转换为▶状态即可。

在图层组处于折叠状态下，点按图层组名称前的三角形按钮▶使其转换为▼形即可展开图层组。

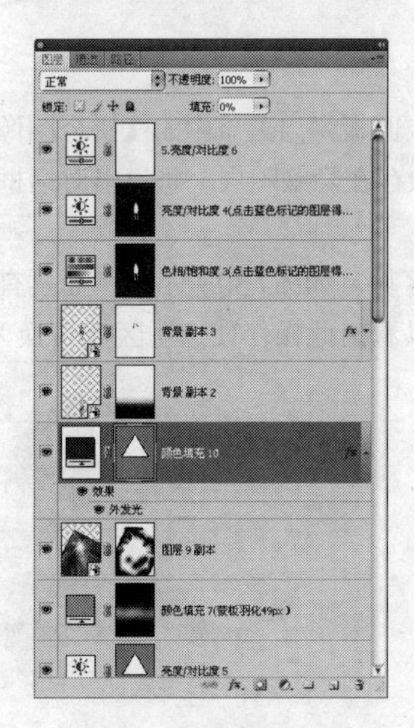

图7.32 未使用图层组

图7.33 图层组管理状态

7.6.1 新建图层组

选择【图层】|【新建】|【新建组】命令，或选择【图层】面板弹出菜单中的【新图层组】命令，弹出【新图层组】对话框。

在该对话框中可以设置新图层组的【名称】、【颜色】、【模式】及【不透明度】等选项，根据需要设置选项后点按【确定】按钮后即可创建新图层组。

7.6.2 通过图层创建图层组

可以通过选择多个图层创建一个新的图层组，并使这些被选择的图层包含于图层组中。如图7.34所示为笔者选择的多个图层，选择【图层】|【图层编组】即可将这些被选择的图层编入一个新的组中，如图7.35所示。

图7.34 选择的多个图层

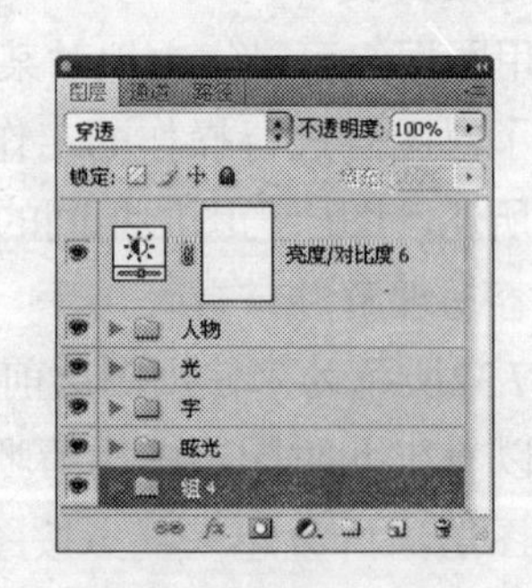

图7.35 创建组的状态

注意　在多个图层被选中的情况下，也可以直接按⌘+G组合键完成相同的操作。

7.6.3　将图层移入或移出图层组

可以将普通图层拖至图层组中，从而将此图层加至图层组中。如果目标图层组处于折叠状态，将图层拖到图层组文件夹或图层组名称上，当图层组文件夹和名称高光显示时，释放鼠标，图层被加于图层组的底部。

如果目标图层组处于展开状态，则将图层拖移到图层组中所需的位置，当高光显示线出现在所需位置时，释放鼠标按钮即可，如图7.36所示为操作过程及操作结果。

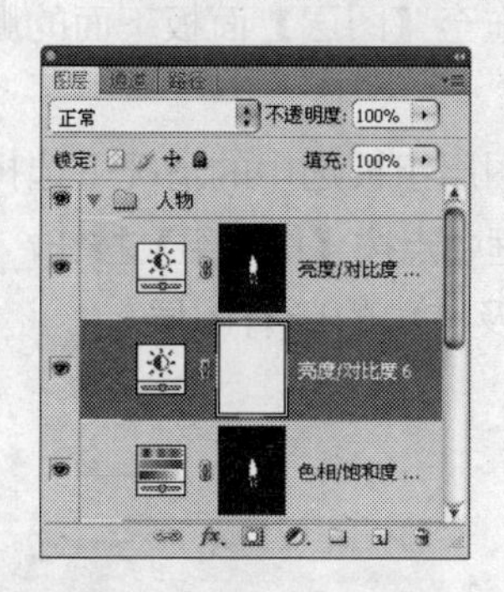

图7.36　操作过程及操作结果

要将图层移出图层组，只需在【图层】面板中点按该图层并将其拖至图层组文件夹或图层组名称上，当图层组文件夹和名称高光显示时，释放鼠标。

7.6.4　创建嵌套图层组

嵌套图层组的功能是指一个图层组中可以包含另外一个或多个图层组的功能，使用嵌套图层组可以使图层的管理更加高效，如图7.37所示是一个非常典型的多级嵌套图层组，在这些嵌套图层组中我们将嵌套于某一个图层组中的图层组称为“子图层组”。

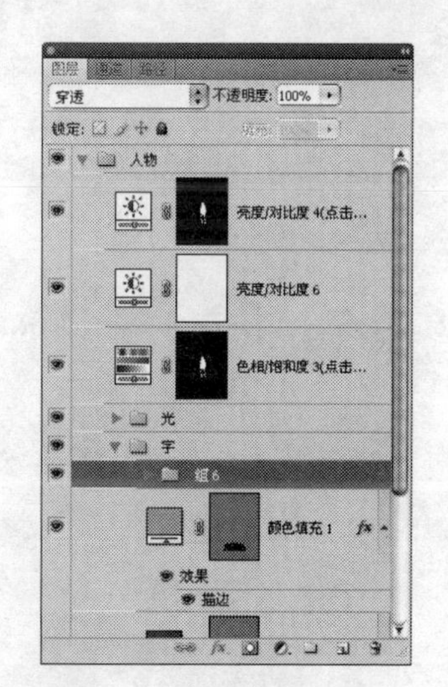

图7.37　多级嵌套图层组

根据不同的图像状态，可以用不同的方法创建嵌套图层组。

- 如果一个图层组中已经有一个或若干个图层，选择其中的一个或多个图层，直接点按【图层】面板中的创建新组按钮，即可创建一个子图层组，如果选择的是图层组，则此操作创建一个同级并列的图层组。
- 如果将图层组拖至【图层】面板的创建新组按钮上，可以创建一个新图层组，同时将当前操作的图层组改变为新图层组的子图层组。
- 也可以在创建一个图层组后，按⌘键点按【创建新组】按钮以创建一个子图层组。

7.6.5 复制与删除图层组

通过复制图层组，可以复制图层组中的所有图层，从而起到备份的作用，而通过删除图层组则可以删除图层组中的所有图层。

- 在图层组被选中的情况下，选择【图层】|【复制组】命令，或选择【图层】面板弹出菜单中的【复制组】命令，即可以复制当前图层组。
- 也可以将图层组拖至【图层】面板底部的创建新组按钮上，待高光显示线出现时释放鼠标，即可以复制该图层组。复制图层组后，图层组中的所有图层都被复制。

如果需要删除图层组，可以执行以下操作。

- 将目标图层组拖至【图层】面板下面的删除图层按钮上，待高光显示线出现时释放鼠标即可。
- 也可以在目标图层组被选中的情况下选择【图层】面板弹出菜单中的【删除组】命令，在弹出的提示框中点按【仅限组】按钮，即可删除图层组；如果点按【组和内容】按钮，将删除图层组及其中的所有图层。

第8章 图层高级操作

本章将继续上一章的讲解，学习图层的高级知识及使用技巧，例如，调整图层、图层样式、图层的混合模式以及智能对象等。

8.1　调整图层

调整图层是一类比较特殊的图层，因为与其他图层相比，此类图层不具有作图的功能，其主要功能是颜色调整，有些类似于颜色调整命令。

调整图层的优点如下所述。

- 调整图层不会改变图像的像素值，从而能够在最大程度上保证对图像做颜色调整时的灵活性。
- 使用调整图层可以调整多个图层中的图像，这也是通常使用的调整命令无法实现的。
- 可以通过改变调整图层的不透明度数值来改变对其下方图层的调整强度。
- 通过为调整图层增加蒙版，使其调整作用仅发生于图像的某一区域。
- 通过尝试使用不同的混合模式，可以创建不同的图像调整效果。
- 通过改变调整图层的顺序，可以改变调整图层的作用范围。

8.1.1　创建调整图层

在此以增加【色阶】命令调整图层为例，讲解如何创建调整图层，其操作步骤如下所述。

（1）点按【图层】面板下方创建新的填充或调整图层按钮，在弹出的菜单中选择【色阶】命令，如图8.1所示。

（2）弹出【色阶】面板，其中的设置如图8.2所示。

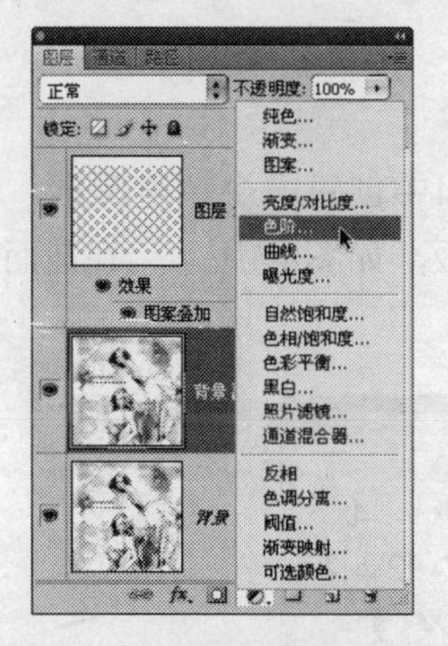

图8.1　选择【色阶】命令

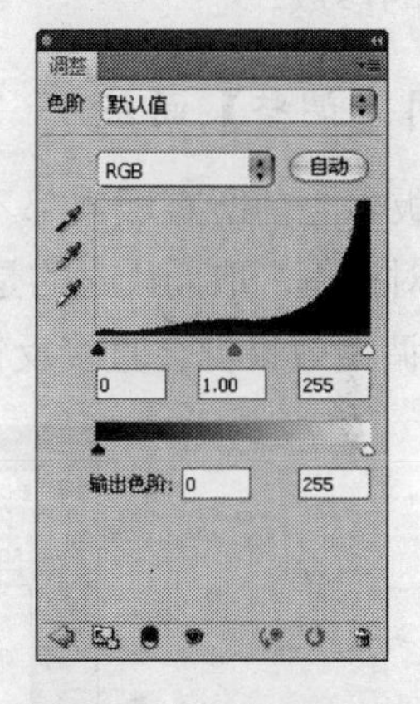

图8.2　【色阶】面板

按上述方法操作后，即可在图层中增加一个【色阶】调整图层，得到如图8.3所示的效果。

如果需要对图像局部应用调整图层，应该先创建需创建调整图层的选区，然后再按上述方法操作，此时Photoshop自动按选择区域的形状与位置为调整图层创建一个蒙版，所调整的区域将仅限于蒙版中的白色区域，如图8.4所示。

注意

【调整】面板是CS4版本新增的功能，相对于CS3、CS2版本用户而言，实际上的不同仅仅在于原本应该调整出的颜色调整对话框以面板的形式出现。

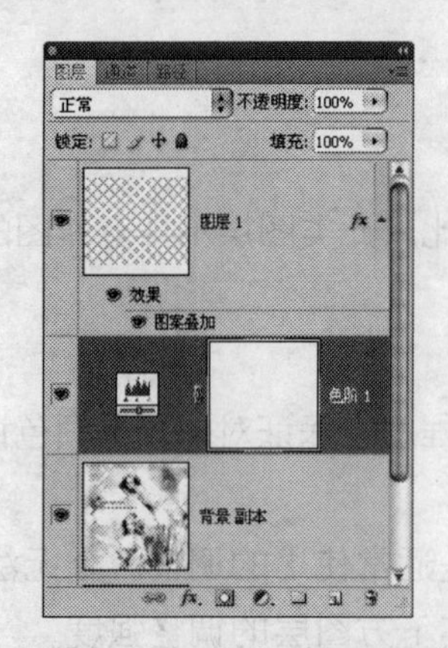

图8.3 增加【色阶】调整图层

图8.4 在有选区的情况下增加调整图层

8.1.2 编辑调整图层

如前所述，调整图层具有图层属性，因此，在需要的情况下可以通过编辑调整图层来改变其属性，从而得到丰富的图像调整效果。

编辑调整图层的操作包括，改变不透明度、混合模式，添加蒙版以限制编辑区域，改变调整命令的参数，改变调整类型等。

其中改变不透明度、混合模式，添加蒙版以限制编辑区域的操作与对常规图层的操作类似，要改变调整图层的调整参数，可以在【图层】面板上点按调整命令，在弹出的【调整】面板中修改相对应的参数。

8.1.3 使用【调整】面板

与CS4版本之前所有版本都不一样，在Photoshop CS4中创建一个调整图层，不再会弹出调整命令的对话框，取而代之的是一个全新的【调整】面板，如图8.5所示。在此面板中调整各类参数后，调整效果就会直接反馈在图像中。

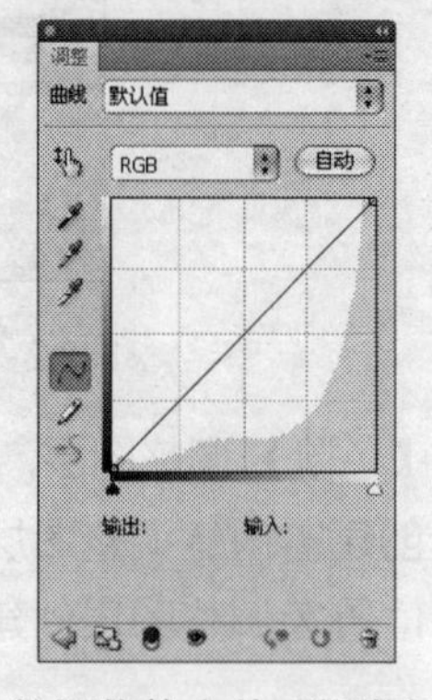

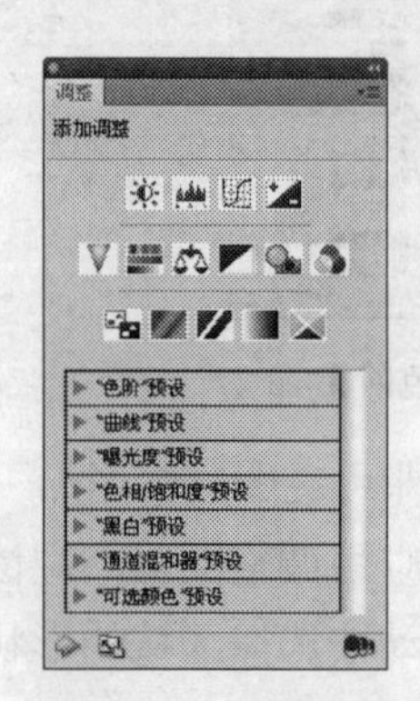

图8.5 参数调整状态的【调整】面板以及【调整】面板初始界面

使用【调整】面板的优点集中体现在以下几点。

- 无需双击【图层】面板中的调整图层，只需要点按选中【图层】面板中的调整图层即可显示调整参数，从而可以更方便地对图像进行调整。
- 如果点按箭头，可以回退至【调整】面板初级界面，非常方便地再次添加新的调整图层。

- 可以在【调整】面板初始界面中，点按上方的调整按钮，快速应用不同的调整命令。
- 可以在【调整】面板初始界面中，点按下方的预设列表，快速应用若干种调整命令的预设。
- 可以点按按钮，使后面操作创建的调整图层都成为剪贴蒙版图层。

【调整】面板看起来是一个全新的面板，实际上其内核仍然是调整命令，因此基本的使用方法并没有发生本质变化，下面讲解此面板的基本使用操作步骤。

（1）在【调整】面板中，点按调整图标或调整预设，或从【面板】菜单中选择【调整】命令。

（2）直接设置参数调整状态的【调整】面板中的参数，或【调整】面板初始界面上方点按一个调整命令的图层，以创建相对应的调整图层。

（3）使用下面所讲述的功能按钮，更加灵活的运用此面板。

- 要暂时隐藏或显示当前调整图层，点按【切换图层可见性】按钮。
- 要将【调整】面板中的参数恢复到原始状态，点按【复位】按钮。
- 要删除当前调整图层，点按【删除此调整图层】按钮。
- 要在当前的调整图层上再添加一个调整图层，点按箭头，在【调整】面板初始界面中点按调整命令图标，或选择某一个调整命令的预设。
- 要从【调整】面板初始界面返回到参数调整状态的【调整】面板，点按箭头。
- 要扩展【调整】面板的宽度，点按【扩展视图】按钮。
- 如果希望通过暂时隐藏或显示调整图层的效果观察调整效果，点按按钮。
- 如果希望将当前调整图层改变为剪贴蒙版图层，点按【剪切到图层】按钮。再次点按此按钮，可以取消此图层的剪贴蒙版状态，使调整应用于【图层】面板中该图层下的所有图层。

8.2　图层样式

使用图层样式可以快速得到投影、外发光、内发光、斜面和浮雕、描边等常用效果。除本书第15章将讲述的【动作】外，图层样式是第二个能够大幅度降低工作强度，提高工作效率的功能，如图8.6所示为原图像及添加图层样式后的效果。

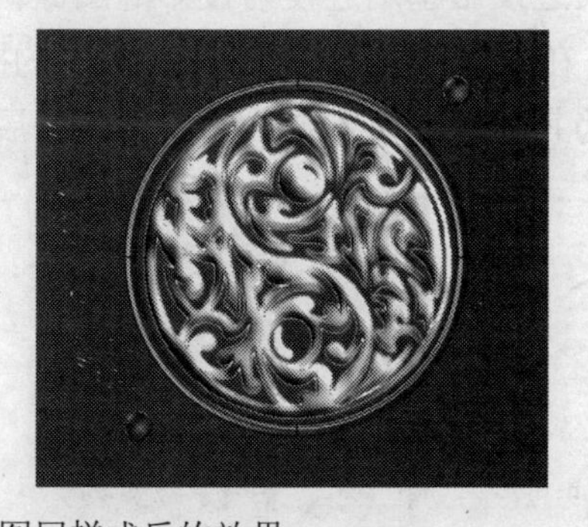

图8.6　原图像及应用图层样式后的效果

8.2.1 图层样式类型

Photoshop的图层样式包括投影、内阴影、外发光、内发光等几种，下面分别讲解这些图层样式的使用方法。

1. 投影

选择【图层】|【图层样式】|【投影】命令或者点按【图层】面板底部添加图层样式按钮 *fx.*，在下拉菜单中选择【投影】命令，弹出如图8.7所示的对话框。

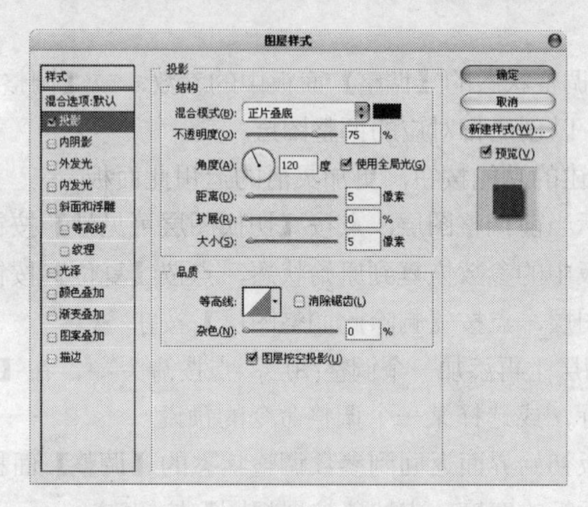

图8.7 【图层样式】对话框

在【图层样式】对话框中进行适当设置即可得到需要的投影效果。下面详细讲解该对话框中重要参数的意义。

- 混合模式：在此下拉列表框中，可以为投影选择不同的混合模式，从而得到不同的投影效果。点按左侧颜色块，可在弹出的【选择阴影颜色】对话框中为投影设置颜色。
- 不透明度：在此可以输入一个数值来定义投影的不透明度，数值越大则投影效果越清晰，反之越淡。
- 角度：在此拨动角度轮盘的指针或输入数值，可以定义投影的投射方向。如果【使用全局光】复选框被选中，则投影使用全局性设置，反之可以自定义角度。
- 距离：在此输入数值，可以定义投影的投射距离，数值越大则投影的三维空间效果越确定，反之投影越贴近投射投影的图像。
- 扩展：在此输入数值，可以增加投影的投射强度，数值越大则投影的强度越大，如图8.8所示为其他参数值不变的情况下，扩展数值分别为30和50情况下的投影效果。

图8.8 扩展数值分别为30和50时的投影效果

· 大小：此参数控制投影的柔化程度大小，数值越大则投影的柔化效果越大，反之越清晰，如图8.9所示为其他参数值不变的情况下，数值分别为0和100的投影效果。

图8.9 【大小】数值分别为0和100时的不同投影效果

· 等高线：使用等高线可以定义图层样式效果的外观，其原理类似于【图像】|【调整】|【曲线】命令中曲线对图像的调整原理。

点按此下拉列表框按钮，弹出如图8.10所示【等高线列表选择】面板，在面板中可以选择数种Photoshop默认的等高线类型。

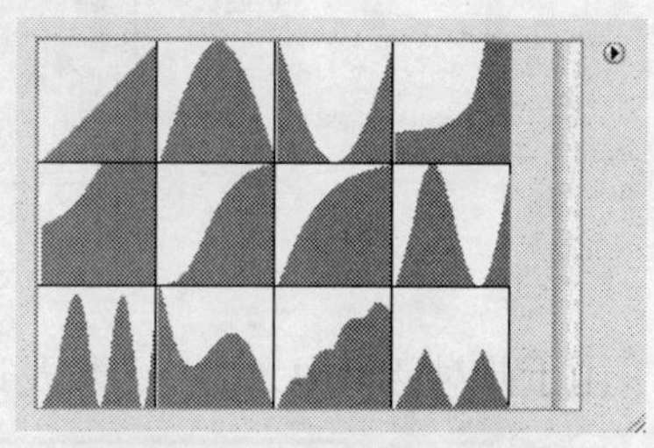

图8.10 等高线列表选择面板

如图8.11所示为在其他参数与选项不变的情况下，分别选择两种不同的等高线所得到的不同阴影效果。

图8.11 选择不同的等高线效果

· 消除锯齿：选择此复选框，可以使应用等高线后的投影更细腻。

2. 内阴影

使用【内阴影】图层样式，可以为非背景图层添加位于图层不透明像素边缘内的投影效果，使图层呈凹陷的外观，效果如图8.12所示。

图8.12 应用【内阴影】图层样式前后的对比效果

该样式的参数与【投影】样式完全相同，故不再重述。

3. 外发光

使用【外发光】图层样式，可为图层增加发光效果，此时对话框如图8.13所示。

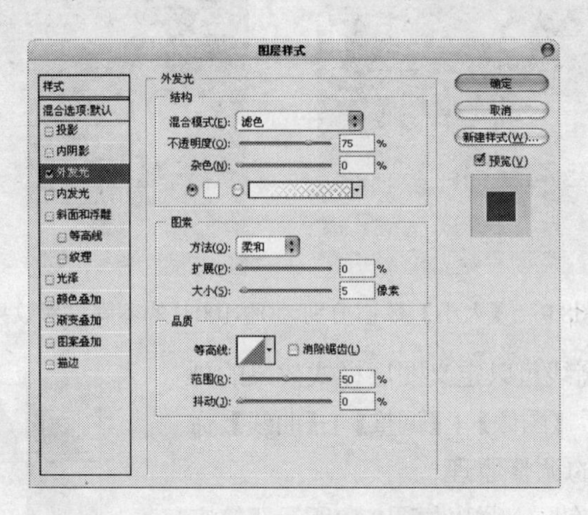

图8.13 【外发光】对话框

由于此对话框中大部分参数及选项与【投影】样式相同，故在此仅讲述不同的参数与选项。

- ：在此可以设置两种不同的发光方式，一种为纯色光，另一种为渐变式光。在默认情况下，发光效果为纯色，如图8.14所示。如果要得到渐变式发光效果，需要选择渐变类型，并在弹出的渐变类型选择面板中选择一种渐变效果，即可得到图8.15所示的渐变式发光效果。

图8.14 纯色外发光效果

图8.15 渐变式外发光效果

- 方法：在该下拉列表框中可以设置发光的方法，选择【柔和】，所发出的光线边缘柔和；选择【精确】，光线按实际大小及扩展度表现。
- 范围：此处数值控制发光中作为等高线目标的部分或范围，数值偏大或偏小都会使等高线对发光效果的控制程度不明显。

为图像添加外发光的效果如图8.16所示。

4. 内发光

使用【内发光】图层样式，可以在图像增加内发光的效果，该样式的参数与【外发光】样式相同，不再重述。

5. 斜面和浮雕

使用【斜面和浮雕】图层样式，可以创建具有斜面或浮雕效果的图像，此时对话框如图8.17所示。

图8.16　应用【外发光】后的效果

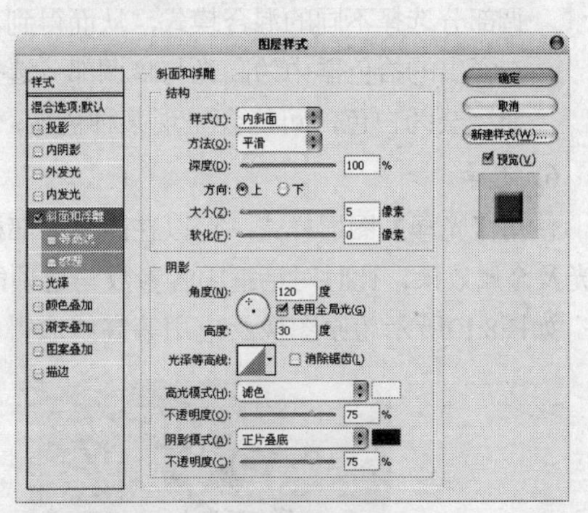

图8.17　【斜面和浮雕】对话框

- 样式：选择【样式】中的各选项可以设置各种不同的效果。在此可以选择外斜面、内斜面、浮雕效果、枕状浮雕、描边浮雕5种效果，在此基础上也可设置【平滑】、【雕刻清晰】、【雕刻柔和】3种效果，其效果如图8.18所示。

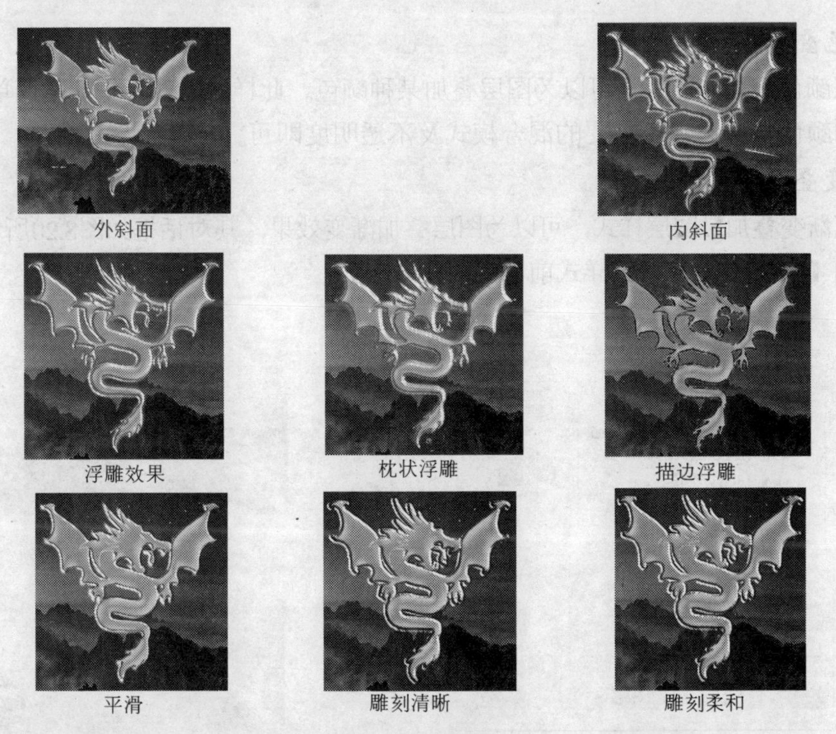

图8.18　斜面和浮雕效果

- 深度：此参数值控制斜面和浮雕效果的深度，数值越大效果越明显。
- 方向：在此可以选择斜面和浮雕效果的视觉方向，如果选择【上】选项，则在视觉上斜面和浮雕效果呈现凸起效果，选择【下】选项，则在视觉上斜面和浮雕效果呈现凹陷效果。

- 软化：此参数控制斜面和浮雕效果亮部区域与暗部区域的柔和程度，数值越大则亮部区域与暗部区域越柔和。
- 高光模式、阴影模式：在这两个下拉列表框中，可以为形成导角或浮雕效果的高光与暗调部分选择不同的混合模式，从而得到不同的效果。如果分别点按左侧颜色块，还可以在弹出的拾色器中为高光与暗调部分选择不同的颜色，因为在某些情况下，高光部分并非完全为白色，可能会呈现某种色调，同样暗调部分也并非完全为黑色。

6. 光泽

使用【光泽】图层样式，可以在图层内部根据图层的形状应用投影，通常用于创建光滑的磨光及金属效果，此时对话框中各参数与选项能在前面几个样式中找到相同的，故不再重述。

如图8.19所示为原图像及应用等高线取得的光泽效果。

图8.19　原图像及应用等高线取得的光泽效果

7. 颜色叠加

选择【颜色叠加】样式，可以为图层叠加某种颜色。此样式的对话框非常简单，在其中设置一种叠加颜色，并选择所需要的混合模式及不透明度即可。

8. 渐变叠加

使用【渐变叠加】图层样式，可以为图层叠加渐变效果，其对话框如图8.20所示。如图8.21所示为添加【渐变叠加】图层样式前后的对比效果。

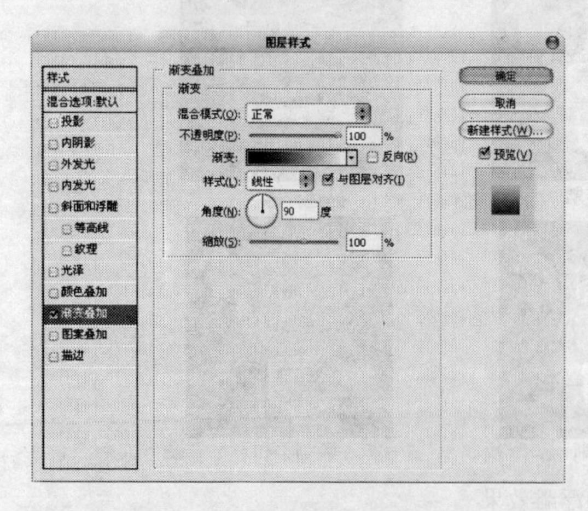

图8.20　【渐变叠加】对话框

图8.21　应用【渐变叠加】前后的对比效果

- 样式：在此下拉列表框中可以选择线性、径向、角度、对称的、菱形五种渐变类型。
- 与图层对齐：在此复选框被选中的情况下，渐变由图层中最左侧的像素应用至最右侧的像素。

9. 图案叠加

使用【图案叠加】图层样式，可以在图层上叠加图案，其对话框及操作方法与【颜色叠加】样式相似，如图8.22所示为使用此样式为图像添加具有图案拼贴效果的上下边界的效果。

图8.22　应用【图案叠加】前后的对比效果

10. 描边

使用【描边】样式可以用颜色、渐变或图案三种方式为当前图层中的图像勾画轮廓，其对话框如图8.23所示。

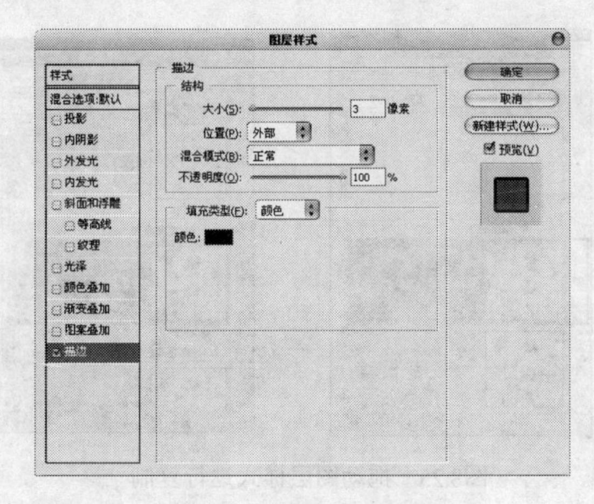

图8.23　【描边】对话框

- 大小：此参数用于控制描边的宽度，数值越大则生成的描边宽度越大。
- 位置：在此下拉列表框中，可以选择外部、内部、居中三种位置。选择【外部】选项，描边效果完全处于图像的外部；选择【内部】选项，描边效果完全处于图像的内部；选择【居中】选项，描边效果一半处于图像的外部，一半处于图像内部。
- 填充类型：在此下拉表框中，可以设置描边类型，其中有颜色、渐变及图案三个选项。如图8.24所示为分别选择【渐变】及【图案】选项后得到的描边效果。

选择【渐变】选项的描边效果

选择【图案】选项的描边效果

图8.24　两种描边效果

虽然，使用上述任何一种图层样式都可以获得非常确定的效果，但在实际应用中通常同时使用数种图层样式。

8.2.2 复制、粘贴图层样式

如果两个图层需要设置同样的图层样式，可以通过复制和粘贴图层样式来减少重复性操作。要复制图层样式，可按下述步骤操作。

（1）在【图层】面板中选择包含要复制的图层样式的图层。

（2）选择【图层】|【图层样式】|【拷贝图层样式】命令，或在图层上按⌘键点按，在弹出的菜单中选择【拷贝图层样式】命令。

（3）在【图层】面板中选择需要粘贴图层样式的目标图层。

（4）选择【图层】|【图层样式】|【粘贴图层样式】命令，或在图层上按⌘键点按，在弹出的菜单中选择【粘贴图层样式】命令。

除使用上述方法外，按住option键将图层效果直接拖至目标图层中，如图8.25所示，也可以复制图层样式。

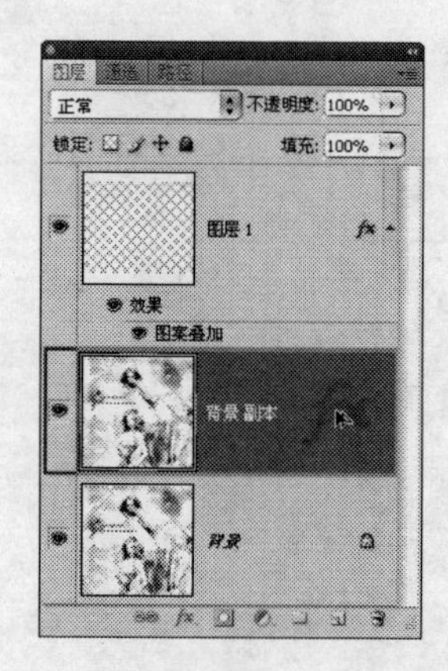

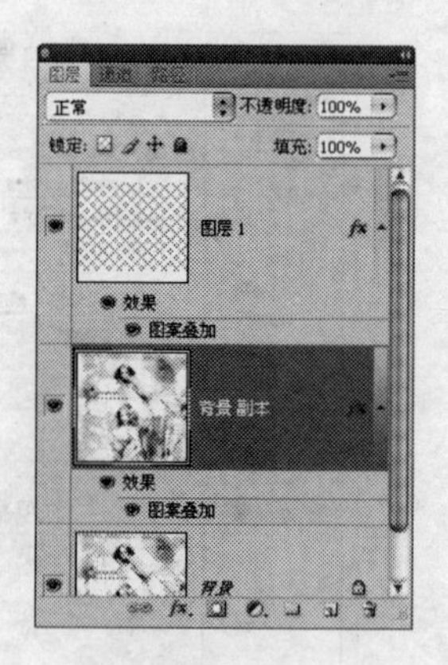

图8.25 拖动图层样式进行复制

8.2.3 屏蔽和删除图层样式

1. 屏蔽图层样式

通过屏蔽图层样式，可以暂时隐藏应用于图层的图层样式效果。

要屏蔽某一个图层样式，可以在【图层】面板中点按其左侧的👁图标，以将其隐藏，如图8.26所示。也可以按住option键点按添加图层样式按钮 fx.，在弹出的菜单中选择需要隐藏的图层样式的名称。

要屏蔽某一个图层的所有图层样式，可以点按【图层】面板中该图层下方【效果】左侧的👁图标，如图8.27所示。

2. 删除图层样式

删除图层样式的作用在于使图层样式不再发挥使用，同时减小文件大小。

- 在【图层】面板中将其选中，拖至删除图层按钮🗑，如图8.28所示，即可删除此图层样式。
- 要删除某个图层上的所有图层样式，可以在【图层】面板中选中该图层，并选择【图层】

|【图层样式】|【清除图层样式】命令。也可以在【图层】面板中选择图层下方的【效果】，将其拖至删除图层按钮 上，如图8.29所示。

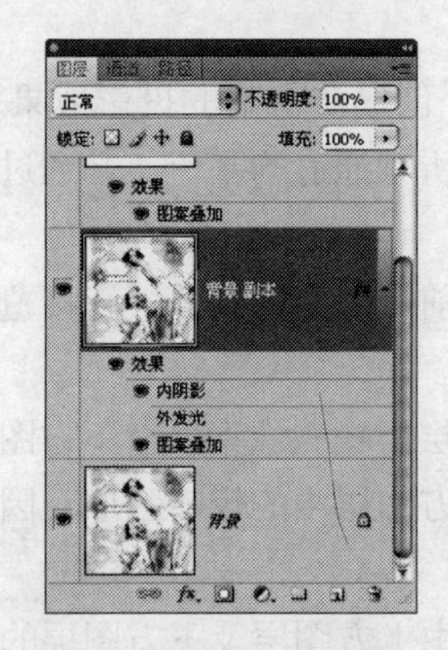

图8.26 屏蔽某一个图层样式

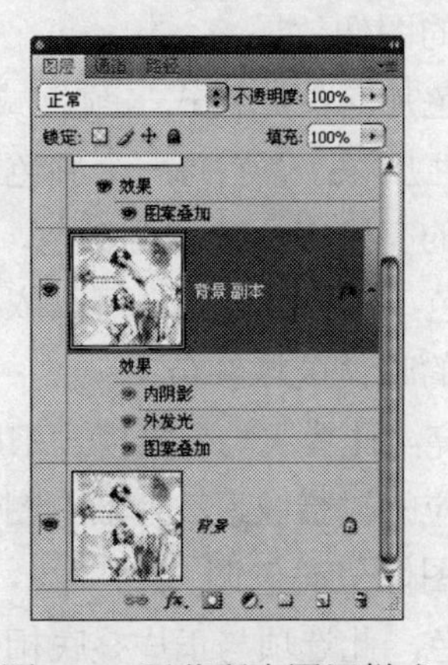

图8.27 屏蔽所有图层样式

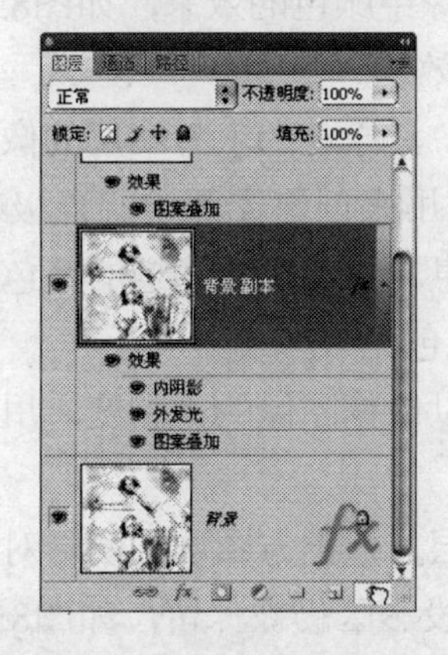

图8.28 删除某一个图层样式

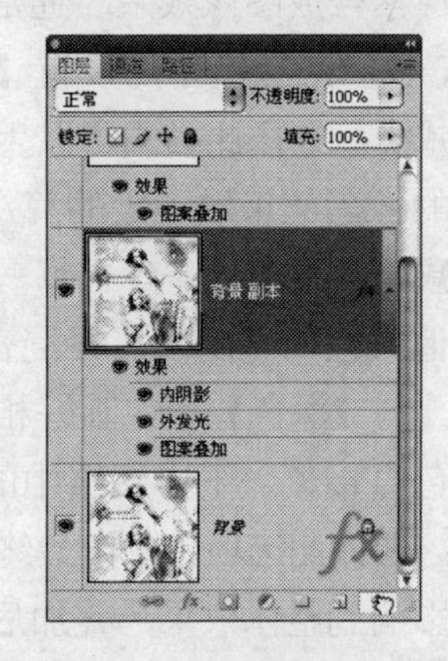

图8.29 删除所有图层样式

8.3 图层的混合模式

在Photoshop中，图层的混合模式非常重要，几乎每一种绘画与编辑调整工具都有混合模式选项。正确、灵活地运用各种混合模式，往往能创造许多神奇的效果，同时对调整图像的色调、亮度有相当大的作用。

点按图层混合模式下拉列表框，将弹出如图8.30所示的混合模式下拉列表，其中列有25种可以产生不同效果的混合模式。

在此以上下两图层相叠加且上方图层的不透明度等于100%为例，解释各混合模式含义。

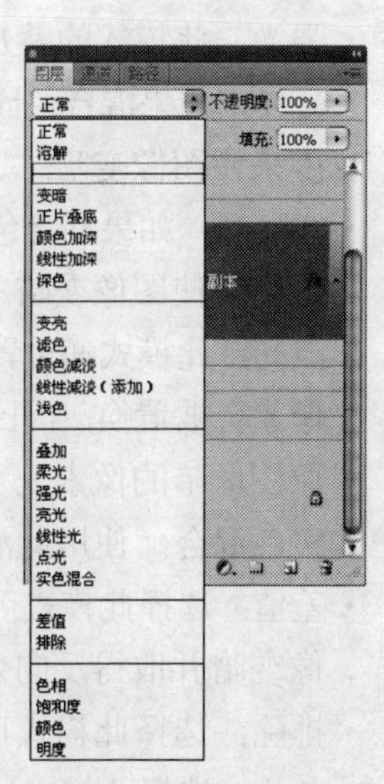

图8.30 图层混合模式下拉列表

- 正常：选择该选项，上方图层完全遮盖下方图层。
- 溶解：如果上方图像具有柔和的半透明边缘，则选择该选项可创建像素点状效果。
- 变暗：选择此模式，将以上方图层中较暗像素代替下方图层中与之相对应的较亮像素，且下方图层中的较暗区域代替上方图层中的较亮区域，因此叠加后整体图像呈暗色调。

- 正片叠底：选择此模式，整体效果显示由上方图层及下方图层的像素值中较暗的像素合成的图像效果。
- 颜色加深：此模式与颜色减淡模式相反，通常用于创建非常暗的投影效果。
- 线性加深：查看每一个颜色通道的颜色信息，加暗所有通道的基色，并通过提高其他颜色的亮度来反映混合颜色，此模式对于白色无效。
- 深色：选择此模式，可以依据图像的饱和度，用当前图层中的颜色，直接覆盖下方图层中的暗调区域颜色。
- 变亮：此模式与变暗模式相反，Photoshop以上方图层中较亮像素代替下方图层中与之相对应的较暗像素，且下方图层中的较亮区域代替上方图层中的较暗区域，因此叠加后整体图像呈亮色调。
- 滤色：此选项与正片叠底相反，在整体效果上显示由上方图层及下方图层的像素值中较亮的像素合成图像效果，通常能够得到一种漂白图像中颜色的效果，如图8.31所示为原图像，如图8.32所示为设置【滤色】混合模式后的效果。
- 颜色减淡：选择此模式可以生成非常亮的合成效果，其原理为上方图层的像素值与下方图层的像素值采取一定的算法相加，此模式通常被用来创建光源中心点极亮的效果。
- 线性减淡（添加）：查看每一个颜色通道的颜色信息，加亮所有通道的基色，并通过降低其他颜色的亮度来反映混合颜色，此模式对于黑色无效。
- 浅色：与【深色】模式刚好相反，选择此模式，可以依据图像的饱和度，用当前图层中的颜色直接覆盖下方图层中的高光区域颜色。
- 叠加：选择此选项，图像最终的效果取决于下方图层。但上方图层的明暗对比效果也将直接影响到整体效果，叠加后下方图层的亮度区与投影区仍被保留，如图8.33所示为设置【叠加】图层混合模式后的效果。
- 柔光：使颜色变亮或变暗，具体取决于混合色。如果上方图层的像素比50%灰色亮，则图像变亮；反之，图像变暗。
- 强光：此模式的叠加效果与柔光类似，但其加亮与变暗的程度较柔光模式大许多。
- 亮光：如果混合色比50%灰度亮，图像通过降低对比度来加亮图像，反之通过提高对比度来使图像变暗。
- 线性光：如果混合色比50%灰度亮，图像通过提高对比度来加亮图像，反之通过降低对比度来使图像变暗。
- 点光：此模式通过置换颜色像素来混合图像，如果混合色比50%灰度亮，比原图像暗的像素会被置换，而比原图像亮的像素无变化；反之，比原图像亮的像素会被置换，而比原图像暗的像素无变化。
- 实色混合：使用此混合模式时，可以创建一种近似于色块化的混合效果。
- 差值：选择此模式可从上方图层中减去下方图层相应处像素的颜色值，此模式通常使图像变暗并取得反向效果。
- 排除：选择此模式可创建一种与差值模式相似但对比度较低的效果。
- 色相：选择此模式，最终图像的像素值由下方图层的亮度与饱和度值及上方图层的色相值构成。

· 饱和度：选择此模式，最终图像的像素值由下方图层的亮度和色相值及上方图层的饱和度值构成。

· 颜色：选择此模式，最终图像的像素值由下方图层的亮度及上方图层的色相和饱和度值构成。

· 明度：选择此模式，最终图像的像素值由下方图的色相和饱和度值及上方图层的亮度构成。

图8.31　素材图像

图8.32　设置【滤色】后的效果

图8.33　设置【叠加】后的效果

8.4　智能对象

智能对象是Photoshop提供的一项较先进的功能，下面我们从几个方面来讲解有关于智能对象的理论知识与操作技能。

8.4.1　智能对象是什么

简单的说，我们可以将智能对象理解为一个容器，一个封装了位图或矢量信息的容器，换言之，我们可以用智能对象的形式将一个位图文件或一个矢量文件嵌入到当前工作的Photoshop文件中。

从嵌入这个概念上说，我们可以将以智能对象形式嵌入到Photoshop文件中的位图或矢量文件理解为当前Photoshop文件的子文件，而Photoshop文件则是其父级文件。

以智能对象形式嵌入到Photoshop文件中的位图或矢量文件，与当前工作的Photoshop文件能够保持相对的独立性，当我们修改当前工作的Photoshop文件或对智能对象执行缩放、旋转、变形等操作时，不会影响到嵌入的位图或矢量文件的源文件。

实际上，当我们在改变智能对象时，只是在改变嵌入的位图或矢量文件的合成图像，并没有真正改变嵌入的位图或矢量文件。

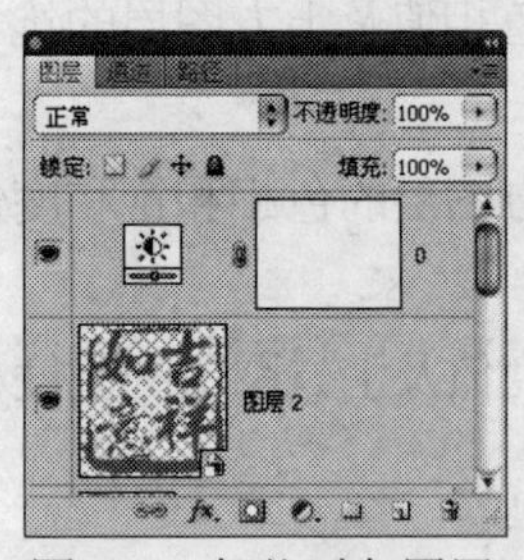

图8.34 智能对象图层

在Photoshop中，智能对象表现为一个图层，类似于文字图层、调整图层或填充图层，如图8.34所示，在图层的缩览图右下方有明显的标志。

下面我们通过一个具体的示例来认识智能对象，如图8.35所示的作品，龙的图像使用了智能对象，如图8.36所示为此图像的【图层】面板，在此，智能对象即图层【0】。

双击图层【0】，Photoshop将打开一个新文件，此文件就是嵌入到智能对象图层【0】中的子文件，可以看出该智能对象由2个图层构成，【图层】面板如图8.37所示，其效果如图8.38所示。

图8.35 智能对象图层

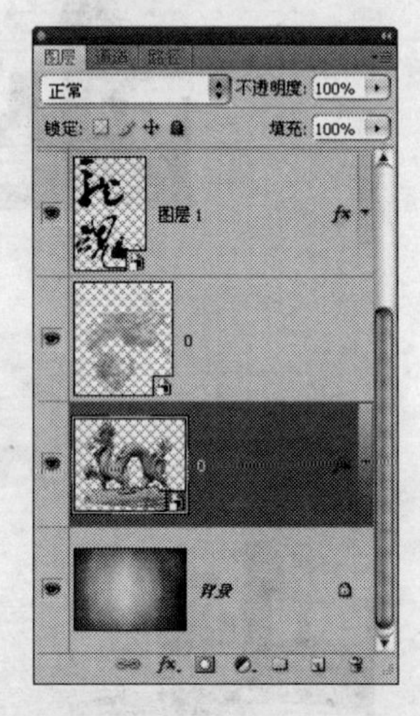

图8.36 对应的【图层】面板

图8.37 智能对象对应的【图层】面板

图8.38 智能对象效果

8.4.2 智能对象的优点

使用智能对象的优点是显而易见的，笔者将其总结如下。

- 当我们工作于一个较复杂的Photoshop文件时，可以将若干个图层保存为智能对象，从而降低Photoshop文件中图层的复杂程度，便于管理和操作Photoshop文件。
- 如果在Photoshop中对图像进行频繁的缩放，会引起图像信息的损失，最终导致图像变得越来越模糊，如果我们对一个智能对象进行频繁缩放，则不会使图像变得模糊，因为我们并没有改变外部子文件的图像信息。所以可以将那些可能要进行频繁缩放操作的图层转换成智能对象图层，以避免缩放后发生图像质量损失。

- 由于Photoshop不能够处理矢量文件，因此所有置入到Photoshop中的矢量文件会被位图化，避免这个问题的方法就是以智能对象的形式置入矢量文件，从而既能够在Photoshop文件中使用矢量文件，又实现了在外部矢量文件发生改变时Photoshop的效果能够发生相应的变化。
- 在以前的版本中，我们无法在智能对象图层中使用滤镜命令，自CS3版本以来，可以而且仅可以，在智能对象图层使用智能滤镜的功能，从而获得对滤镜效果的可逆性编辑。如果在普通图层上使用【滤镜】|【转换为智能滤镜】命令，则会弹出提示对话框。

在上一小节的示例文件中，我们为智能对象中的某一个图层添加图层样式后得到如图8.39所示的效果，保存并关闭此智能对象文件后，原图像将做相应的改变，如图8.40所示为改变前后的对比效果。

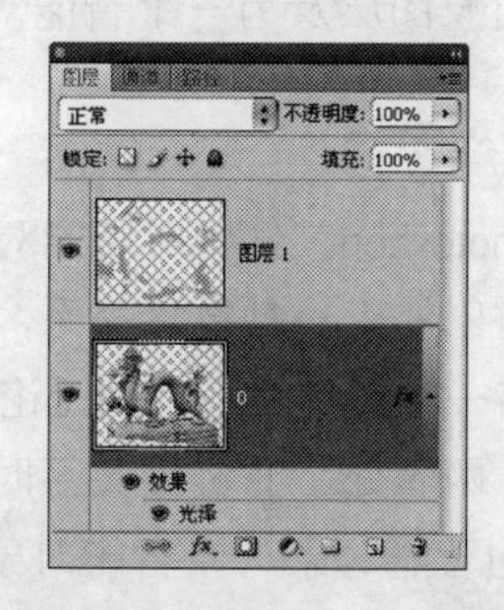

图8.39 为智能对象添加图层样式后的效果

图8.40 改变前后的对比效果

注意 由于以智能对象形式嵌入到Photoshop中的子文件并不是以链接形式嵌入的，因此，删除该子文件不会影响到Photoshop文件中的智能对象，而且当我们修改外部的子文件时，不会影响到嵌入的智能对象。

8.4.3 创建智能对象

可以通过以下方法创建智能对象。

- 使用【置入】命令为当前工作的Photoshop文件置入一个矢量文件或位图文件，甚至是另外一个有多个图层的Photoshop文件。
- 选择一个或多个图层后，在【图层】面板中选择【转换为智能对象】或选择【图层】|【智能对象】|【转换为智能对象】命令。

- 直接将一个PDF文件或AI软件中的图层拖入Photoshop文件中。
- 在AI软件中对矢量对象执行拷贝操作，在Photoshop中执行粘贴操作。
- 使用【文件】|【打开为智能对象】命令将一个符合要求的文件直接打开成为一个智能对象。

8.4.4 创建嵌套多级智能对象

智能对象支持多级嵌套，即一个智能对象中可以包含另一个智能对象，要创建多级嵌套的智能对象，可以按下面的方法操作。

- 选择智能对象图层及另一个或多个图层，在【图层】面板中选择【转换为智能对象】命令或选择【图层】|【智能对象】|【转换为智能对象】命令。
- 选择智能对象图层及另一个智能对象图层，按上述的方法进行操作。

8.4.5 复制智能对象

我们可以在Photoshop文件中对智能对象进行复制以创建一个新的智能对象图层，新的智能对象可与原智能对象处于一种链接关系，也可以处于一种非链接关系。

如果两者保持一种链接关系，则无论我们修改两个智能对象的哪一个，都会影响到另一个智能对象；反之，两者处于非链接关系时，两者之间没有相互影响的关系。

如果希望新的智能对象与原智能对象处于一种链接关系，执行下面的操作。

（1）选择智能对象图层。

（2）选择【图层】|【新建】|【通过拷贝的图层】命令。

（3）也可以直接将智能对象拖至【图层】面板中的【创建新图层】按钮上。

如果希望新的智能对象与原智能对象处于一种非链接关系，执行下面的操作。

（1）选择智能对象图层。

（2）选择【图层】|【智能对象】|【通过拷贝新建智能对象】命令。

8.4.6 对智能对象进行操作

受到许多方面的限制，我们能够对智能对象进行的操作是有限。我们可以对智能对象进行以下操作。

- 可以进行缩放、旋转、变形、透视或扭曲等操作。
- 可以改变智能对象的混合模式、不透明度数值，还可以为其添加图层样式。

不可以直接对智能对象使用除【阴影/高光】、【变化】外的其他颜色调整命令，但可以通过为其添加一个专用的调整图层的方法来迂回解决问题。

在CS4版本之前无法对智能对象进行透视与扭曲操作。

8.4.7 编辑智能对象的源文件

如前所述，智能对象的优点是我们能够在外部编辑智能对象的源文件，并使所有改变反应在当前工作的Photoshop文件中。要编辑智能对象的源文件可以按以下的步骤操作。

（1）在【图层】面板中选择智能对象图层。

（2）直接双击智能对象图层，或选择【图层】|【智能对象】|【编辑内容】命令，也可以直接在【图层】面板的菜单中选择【编辑内容】命令。

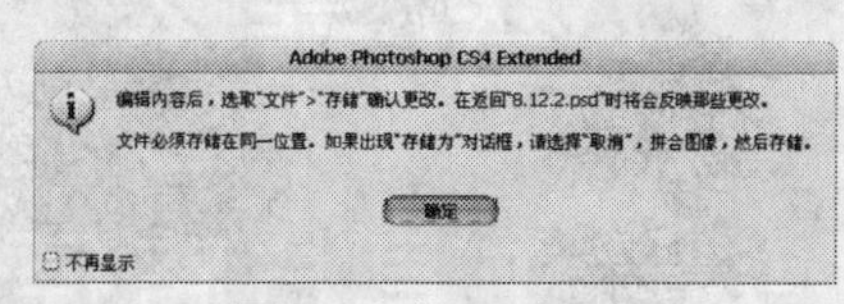

图8.41　提示对话框

（3）无论是使用上面的哪一种方法，都会弹出如图8.41所示的对话框来提示操作者。

（4）直接点按【确定】按钮，则进入智能对象的源文件中。

（5）在源文件中进行修改操作，然后选择【文件】|【存储】命令，并关闭此文件。

（6）执行上面的操作后，修改后源文件的变化会反应在智能对象中。

如果希望取消对智能对象的修改，可以按⌘+Z组合键，此操作不仅能够取消在前Photoshop文件中智能对象的修改效果，而且还能够使被修改的源文件也回退至未修改前的状态。

8.4.8　导出智能对象

通过导出智能对象的操作，可得到一个包含所有嵌入到智能对象中位图或矢量信息的文件。要导出智能对象，按下面的步骤操作。

（1）选择智能对象图层。

（2）选择【图层】|【智能对象】|【导出内容】命令。

（3）在弹出的【存储】对话框中为文件选择保存位置并对其进行命名。

8.4.9　替换智能对象

可以用一个智能对象替换Photoshop文件中的另一个智能对象，要进行这一操作，参考以下步骤。

（1）选择智能对象图层。

（2）选择【图层】|【智能对象】|【替换内容】命令。

（3）在弹出的对话框中选择用于替换当前选择的智能对象的文件。

在替换之前，如果我们对智能对象进行缩放、旋转等变换操作，则执行替换操作后，新的智能对象仍然能够保持原变换属性。

8.4.10　栅格化智能对象

由于智能对象具有许多编辑限制，因此，如果我们希望对智能对象进行进一步操作，例如使用滤镜命令，则必须要将其栅格化，即将其转换成为普通的图层。

选择智能对象图层后，选择【图层】|【智能对象】|【栅格化】命令即可将智能对象转换成图层。另外，也可以直接在智能对象图层的名称上按⌘键点按，在弹出的菜单中选择【栅格化图层】命令即可。

第9章 矢量工具与路径

在Photoshop软件操作中，路径及形状是非常重要的技术，其特点是可以自由绘制不受图像的影响，比如图像纹理、图像大小等。同样在可编辑性上也具有相当大的空间，绘制完的路径或形状可以自由修改外形，此功能是选区不可及的，本章将详细讲解关于路径及形状的绘制、编辑等。

9.1　路径的基本概念

Photoshop中的路径有两种作用，即制作选择区域与绘图。使用路径制作选择区域具有以下优点：

- 路径以矢量形式存在，因此不受图像分辨率的影响。
- 路径具有很灵活的可调性，更容易被调整与编辑。
- 使用路径能够制作出很精确的选择区域。

路径是基于贝赛尔曲线建立的矢量图形，所有使用矢量绘图软件或矢量绘图工具制作的线条原则上都可以称为路径。

如图9.1所示为一个一般钢笔工具描绘的路径，路径线、节点和控制句柄是其基本组成元素。

路径中通常有3类节点存在，即直角型节点、光滑型节点及拐角型节点。

- 如果一个节点的两侧为直线路径线段且没有控制句柄，则此节点为直角型节点，移动此类节点时，其两侧的路径线段将同时发生移动，如图9.2所示。

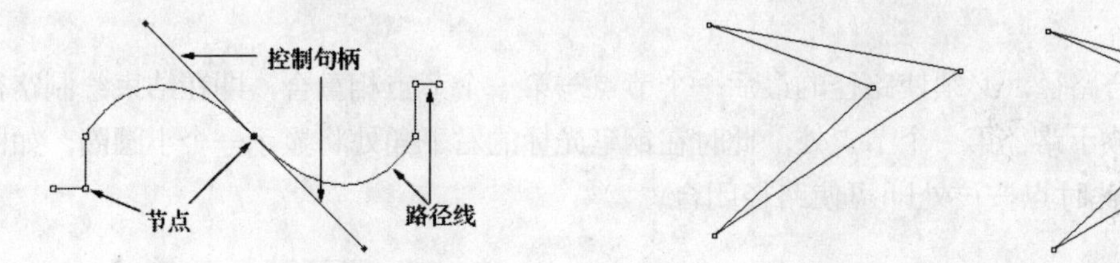

图9.1　路径的组成结构　　图9.2　直角型节点及调整示例

- 如果一个节点的两侧均有平滑的曲线形路径线，则该节点为光滑型节点。拖动此类节点两侧控制句柄其中之一时，另外一个会随之向相反的方向移动，路径线同时发生相应的变化，如图9.3所示为光滑型节点及其调整示例。

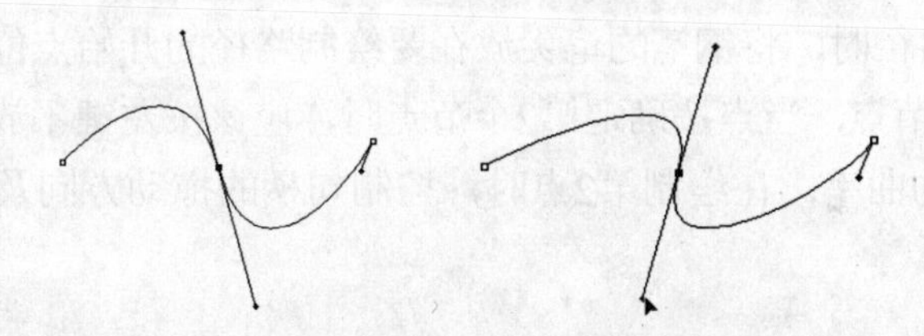

图9.3　光滑型节点及其调整示例

- 第三类节点为拐角型节点，此类节点的两侧也有两个控制句柄，但两个控制句柄不在一条直线上，而且拖动其中一个控制句柄时，另一个不会跟随一起移动。如图9.4所示拐角型节点及其控制句柄的调整示例。

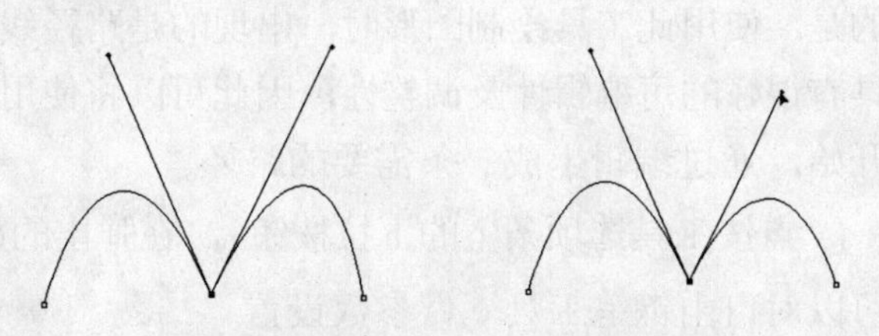

图9.4　拐角型节点及调整示例

9.1.1 绘制路径

要创建路径应该使用以下两种工具，钢笔工具、自由钢笔工具。选择两个工具中的任一种都需要在如图9.5所示的工具选项条上选择绘图方式，可选方式有两种。

图9.5 钢笔工具选项条

- 点按形状图层按钮，则可以绘制形状（本书9.3节将详细讲解有关形状工具的使用方法）。
- 点按路径按钮，则可以绘制路径。

1. 钢笔工具

选择钢笔工具，并在其工具选项条中点按几何选项下拉按钮，弹出图9.6所示的小面板，在此可以选择【橡皮带】复选框。在【橡皮带】复选框被选中的情况下，绘制路径时可以依据节点与钢笔光标间的线段，判断下一段路径线的走向。

- 如果需要绘制一条开放路径，可以在绘制至路径需结束处按一下esc键以退出路径的绘制状态。
- 要绘制闭合路径，必须使路径的最后一个节点与第一个节点相重合，即在结束绘制路径时将光标放于路径第一个节点处，此时在钢笔光标的右下角处将显示一个小圆圈，如图9.7所示，此时点按该处即可使路径闭合。

图9.6 【钢笔选项】选项框

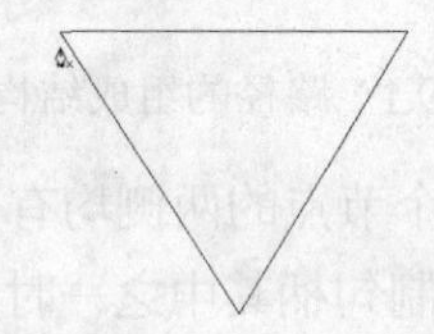

图9.7 绘制闭合路径

- 在绘制曲线型路径时，将钢笔的笔尖放在要绘制路径的开始点位置，点按一下以定义第1个点作为起始节点，当点按确定第2个节点时，应该按左键不放并向某方向拖动，直到曲线出现合适的曲率，在绘制第2点时，控制句柄的拖动方向及长度决定了曲线段的方向及曲率。

在点按确定第二个节点的时按shift键，可绘制出水平、垂直或45°角的直线路径。

2. 自由钢笔工具

自由钢笔工具的使用方法有些类似于铅笔工具，与铅笔工具不同的是，使用此工具绘制图形时，出现的是路径线而不是笔划。由于路径具有很好的可编辑性及调整性，因此可以将使用此工具绘制的路径作为开始，通过编辑生成一条需要的路径。

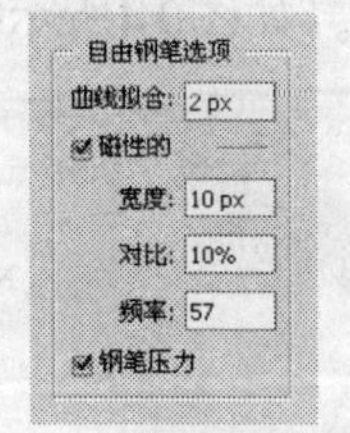

图9.8 【自由钢笔选项】选项框

点按工具选项条上的下拉按钮，在弹出的如图9.8所示的面板中，可以对自由钢笔工具做参数设置。

此面板中的各参数项解释如下。

- 曲线拟合，此参数控制绘制路径时对鼠标移动的敏感性，输入的数值越高，所创建的路径的节点越少，路径也越光滑。
- 磁性的，在自由钢笔工具选项条中选中【磁性的】复选框，可以激活磁性钢笔工具，在此可以设置磁性钢笔的相关参数。
- 宽度，在此可以输入一个像素值，以定义磁性钢笔探测的距离，此数值越大磁性钢笔探测的距离越大。
- 对比，在此可以输入一个百分比，以定义边缘像素间的对比度。
- 频率，在此可以输入一个数值，以定义钢笔在绘制路径时设置节点的密度，此数值越大，得到路径上节点数量越多。

选择【磁性的】选项后，光标将变为。

磁性钢笔工具的优点在于，磁性钢笔工具能够自动捕捉边缘对比强烈的图像，并自动跟踪边缘从而形成一条能够制作精确选区的路径线。

使用磁性钢笔工具，只需在需要选择的对象边缘处点按一下确定开始点，沿图像的边缘移动磁性钢笔工具，即可得到所需的钢笔路径。

如图9.9所示为原图像，如图9.10所示为闭合路径时的光标形状，如图9.11所示为闭合后的路径效果。

图9.9　原素材图像

图9.10　闭合路径时的光标状态

图9.11　闭合后的路径

9.1.2　编辑调整路径

通过编辑调整路径可以使路径发生位置、比例、方向等方面的变化。

1. 选择路径

选择路径是进行编辑调整路径的第一步，只有正确地选择路径才能够进行编辑与调整操作。要选择整条路径，应该在工具箱中选择路径选择工具，直接点按需要选择的路径即可将其选中，当整条路径处于选中状态时，路径线呈黑色显示，如图9.12所示。

图9.12　选择整条路径

如果要需要修改路径的外形，应该将路径线的某一需要修改的线段选中，此时可以在工具箱中直接选择路径选择工具，点按需要选择的路径线段。如果使用上述方法所选线段是曲线段，则曲线段两侧的节点会显示出控制句柄，如图9.13所示。

要选择节点，可以用直接选择工具并点按该节点，如果需要选择的节点不止一个，可以用拖动框选的方法进行选择。所选节点为实心正方形，未选择的节点显示为空心正方形，如图9.14所示。

图9.13 选择路径

图9.14 选择节点

2. 调整路径

如果要调整直线段，首先直接选择工具，然后点按需要移动的直线路径进行拖曳，如图9.15所示为此操作示意图。

如果要移动节点，同样直接选择工具，然后点按并拖曳需要移动的节点，如图9.16所示为此操作示意图。

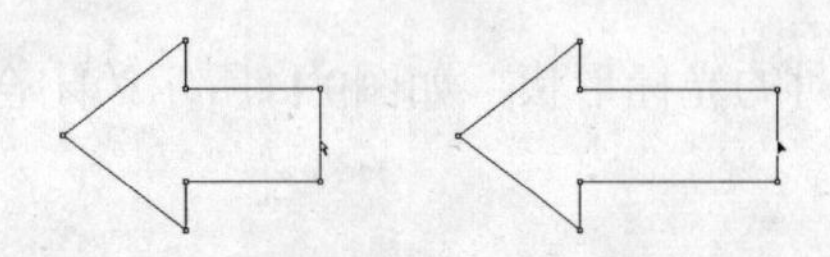

图9.15 移动直线段

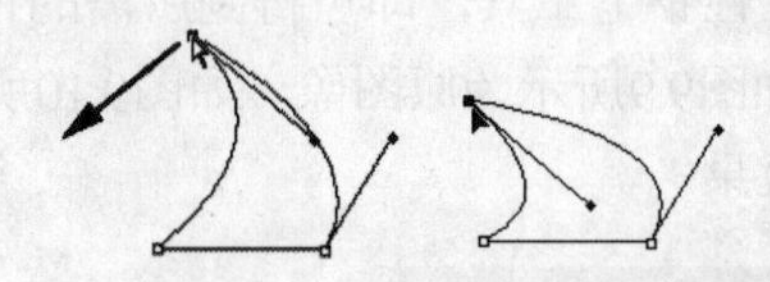

图9.16 移动节点

如果要调整曲线线段，直接选择工具后，点按需要调整的曲线路径并进行拖曳，也可以拖动路径上的节点控制句柄，两种操作方法的示意图，分别如图9.17、图9.18所示。

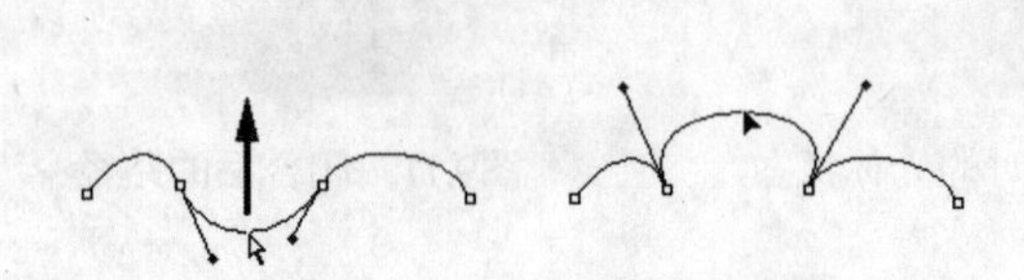

图9.17 调整曲线线段的位置

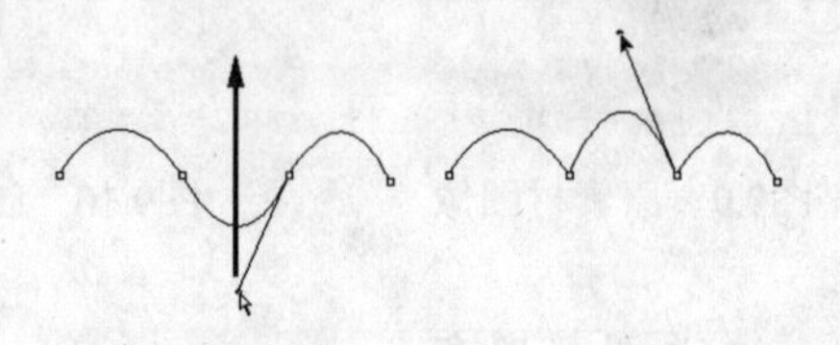

图9.18 调整控制句柄

3. 转换节点

如前所述，直角型节点、光滑型节点与拐角型节点是路径中的3大类节点，工作中往往需要在这3类节点间切换。

- 要将直线型节点改变为光滑型节点，可以选择转换节点工具，将光标放于需要更改的节点上，然后拖动节点，如图9.19所示。
- 要将光滑型节点改变为直线型节点，直接用转换节点工具点按此节点即可。
- 要将光滑型节点改变为拐角型节点，可以用转换节点工具拖动节点两侧的控制句柄，如图9.20所示。

要删除路径线段，用工具选择要删除的线段，按backspace或delete键。

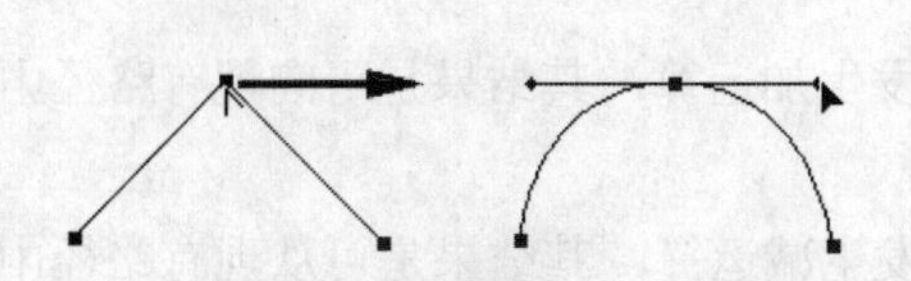

图9.19 将角点转换为平滑点

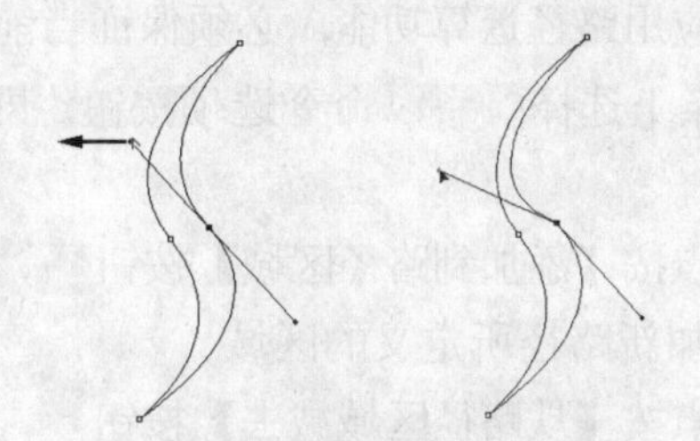

图9.20 将平滑点转换为带方向线的角点

4. 添加、删除和转换节点

用添加节点和删除节点工具可以从路径中添加或删除节点。

- 如果要添加节点，选择添加锚点工具，将光标放在要添加节点的路径上点按。
- 如果要删除节点，选择删除锚点工具，将光标放在要删除的节点上点按。

5. 变换路径

选择相应的变换命令对所选路径进行操作，可以改变其角度及比例。如图9.21所示为原路径，如图9.22所示为旋转路径操作示例。

图9.21 原操作路径

图9.22 旋转路径操作示例

- 要对路径做自由变换操作，只需在路径被选中的情况下，按⌘+T或选择【编辑】|【变换路径】命令，拖动路径变换控制框的控制句柄即可。
- 要做精确操作，可以在路径变换控制框显示的情况下，在如图9.23所示的工具选项条相应的数值输入框中填入数值。

图9.23 变换路径工具选项条

注意 如果需要对路径中的部分节点做变换操作，则需要利用选择工具选中需要变换的节点，然后选择【编辑】|【变换路径】命令下的各子菜单命令。如果按option键选择【编辑】|【变换路径】命令下的各子菜单命令，可以复制当前操作路径，并对复制对象做变换操作。

9.1.3 路径运算

路径运算是非常优秀的功能，通过路径运算，可以通过简单的路径形状得到非常复杂的路径。

要应用路径运算功能，必须保证当前已存在一条或几条路径，在绘制下一条路径时，在工具选项条上选择命令选项按钮，即可在路径间产生运算，4个命令选项按钮的意义如下所述。

- 点按【添加到路径区域】按钮，使两条路径发生加运算，其结果是可向现有路径中添加新路径所定义的区域。
- 点按【从路径区域减去】按钮，使两条路径发生减运算，其结果是可从现有路径中删除新路径与原路径的重叠区域。
- 点按【交叉路径区域】按钮，使两条路径发生交集运算，其结果是生成的新区域被定义为新路径与现有路径的交叉区域。
- 点按【重叠路径区域除外】按钮，使两条路径发生排除运算，其结果是定义生成新路径和现有路径的非重叠区域。

要使具有运算方式的路径间发生真正的运算，使路径节点及线段发生变化，点按组合按钮，Photoshop以路径间的运算方式定义新的路径。

如图9.24、图9.25所示为运用Photoshop的两种路径运算方法得到的选区并填充后的效果。

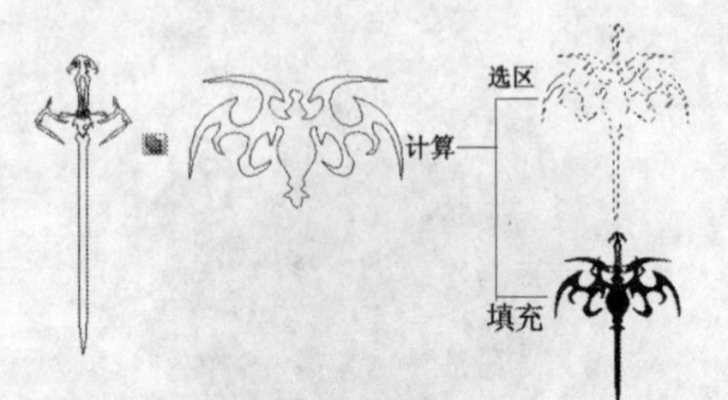

图9.24　添加到路径区域的运算示例

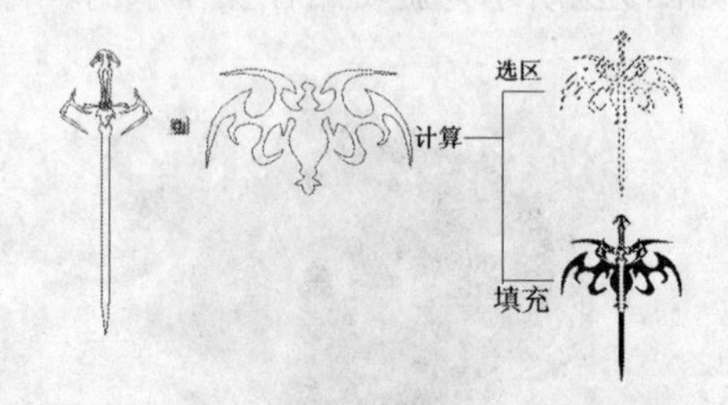

图9.25　重叠的路径区域除外的运算示例

图9.26　【路径】面板

通过以上两个示例可以看出，在绘制路径时选择不同的选项，可以得到不同的路径效果。

下面我们讲解【路径】面板的使用方法。

9.1.4 【路径】面板

在使用路径工作时，【路径】面板是使用频率最高的面板，不仅因为路径保存于【路径】面板中，还因为将路径转换为选区或将选区转换为路径，都需要使用【路径】面板的相关功能，如图9.26所示为【路径】面板。

- 要新建一条路径，在面板上点按【创建新路径】按钮。
- 要删除面板上的某一条路径，将其选中并在面板上点按按钮。
- 要复制一条路径，可以将其拖至【创建新路径】按钮上。
- 要重命名一条路径，在面板上双击此路径名称，在弹出的对话框中直接输入路径名称即可。

9.1.5 转换路径与选区

1. 将路径转换为选区

对于需要转换为选区的路径，可以按下述方法操作，以将其转换为选择区域。

在【路径】面板中选择需要转换为选区的路径，然后点按【路径】面板下方的 按钮，即可将当前选择的路径转换为选择区域。

除此方法外，还可以按⌘+enter组合键，或按⌘键点按【路径】面板中的路径。

如图9.27所示为原路径及转换为选区后的效果。

图9.27　原路径及转换为选区后的效果

2. 将选区转换为路径

选区与路径具有可逆性，即可以将路径转换为选区，也可以将选区转换为路径。

要将选区转换为路径，点按【路径】面板下方的 按钮。

如图9.28所示为原选区及转换为路径后的效果。

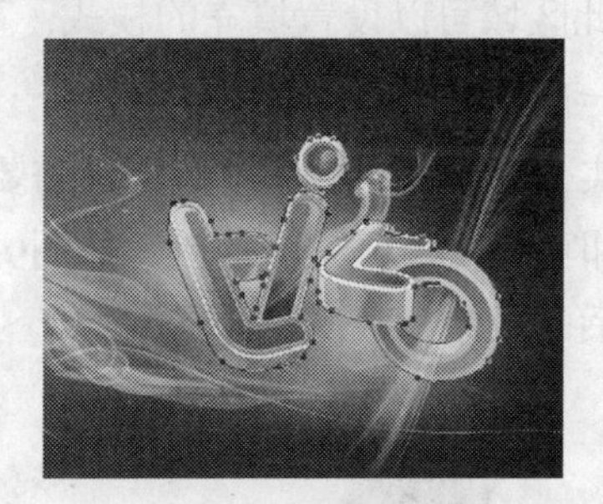

图9.28　原选区及转换为路径后的效果

9.2　填充和描边

在Photoshop中不但可以为选区做内部填充或描边，也可以为路径做内部填充或描边。

9.2.1　为选区或路径填充

为选区和路径做内部填充所得到的效果基本相同，但操作方法略不同，为了更好地区别两种方式，在此做对比讲解。

1. 为选区内部填充颜色或图案

为选区内部填充颜色可以按快捷键填充前景色或背景色，也可以利用油漆桶工具 填充颜色或图案，还可以选择【编辑】|【填充】命令，在弹出的对话框中进行设置，在此只介绍【填充】对话框。

在存在选区的状态下，选择【编辑】|【填充】命令将弹出如图9.29所示的【填充】对话框。

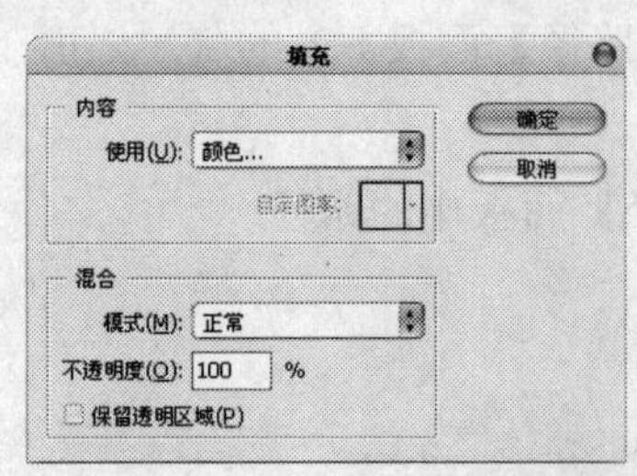

图9.29 【填充】对话框

- 内容：在【使用】下拉列表框单中可以选择填充的类型，其中包括前景色、背景色、图案、历史、黑、50%的灰和白等7种。

当选择【图案】选项时，其下面的【自定图案】选项被激活，点按右侧的下拉按钮，在弹出的下拉列表框中选择一种图案进行填充，得到如图9.30所示的效果。

图9.30 为选区填充图案

- 混合：在此区域可以设置填充的模式、不透明度等属性。

2. 为路径内部填充颜色或图案

为路径填充实色的方法非常简单，选择需要进行填充的路径，然后点按路径面板中的填充路径按钮，即可为路径填充前景色，如图9.31所示，左图为多条脚形路径，右图为使用此方法为路径填充后的效果。

图9.31 路径填充颜色的前后对比效果

如果要控制填充路径的参数及样式，可以按住option键并点按用前景色填充路径按钮，或选择【路径】面板右上角的按钮，在弹出的菜单中选择【填充路径】命令，弹出如图9.32所示的对话框。

此对话框的上半部分与【填充】对话框相同，其参数的作用和应用方法也相同，在此不一一详述。

- 羽化半径：在此区域可控制填充的效果，在【羽化半径】数值框中输入一个大于0的数值，可以使填充具有柔边效果。如图9.33所示是将【羽化半径】数值设置为6时填充前景色的效果。
- 消除锯齿：选择该复选框，可以消除填充时的锯齿。

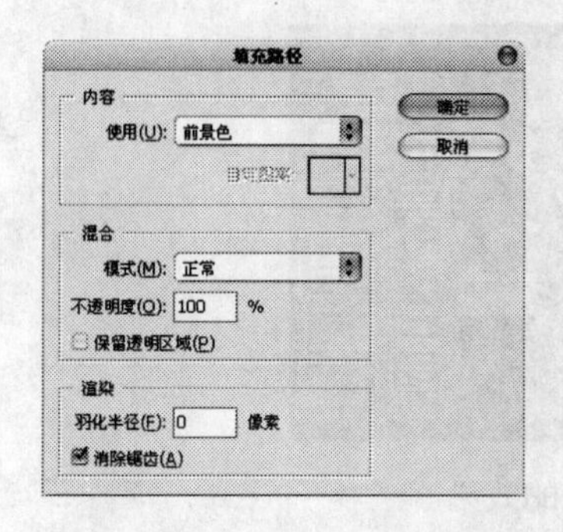

图9.32　【填充路径】对话框

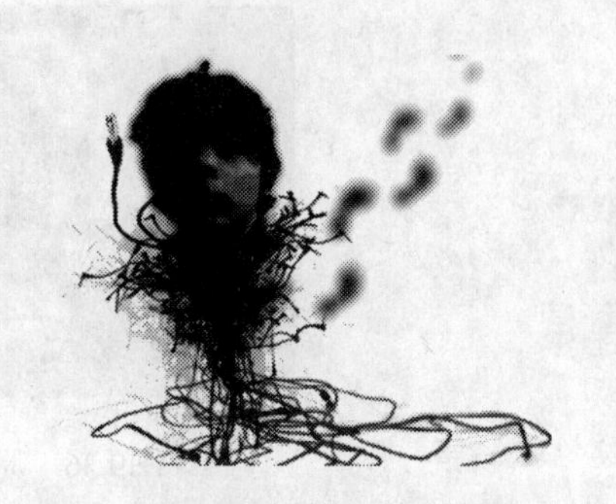

图9.33　设置羽化值的填充路径效果

在填充路径时，如果当前图层处于隐藏状态，则用前景色填充路径按钮及【填充路径】命令均不可用！

9.2.2　为选区或路径描边

对选择区域进行描边能得到线条效果，而对路径进行描边，可以利用画笔所具有的丰富属性创建多种特殊效果。

1. 为选区描边

对选择区域进行描边，可以得到沿选择区域勾边的效果。在存在选区的状态下，选择【编辑】|【描边】命令，弹出如图9.34所示的对话框。

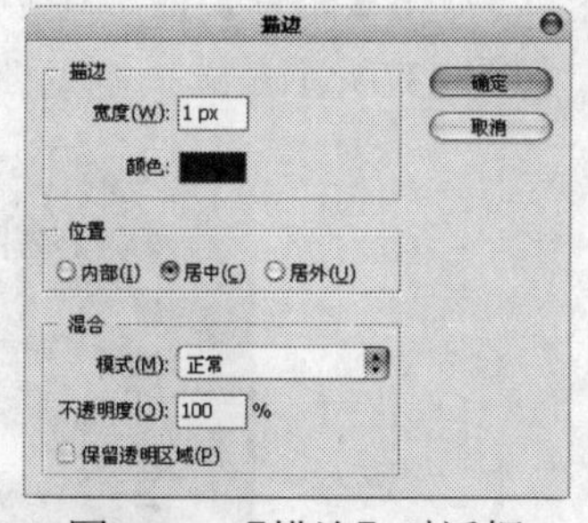

图9.34　【描边】对话框

- 宽度：在此数值输入框中输入数值，以设置描边线条的宽度，数值越大线条越宽。
- 颜色：点按色标，在弹出的拾色器中为描边线条选择一种合适的颜色。
- 位置：此区域中的3个选项可以设置描边线条相对于选择区域的位置，其中包括：内部、居中和居外。如图9.38所示分别为选择3个选项后所得的描边效果。

选择【内部】选项

选择【居中】选项

选择【居中】选项

图9.35　选择3个选项后所得的描边效果

【描边】对话框的【混合】区域中的选项与填充对话框中的相同，在此不重述。

如图9.36所示为原选择区域及进行描边操作后的效果。

图9.36　原选择区域和描边后的效果

2. 为路径描边

在Photoshop中，可以为路径勾画非常丰富的边缘效果，其操作步骤如下。

（1）在【路径】面板中选择需要描边的路径，如果【路径】面板中有多条路径，要用路径选择工具选择要描边的路径。

（2）在工具箱中设置前景色的颜色，以作为描边线条的颜色。

（3）在工具箱中选择用来描边的工具，可以是铅笔、钢笔、橡皮擦组、橡皮图章组、历史画笔组、涂抹、模糊、锐化、减淡、加深、海绵等工具。

（4）在工具选项条中设置用来描边的工具的参数。

（5）在【路径】面板中点按用画笔描边路径按钮，当前路径得到描边效果。

如图9.37所示是选择画笔工具为路径描边的效果。

图9.37　描边路径效果

如果在执行描边操作时，为画笔工具设置【散布】参数并选择异形画笔，则可以得到如图9.38所示的效果。

如果要设置描边时的参数，按住option键点按用画笔描边路径按钮，或点按【路径】面板右上角的按钮，在弹出的菜单中选择【描边路径】命令，弹出图9.39所示对话框。

图9.38　描边路径效果

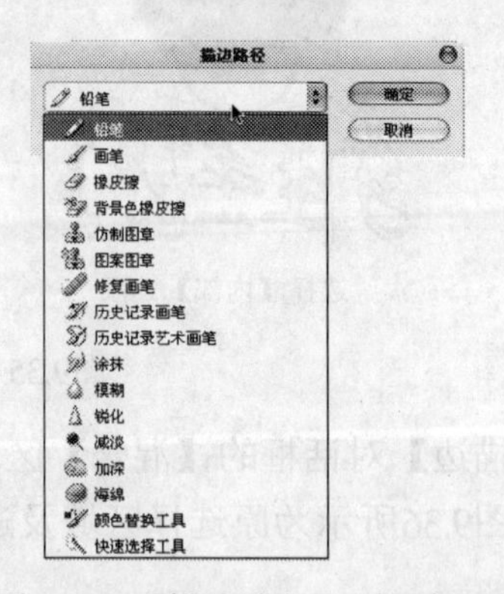

图9.39　【描边路径】对话框

在【工具】选项下拉列表框中可以选择要用于描边的工具。

9.3　形状工具

形状工具包括矩形工具、圆角矩形工具、椭圆工具、多边形工具、直线工具及自定形状工具，使用这些工具可以快速绘制出矩形、圆形、多边形、直线及自定义的形状。

9.3.1　矩形工具、圆角矩形工具和椭圆工具

这3个形状工具的操作方法及选项面板非常相似，因此放在一起进行讲解。它们的工具选项条及选项面板如图9.40所示。

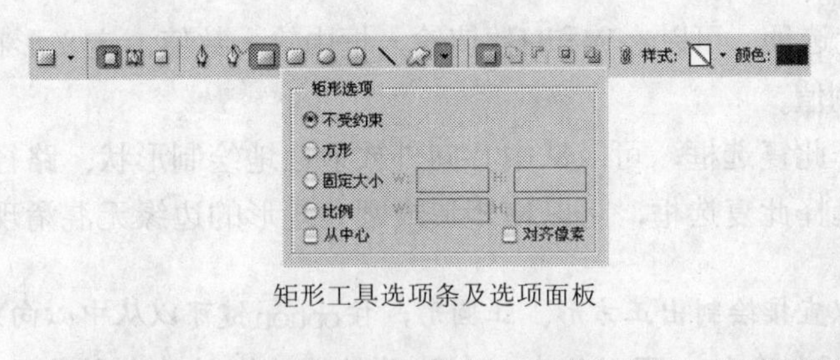

矩形工具选项条及选项面板

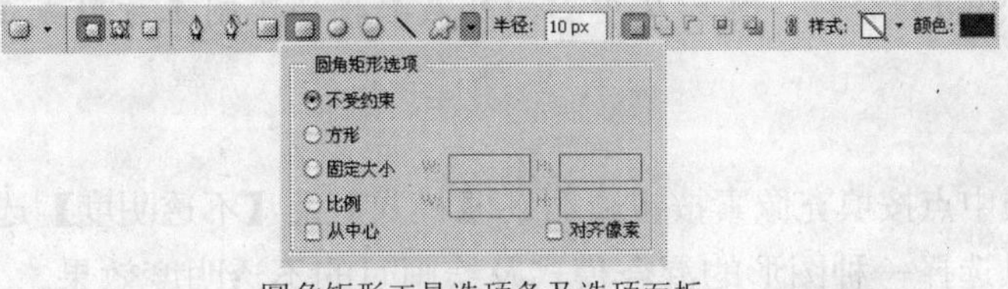

圆角矩形工具选项条及选项面板

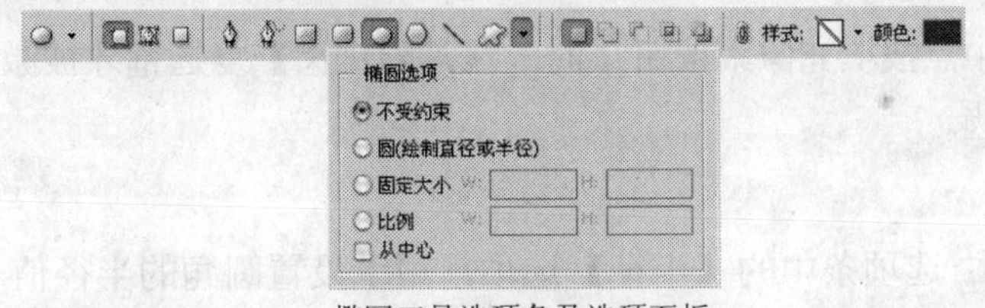

椭圆工具选项条及选项面板

图9.40　工具选项条及选项面板

1. 创建形状图层

在工具箱中选择矩形工具、圆角矩形工具、自定形状工具中的一种，并在其工具选项条中点按形状图层按钮，在图像上拖动鼠标即可绘制一个新形状图层。

可以将创建的形状对象看作一个矢量图形，它们不受分辨率的影响，并可以为矢量图像添加样式效果。

2. 创建工作路径

在工具箱中选择矩形工具、圆角矩形工具、自定形状工具中的一种，并在其工具选项条中点按路径按钮，即可在图像上绘制路径。

3. 创建图形

在工具箱中选择矩形工具、圆角矩形工具、自定形状工具中的一种，并在其工具

选项条中点按填充像素按钮，将以前景色为填充色，可以在图像上绘制以当前前景色填充的图像。

4. 选项面板

矩形、圆角矩形和椭圆3个工具的选项面板基本相似，各选项的意义也基本相同，在此一起讲解。

- 不受约束：选择【不受约束】选项，可以任意绘制各种形状、路径或图形。
- 方形/圆：在矩形和圆角矩形选项面板中选择【方形】选项，可以绘制不同大小的正方形。在椭圆选项面板中选择【圆】选项，可以绘制不同大小的圆形。
- 固定大小：选择此选项后，可以在W和H数值输入框中输入数值，以定义形状、路径或图形的宽度与高度。
- 比例：选择此选项，可以在W和H数值输入框中输入数值，定义形状、路径或图形的宽度和高度比例值。
- 从中心：选择此复选框，可以从中心向外放射性地绘制形状、路径或图形。
- 对齐像素：选择此复选框，可以使矩形或圆角矩形的边缘无混淆现象。

按shift键可以直接绘制出正方形、正圆形；按option键可以从中心向外放射性的绘制；按option+Shift组合键，可以从中心向外放射性的绘制正方形或正圆形。

5. 模式

在工具选项条中点按填充像素按钮时，【模式】及【不透明度】选项才被激活，在此选项下拉菜单中可以选择一种图形的混合模式及绘画时的不透明度效果。

6. 消除锯齿

在工具选项条中点按填充像素按钮时，【消除锯齿】复选框才被激活，选择此复选框，可以消除图形的锯齿。

7. 半径

圆角矩形工具选项条中的【半径】选项，用于设置圆角的半径值。数值越大，角度越圆滑，其效果如图9.41所示。

图9.41 半径不同的圆角矩形

如图9.42所示为使用矩形工具创作的图案及设计作品中的矩形效果。

如图9.43所示为使用椭圆工具创作的图案及设计作品中的圆形效果。

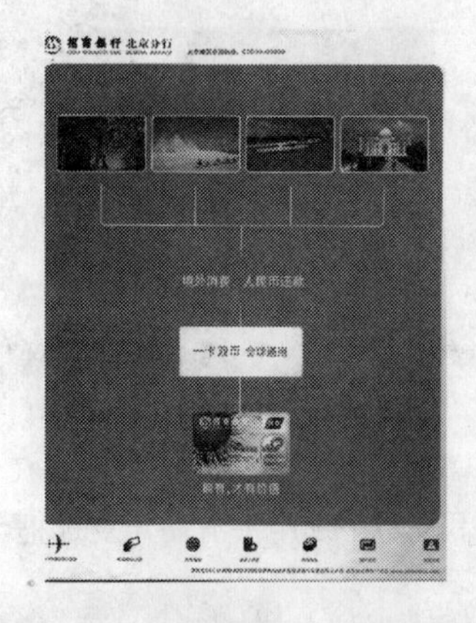

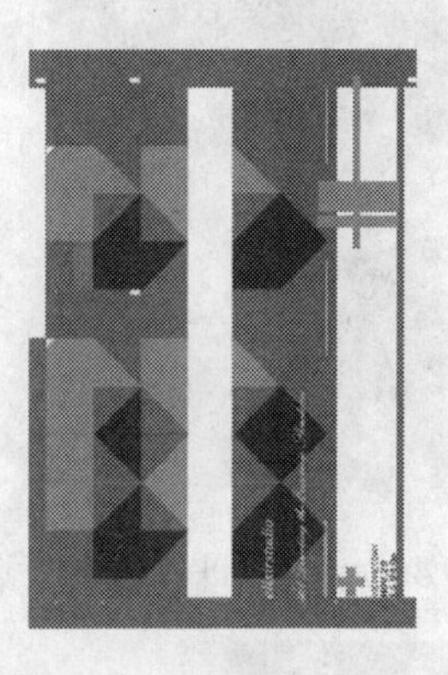

图9.42　使用矩形工具创作的图案及设计作品中的矩形效果

图9.43　使用椭圆形工具创作的图案及设计作品中的圆形效果

9.3.2　多边形工具

选择多边形工具可绘制不同边数的多边形或星形，其工具选项条如图9.44所示。

图9.44　多边形工具选项条

图9.45　多边形选项面板

在【边】数值输入框中输入数值，可以确定多边形或星形的边数，点按自定形状工具右侧的下拉按钮，弹出如图9.45所示的多边形选项面板。

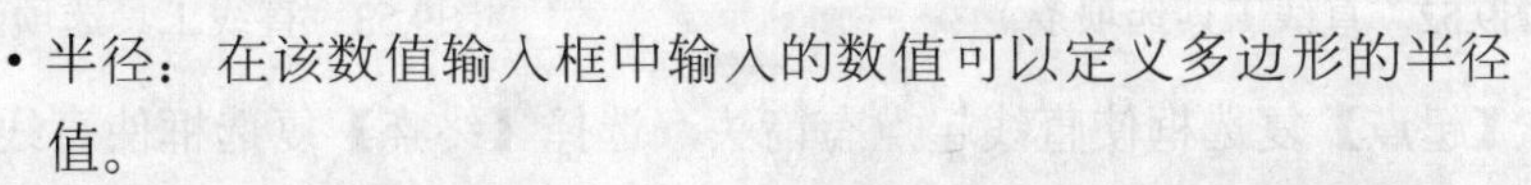

- 半径：在该数值输入框中输入的数值可以定义多边形的半径值。
- 平滑拐角：选择该复选框，可以平滑多边形的拐角，如图9-46所示为未选中平滑拐角复选框的效果，如图9.47所示为选中平滑拐角复选框的效果。
- 星形：选择此复选框可以绘制星形，并激活下面的2个选项，控制星形的形状如图9.48所示。
- 缩进边依据：在此数值输入框中输入百分数，可以定义星形的缩进量，数值越大星形的内缩效果越明显，如图9.49所示。其范围在1%～99%之间，如图9.50所示为不同缩进值的星形。

图9.46　未选中平滑拐角复选框

图9.47　选中平滑拐角复选框

图9.48　星形

图9.49　数值为50%时的星形效果

图9.50　数值为80%时的星形效果

9.3.3　直线工具

图9.51　直线及不同形状的箭头

利用直线工具不但可以绘制不同粗细的直线，还可以为直线添加不同形状的箭头，如图9.51所示。

选择直线工具，显示如图9.52所示工具选项条。

在【粗细】数值输入框中输入数值，以确定直线的宽度。点按自定形状工具右侧的下拉按钮，弹出如图9.53所示直线工具选项面板。

图9.52　直线工具选项条

图9.53　直线工具选项面板

- 起点、终点：选择【起点】复选框使直线起点有箭头，选择【终点】复选框使直线终点有箭头，如果需要直线两端均有箭头，同时选择【起点】和【终点】复选框。
- 宽度、长度：在两个数值输入框中输入数值，可指定箭头宽度和长度的比例。
- 凹度：在此数值输入框中输入数值，可以定义箭头的凹陷程度。

9.3.4　自定形状工具

Photoshop CS4增加了的许多自定的形状，使绘制形状、路径、图形的效果更加丰富。选择自定形状工具后，其工具选项条如图9.54所示。

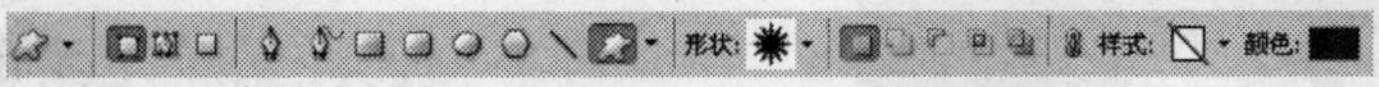

图9.54　自定形状工具选项条

点按自定形状工具右侧的下拉按钮，弹出如图9.55所示的选项面板。此选项面板中的参数在以前章节中都有所述，在此不再重述。

点按工具选项条中【形状】选项右侧的下拉按钮，弹出如图9.56所示的形状列表框，点按即可选中相应的形状。

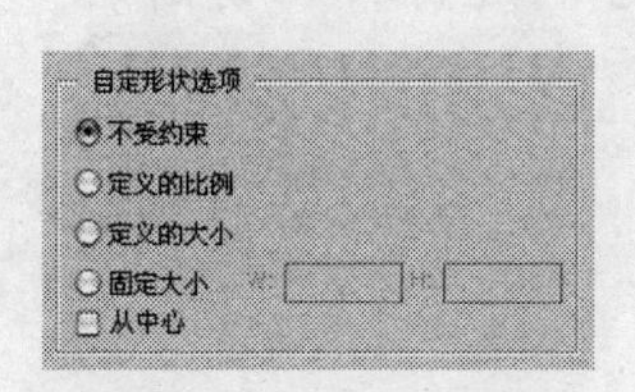

图9.55　自定形状选项面板

图9.56　形状列表框

如果在工作经常要使用某一种路径，则可以将此路径保存为形状，在以后的工作中可直接使用此自定义形状绘制所需要的路径，当然使用此自定义形状，也可以绘制出图像与形状图层。

要创建自定义形状，可以按下述步骤操作。

（1）选择钢笔工具，用钢笔工具创建所需要的形状的外轮廓路径，如图9.57所示。

（2）选择路径选择工具，将路径全部选中。

（3）选择【编辑】|【定义自定形状】命令，在弹出的如图9.58所示的对话框中输入新形状的名称，然后点按【确定】按钮确认。

图9.57　钢笔工具所绘路径

图9.58　【形状名称】对话框

（4）选择自定形状工具，显示形状列表框即可选择自定义的形状，如图9.59所示。

图9.59　自定义的形状

第10章 蒙　　版

简单地说，蒙版是显示和隐藏图像的一项功能。通过编辑蒙版，使蒙版中的图像发生变化，就可以使该图层中的图像与其他图像之间的混合效果发生相应的变化。

Photoshop中存在很多种蒙版类型，其中较为常用的就是剪贴蒙版和图层蒙版，本章将分别对它们进行详细讲解。

10.1　创建剪贴蒙版

剪贴蒙版通过使用处于下方图层的形状限制上方图层的显示状态来创造一种剪贴画的效果。如图10.1所示为创建剪贴蒙版前的图层效果及【图层】面板状态，如图10.2所示为创建剪贴蒙版后的效果及【图层】面板状态。

图10.1　未创建剪贴蒙版的图像及【图层】面板

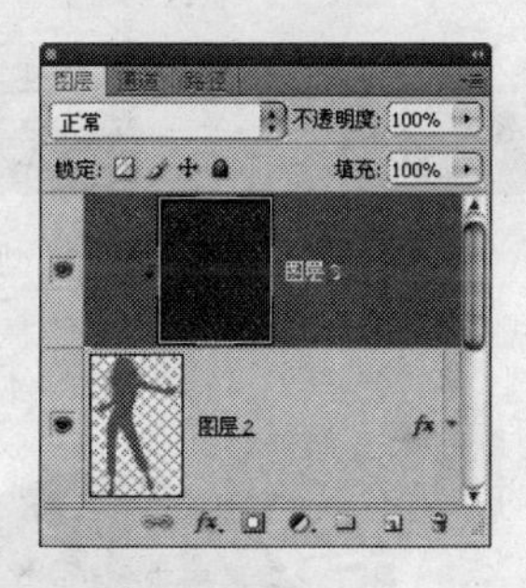

图10.2　创建剪贴蒙版后的图像效果及【图层】面板

可以看出，建立剪贴蒙版后，两个剪贴蒙版图层间出现点状线，而且上方图层的缩览图被缩进，这与普通图层不同。

10.1.1　创建剪贴蒙版

可以通过以下3种方法创建剪贴蒙版。

- 按option键将光标放在【图层】面板中分隔两个图层的实线上（光标将会变为两个交叉的圆圈）点按即可。
- 在【图层】面板中选择要创建剪贴蒙版的两个图层中的任意一个，选择【图层】|【创建剪贴蒙版】命令。
- 选择处于上方的图层，按option+⌘+G组合键执行【创建剪贴蒙版】操作。

10.1.2　取消剪贴蒙版

可以采用下述3种方法可以取消剪贴蒙版。

- 按option键将光标放在【图层】面板中分隔两个图层的点状线上，等光标变为两个交叉的圆圈时点按分隔线。

- 在【图层】面板中选择剪贴蒙版中任意一个图层，选择【图层】|【释放剪贴蒙版】命令。
- 选择剪贴蒙版任一图层，按⌘+option+G组合键。

10.2 图层蒙版

图层蒙版是Photoshop图层的精华，通过使用图层蒙版可以创建许多梦幻般的图像效果，这是合成图像中必不可少的技术手段。

如图10.3所示为原图像及其对应的【图层】面板，如图10.4所示是为【图层13】添加图层蒙版并对图层蒙版进行编辑后的效果。

图10.3 原图及对应的【图层】面板

图10.4 右下角的楼盘图像与背景图像合成后的效果

10.2.1 添加图层蒙版

为图层增加图层蒙版是应用图层蒙版的第一步，根据当前操作状态，可以选择下述两种情况中的任意一种为当前图层增加蒙版。

1. 添加显示或隐藏整个图层的蒙版

- 在【图层】面板中选择想增加蒙版的图层，点按【图层】面板下方的添加图层蒙版按钮 ◘，或选择【图层】|【图层蒙版】|【显示全部】命令。
- 如要创建一个隐藏整个图层的蒙版，可以按住option键点按添加图层蒙版按钮 ◘，或者选择【图层】|【图层蒙版】|【隐藏全部】命令。

2. 添加显示或隐藏选区的蒙版

如果当前图层中存在选区，可以按下述步骤创建一个显示或隐藏选区的蒙版。

- 选择【图层】|【图层蒙版】|【显示选区】命令，可依据当前选区的选择范围为图像添加图层蒙版，并隐藏图层其余部分的蒙版。
- 如果要创建一个隐藏所选选区并显示图层其余部分的蒙版，按option键点按按钮，或者选择【图层】|【图层蒙版】|【隐藏选区】命令。

10.2.2 编辑图层蒙版

添加图层蒙版只是完成应用图层蒙版的第一步，要使用图层蒙版还必须对图层的蒙版进行编辑，这样才能取得所需的效果。

要编辑图层蒙版，可以参考以下操作步骤。

（1）点按【图层】面板中的图层蒙版缩览图将其激活，此时【图层】面板显示蒙版图标。

（2）选择任何一种编辑或绘画工具，按照下述准则进行编辑。

- 要隐藏当前图层，用黑色在蒙版中绘图。
- 要显示当前图层，用白色在蒙版中绘图。
- 要使当前图层部分可见，用灰色在蒙版中绘图。

（3）要编辑图层而不是编辑图层蒙版，点按【图层】面板中该图层的缩览图将其激活，此时【图层】面板显示画笔图标。

要将一幅图像粘贴至图层蒙版中，按option键点按图层蒙版缩览图，以显示蒙版，选择【编辑】|【粘贴】命令或按⌘+V组合键执行【粘贴】操作，即可将图像粘贴至蒙版中。

10.2.3 隐藏图层蒙版

在需要的情况下可以按住shift键并点按【图层】面板中的图层蒙版缩览图，或选择【图层】|【停用图层蒙版】命令，以暂时屏蔽图层蒙版。此时图层蒙版缩览图将显示一个红色的X，如图10.5所示。

要显示蒙版可以再次按shift键点按【图层】面板的图层蒙版缩览图，或选择【图层】|【图层蒙版】|【启用】命令。

图10.5 隐藏图层蒙版的状态

10.2.4 取消图层蒙版的链接

在默认情况下，图层与其蒙版是处于链接状态的，此时【图层】面板中两者的缩览图之间有一个链接图标。

在此状态下，用移动工具移动图层中的图像与图层蒙版中任何一个图像时，图层中的图像与图层蒙版将一起移动，如图10.6所示。

要改变这种状态，可以通过点按链接图标，以取消图层和图层蒙版的链接，此时可以单独移动图层中的图像或图层蒙版，如图10.7所示，可以看出楼体图像向左侧移动了，由于其蒙版未随之移动，因此有部分楼体隐入黑色的蒙版中被隐藏。

图10.6 链接状态下移动的效果

图10.7 非链接状态下移动的效果

要重新建立链接，只需点按图层缩览图和图层蒙版缩览图之间的链接图标位置。

10.2.5 应用及删除图层蒙版

应用图层蒙版是指按图层蒙版所定义的灰度定义图层中像素分布的情况，保留蒙版中白色区域对应的像素，删除蒙版中黑色区域所对应的像素。删除图层蒙版是指去除蒙版，不考虑其对于图层的作用。由于图层蒙版实质上是以Alpha通道的状态存在的，因此删除无用的蒙版有助于减小文件大小。要应用或删除图层蒙版，可以参考以下操作。

（1）选择图层蒙版缩览图，点按【图层】面板下方的删除图层按钮。也可以选择【图层】|【图层蒙版】|【删除】命令。

（2）如果要应用图层蒙版，在弹出的对话框中点按【应用】按钮，如果不删除图层蒙版，点按【取消】按钮。

10.2.6 使用【蒙版】面板

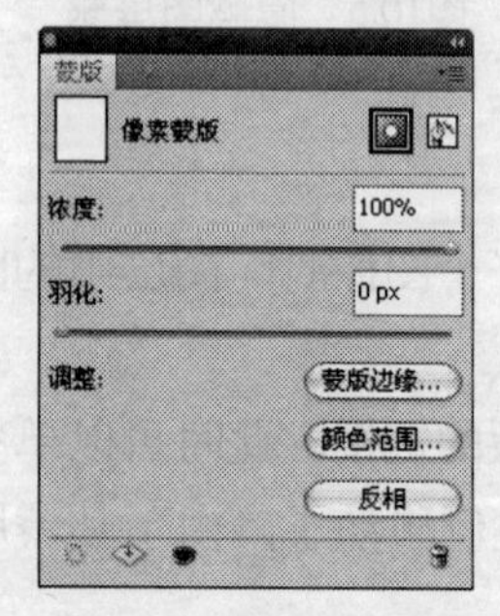

图10.8 【蒙版】面板

【蒙版】面板是Photoshop CS4版本新增的特色功能，此面板能够提供用于调整蒙版的多种控制选项，使操作者可以轻松更改蒙版的不透明度、边缘柔化程度，可以方便地增加或删除蒙版、反相蒙版或调整蒙版边缘。选择【窗口】|【蒙版】命令后，显示如图10.8所示的【蒙版】面板。

此面板的主要功能及相对应的操作步骤如下所述。

1. 添加蒙版

在【蒙版】面板中分别点按【像素蒙版】按钮或【矢量蒙

版】按钮，可以分别为当前图层添加像素蒙版或矢量蒙版。

2. 更改蒙版不透明度

【蒙版】面板中的【浓度】滑块可以调整选定的图层蒙版或矢量蒙版的不透明度，其使用步骤如下所述。

（1）在【图层】面板中选择包含要编辑的蒙版的图层。

（2）点按【蒙版】面板中的【像素蒙版】按钮或【矢量蒙版】按钮将其激活。

（3）拖动【浓度】滑块，当其数值为100%时，蒙版将完全不透明并遮挡图层下面的所有区域，此数值越低，蒙版下的更多区域变得可见。

如图10.9所示为原图像效果及对应的【图层】面板，如图10.10所示为在【蒙版】面板中将【浓度】数值修改为60%时的效果，可以看出，由于蒙版中黑色变成灰色，因此被隐藏的图层中的羊群图像也开始显现出来。

图10.9 原图像效果及对应的【图层】面板

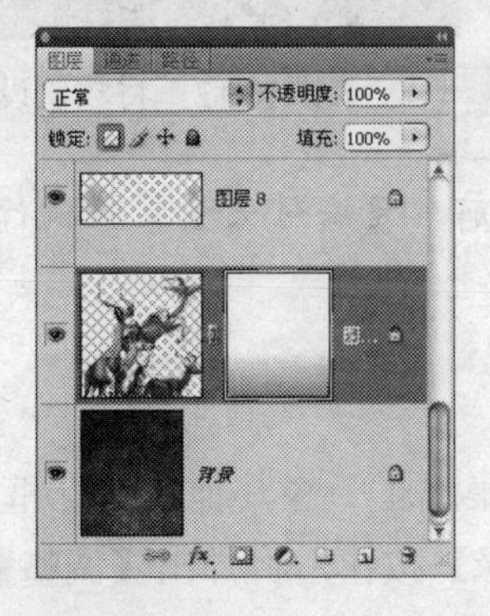

图10.10 将数值设置为60%时的效果

3. 羽化蒙版边缘

可以使用【蒙版】面板中的【羽化】滑块直接控制蒙版边缘的柔化程度，而无需像以前一样再使用【模糊】滤镜对其操作，其使用步骤如下所述。

（1）在【图层】面板中选择包含要编辑的蒙版的图层。

（2）点按【蒙版】面板中的【像素蒙版】按钮或【矢量蒙版】按钮将其激活。

（3）在【蒙版】面板中，拖动【羽化】滑块以将羽化效果应用至蒙版的边缘，使蒙版边缘在蒙住和未蒙住区域之间创建较柔和的过渡。

如图10.11所示为有一个矢量蒙版的原图像效果及对应的【图层】面板，如图10.12所示为在【蒙版】面板中将【羽化】数值修改为50px时的效果，可以看出，由于矢量蒙版的边缘发生柔化，因此原来处于圆形矢量蒙版外面的图层中的羊群图像也开始显现出来。

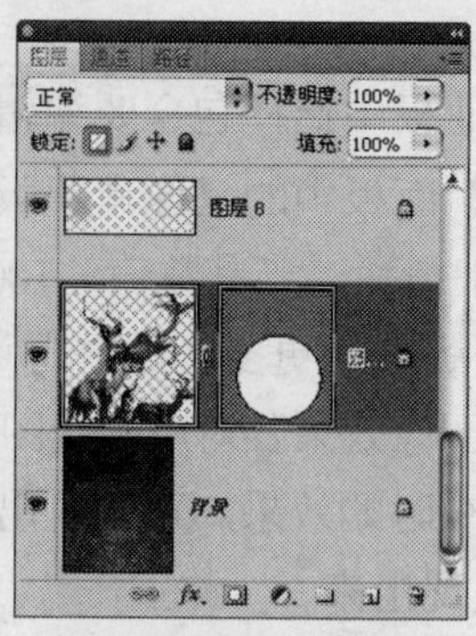

图10.11　原图像效果及对应的【图层】面板

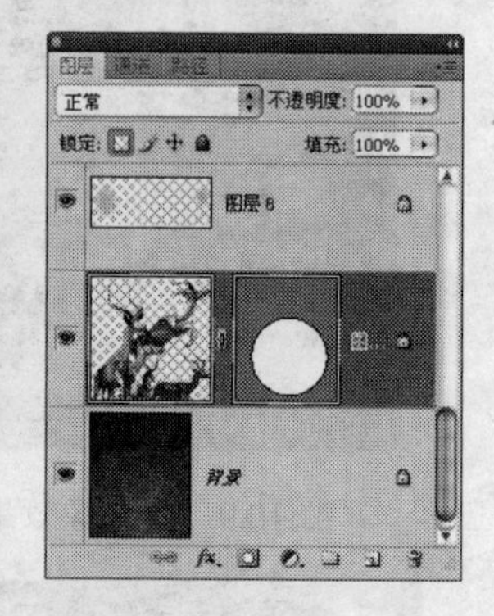

图10.12　将数值设置为50px时的效果

在CS4版本之前，无法对矢量蒙版执行柔化边缘操作，除非将矢量蒙版转换成为像素蒙版。

4. 其他功能介绍

【蒙版】面板还集成了一些其他的对话框及功能，介绍如下。

- 点按【蒙版边缘】按钮，将弹出【调整蒙版】对话框，此对话框功能及使用方法等同于【调整边缘】，使用此命令可以对蒙版进行平滑、收缩、扩展等操作。
- 点按【颜色范围】按钮，将弹出【色彩范围】对话框，使用此对话框可以更好地在蒙版中进行选择操作。
- 如果希望暂时屏蔽蒙版，可以点按按钮，此操作等同于按住shift键点按【图层】面板中的蒙版缩览图。
- 如果希望调用蒙版的选择区域，可以点按按钮，此操作等同于按住⌘键点按【图层】面板中的蒙版缩览图。
- 如果希望应用蒙版，可以点按按钮。

第11章 通　道

虽然，本书第4章已经讲解了数种制作选区的方法，但仍然有一种灵活、快捷的选区制作方法未进行讲述，即使用通道。之所以将通道单独放在一章里进行讲解，是因为其功能非常的强大。

在本章中，笔者将详细介绍Photoshop中的通道概念，并通过示例讲解如何使用通道绘制图像或制作需要的选区。

11.1 关于通道

在Photoshop中，通道可以分为原色通道、Alpha通道和专色通道3类，每一类通道都有不同的功用与操作方法。

11.1.1 原色通道

原色通道，简单的说，原色通道是保存图像的颜色信息、选区信息的场所。

例如，对于CMYK模式的图像，具有4个原色通道与一个原色合成通道。

其中，图像的青色像素分布的信息保存在青色原色通道中，因此当我们改变青色原色通道时，就可以改变青色像素分布的情况；同样，图像的黄色像素分布的信息保存在黄色原色通道中，因此当我们改变黄色原色通道时，就可以改变黄色像素分布的情况；其他两个构成图像的洋红像素与黑色像素分别被保存在洋红原色通道及黑色原色通道中。最终看到的就是由这4个原色通道所保存的颜色信息所对应的颜色组合叠加而成的合成效果。

因此，当打开一幅CMYK模式的图像并显示通道面板时，就可以看到有4个原色通道与一个原色合成通道显示于通道面板中，如图11.1所示。

对于RGB模式图像，则有4个原色通道，3个用于保存原色像素(R、G、B)的原色通道（即红色原色通道、绿原色通道、蓝色原色通道）和一个原色合成通道，如图11.2所示。

图11.1 CMYK模式的图像

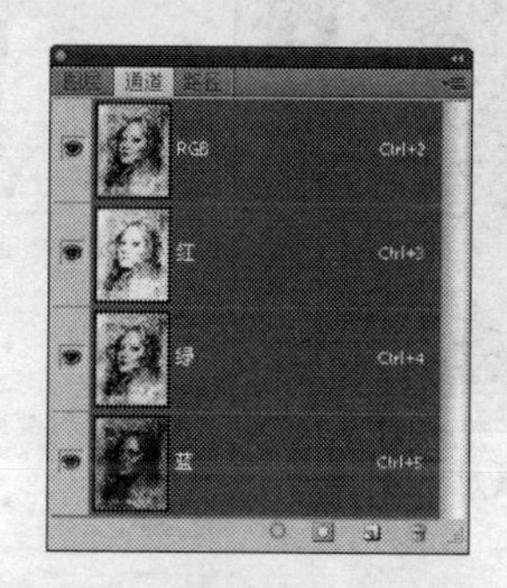

图11.2 RGB模式图像

图像所具有的原色通道的数目取决于图像的颜色模式，位图模式及灰度模式的图像有一个原色通道，RGB模式的图像有4个原色通道，CMYK模式的图像有5个原色通道，Lab模式的图像有3个原色通道；HSB模式的图像有4个原色通道。

11.1.2 Alpha通道

与原色通道不同，Alpha通道用来存放选区信息，其中包括选区的位置、大小、是否具有羽化值或其值的大小。

例如，如图11.3所示，左图的Alpha通道为将右图选区的信息保存得到的效果。

11.1.3 专色通道

要理解专色通道，首先必须理解专色的概念。

图11.3　Alpha通道及其保存的选区

专色是指在印刷时使用的一种预制的油墨，使用专色的好处在于，可以获得使用CMYK四色油墨无法合成的颜色效果，例如，金色与银色，此外可以降低印刷成本。

用专色通道，可以在分色时输出第5块或第6块，甚至更多的色片，用于定义需要使用专色印刷或处理的图像局部。

11.2　深入操作通道

11.2.1　显示【通道】面板

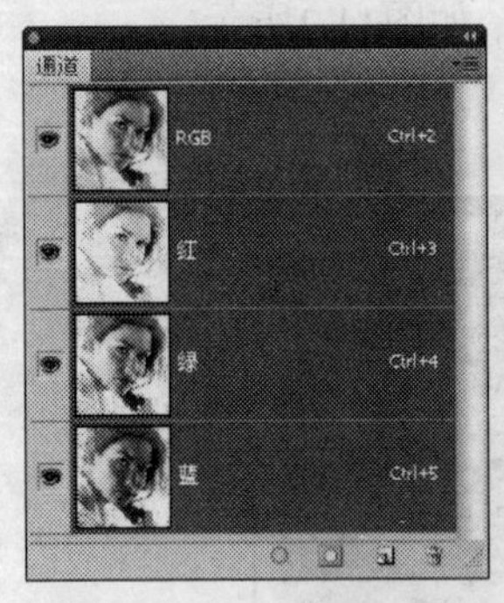

图11.4　【通道】面板

与路径、图层、画笔一样，要对通道进行操作必须使用【通道】面板，选择【窗口】|【通道】命令即可显示【通道】面板，如图11.4所示。

【通道】面板的组成元素较为简单，其下方按钮的释义如下。

- 将通道作为选区载入按钮：点按此按钮可以将当前选择的通道所保存的选区调出。
- 将选区存储为通道按钮：在选区处于激活的状态下，点按此按钮可以将当前选区保存为Alpha通道。
- 创建新通道按钮：点按此按钮可以按默认设置新建一个Alpha通道。
- 删除当前通道按钮：点按此按钮可以删除当前选择的通道。

11.2.2　观察通道

和【图层】面板一样，每一个通道左边有一个眼睛图标，代表该通道是否可见。同样，如果此处未显示眼睛图标，则该通道隐藏，反之处于显示状态。

在此需要指出的是，可以同时显示2个、3个或更多通道，以比较通道中的图像。

如图11.5所示为Alpha通道及原图像，如图11.6所示为同时显示Alpha通道与RGB通道的状态，可以看出，通过观察可以确定在Alpha通道中所制作的选区，能够完全包围图像。

11.2.3　选择通道

要对通道进行操作，必须将该通道选中，此操作的重要性与选择正确的图层没有什么不同，要选择通道只需要点按该通道的名称。

图11.5　Alpha通道及原图像

图11.6　同时显示多通道

如果要选择多个通道，可以按住shift键点按这些通道，所有被选择的通道都会转换为蓝底白字显示。

可以同时选择专色通道与Alpha通道，但不可以同时选择专色通道、原色通道或Alpha通道、原色通道。

11.2.4　复制通道

通过复制通道对通道进行备份是非常普遍的作法，复制通道的操作方法有以下两种。

方法一：

（1）在【通道】面板中选择要复制的通道，并点按其右上角的按钮，在弹出菜单中选择【复制通道】命令。

（2）设置弹出的对话框如图11.7所示，并点按【确定】按钮。

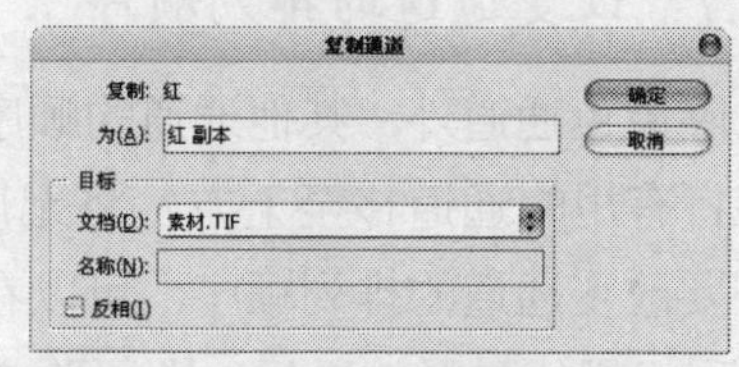

图11.7　【复制通道】对话框

【复制通道】对话框中各参数释义如下：

- 为：在【为】文本输入框中输入文字，可以为新的通道命名。
- 文档：如果要在一幅图像内进行复制，保持【文档】选项处于默认状态，如果要将通道复制到新的图像中，可以在此下拉列表框中选择【新建】选项。
- 反相：如果要反相通过复制得到的通道，选择【反相】复选框。

方法二：

在【通道】面板中选择要复制的通道，将通道拖至【通道】面板底部的【创建新通道】按钮上，此方法仅适用于在同一图像内容复制通道。

如果打开了数幅尺寸与分辨率同样大小的图像，在【复制通道】对话框的【文档】下拉列表框中将同时显示这些图像的名称，选择这些图像可以将当前选择的通道复制到所选择的图像中。

11.2.5　删除通道

要删除通道，可以在【通道】面板中选择要删除的通道，并将其拖至【通道】面板下方的删除通道按钮上即可。

也可以选择要删除的通道，在【通道】面板右上角点按按钮，在弹出的菜单中选择【删除通道】命令。

如果删除任一原色通道，图像的颜色模式将会自动转换为多通道模式，如图11.8所示为在一幅RGB模式的图像中分别删除红、绿、蓝原色通道后的【通道】面板。

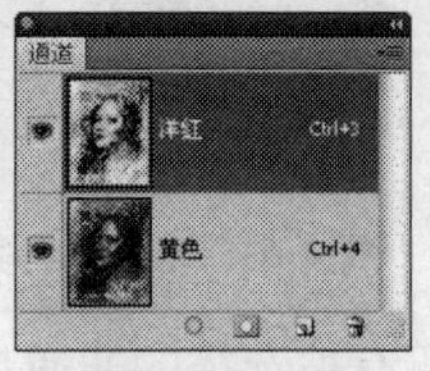

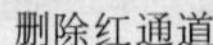
删除红通道

删除绿通道

删除蓝通道

图11.8　删除原色通道后的【通道】面板

11.2.6　以原色显示通道

在默认情况下，原色通道以灰度来显示，如果需要用此通道的原色来显示通道，使观察通道时更直观，可以按下述步骤操作。

（1）按⌘+K组合键打开【首选项】对话框，在【首选项】对话框上方的下拉列表框中选择【显示与光标】选项。

（2）在该对话框中选择【通道用原色显示】选项，并点按【确定】按钮即可。

11.2.7　改变通道的排列顺序

除原色通道外，其他通道的顺序是可以改变的。改变通道顺序的好处在于，可以按用户的习惯将有用的通道移至上方，将无用的或暂存的通道移至下方，从而在操作时更顺手。

要改变通道的排列顺序，可以在【通道】面板中选择通道并将其拖至新位置上，在目标位置出现粗黑线时释放鼠标，即可改变通道顺序，此操作类似于在【图层】面板中改变图层的顺序。如图11.9所示为改变通道排列顺序前后的【通道】面板。

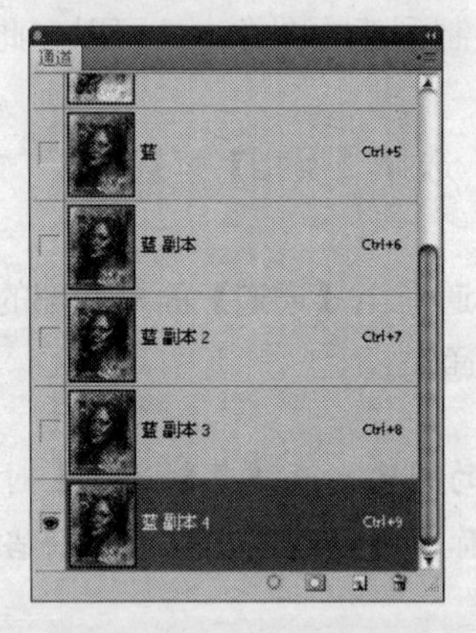

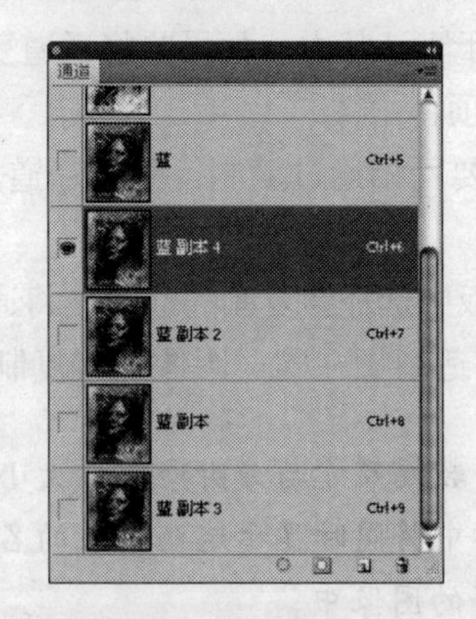

图11.9　改变通道排列顺序前后的【通道】面板

11.2.8　改变通道的名称

在【通道】面板中除了原色通道外，其他通道的名称都可以按需要改变。

要改变通道的名称，可以在【通道】面板中双击该通道，待通道名称改变为一个文本输入框时输入新的名称即可。

11.2.9　改变通道缩微预视图

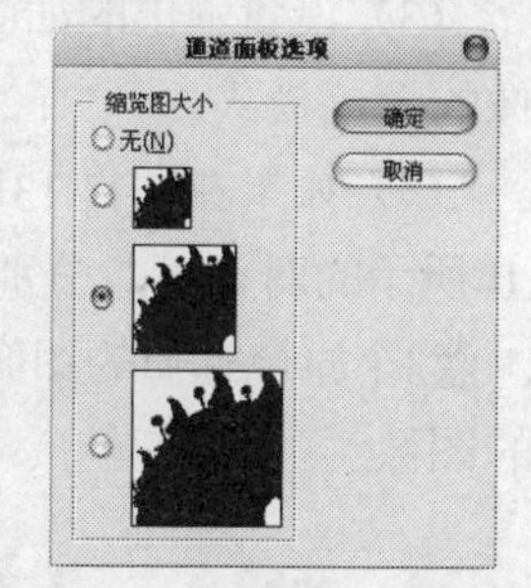

图11.10　【通道面板选项】对话框

如果某一个通道仅有不多的细节，通过将通道的缩微预视图放大显示，能够帮助操作者在【通道】面板中快速选择此类通道。

要改变通道的缩微预视图，在【通道】面板的右上角点按按钮，在弹出的菜单中选择【面板选项】命令，弹出如图11.10所示的对话框，在其中选择一种合适的缩微预视图尺寸并点按【确定】按钮即可。

11.2.10　分离与合并原色通道

通过分离原色通道操作，可以将一幅图像的所有原色通道分离成为单独的灰度图像文件，分离后原文件将被关闭。

合并原色通道是分离原色通道的逆操作，通过合并通道操作，可以将使用分离通道命令生成的若干个灰度图像或具有相同尺寸与分辨率的图像合并在一起，成为一个完整的图像文件。

1. 分离原色通道

要分离原色通道，可以在【通道】面板的弹出菜单中选择【分离通道】命令，如图11.11所示为原图像及对应的【通道】面板，如图11.12所示为选择【分离通道】命令后生成的3个独立的灰度文件。

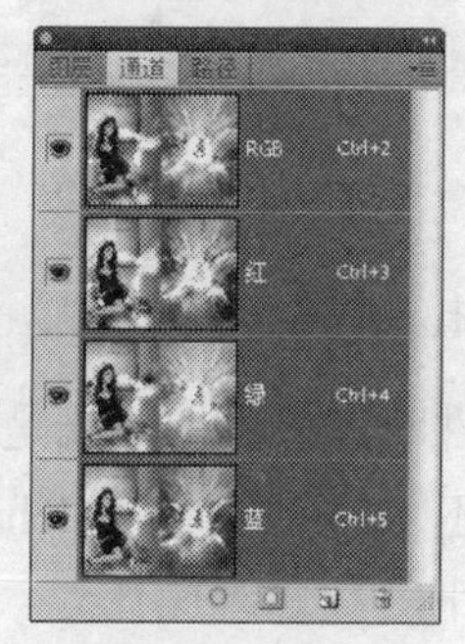

图11.11　原图像及其对应的【通道】面板

图11.12　分离原色通道生成的图像

2. 合并原色通道

要将多个灰度图像合并为原色通道，可按以下步骤操作。

（1）打开需要合并的多个灰度图像，并选择任意一幅图像同时切换至【通道】面板。

（2）在【通道】面板的弹出菜单中选择【合并通道】命令。

（3）设置弹出的如图11.13所示的对话框，在【模式】下拉列表框中选择合并后生成的新图像的颜色模式。

（4）如果在图11.13所示的对话框中将图像的颜色模式选择为【RGB颜色】，将弹出如图11.14所示的对话框，分别在【红色】、【绿色】和【蓝色】3个下拉列表框中选择要作为红、绿、蓝3个原色通道的图像名称，并点按【确定】按钮，即可将3幅灰度图像合并为一幅RGB模式的图像。

图11.13 【合并通道】对话框

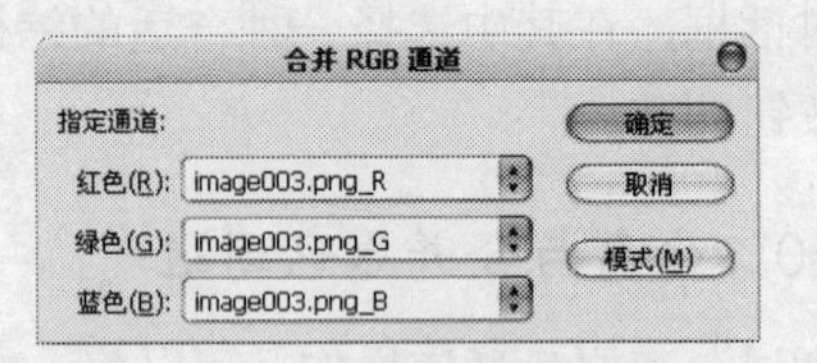

图11.14 【合并RGB通道】对话框

（5）如果将颜色模式选择为【CMYK颜色】，则将弹出如图11.15所示的对话框，分别在【青色】、【洋红】、【黄色】和【黑色】等4个下拉列表框中选择要作为青、洋红、黄、黑4个原色通道的图像，并点按【确定】按钮即可将4幅灰度图像合并为一幅CMYK模式的图像。

图11.15 【合并CMYK通道】对话框

11.2.11 保存Alpha通道

在保存图像文件时，该文件格式是否支持保存Alpha通道非常重要，不仅因为Alpha通道的存在会增大文件，还因为通过保存Alpha通道能够保证将操作中有用的选区以Alpha通道的形式保存下来，以便于下一次修改操作。

如果需要保存Alpha通道，在保存文件时应该选择PSD、TIFF或Raw等文件格式，否则Alpha通道将被自动删除。

注意 在判断该文件格式是否能够保存Alpha通道时，可以依据一个简单的原则，即在保存文件对话框中观察【Alpha通道】选项是否处于激活状态。如果处于激活状态，如图11.16左图所示，则可以保存Alpha通道；否则不可以保存Alpha通道，如图11.16右图所示。

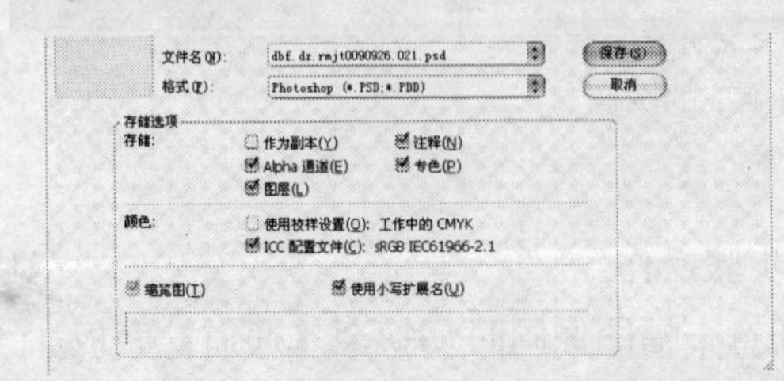

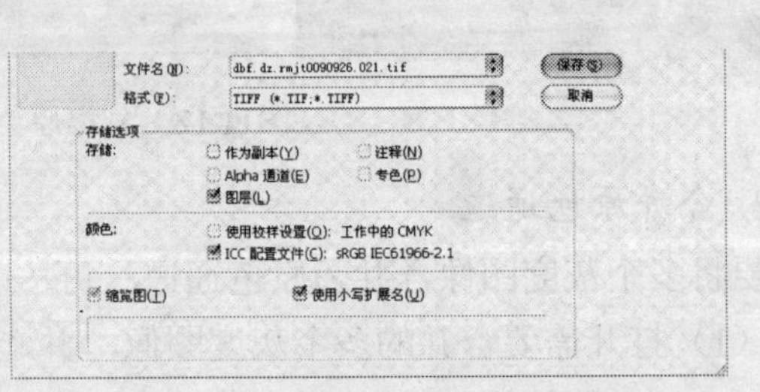

图11.16 【存储为】对话框

11.3 关于Alpha通道

11.3.1 理解Alpha通道

如前所述，在Photoshop中，通道除了可以保存颜色信息外，还可以保存选择区域的信息，此类通道被称为Alpha通道。

直接了当地说，在将选择区域保存为Alpha通道时，选择区域被保存为白色，而非选择区域被保存为黑色，如果选择区域具有不为0的羽化数值，则此类选择区域被保存为具有灰色柔和边缘的通道，选区与Alpha通道间关系如图11.17所示。

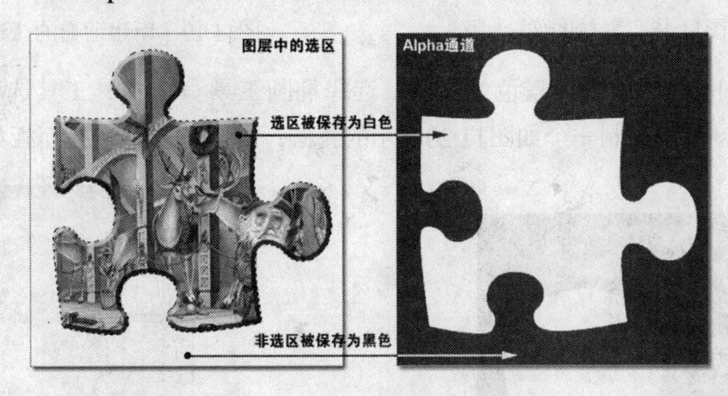

图11.17 选区与Alpha通道的关系

使用Alpha通道保存选区的优点在于，可以用作图的方式对通道进行编辑，从而获得使用其他方法无法获得的选区，而且可以长久地保存选区。

11.3.2 通过Alpha通道创建选区

点按【通道】面板底部的【创建新通道】按钮，创建一个新的Alpha通道。

Alpha通道被创建后，即可以用绘图的方式对其进行编辑。例如使用画笔绘图、使用选择工具创建选择区域，然后填充白色或黑色，还可以用形状工具在Alpha通道中绘制标准的几何形状，总之所有在图层上可以应用的作图手段在此同样可用。

在编辑Alpha通道时需要掌握的原则是：

- 用黑色作图可以减少选区。
- 用白色作图可以增加选区。
- 用介于黑色与白色间的任意一级灰色作图，可以获得不透明度值小于100或边缘具有羽化效果的选择区域。

在掌握编辑通道的原则后，可以使用更多、更灵活的命令与操作方法对通道进行操作。例如，可以在Alpha通道中应用颜色调整命令，改变黑白区域的比例，从而改变选择区域的大小；也可以在Alpha通道中应用各种滤镜命令，从而得到形状特殊的选择区域；还可以通过变换Alpha通道来改变选择区域的大小。

下面讲解一个使用Alpha通道创建选区的示例。

（1）打开随书配套资料中的文件“第11章\11.3.2通过Alpha通道创建选区-素材1.tif”，如

图11.18所示。切换至【通道】面板，点按创建新通道按钮，得到一个新的通道为Alpha 1，此时的【通道】面板如图11.19所示。

图11.18 素材图像

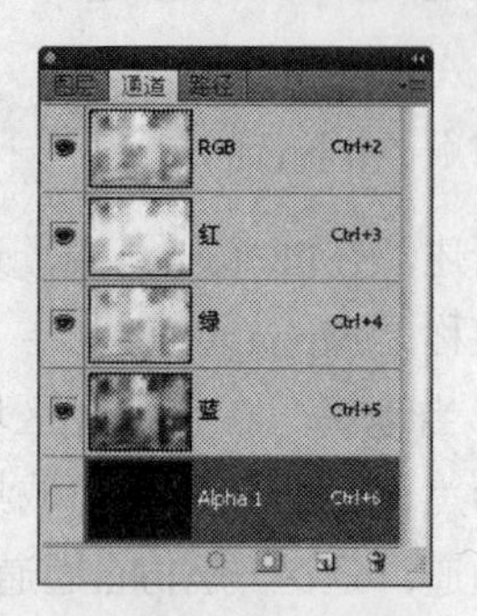

图11.19 新建通道的【通道】面板

（2）选择Alpha 1，设置前景色为白色，选择椭圆工具，在其工具选项条中点按填充像素按钮，按住shift键绘制一个如图11.20所示的正圆，此时的【通道】面板如图11.21所示。

图11.20 绘制正圆

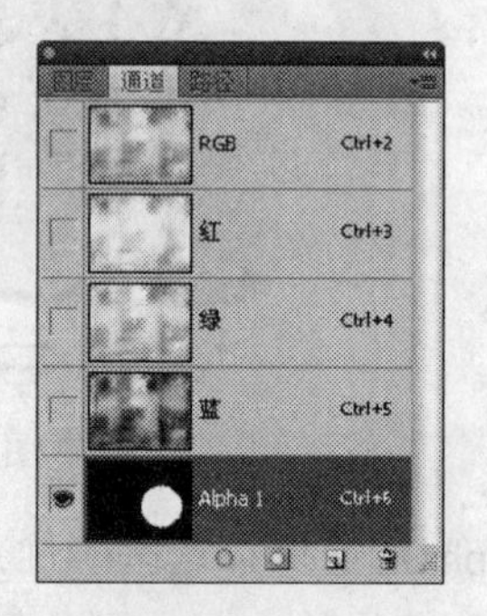

图11.21 编辑后的【通道】面板

（3）选择【滤镜】|【模糊】|【高斯模糊】命令，设置弹出的对话框如图11.22所示，得到如图11.23所示的效果。

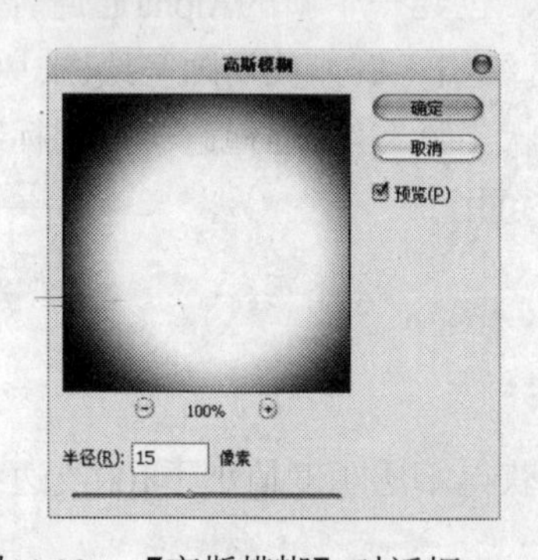

图11.22 【高斯模糊】对话框

图11.23 应用【高斯模糊】命令后的效果

（4）按⌘+I组合键执行【反相】操作，选择【滤镜】|【像素化】|【彩色半调】命令，设置弹出的对话框如图11.24所示，再次按⌘+I组合键执行【反相】操作，得到如图11.25所示的效果。

（5）打开随书配套资料中的文件"第11章\11.3.2通过Alpha通道创建选区-素材2.tif"，如图11.26所示。按⌘+A组合键执行【全选】操作，按⌘+C组合键执行【拷贝】操作，切换到当前操作的图像。

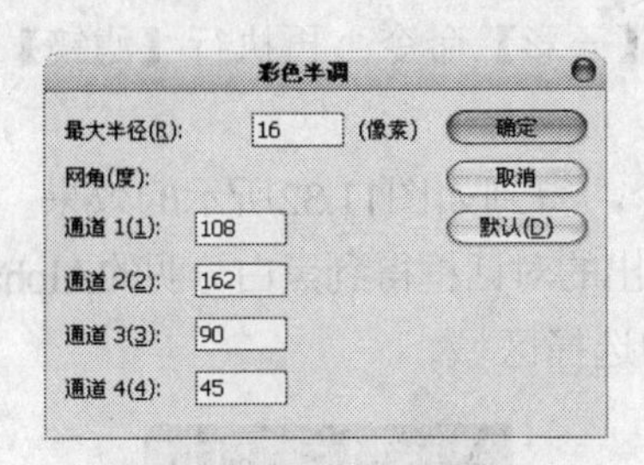

图11.24　【彩色半调】对话框

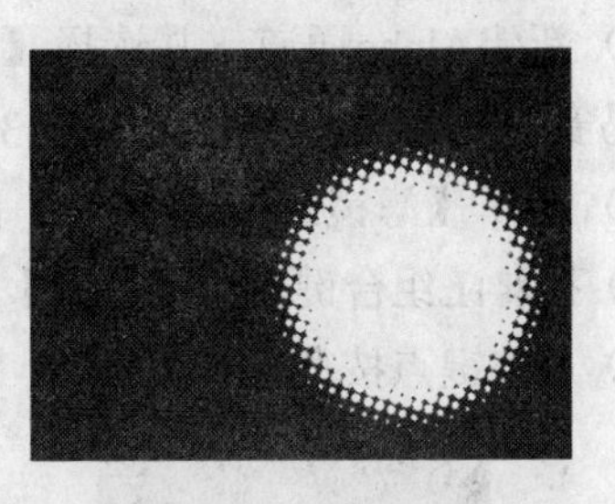

图11.25　应用【彩色半调】命令后的效果

（6）按住⌘键点按Alpha 1的缩览图以载入其选区，返回【图层】面板，此时的选区形状如图11.27所示，选择【编辑】|【贴入】命令，得到如图11.28所示的效果。

图11.26　素材图像

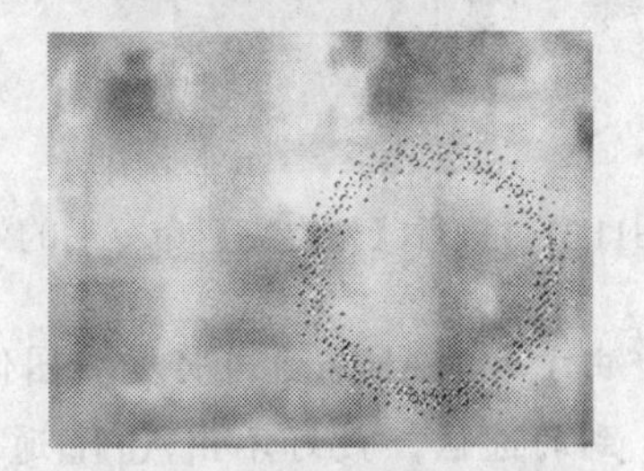

图11.27　选区形状

（7）为图像添加主题文字，并使用画笔工具 进行修饰，得到如图11.29所示的效果。

图11.28　执行【贴入】操作后的效果

图11.29　最终效果

通过上面的示例，可以看出，在Alpha通道中进行绘画，然后使用滤镜命令对其进行编辑，可以得到使用其他方法无法得到的选择区域。

使用类似的方法得到如图11.30左图所示的迷宫形的选择区域，此选择区域对应的Alpha通道如图11.30右图所示，此选择区域的制作步骤简要说明如下。

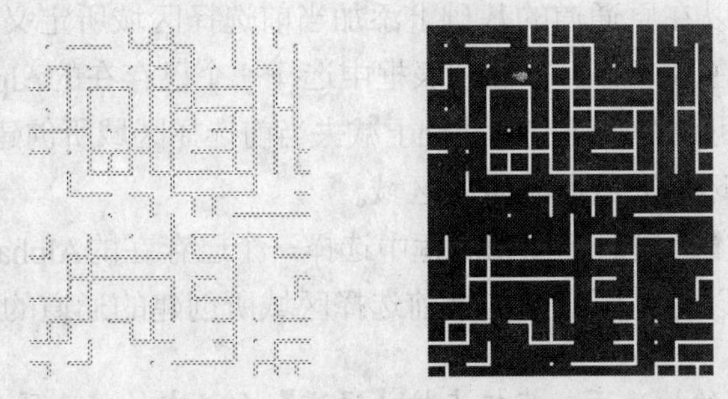

图11.30　迷宫形的选择区域及对应的Alpha通道

（1）新建Alpha通道，并选择【滤镜】|【渲染】|【云彩】命令，再执行【滤镜】|【像素化】|【马赛克】命令，得到如图11.31所示的效果。

（2）选择【滤镜】|【风格化】|【照亮边缘】命令，得到如图11.32所示的效果。

（3）按⌘+L组合键调用【色阶】命令，通过设置弹出的对话框得到黑白分明的Alpha通道。

（4）按⌘键点按此Alpha通道，即可得到所需要的选择区域。

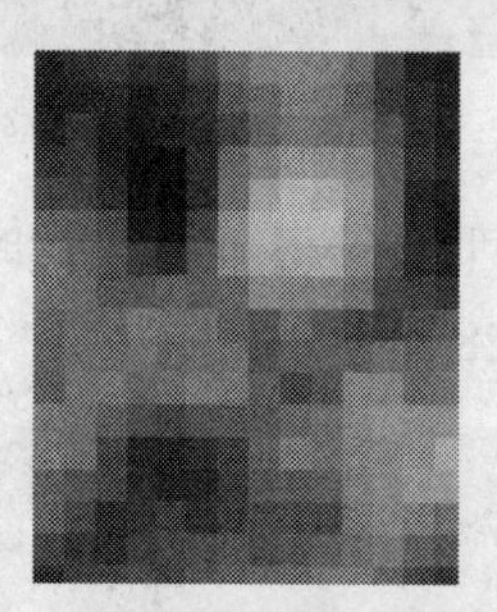

图11.31　执行【马赛克】命令后的效果

图11.32　执行【照亮边缘】命令后的效果

注意　由于增加Alpha通道将增加图像文件的大小，因此，能够在图层中直接用其他方法得到的选区，最好不用Alpha通道。

11.3.3　通过保存选区创建Alpha通道

在有一个选择区域存在的情况下，通过选择【选择】|【存储选区】命令也可以将选区保存为通道，选择此命令后弹出如图11.33所示的对话框。

- 文档：该下拉列表框中显示了所有已打开的尺寸大小与当前操作图像文件相同的文件的名称，选择这些文件名称可以将选择区域保存在该图像文件中。如果在下拉列表框中选择【新建】命令，则可以将选择区域保存在一个新文件中。
- 通道：在【通道】下拉列表框中列有当前文件已存在的Alpha通道名称及【新建】选项。如果选择已有的Alpha通道，可以替换该Alpha通道所保存的选择区域。如果选择【新建】命令可以创建一个新Alpha通道。
- 新建通道：选择该项可以添加一个新通道。如果在【通道】下拉列表框中选择一个已存在的Alpha通道，【新建通道】选项将转换为【替换通道】，选择此选项可以用当前选择区域生成的新通道替换所选择的通道。
- 添加到通道：在【通道】下拉列表框中选择一个已存在的Alpha通道时，此选项可被激活。选择该项可以在原通道的基础上添加当前选择区域所定义的通道。
- 从通道中减去：在【通道】下拉列表框中选择一个已存在的Alpha通道时，此选项可被激活。选择该项可以在原通道的基础上减去当前选择区域所创建的通道，即在原通道中以黑色填充当前选择区域所确定的区域。
- 与通道交叉：在【通道】下拉列表框中选择一个已存在的Alpha通道时，此选项可被激活。选择该项可以得到原通道与当前选择区域所创建的通道的重叠区域。

注意　在选择区域存在的情况下，直接点按【通道】面板中的将选区存储为通道按钮，就可以将当前选择区域保存为一个默认的Alpha通道，很显然，此操作方法比选择【选择】|【存储选区】命令更简单。

11.3.4 将通道作为选区载入

如前所述，在操作时我们既可以将选区保存为Alpha通道，也可以将通道作为选择区域调出（包括原色通道与专色通道），在【通道】面板中选择任意一个通道，点按【通道】面板下方的将通道作为选区载入按钮，即可将此Alpha通道所保存的选择区域调出。

除此之外，也可以选择【选择】|【载入选区】命令，适当设置弹出的如图11.34所示的对话框，此对话框中的选项与【存储选区】对话框中的选项大体相同，故在此不再重述。

- 按住⌘键点按Alpha通道的缩览图可以直接载入此Alpha通道所保存的选择区域。
- 按住⌘+shift组合键点按Alpha通道的缩览图，可增加Alpha通道所保存的选择区域。
- 按住option+⌘组合键点按Alpha通道的缩览图，可以减去Alpha通道所保存的选择区域。
- 按option+⌘+shift组合键点按Alpha通道的缩览图，可以得到选择区域与Alpha通道所保存的选择区域交叉的选区。

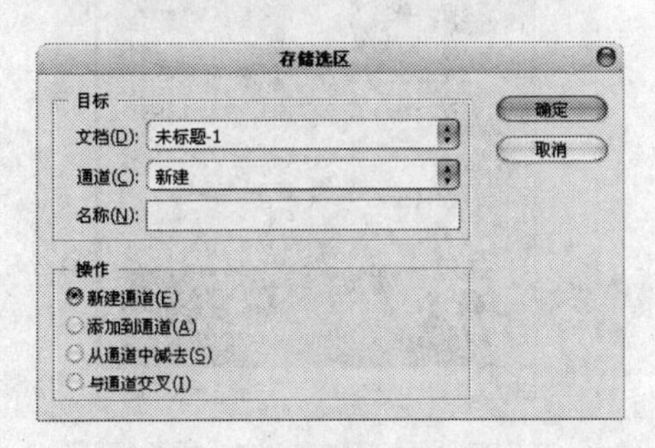

图11.33 【存储选区】对话框

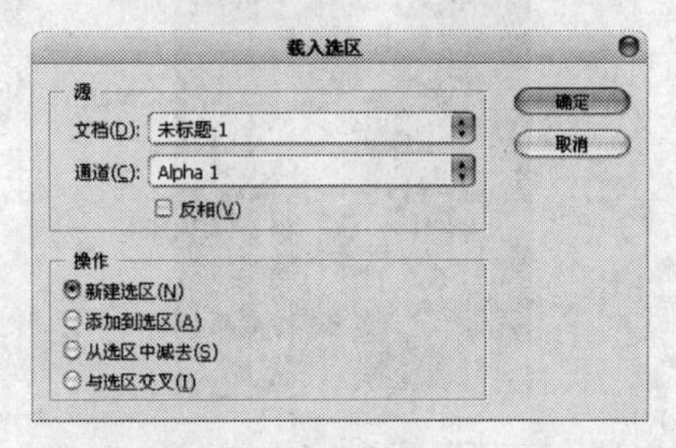

图11.34 【载入选区】对话框

11.4 Alpha通道使用示例

在示例工作中，Alpha通道常用于制作选区，在本节中笔者通过一个示例展示了如何使用Alpha通道选择不易选取的头发丝。

（1）打开随书配套资料中的文件“第11章\11.4Alpha通道使用示例-素材.tif”，如图11.35所示。切换至【通道】面板，此时的【红】、【绿】、【蓝】通道如图11.36所示。

图11.35 素材图像

（2）观察三通道图像可以看出【蓝】通道中的图像对比度、细节方面最好，因此复制【蓝】通道，得到【蓝 副本】，按⌘+I组合键执行【反向】操作，得到如图11.37所示的效果，此时的【通道】面板如图11.38所示。

（3）按⌘+L组合键应用【色阶】命令，设置弹出的对话框如图11.39所示，得到如图11.40所示的效果。

（4）设置前景色的颜色值为黑色，选择画笔工具，并在其工具选项条中设置适当的画笔大小，在人物轮廓以外的区域上涂抹以将白色区域隐藏，得到如图11.41所示的效果。

（5）按⌘+L组合键应用【色阶】命令，设置弹出的对话框如图11.42所示，以使Alpha通道中的黑白更加分明，得到如图11.43所示的效果。

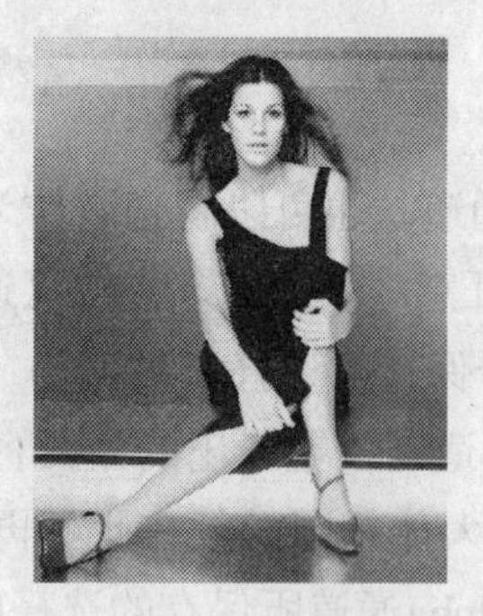

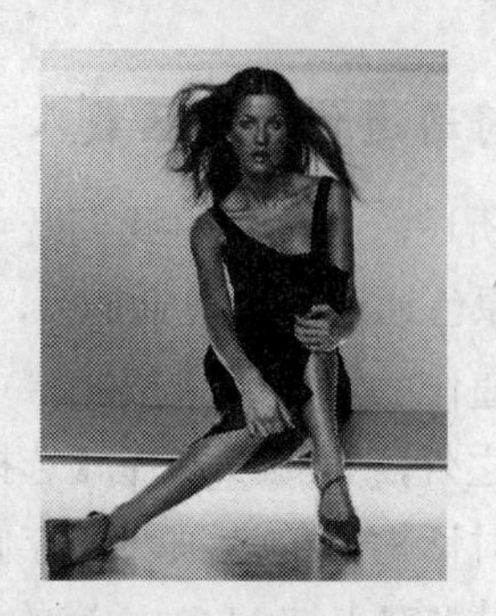

图11.36 【红】、【绿】、【蓝】通道图像

图11.37 执行【反向】后的效果

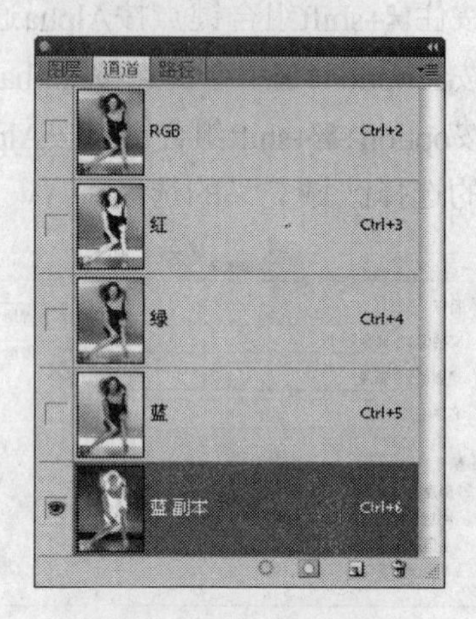

图11.38 【通道】面板

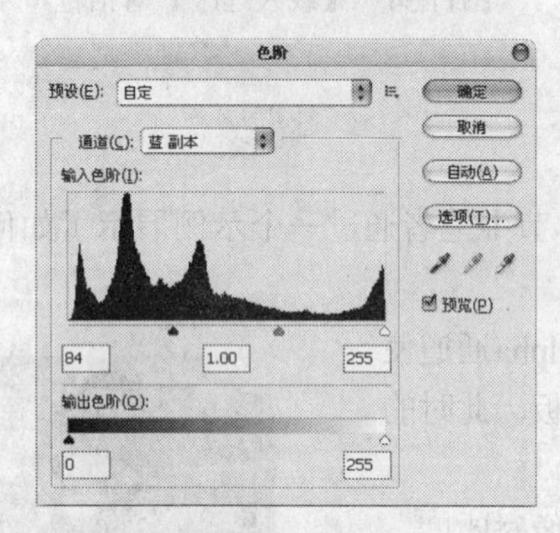

图11.39 【色阶】对话框

图11.40 应用【色阶】命令后的效果

图11.41 涂抹后的效果

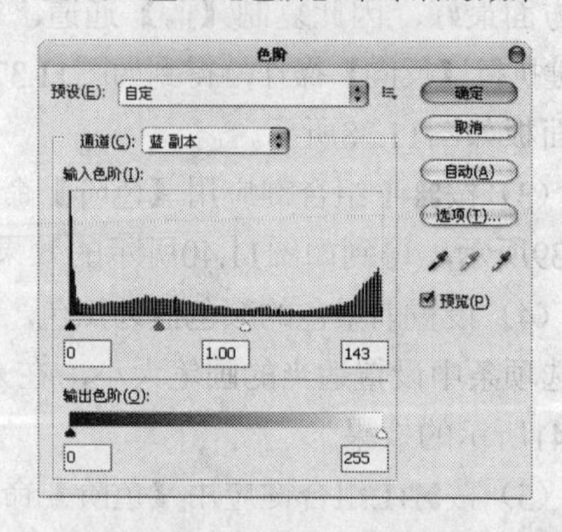

图11.42 【色阶】对话框

（6）设置前景色的颜色值为白色，选择画笔工具，并在其工具选项条中设置适当的画笔大小，沿着人物的轮廓涂抹以将其填充白色，得到如图11.44所示的以人物的轮廓为界限的黑白分明的Alpha通道效果。

图11.43　应用【色阶】命令后的效果

图11.44　涂抹后的效果

（7）按住⌘键点按【蓝副本】的缩览图以载入其选区，如图11.45所示，返回【图层】面板并选择【背景】图层，按⌘+J组合键执行【通过拷贝的图层】操作，隐藏【背景】图层，得到如图11.46所示的效果，如图7.47所示为替换背景并水平翻人像后的效果。

图11.45　载入的选区

图11.46　隐藏背景图层后的效果

图11.47　替换背景并水平翻转人像后的效果

第12章 文　字

本章主要讲解在Photoshop中如何进行关于文字的操作，其中包括如何输入横排或竖排文字、如何设置文字的属性、如何将文字转换成为普通图层或形状图层、如何制作具有扭曲效果的文字或制作沿路径进行绕排的文字。本章的学习重点是如何添加文字、设置文字属性、为文字添加特殊效果的方法。

12.1 文字与图层

使用Photoshop制作各种精美的图像时，文字是点饰画面不可缺少的元素，恰当的文字可以起到画龙点睛的作用，如果赋予文字合适的艺术效果，可以使图像的美感得到极大的提升。近年来甚至出现了电脑艺术字风潮，将各种精美的电脑艺术字作为主体进行展示。

Photoshop具有很强的文字处理能力，我们不仅可以很方便地制作出各种精美的艺术效果字，如图12.1所示，甚至可以在Photoshop中进行适量的排版操作。

图12.1 艺术文字示例

值得一提的是，Photoshop保留了基于矢量的文字轮廓，从而使在缩放文字、调整文字大小、存储PDF或EPS文件后生成的文字具有清晰的与分辨率无关的光滑边缘，而且利用新版本的新增功能，我们还能够制作出绕排路径的文字及异形轮廓文字。

在Photoshop中，文字是以一个独立图层的形式存在的，例如，在如图12.2所示的设计作品中存在不少文字设计元素，如图12.3所示为此作品对应的【图层】面板，可以看出，文字设计元素均以独立的图层存在。

文字图层具有与普通图层不一样的可操作性，在文字图层中我们无法使用画笔、铅笔、渐变等工具，只能对文字进行变换、改变颜色等有限操作。

因为文字图层具有这些特殊性，所以我们无法使用作图手段来改变文字图层中的文字。但是，我们可以改变文字图层中的文字，而且保持原文字所具有的基本属性不变，这些属性包括颜色、图层样式、字体、字号、角度等。

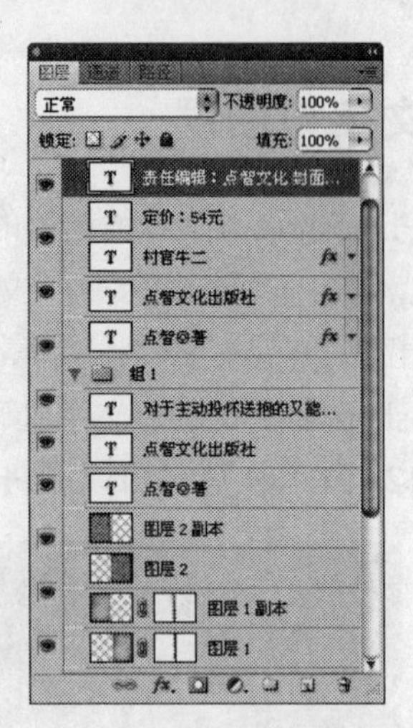

图12.2　设计作品　　　　图12.3　设计作品对应的【图层】面板

12.2　输入并编辑文字

在所有我们看到的平面设计作品中，文字的排列形式不外乎是水平、垂直、倾斜、曲线绕排这4种，如图12.4所示为水平文字。

图12.4　水平排列文字的示例

如图12.5所示为招贴及广告设计作品中应用了垂直排列文字的示例。

图12.5　垂直排列文字的示例

如图12.6所示为电影海报及书籍封面设计中应用倾斜排列文字的示例。

图12.6 倾斜排列文字的示例

本节将讲解如何为设计作品添加水平及垂直排列的文字，以及如何将水平或垂直排列的文字改变为倾斜排列，将文字绕排于曲线上的示例与操作请参考12.7节。

12.2.1 输入水平文字

要为设计作品添加水平排列的文字，可以按下面所讲述的步骤操作。

（1）在工具箱中选择横排文字工具T。

（2）设置横排文字工具T选项条，如图12.7所示。

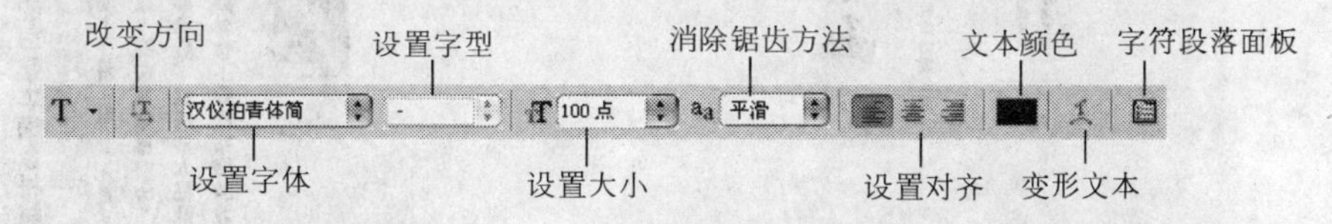

图12.7 横排文字工具选项条

- 在“设置字体系列”下拉列表框中选择合适的字体。
- 在“设置字体大小”下拉列表框中选择合适的字号。
- 点按“设置对齐”的3个按钮设置适当的对齐方式。
- 点按“文本颜色”图标，在弹出的【选择文本颜色】对话框中选择文字颜色。

（3）利用横排文字工具T在画面中点按，插入一个文本光标（也可以利用文字光标在画面中拖动），然后在光标后面输入文字，如图12.8所示。

图12.8 在光标后面输入文字

（4）输入文字时工具选项条的右侧会出现“提交所有当前编辑”按钮✓与“取消所有当前编辑”按钮⊘。点按“提交所有当前编辑”按钮✓，确认输入的文字，如图12.9所示，并创建一个文字图层，如图12.10所示。点按“取消所有当前编辑”按钮⊘可以取消操作。

图12.9 确认输入的文字

图12.10 创建一个文字图层

12.2.2 输入垂直文字

为设计作品添加垂直排列文本的操作方法与添加水平排列的文本的操作方法相同。

在工具箱中选择直排文字工具，然后在页面中点按并在光标后面输入文字，即可得到呈垂直排列的文字，其效果如图12.11所示。

无论是在输入水平排列的文字时还是在输入垂直排列的文字时，光标处于文字行区域内则显示为文本光标，如图12.12所示。

图12.11 完成后的效果

图12.12 显示文本光标

如果将光标在文字区域内插入，然后移动鼠标到文字行区域外，则文本光标将转变成为移动工具光标，如图12.13所示，用此光标可以直接拖动正在输入的文字，以改变文字的位置，如图12.14所示。

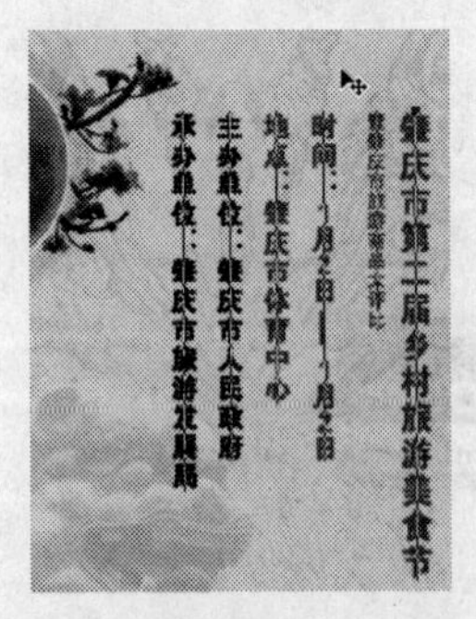

图12.13 显示移动工具光标

图12.14 在输入状态下移动文本

在文字输入状态下，还可以暂时按住⌘键使文字周围显示变换控制句柄，如图12.15所示。在此状态下，不仅可以通过拖动控制句柄改变正在输入的文字的大小，还可以改变文字的倾斜角度，如图12.16所示，执行完变换操作后，释放⌘键可以重新返回文字输入状态中。

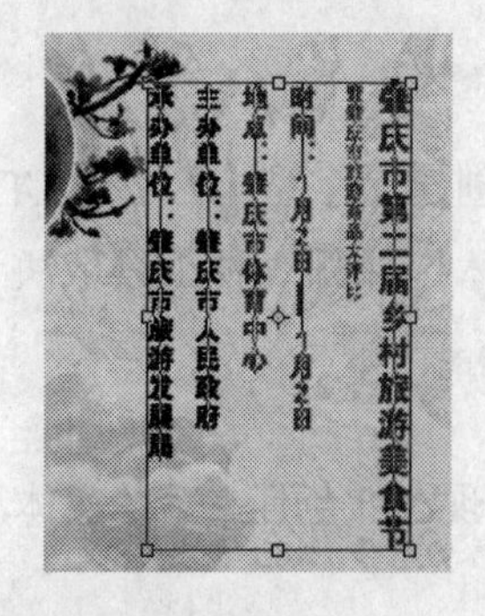

图12.15 变换控制句柄

图12.16 旋转文字示例

在输入水平排列的文字时，上述操作技巧同样有效，各位读者可以自行尝试。

12.2.3 制作倾斜排列的文字

Photoshop并不能够直接输入具有一定倾斜角度的文字，因此只能够通过改变水平或垂直排列的文字来得到这样的文字。

如图12.17所示为垂直排列的文字，如图12.18所示为笔者按⌘+T组合键并改变文字旋转角度的效果，如图12.19所示为确认旋转变换操作后的倾斜排列的文字。

图12.17 原文字

图12.18 旋转状态的文字

图12.19 变换后的文字

按同样的方法对水平排列的文字进行操作，同样可以得到倾斜排列的文字，其操作较为简单，故不再重述。

12.2.4 相互转换水平及垂直排列的文字

在需要的情况下，我们可以相互转换水平文字及垂直文字的排列方向，其操作步骤如下：

（1）在工具箱中选择横排文字工具T或直排文字工具IT。

（2）执行下列操作中的任意一种，即可改变文字方向。

- 点按工具选项条中的更改文字方向按钮，可转换水平及垂直排列的文字。
- 选择【图层】|【文字】|【垂直】命令将文字转换成为垂直排列。
- 选择【图层】|【文字】|【水平】命令将文字转换成为水平排列。

12.2.5 创建文字型选区

文字型选区是一类特别的选区，此类选区具有文字的外形。由于创建文字型选区的工具与文字工具处于同一个工具组中，因此笔者将这一部分知识放在此处进行讲解，以便于各位读者分类学习记忆。

创建文字型选区的步骤如下所述。

（1）打开随书配套资料中的素材文件“第12章\12.2.5创建文字型选区-素材.TIF”在工具箱中选择横排文字蒙版工具，或直排文字蒙版工具，具体选择哪一种工具取决于希望得到的文字型选区的状态。

（2）在图像中点按鼠标插入一个文本光标。

（3）在光标后面输入文字，在输入状态中，图像背景呈现淡红色且文字为实体，如图12.20所示。

（4）在工具选项条中点按提交所有当前编辑按钮退出文字输入状态，即可得到图12.21所示的文字型选择区域。

图12.20 输入状态中

图12.21 文字型选择区域

12.2.6 使用文字型选区设计作品

使用文字型选择区域可以非常轻松地创建图像型文字，下面通过一个示例讲解操作方法。

（1）打开随书配套资料中的素材文件“第12章\12.2.6使用文字型选区设计作品-素材1.psd”，在工具箱中选择横排文字蒙版工具，创建如图12.22所示的文字型选择区域。

（2）打开随书配套资料中的素材文件“第12章\12.2.6使用文字型选区设计作品-素材2.jpg”，如图12.23所示，按⌘+A组合键执行【全选】操作，按⌘+C组合键执行【拷贝】操作。

图12.22 文字型选择区域

图12.23 原素材图像

（3）切换至文字型选择区域所在图像，选择【编辑】|【粘贴入】命令，可得到如图12.24所示的图像文字效果。

（4）为文字添加图层样式后得到图12.25所示的效果，添加其他的文字及设计元素，则可以得到如图12.26所示的效果。

图12.24 图像文字效果

图12.25 添加图层样式后的效果

图12.26 最终效果

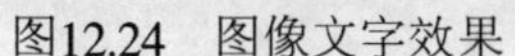

注意 如果执行【编辑】|【粘贴入】命令操作后，得到的图像没有很好地显示于选择区域中，可以在工具箱中选择移动工具移动粘贴入当前文件中的图像，直至得到较好的显示效果。

12.2.7 输入点文字

点文字及段落文字是文字在Photoshop中存在的两种不同形式，无论用哪一种文字工具创建的文本都将以这两种形式之一存在。

点文字的文字行是独立的，即文字行的长度随文本的增加而变长，不会自动换行，如果需要换行必须按Enter键。

要输入点文字可以按下面的操作步骤进行。

（1）选择横排文字工具或直排文字工具。

（2）在图像中点按鼠标，得到一个文本插入点。

（3）在工具选项条或【字符】面板和【段落】面板中设置文字选项。

（4）在光标后输入所需要的文字，点按提交所有当前编辑按钮以确认操作。

12.2.8 输入段落文字

段落文字与点文字的不同之处在于，段落文字显示的范围由一个文本框界定，当输入的文字到达文本框的边缘时，文字就会自动换行，当我们改变文字框的边框时，文字会自动改变每一行显示的文字数量，以适应新的文本框。

输入段落文字可以按以下操作步骤进行。

（1）选择横排文字工具或直排文字工具。

（2）拖动光标创建段落文字定界框，文字光标在显示定界框内，如图12.27所示。

（3）在工具选项条或【字符】面板和【段落】面板中设置文字属性。

（4）在光标后输入文字，如图12.28所示，点按提交所有当前编辑按钮确认。

如前所述，我们能够通过调整文本框来改变其中文字的排列，下面我们就来讲解如何调整文本框。

（1）选择横排字工具，在图像中的段落文本中点按一下以插入一个光标，此时即可显示文本框。

（2）光标停在文本框的控制句柄上，待光标变为双向箭头时拖动，通过拖动改变文本框，如图12.29所示。

图12.27 创建定界框

图12.28 输入文字书

图12.29 改变文本框的操作示例

12.2.9 相互转换点文字及段落文字

点文字和段落文字也可以相互转换，转换时只需在选择【图层】|【文字】|【转换为点文本】或选择【图层】|【文字】|【转换为段落文本】命令即可。

12.3 设置文字格式

除了在输入文字前通过在工具选项条中设置相应的文字格式选项来格式化文字外，还可以使用【字符】面板对其进行格式化操作，具体操作如下所述。

（1）在【图层】面板中双击要设置文字格式的文字图层缩览图，或利用文字工具在图像的文字上双击，以选择当前文字图层中要进行格式化的文字。

（2）点按工具选项条中的按钮，弹出如图12.30所示的【字符】面板。

（3）在【字符】板中设置需要改变的选项，点按工具选项条中的提交所有当前编辑按钮✔确认即可。

下面我们介绍【字符】面板中比较常用而且重要的参数，例如【设置行距】、【垂直缩放】、【水平缩放】、【设置所选字符的字距调整】、【设置基线偏移】等。

- 设置行间距：在此数值框中输入数值或在下拉列表框中选择一个数值，可以设置两行文字之间的距离，数值越大行间距越大，为同一段文字应用不同行间距后的效果如图12.31所示。

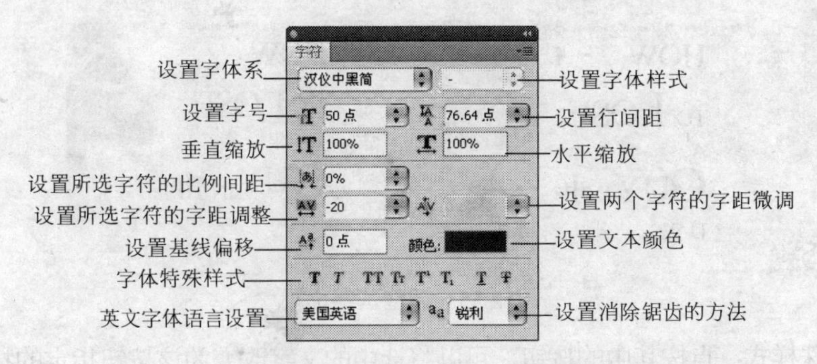

图12.30 【字符】面板

图12.31 为段落设置不同行间距的效果

- 垂直缩放/水平缩放：这两个数值能够改变被选中的文字的水平及垂直缩放比例，得到较高或较宽的文字效果，如图12.32所示为改变HOW、LOSE、IN、10等文字的垂直缩放数值为150%时的效果，如图12.33所示为将水平缩放数值改变为150%时的效果。

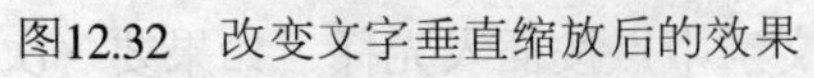

图12.32 改变文字垂直缩放后的效果　　图12.33 改变文字水平缩放后的效果

- 设置所选字符的字距调整：此数值控制所有选中的文字的间距，数值越大间距越大，如图12.34所示是设置不同文字间距的效果。

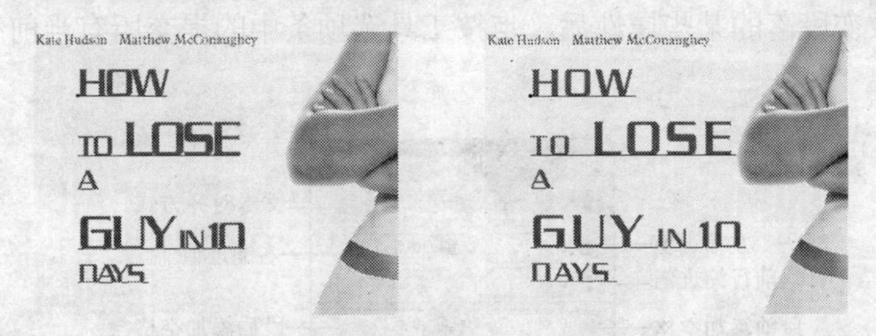

图12.34 设置不同字间距的效果

- 设置基线偏移：此参数仅用于设置选中的文字的基线值，正数向上移，负数向下移，如图12.35所示是原文字及改变文字TO、OSE、UY的【基线偏移】数值后的效果。

图12.35 调整基线位置

- 字体特殊样式：点按其中的按钮，可以将选中的文字改变为该按钮指定的特殊显示形式。这些按钮的作用是将文字改变为粗体、斜体、全部大写、小型大写、上标、下标或为文字添加下画线和删除线。
- 设置消除锯齿的方法：在此下拉列表框中选择一种消除锯齿的方法。

如图12.36所示的两幅设计作品中的文字，均可以通过改变文字的字体、字号、字间距、基线偏移数值后得到，各位读者可以自己尝试制作。

图12.36 两副作品中的文字效果

12.4 设置段落格式

通过上一节的内容我们掌握了如何为文字设置格式，但大多数设计作品中的文字需要同时设置文字的格式及段落的格式，例如段前空、段后空、对齐方式等，下面我们来学习如何使用【段落】面板设置文本的段落属性。

（1）选择相应的文字工具，在要设置段落属性的文字中点按插入光标。如果要一次性设置多段文字的属性，用文字光标刷黑选中这些段落中的文字。

（2）点按【字符】面板右侧的【段落】按钮，弹出如图12.37所示【段落】面板。

（3）按需要改变段落的某些属性后，点按工具选项条中的提交所有当前编辑按钮✓以确认操作。

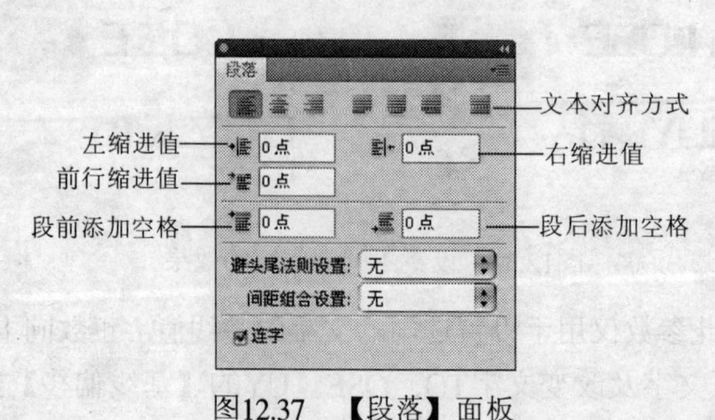

图12.37 【段落】面板

下面我们介绍【段落】面板中比较常用而且重要的参数。

· 文本对齐方式：点按其中的选项，光标所在的段落以相应的方式对齐。

· 左缩进值：设置文字段落的左侧相对于左定界框的缩进值。

· 右缩进值：设置文字段落的右侧相对于右定界框的缩进值。

· 首行缩进值：设置选中段落的首行相对其他行的缩进值。

· 段前添加空格：设置当前文字段与上一文字段之间的垂直间距。

· 段后添加空格：设置当前文字段与下一文字段之间的垂直间距。

· 连字：设置手动或自动断字，仅适用于Roman字符。

如图12.38所示为原段落文字，如图12.39所示为改变文字段落对齐方式后的效果。

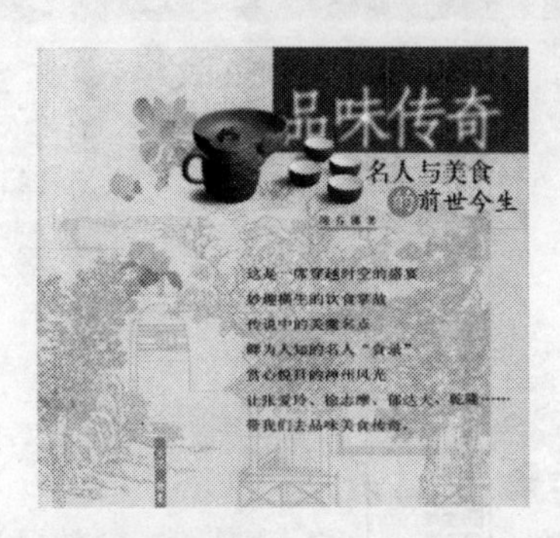

图12.38　原文字段落效果

图12.39　改变文字段落属性后的效果

12.5　扭曲变形文字

Photoshop具有使文字变形的功能，这一功能可以使设计作品中的文字效果更加丰富，如图12.40所示为原文字及使用扭曲变形文字功能制作的15种不同的扭曲文字效果。

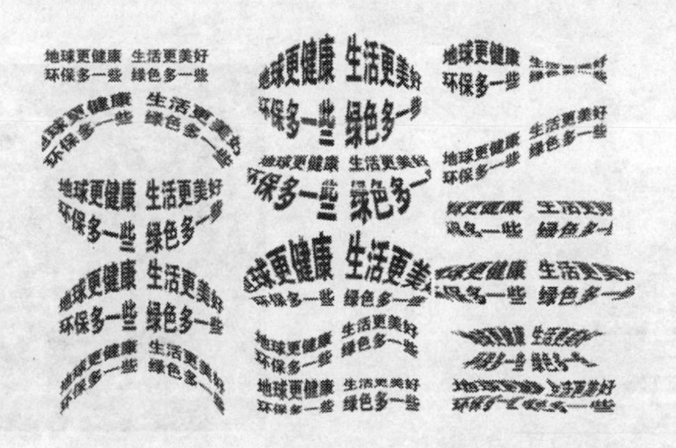

图12.40　原文字及15种不同的扭曲文字效果

12.5.1　制作扭曲变形文字

下面我们以制作如图12.41所示的广告为例，讲解如何制作扭曲变形的文字。

（1）打开随书配套资料中的文件“第12章\12.5.1制作扭曲变形文字-素材.tif”，在【图层】面板中选择要变形的文字图层为当前图层，并选择文字工具输入任意一段文字，如图12.42所示。

（2）点按工具选项条中的【创建文字变形】按钮，弹出【变形文字】对话框，点按【样式】右侧的下拉按钮，弹出变形选项下拉列表，如图12.43所示。

图12.41　房地产广告效果

图12.42　要变形的文字

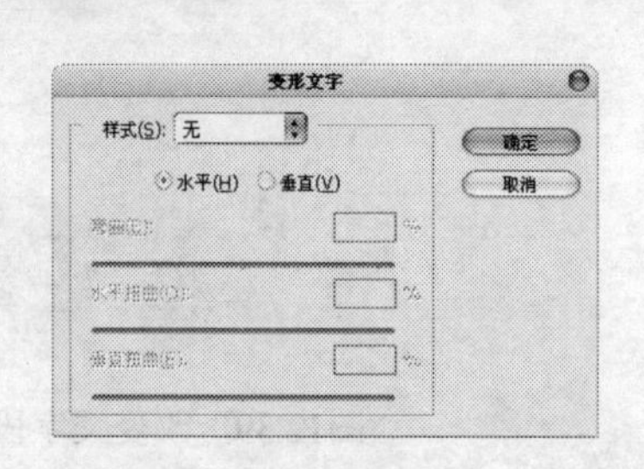

无
扇形
下弧
上弧
拱形
凸起
贝壳
花冠
旗帜
波浪
鱼形
增加
鱼眼
膨胀
挤压
扭转

图12.43　【变形文字】对话框及【样式】下拉列表

（3）选择一种变形样式后，【变形文字】对话框中各项参数将被激活，按照如图12.44所示进行参数设置。

（4）点按【变形文字】对话框中的“确定”按钮，确认变形效果，得到变形文字，如图12.45所示。

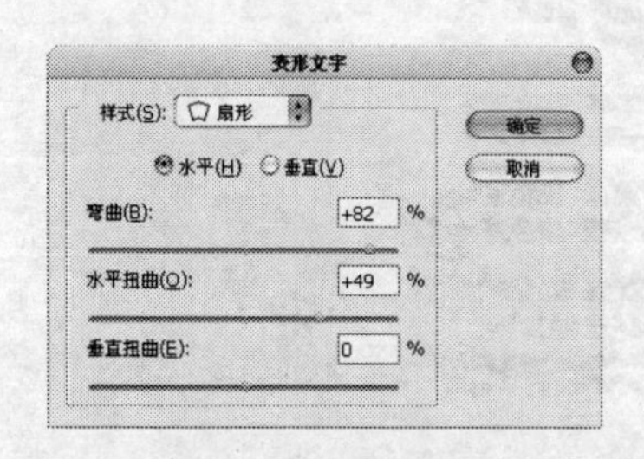

图12.44　设置【变形文字】对话框

图12.45　变形文字效果

（5）用同样的方法输入其他宣传语，并利用【变形文字】对话框对文字图层进行操作，即可得到如图12.46所示的最终效果。

下面我们来认识【变形文字】对话框中的重要参数。

- 样式：在此下拉列表框中可以选择15种不同的文字变形效果。
- 水平/垂直：选择【水平】可以使文字在水平方向上发生变形，选择【垂直】可以使文字在垂直方向上发生变形。
- 弯曲：此参数用于控制文字扭曲变形的程度。

图12.46 完整效果

- 水平扭曲：此参数用于控制文字在水平方向上的变形的程度，数值越大变形的程度也越大。
- 垂直扭曲：此参数用于控制文字在垂直方向上的变形的程度。

12.5.2 取消文字变形效果

要取消文字变形效果，可以在【变形文字】对话框【样式】下拉列表框中选择【无】选项。

12.6 转换文字

Photoshop中的文字图层与普通图层、形状图层、路径之间存在着一定的相互转换关系，下面我们来讲解这些转换关系。

12.6.1 转换为普通图层

如前所述，文字图层具有不可编辑的特性，如果希望在文字图层中进行绘画或使用颜色调整命令、滤镜命令对文字图层中的文字进行编辑，可以选择【图层】|【栅格化】|【文字】命令，将文字图层转换为普通图层。

如图12.47所示为原文字图层对应的【图层】面板，如图12.48所示为转换为普通图层后的效果。

图12.47 原文字图层对应的【图层】面板

图12.48 转换为普通图层后的效果

12.6.2 转换为形状图层

选择【图层】|【文字】|【转换为形状】命令，可以将文字转换为与其轮廓相同的形状，相应的文字图层也会被转换成为形状图层，如图12.49所示为将文字图层转换为形状图层后的【图层】面板。

将文字图层转换成为形状图层的优点在于，能够通过编辑形状图层中的形状路径节点得到异形文字效果。

12.6.3 生成路径

选择【图层】|【文字】|【创建工作路径】命令，可以由文字图层得到与文字外形相同的工作路径，如图12.50所示为由文字图层生成的路径。

图12.49 转换为形状图层后的【图层】面板

图12.50 由文字图层生成的路径

从文字生成路径的优点在于，能够通过对路径进行描边、编辑等操作得到具有特殊效果的文字，如图12.51及图12.52所示的效果均能够通过先输入标准字体，再将文字转换成为路径，最后对路径进行编辑得到异形字体的方法得到。

图12.51 编辑文字路径得到的艺术文字1

图12.52 编辑文字路径得到的艺术文字2

此操作与将文字图层转换成为形状图层的不同之处在于，文字图层转换成为形状图层后，该图层不再存在。而生成路径后，文字图层仍然存在不会消失。

12.7 沿路径绕排文字

图12.53 绕排文字效果

利用此功能我们能够将文字绕排于任意形状的路径上，实现如图12.53所示的设计效果。

12.7.1 制作沿路径绕排文字的效果

下面我们讲解制作沿路径绕排文字的具体操作步骤。

（1）打开随书配套资料中的文件“第12章\12.7.1制作沿路径绕排文字的效果-素材.psd”，选择钢笔工具，并在其工具选项条中点按路径按钮，绘制如图12.54所示的路径。

图12.54 绘制路径

（2）在工具箱中选择横排文字工具T，将此工具放于路径线上，直至光标变化为⫰的形状，用光标在路径线上点按一下以在路径线上创建一个文字光标，如图12.55所示。

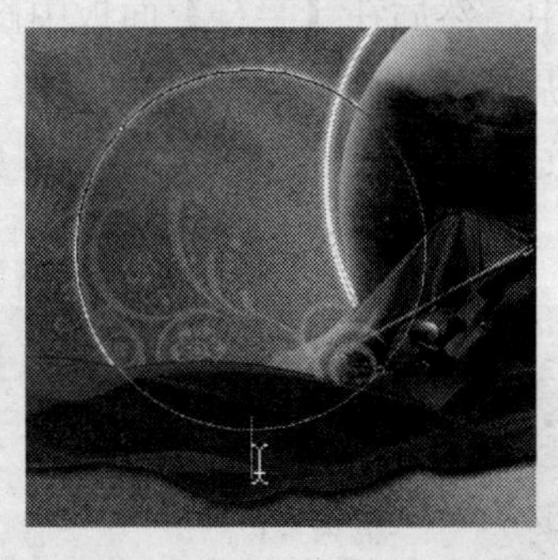

图12.55 插入文字光标（右侧为放大图）

（3）在文字光标的后面输入所需要的文字，即可得到如图12.56所示的沿路径绕排的文字效果。

图12.56 输入文字后的效果

12.7.2 沿路径绕排文字实现原理

制作沿路径绕排的文字后，如果切换至【路径】面板，则可以看到在此面板上生成了一条新的路径，如图12.57所示，这条路径被我们称为绕排文字路径，沿路径绕排的文字效果正是借助于此路径才得以实现的。

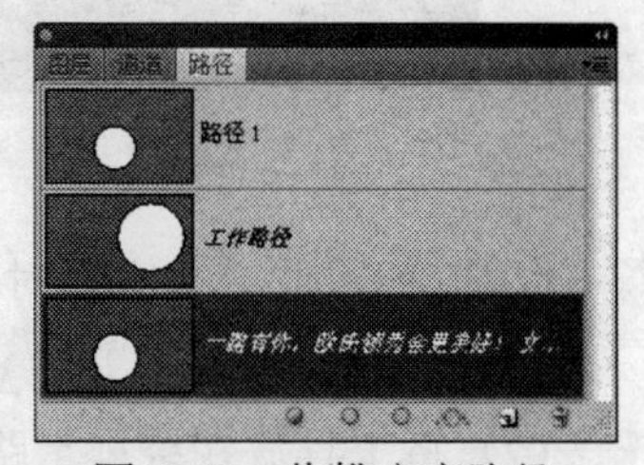

图12.57 绕排文字路径

这条路径与我们绘制的普通路径有以下不同之处。

- 此路径属于一种暂存路径，即当我们在【图层】面板中选择绕排于路径上的文字图层时，此路径显示，反之则隐藏。
- 无法通过点按删除路径按钮或将该路径拖至删除路径按钮上删除该路径。
- 此路径的名称无法更改。
- 双击此路径将弹出【存储路径】对话框，将此路径保存成为普通路径。

12.7.3 更改路径绕排文字的效果

文字被绕排在路径上以后，我们仍然可以修改文字的各种属性，其中包括字号、字体、水平或垂直排列方式及其他的文字属性。

更改路径绕排文字的操作方法非常简单，只需要在工具箱中选择文字工具，将沿路径绕排的文字刷黑选中，然后在【字符】面板中修改相应的参数即可，如图12.58所示为笔者修改文字的字号与字体后的效果。

还可以通过修改绕排文字的路径曲率及节点位置来修改路径的形状，从而影响文字的绕排形状。

图12.58　修改文字的属性后的效果

如图12.59所示为笔者通过修改节点位置和路径曲率后的文字绕排效果，可以看出文字的绕排形状已经随着路径形状的改变而发生了改变。

图12.59　修改路径形状后的效果

还可以通过改变文字相对于路径的位置来改变绕排于路径上的文字，其方法如下所述。

（1）选择直接选择工具或路径选择工具。

（2）将工具放在绕排于路径上的文字上，直至光标变成为形状。

（3）用此光标拖动文字，即可改变文字相对于路径的位置，如图12.60所示。

注意　如果当前路径的长度不足以显示全部文字，路径末端的小圆将显示为⊕形。

图12.60　改变文字相对于路径的位置后的效果

12.8　图文绕排

我们可以在Photoshop中制作以前只能在排版软件中才可以完成的图文绕排效果，如图12.61所示，可以看出，使用Photoshop能够设计制作出页面丰富的广告或宣传单页。

图12.61　图文绕排效果

下面我们将通过三个方面来学习有关图文绕排的知识与技巧。

12.8.1　制作图文绕排效果

下面我们通过制作如图12.62所示的宣传广告中的图文混排效果来讲解在Photoshop中制作这种效果的基本操作步骤。

图12.62　宣传广告的效果

（1）打开随书配套资料中的文件“第12章\12.8.1制作图文绕排效果-素材.psd”，如图12.63所示。

（2）在工具箱中选择钢笔工具，并在其工具选项条中点按路径按钮，绘制需要添加的异形轮廓，如图12.64所示。

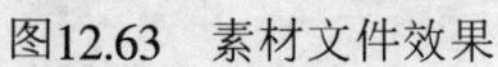
图12.63 素材文件效果

图12.64 绘制路径

（3）在工具箱中选择横排文字工具，并在其工具选项条中设置适当的字体和字号，将工具光标放于（2）中所绘制的路径中间，直至光标转换成形状，如图12.65所示。

（4）光标在路径中点按一下（不要点按路径），从而得到一个文字光标，此时路径被虚线框包围，如图12.66所示。

图12.65 变化的光标

图12.66 得到一个文字光标

（5）在文字光标后面输入所需要的文字，即可得到所需要的效果，如图12.67所示。

图12.67 输入文字后的效果

可以看出，在实现图文绕排效果时，路径的形状起到了关键性的作用，因此要得到不同形状的绕排效果，只需要绘制不同形状的路径即可。

12.8.2　图文绕排效果实现原理

虽然，我们已经掌握了制作图文绕排效果的基本方法，但仍然不清楚实现这种效果的原理，下面我们来讲解图文绕排效果的实现原理。

在Photoshop中，我们可以依靠一条暂存路径来制作图文绕排效果，在执行上一步节所讲述的步骤后，【路径】面板将生成一条新的暂存路径，如图12.68所示。

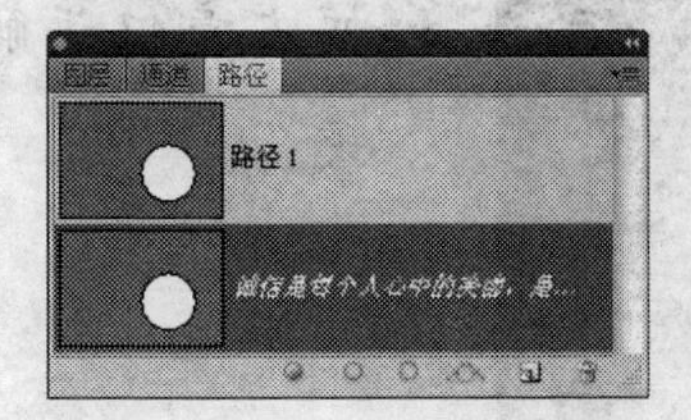

图12.68　暂存路径

12.8.3　更改图文绕排效果

理解图文绕排效果的实现原理对于我们掌握更改图文绕排效果有很大好处。我们能够通过修改暂存路径的节点位置及控制句柄的方向来改变路径的形状，从而使排列于暂存路径中的文字也将随之发生变化，如图12.69所示。

修改暂存路径线及路径节点的方法请参阅本书相关章节，在此不再赘述。

图12.69　修改路径后的文字效果

第13章 滤　　镜

在感觉上滤镜只具有为图像增加花哨效果的功能，实际上如果没有滤镜功能模块，Photoshop的功能至少会打50%的折扣，许多效果将无法实现，由此不难看出滤镜在图像处理方面的重要性。

Photoshop中的滤镜数量非常多，限于篇幅本章仅讲解Photoshop的各种重要内置滤镜。

13.1　滤镜库

滤镜库是Photoshop滤镜功能中最为强大的一个命令，此功能允许我们重叠或重复使用某几种或某一种滤镜，从而使滤镜的应用变化更加繁多，所获得的效果也更加复杂。

要使用此功能可以选择【滤镜】|【滤镜库】命令，此命令弹出的对话框如图13.1所示。

图13.1　滤镜库对话框

从对话框中可以看出，此对话框是许多滤镜的集成式对话框，对话框的左侧为预览区域，中间部分为命令选择区，而其右侧则是参数调整及滤镜效果添加/删除区域，右上角的下拉列表框中还可以选择其他滤镜命令。

并非所有滤镜命令都被集成在此对话框中。

13.1.1　认识滤镜效果图层

滤镜库的最大特点在于，此命令提供了累积应用滤镜命令的功能，即在此对话框中，可以对当前操作的图像应用多个相同或不同的滤镜命令，并将这些滤镜命令得到的效果叠加起来，以得到更加丰富的效果。

例如，我们还可以修改【海报边缘】命令并添加【颗粒】命令，从而使两种滤镜所得到的效果产生叠加效应，此时对话框如图13.2所示。

13.1.2　滤镜效果图层的操作

滤镜效果图层的操作也跟图层一样灵活，其中包括添加、删除、修改参数、改变滤镜效果图层的顺序等。

1. 添加滤镜效果图层

要添加滤镜效果图层可以在参数调整区的下方点按新建效果图层按钮，此时所添加的新滤镜效果图层将延续上一个滤镜效果图层的命令及其参数，如图13.3所示。

图13.2 应用了两种滤镜效果

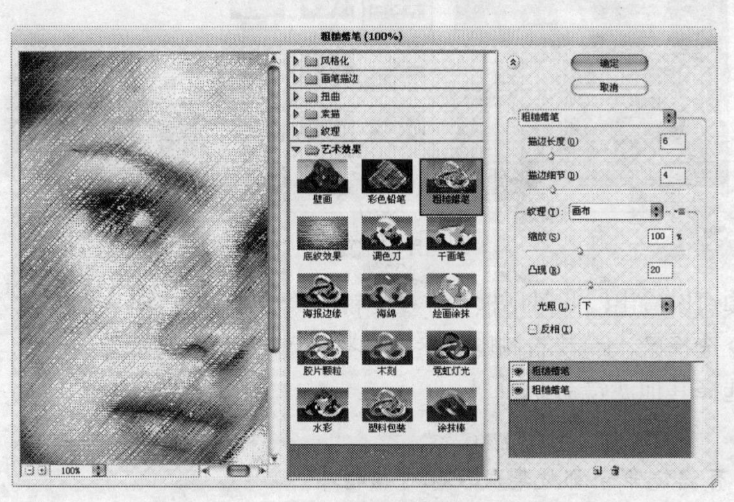

图13.3 添加一个滤镜效果图层的效果

- 如果需要使用同一滤镜命令以增加该滤镜的效果，则无需改变此设置。通过调整新滤镜效果图层上的参数，即可得到满意的效果。
- 如果需要叠加不同的滤镜命令，可以选择该新增的滤镜效果图层，在命令选择区域中选择新的滤镜命令，此时参数调整区域中的参数将同时发生变化，调整这些参数，即可得到满意的效果，此时对话框如图13.4所示。
- 如果使用两个滤镜效果图层仍然无法得到满意的效果，可以按同样的方法再新增滤镜效果图层并修改命令或参数以累积使用相同的滤镜命令，直至得到满意的效果。

2. 改变滤镜效果图层的顺序

滤镜效果图层不仅能够叠加滤镜效果，还可以通过修改滤镜效果图层的顺序修改应用这些滤镜所得到的效果。

如图13.5所示，右图的效果为按左图的顺序叠加两个滤镜命令得到的，如图13.6所示的效果为修改这些滤镜效果图层的顺序后得到的，可以看出当滤镜效果图层的顺序发生变化时得到的效果也不相同。

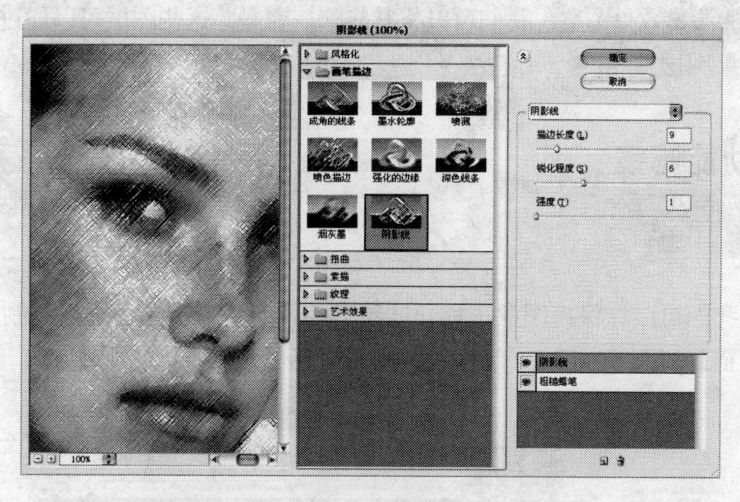

图13.4 修改滤镜效果图层命令后的效果

图13.5 原滤镜效果图层及对应的效果

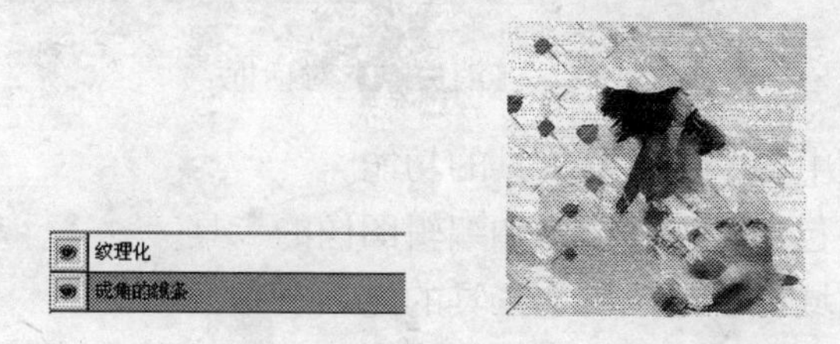

图13.6 修改后的滤镜效果图层顺序及对应的效果

3. 隐藏及删除滤镜效果图层

如果希望查看在某一个或某几个滤镜效果图层添加前的效果，可以点按该滤镜效果图层左侧的眼睛图标将其隐藏起来，如图13.7所示为隐藏一个滤镜效果图层的对应效果。

图13.7 隐藏一个滤镜效果图层时对应的图像效果

对不再需要的滤镜效果图层，我们可以将其删除，要删除这些图层可以通过点按将其选中，然后点按删除效果图层按钮 即可。

13.2 特殊功能滤镜

13.2.1 消失点

使用该命令我们可以在保持图像透视角度不变的情况下，对图像进行复制、修复及变换等操作，选择【滤镜】|【消失点】命令即可调出其对话框，如图13.8所示。

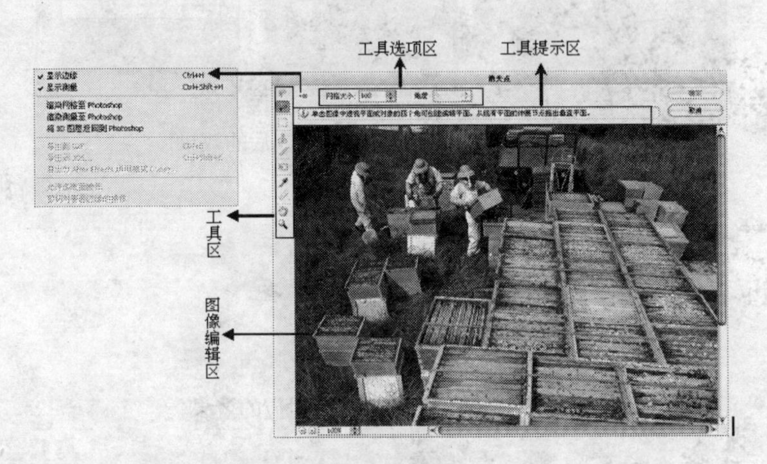

图13.8 【消失点】对话框

下面分别介绍对话框中各个区域及工具的功能。

- 工具区：该区域中包含了用于选择和编辑图像的工具。
- 工具选项区：该区域用于显示所选工具的选项及参数。
- 工具提示区：该区域中简单显示对该工具的提示信息。
- 图像编辑区：在此可对图像进行复制、修复等操作，同时可以即时预览调整后的效果。
- 编辑平面工具 ：使用该工具可以选择和移动透视网格。
- 创建平面工具 ：使用该工具可以绘制透视网格来确定图像的透视角度。在工具选项区的【网格大小】输入框中可以设置每个网格的大小。

透视网格随PSD格式文件存储在一起的，当用户需要再次进行编辑时，再次选择该命令即可看到以前所绘制的透视网格。

- 选框工具 ：使用该工具可以在透视网格内绘制选区，以选中要复制的图像，而且所绘制的选区与透视网格的透视角度是相同的。选择此工具时，在工具选项区的【羽化】和【不透明度】的数值输入框中输入数值，可以设置选区的羽化和透明属性；在【修复】下拉列表框中选择【关】选项，可以直接复制图像，选择【明亮度】选项则按照目标位置的亮度对图像进行调整，选择【开】选项则根据目标位置的状态自动对图像进行调整；在【移动模式】下拉列表框中选择【目标】选项，将选区中的图像复制到目标位置，选择【源】选项则将目标位置的图像复制到当前选区中。

当没有任何网格时则无法绘制选区。

- 图章工具：使用该工具按住option键可以在透视网格内定义一个源图像，然后在需要的地方进行涂抹即可。在其工具选项区域中可以设置仿制图像时的【画笔直径】、【硬度】、【不透明度】及【修复】选项等参数。
- 画笔工具：使用该工具可以在透视网格内进行绘图。在其工具选项区域中可以设置画笔绘图时的【直径】、【硬度】、【不透明度】及【修复】选项等参数，点按【画笔颜色】右侧的色块，在弹出的【拾色器】对话框中可以设置画笔绘图时的颜色。
- 变换工具：由于复制图像时，图像的大小是自动变化的，当对图像大小不满意时，可使用此工具对图像进行放大或缩小操作。选择其工具选项区域中的【水平翻转】和【垂直翻转】选项后，图像会被执行水平和垂直方向上的翻转操作。
- 吸管工具：使用该工具可以在图像中点按以吸取画笔绘图时所用的颜色。
- 测量工具：使用此工具可以测量从一点到另外一点的距离，以及相对于透视关系来说，当前所测量的直线的角度。
- 抓手工具：使用该工具在图像中拖动可以查看未完全显示出来的图像。
- 缩放工具：使用该工具在图像中点按可以放大图像的显示比例，按住option键在图像中点按即可缩小图像显示比例。

该对话框弹出菜单中各主要命令的功能解释如下。

- 显示边缘：选中此命令时，则显示出透视网格的边缘线。
- 显示测量：选中此命令，则显示我们使用测量工具在图像中所做的测量线及其结果。
- 导出到DXF：选择此命令或按⌘+E组合键，在弹出的对话框中选择文件保存的路径及名称，可以将当前内容导出成为DXF格式的文件。
- 导出到3DS：选择此命令或按⌘+Shift+E组合键，在弹出的对话框中可以将当前文件导出成为3DS格式的文件，以供在3ds Max中使用。

下面将以一个具体示例来讲解该命令的使用方法。

（1）打开随书配套资料中的文件“第13章\13.2.1消失点-素材.tif”，如图13.9所示。选择【滤镜】|【消失点】命令，会弹出如图13.10所示的【消失点】对话框。

图13.9　素材图像

图13.10　【消失点】对话框

（2）点按创建平面工具，在如图13.11所示的位置点按定义起始点，再点按3次以创建一个带透视角度的平面矩形，如图13.12所示。

图13.11 起始点位置

图13.12 绘制后的效果

（3）点按选框工具，绘制一个如图13.13所示的矩形选区，按住option键的同时拖动选区中的图像至如图13.14所示的位置，释放鼠标左键，并多次按住option键的同时拖动鼠标复制图像，同时在每次复制图像时要对齐侧面与平面的角度，按⌘+D组合键取消选区，得到如图13.15所示的效果。

图13.13 绘制选区

图13.14 移动选区位置

图13.15 复制图像后的效果

（4）点按图章工具，按住option键的同时在如图13.16所示的位置点按以定义原图像，将对裙子的最右下角进行修补，在如图13.17所示的位置点按并拖动，得到如图13.18所示的效果，同时多次定义原图像，并点按拖动鼠标以复制图像，得到如图13.19所示的效果。

图13.16 定义原图像

图13.17 点按位置

图13.18 拖动的效果

图13.19 修补后的效果1

（5）点按选框工具⬚，绘制一个如图13.20所示的矩形选区，按住option键的同时拖动选区中的图像至如图13.21所示的位置，释放鼠标左键，按⌘+D组合键取消选区，得到如图13.22所示的效果。

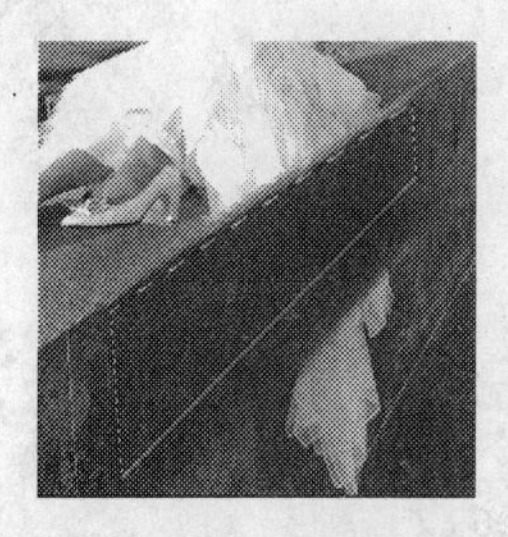

图13.20 绘制选区2

图13.21 拖动位置

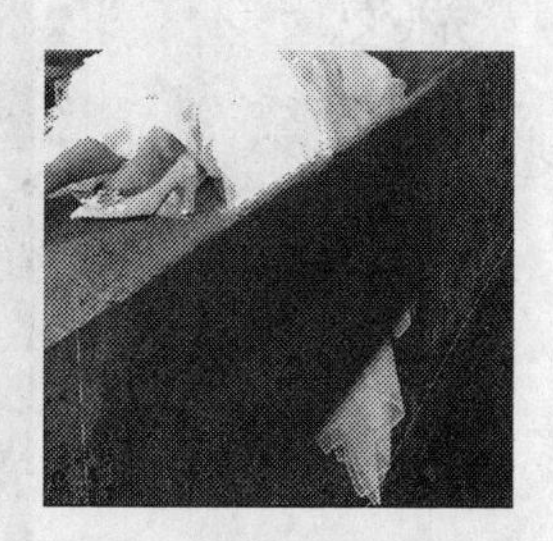

图13.22 复制图像后的效果2

（6）重复（4）～（5）步的操作方法，修补侧面墙的效果，如图13.23所示。如图13.24所示为修补整幅画面后的最终效果。

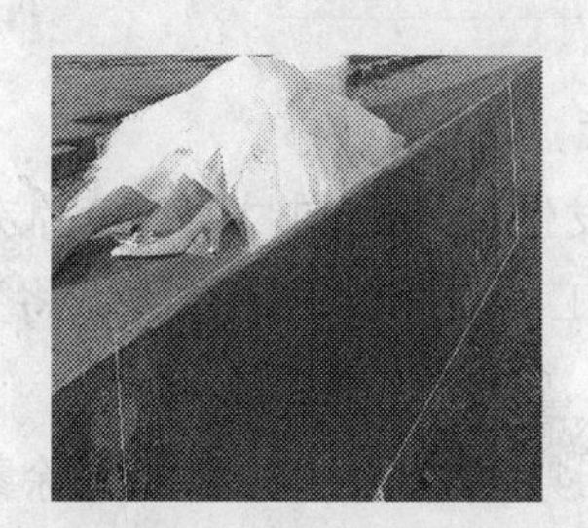

图13.23 修补后的效果2

图13.24 最终效果

注意 按住option键时，原【取消】按钮会变为【复位】按钮，点按该按钮可将对话框中的参数复位到本次打开对话框时的状态；按住⌘键时，原【取消】按钮会变为【默认值】按钮，点按该按钮可将对话框中的参数恢复为默认数值。

13.2.2 液化

选择【滤镜】|【液化】命令弹出如图13.25所示【液化】对话框，使用此命令可以对图像进行液化变形处理。

- 向前变形工具：使用此工具在图像画面上拖动，可以使图像的像素随着涂抹产生变形效果。
- 重建工具：使用此工具在图像上拖动，可将操作区域恢复原状。
- 顺时针旋转扭曲工具：使用此工具在图像画面上拖动，可使图像产生顺时针旋转效果，如果在操作时按住了option键，则可以使图像反向旋转。
- 褶皱工具：使用此工具在图像画面上拖动，可以使图像产生挤压效果，即图像向操作中心点处收缩从而产生挤压效果。
- 膨胀工具：使用此工具在图像上拖动，可以使图像产生膨胀效果，即图像背离操作中心点从而产生膨胀效果。
- 左推工具：使用此工具在图像上拖动，可以移动图像。
- 镜像工具：使用此工具在图像上拖动，可以使图像产生镜像效果。

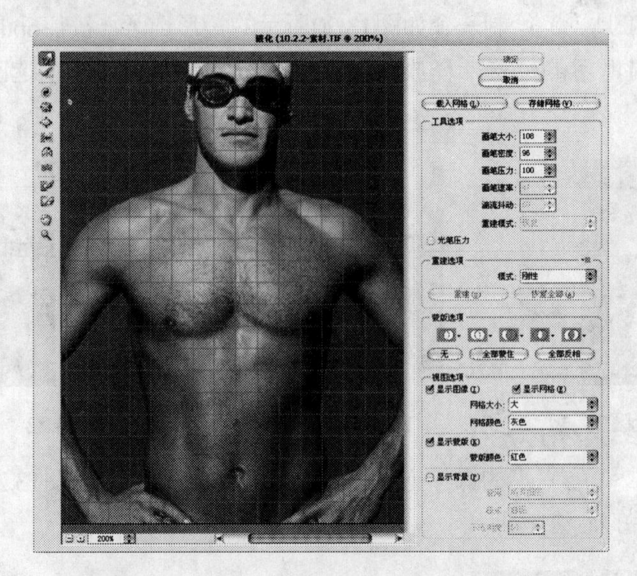

图13.25 【液化】对话框

- 湍流工具：使用此工具能够使被操作的图像在发生变形的同时具有紊乱效果。
- 冻结蒙版工具：使用此工具可以冻结图像，被此工具涂抹过的图像区域将受蒙版保护从而无法进行编辑操作。
- 解冻蒙版工具：使用此工具可以解除使用冻结工具所冻结的区域去除蒙版，使其还原为可编辑状态。
- 抓手工具：通过此工具可以显示出未在预视窗口中显示出来的图像。
- 缩放工具：点按此工具一次，图像就会放大到下一个预定的百分比。
- 画笔大小：可以设置使用上述各工具操作时图像受影响区域的大小，数值越大则一次操作影响的图像区域也越大；反之，则越小。
- 画笔密度：可以设置使用上述各工具操作时，一次操作所影响的图像的像素密度，数值越大操作时影响的像素越多，操作区域及影响程度越大；反之则越小。
- 画笔压力：可以设置使用上述各工具操作时，一次操作影响图像的程度大小，数值越大图像受画笔操作影响的程度也越大；反之越小。
- 重建选项：在重置模式下拉列表框中选择一种模式并点按【重建】按钮，可使图像以该模式动态地向原图像效果恢复。在动态恢复过程中，按空格键可以中止恢复进程，从而中断进程并截获恢复过程的某个图像状态。
- 蒙版选项：可以通过点按选择5个按钮，在弹出菜单中选择无、全部蒙住、全部反相3个选项来控制当前图像存在的选择区域、当前图层的不透明区域及当前图层的蒙版之间的叠加关系。
- 【显示图像】复选框：在对话框预览窗口中显示当前操作的图像。
- 【显示网格】复选框：在对话框预览窗口中显示辅助操作的网格。
- 网格大小：在其下拉列表框中选择相应的选项，可以定义网格的大小。
- 网格颜色：在其下拉列表框中选择相应的颜色选项，可以定义网格的颜色。
- 蒙版颜色：在其下拉列表框中选择相应的选项，可以定义图像冻结区域显示的颜色。

- 显示背景：在此复选框被选中的情况下，可以通过选择其下方的选项控制背景图层的显示方式。
- 使用：在此下拉列表框中可以选择要显示的当前图像的图层，选择【全部图层】选项则显示全部图层，选【背景图层】则显示背景图层。
- 模式：在此下拉列表框中可以选择要显示图层的显示模式，其中有【显示在后面】、【显示在前面】、【混合】3个选项可选。
- 不透明度：在此数值框中可以输入一个数值，以控制显示的背景图层的透明度。

【液化】命令的使用方法较为任意，只需在工具箱中选择需要的工具，然后在预览窗口中点按或拖曳图像的相应区域即可。

使用此命令对人脸、手臂进行操作，通过处理使原有神情发生变化。如图13.26所示为原图像，如图13.27所示为笔者使用膨胀工具对手臂进行处理后，使原本较纤细的手臂变得比较强壮的效果。

图13.26 原图像

图13.27 对右臂处理后的效果

13.3 常用滤镜简介

虽然，Photoshop提供了上百种内置滤镜，但在真正的工作中，经常使用的滤镜不会超过其中的10%，下面简单介绍这些滤镜。

13.3.1 高斯模糊

使用此滤镜可以精确控制图像的模糊程度，选择【滤镜】|【模糊】|【高斯模糊】命令，将弹出【高斯模糊】对话框，如图13.28所示，左图为【高斯模糊】对话框，中图为原图像，右图为模糊后的效果。

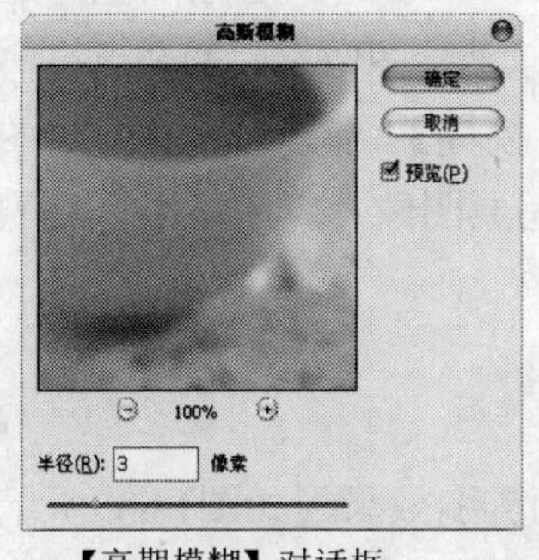

【高期模糊】对话框

原图

应用【高斯模糊】命令后的效果图

图13.28 【高斯模糊】对话框及效果图

13.3.2 动感模糊

使用【动感模糊】滤镜可以对图像进行模糊处理从而得到具有动感的模糊效果，如图13.29为应用【动感模糊】滤镜模糊前后的效果。

图13.29 应用【动感模糊】前后的效果

13.3.3 径向模糊

使用此滤镜可以使图像产生一种图像在径向上模糊及放射状模糊的效果，选择【滤镜】|【模糊】|【径向模糊】滤镜命令，将显示【径向模糊】对话框。如图13.30所示，左图为【径向模糊】对话框，右图为使用滤镜得到的效果。

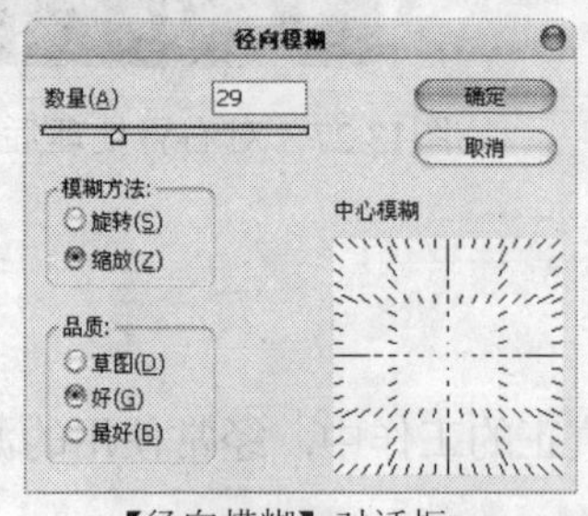

【径向模糊】对话框

应用【径向模糊】命令后的效果

图13.30 【径向模糊】滤镜的应用效果

此【径向模糊】对话框中的参数有中心模糊、数量、模糊方法、品质等。

13.3.4 表面模糊

该命令可自动查找图像的边缘，并保留这些边缘图像，然后对边缘图像以外的图像进行模糊，以消除图像表面的杂点等。

选择【滤镜】|【模糊】|【表面模糊】命令，则弹出如图13.31所示的对话框，如图13.32所示为原图像及应用该命令后的效果。

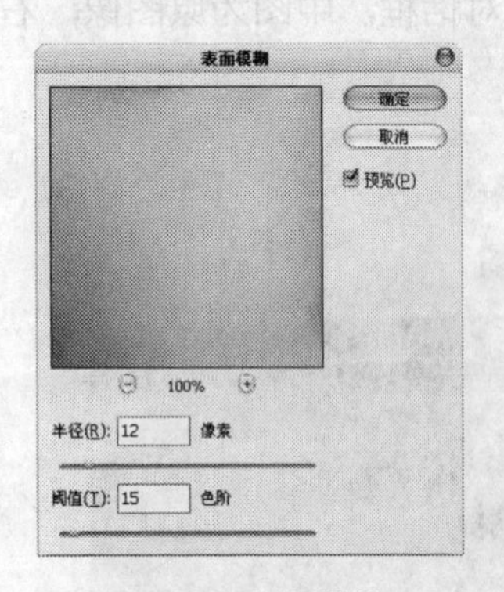

图13.31 【表面模糊】对话框

13.3.5 水波

使用【水波】滤镜可以生成水面涟漪效果，如图13.33所示是原图像及应用此命令得到的水波涟漪效果。

图13.32　应用【表面模糊】命令前后的对比效果

图13.33　原图像及应用此命令得到的水波涟漪效果

13.3.6　蒙尘与划痕

使用【蒙尘与划痕】滤镜可以搜索图像或选择区域中的小缺陷，将其融入到周围图像中去，从而取消图像中的划痕或斑点。如图13.34所示为原图像及应用【蒙尘与划痕】后的效果。

图13.34　原图像及【蒙尘与划痕】命令后的效果

13.3.7　减少杂色

通常使用数码相机拍摄的照片较容易出现大量的杂点，使用该命令就可以很轻易地将这些杂点去除，如图13.35所示。

预览区用来在调整参数时观察图像的变化，点按缩小显示比例按钮⊟或放大显示比例按钮⊞可以缩小或放大图像的显示比例。

预设区中的参数解释如下。

- 基本：选择该选项后，【减少杂色】对话框将列出常规调整时所用的参数，在默认情况下，该选项处于选中状态。
- 高级：选择该选项后，对话框将在【参数区】顶部显示出【整体】和【每通道】两个选项卡，如图13.36所示。分别选择不同的选项卡即可对图像进行更细致的调整。

图13.35 【减少杂色】对话框

图13.36 选择【高级】选项

- 设置：在该下拉列表框中可以选择预设的减少杂色调整参数，在默认情况下，该下拉列表框中只有一个【默认值】预设选项。
- 存储当前设置的拷贝按钮：点按该按钮，在弹出的对话框中输入一个预设名称，点按【确定】按钮即可将当前所做的参数设置保存成为一个预设文件，当需要再次使用该参数进行调整时，只需在【设置】下拉列表框中选择相应的预设即可。
- 删除当前设置按钮：点按该按钮，在弹出对话框中点按【是】即可删除当前所选中的预设。

在选择【整体】选项卡的情况下，其中的参数解释如下。

在选择【整体】选项卡时，该对话框中的参数与选择【基本】选项时的参数相同。

- 强度：在此输入数值可以设置减少图像中杂点的数量。
- 保留细节：在此输入数值可以设置减少杂色后要保留的原图像细节。

· 减少杂色：在此输入数值可以设置减少图像中杂色的数量。

· 锐化细节：由于去除杂色后容易造成图像的模糊，在此输入数值即可对图像进行适当的锐化，以尽量显示出被模糊的细节。

· 移去JPEG不自然感：存储JPEG格式图像时，如果保存图像的质量过低，就会在图像中出现一些杂色色块，选择该复选框后可以去除这些色块。

在选择【每通道】选项卡的情况下，其中的参数解释如下。

· 通道：在此下拉列表框中可以选择要进行调整的通道。

· 缩览图：在此可以查看所选通道中的图像状态及调整图像后的效果。

· 强度：在此输入数值可以设置减少图像中杂点的数量。

· 保留细节：在此输入数值可以设置减少杂色后要保留的原图像细节。

在如图13.37所示的照片中，可以看到非常明显的杂点，使用此命令处理后的效果如图13.38所示，可以看出杂点的状态大有改变。

图13.37　原图像

图13.38　去除杂色后的效果

13.3.8　彩色半调

此滤镜模拟在图像的每个通道上使用扩大的半调网屏形成的效果。如图13.39所示，左图是素材图像，中图是【彩色半调】对话框，右图是应用【彩色半调】命令的效果图。

素材图像

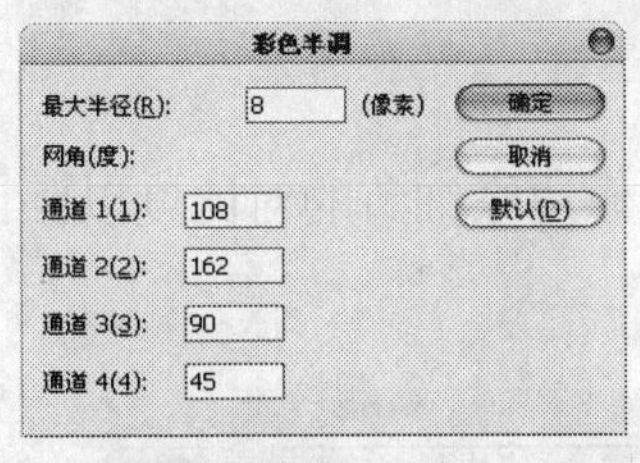

【彩色半调】对话框

应用【彩色半调】后的效果

图13.39　【彩色半调】滤镜的应用

13.3.9　马赛克

使用【马赛克】滤镜，可以使图像产生马赛克效果，其对话框如图13.40所示，应用此滤镜可得到如图13.41所示的效果。

13.3.10　镜头光晕

使用【镜头光晕】滤镜可创建太阳光所产生的光晕效果，如图13.42所示为原图、【镜头光晕】对话框及应用滤镜后的效果图。

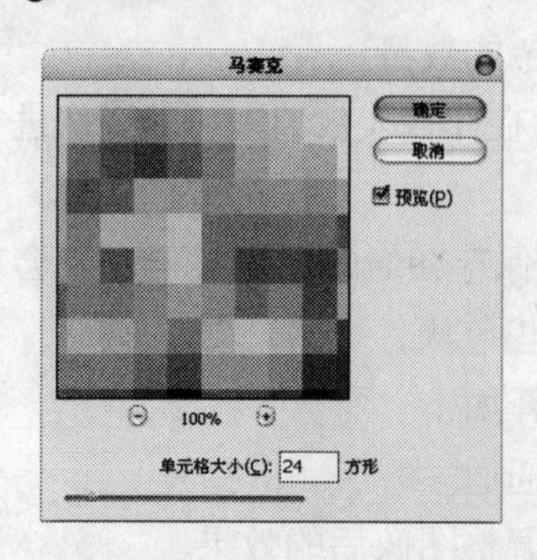

图13.40 【马赛克】对话框

图13.41 对选中图像应用【马赛克】后的效果

素材图像

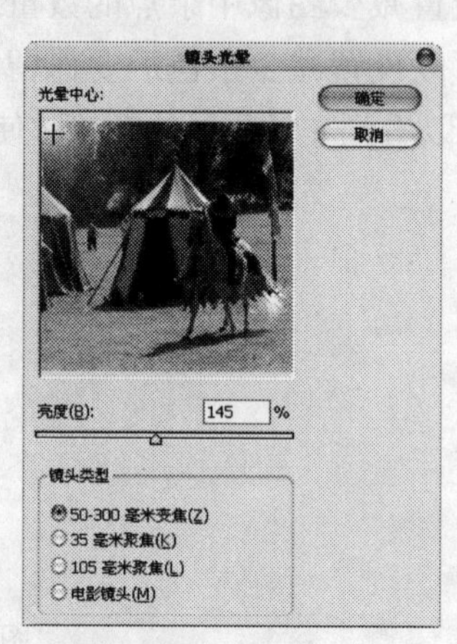

【镜头光晕】对话框

应用【镜头光晕】后的效果

图13.42 素材图像【镜头光晕】对话框及效果图

在【亮度】数值输入框中输入数值或拖动三角滑块，可控制光源的强度，在图像缩微图中点按可以选择光源的中心点。

13.3.11 USM锐化

【USM锐化】滤镜可以调整图像边缘细节的对比度以强调边缘而产生更清晰的效果，其对话框及应用效果如图13.43所示。

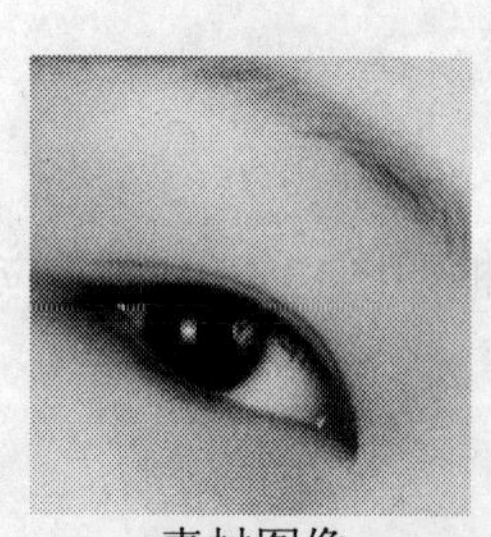

素材图像

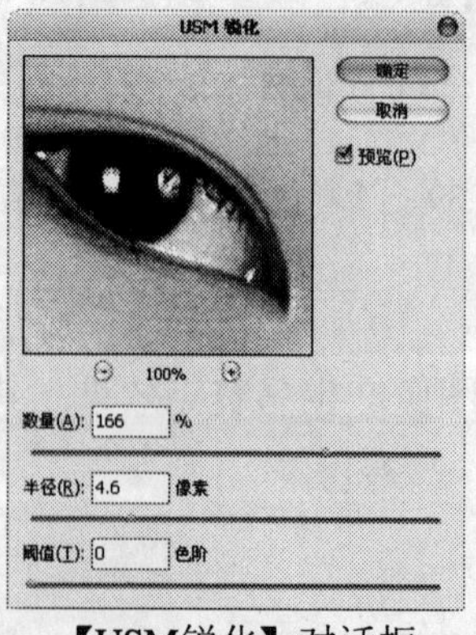

【USM锐化】对话框

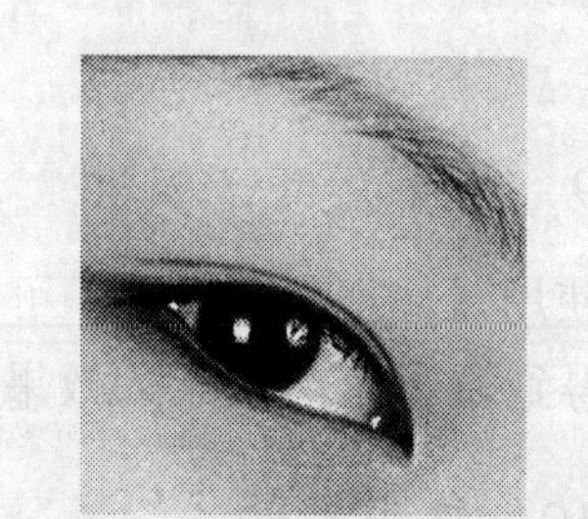

应用【USM锐化】后的效果

图13.43 【USM锐化】滤镜的应用

- 数量：此参数控制总体锐化程度，数值越大，图像的边缘锐化程度越大。
- 半径：此参数设置图像轮廓被锐化的范围，数值越大，在锐化时图像边缘的细节被忽略的越多。
- 阈值：参数控制相邻的像素间达到何值时才进行锐化，此数值越高锐化过程中忽略的像素也越多，通常在此处设置的数值范围为0～15之间。

13.3.12 智能锐化

使用该命令可以对图像表面的模糊效果、动态模糊效果及景深模糊效果等进行调整，还可以根据实际情况，分别对图像的暗部与亮部分别进行锐化调整，如图13.44所示。

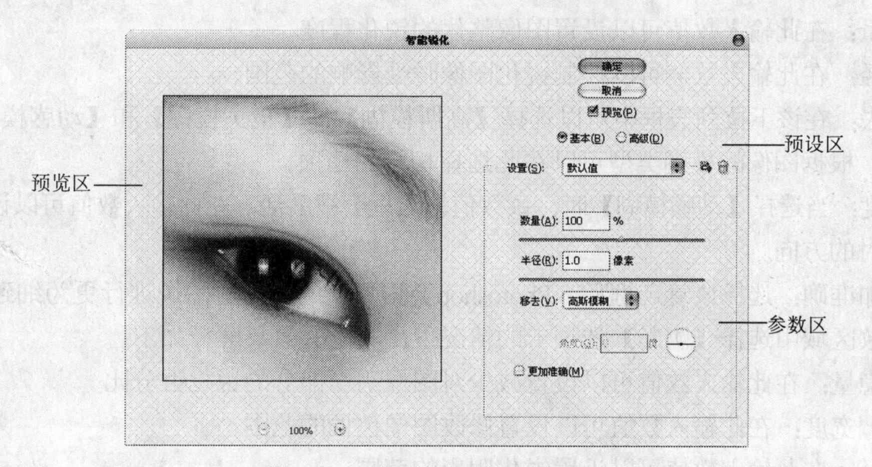

图13.44 【智能锐化】对话框

预设区的参数解释如下。

- 基本：在选择该选项的情况下，【智能锐化】对话框将列出常规调整时所用的参数，在默认情况下，该选项处于选中状态。
- 高级：选择该选项后，将在【参数区】顶部显示出【锐化】、【阴影】和【高光】3个选项卡，如图13.45所示。分别选择不同的选项卡即可对图像进行更细致的调整。

图13.45 设置参数后的效果

- 设置：在该下拉列表框中可以选择预设的智能锐化调整参数，在默认情况下，该下拉列表框中只有一个【默认值】预设选项。

- 存储当前设置的拷贝按钮：点按该按钮，在弹出的对话框中输入一个预设名称，点按【确定】按钮即可将当前所做的参数设置保存成为一个预设文件，当需要再次使用该参数进行调整时，只需在【设置】下拉列表框中选择相应的预设即可。
- 删除当前设置按钮：点按该按钮，在弹出的对话框中点按【是】即可删除当前所选中的预设。

在参数区域中选择【锐化】选项卡的情况下，其中的参数解释如下。

注意 在选择【锐化】选项卡时，该对话框中的参数与选择【基本】选项时的参数相同。

- 数量：在此输入数值可以设置图像整体的锐化程度。
- 半径：在此输入数值可以控制锐化图像时受影响的范围。
- 移去：在该下拉列表框中可以选择【高斯模糊】、【镜头模糊】和【动感模糊】3个选项。根据图像的模糊类型可以在此选择相应的选项。
- 角度：当选择【动感模糊】时，该数值输入框会被激活，在此输入数值可以设置动感模糊时的方向。
- 更加准确：选择该复选框后，Photoshop会用更长的时间对图像进行更为细致的处理。

在参数区域中选择【阴影】选项卡的情况下，其中的参数解释如下。

- 渐隐量：在此输入数值可以设置减少对图像阴影部分的锐化百分比。
- 色调宽度：在此输入数值可以设置修改图像色调的范围。
- 半径：在此输入数值可以设置锐化阴影的范围。

在参数区域中选择【阴影】选项卡的情况下，其中的参数与选择【锐化】选项卡时的参数相同，故不再详述。

如图13.46所示为使用相机拍摄的照片，可以看出由于狗的移动使照片看起来有一些动态模糊效果，如图13.47所示为使用该命令锐化图像后得到的效果，可以看出图像清晰了许多（如果在书中无法观察出两幅图像的，差别可以打开本书的源文件进行对比）。

图13.46 拍摄的照片

图13.47 应用【智能锐化】后的效果

13.4 智能滤镜

智能滤镜是Photoshop的一个强大功能，此功能可以使我们像为图层添加图层样式一样为图层使用滤镜命令，以便在后面的操作中对所添加的滤镜进行反复的修改，除此之外，还可以有选择地利用智能滤镜的图层蒙版，针对图像的局部使用滤镜。

下面讲解智能滤镜的使用方法。

13.4.1 添加智能滤镜

要添加智能滤镜可以按照下面的方法操作。

（1）选中要应用智能滤镜的智能对象图层。在【滤镜】菜单中选择要应用的滤镜命令，并设置适当的参数。

（2）设置完毕后，点按【确定】按钮退出对话框即可生成一个对应的智能滤镜图层。

（3）要继续添加多个智能滤镜，可以重复（1）~（2）的操作方法，直至得到满意的效果为止。

如果我们选择的是没有参数的滤镜（例如查找边缘、云彩等），则直接对智能对象图层中的图像进行处理，并创建对应的智能滤镜。

如图13.48所示为原图像及对应的【图层】面板，如图13.49所示为利用【滤镜】|【画笔描边】|【喷色描边】和【滤镜】|【锐化】|【锐化边缘】滤镜对图像进行处理后的效果，以及对应的【图层】面板，此时可以看到，在原智能对象图层的下方多了一个智能滤镜图层。

图13.48 素材图像及对应的【图层】面板

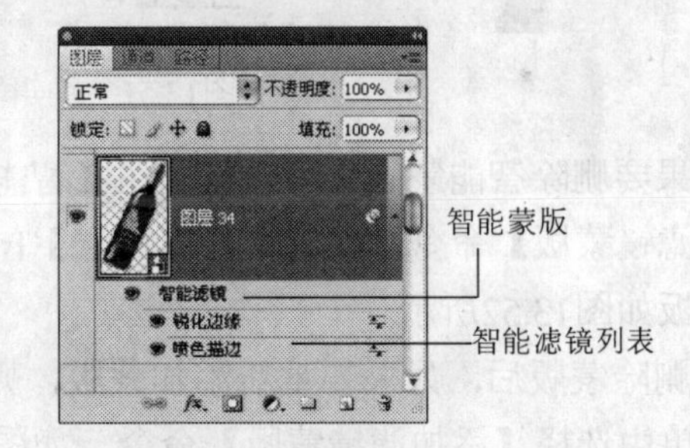

图13.49 应用滤镜处理后的效果及对应的【图层】面板

可以看出，一个智能对象图层主要是由智能蒙版及智能滤镜列表构成，其中智能蒙版主要是用于隐藏智能滤镜对图像的处理效果，而智能滤镜列表则显示了当前智能滤镜图层中所应用的滤镜名称。

13.4.2 编辑智能蒙版

使用智能蒙版，可以隐藏滤镜处理图像后的图像效果，其操作原理与图层蒙版的原理是完全相同的，即，使用黑色来隐藏图像，使用白色显示图像，使用灰色产生一定的透明效果。

要编辑智能蒙版，可以按照下面的方法进行操作。

（1）选中要编辑的智能蒙版。

（2）选择绘图工具，例如画笔工具、渐变工具等。

（3）根据需要设置适当的颜色，然后在蒙版中涂抹即可。

如图13.50所示为直接在智能对象图层【文字】图层上使用【马赛克】滤镜后的效果，如图13.51所示为在智能蒙版中绘制黑白渐变后得到的图像效果，以及对应的【图层】面板，可以看出，由于左上方的黑色，导致该智能滤镜的效果完全被隐藏，并一直过渡到对应的白色区域。

图13.50 使用【马赛克】滤镜后的效果

图13.51 编辑智能蒙版后的效果

如果要删除智能蒙版，可以直接在【智能滤镜】的名称上按⌘键点按，在弹出菜单中选择【删除滤镜蒙版】命令，或者选择【图层】|【智能滤镜】|【删除滤镜蒙版】命令即可，【图层】面板如图13.52所示。

在删除蒙版后，如果要重新添加蒙版，则必须在【智能滤镜】这4个字上按⌘键点按，在弹出菜单中选择【添加滤镜蒙版】命令，如图13.53所示，或选择【图层】|【智能滤镜】|【添加滤镜蒙版】命令即可。

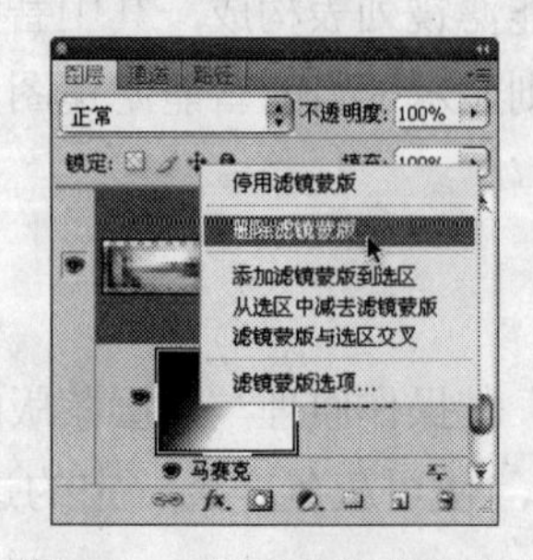

图13.52 删除滤镜蒙版

图13.53 【图层】面板

13.4.3 编辑智能滤镜

如前所述，智能滤镜的优点之一是可以反复编辑所应用的滤镜的参数，其操作方法非常简单，直接在【图层】面板中双击要修改参数的滤镜名称即可。

如图13.54所示是笔者修改了【马赛克】滤镜前后的图像效果。

修改参数前

修改参数后

图13.54 修改【马赛克】滤镜参数前后的效果

需要注意的是，在添加了多个智能滤镜的情况下，如果我们编辑了先添加的智能滤镜，将会弹出类似如图13.55所示的提示框，此时，我们就需要在修改参数以后才能看到这些滤镜叠加在一起应用的效果。

13.4.4 编辑智能滤镜混合选项

通过编辑智能滤镜的混合选项，可以让滤镜所生成的效果与原图像混合。

要编辑智能滤镜的混合选项，可以双击智能滤镜名称后面的图标，调出类似如图13.56所示的对话框。

图13.55 提示框

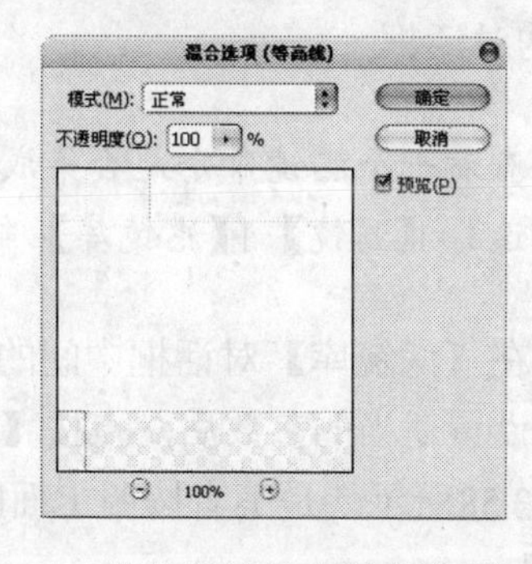

图13.56 智能滤镜的【混合选项】对话框

如图13.57所示为按上面的方法将【马赛克】智能滤镜的混合模式分别设置成为【叠加】、【正片叠底】后得到的效果。

可以看出，通过编辑每一个智能滤镜命令的混合选项，将使操作具有更大的灵活性。

13.4.5 停用/启用智能滤镜

停用/启用智能滤镜可为分两种操作，即对所有的智滤镜操作和对单独某个智能滤镜操作。

设置为【叠加】模式的效果

设置为【正片叠底】的效果

图13.57 修改滤镜混合模式的效果

要停用所有智能滤镜，可以在所属的智能对象图层最右侧的图标上按⌘键点按，在弹出菜单中选择【停用智能滤镜】命令，即可隐藏所有智能滤镜生成的图像效果；再次在该位置按⌘键点按，在弹出菜单中可以选择【启用智能滤镜】命令即可显示智能滤镜生成的图像效果。

更为便捷的操作是直接点按智能蒙版前面的眼睛图标，同样可以显示或隐藏全部的智能滤镜。

如果要停用/启用单个智能滤镜，也同样可以参照上面的方法进行操作，只不过需要在要停用/启用的智能滤镜名称上进行操作。

13.4.6 更换智能滤镜

通过前面所讲述的【滤镜库】命令可知，许多滤镜命令集成于【滤镜库】，如果在智能对象图层中使用了这些滤镜命令，可以通过【滤镜库】命令将一种滤镜改变为另一种滤镜命令，下面是具体操作方法。

（1）确认要更换的滤镜是被集成在【滤镜库】对话框中的，双击要更换的滤镜名称，以调出对应的对话框。

要查看一个滤镜命令是否集成于【滤镜库】对话框中，可以直接选择此命令，也可以选择【滤镜】|【滤镜库】命令，在其对话框中进行查看。

（2）在【滤镜库】对话框中间的滤镜选择框中选择一个新的滤镜命令。

（3）设置适当的参数后，点按【确定】按钮退出对话框，即完成更换智能滤镜的操作。

如图13.58所示就是笔者按照上面的操作方法，将【喷色描边】滤镜更换为【拼缀图】滤镜后的效果。

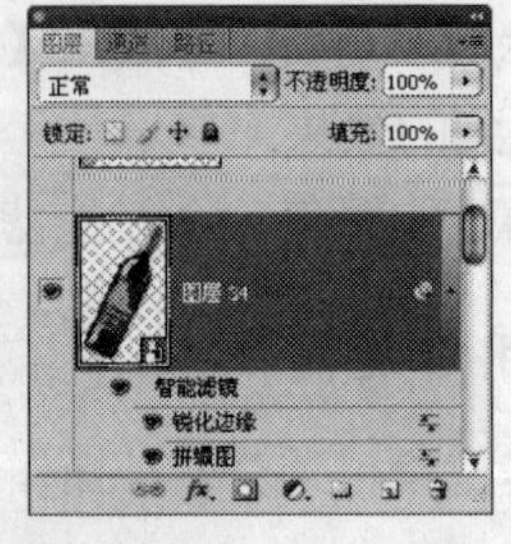

图13.58 更换滤镜后的效果

13.4.7　删除智能滤镜

要删除一个智能滤镜，可直接在该滤镜名称上按⌘键点按，在弹出菜单中选择【删除智能滤镜】命令，或者直接将要删除的滤镜拖至【图层】面板底部的删除图层按钮上。

如果要清除所有的智能滤镜，可以在智能滤镜上（即智能蒙版后的名称）按⌘键点按，在弹出菜单中选择【清除智能滤镜】，或直接选择【图层】|【智能滤镜】|【清除智能滤镜】命令即可。

第14章 3D技术

3D功能绝对是Photoshop版本升级最大的亮点之一，虽然在CS3版本时Photoshop已经具有一定的3D功能，但由于在灯光、纹理、3D模型渲染及创建等方面功能很差，因此没有太多的实用价值。

CS4版本在这些方面做了许多改变，我们不仅可以自由地创建基本的几何形体，还可以由一个灰度平面创建很有趣味的3D模型，更能够通过设置3D物体的纹理贴图及光照，获得丰富的3D渲染效果，从而使3D功能向着实用性跨出了有效的一步。

本章将详细讲解3D功能的各个细节。

14.1　正确显示3D模型

在Photoshop CS4中必须设定【启用OpenGL绘图】选项才能正常显示3D场景。

OpenGL是一种软件和硬件标准，可在处理大型或复杂图像（如3D文件）时加速视频处理过程，使Photoshop CS4在打开、移动、编辑3D模型时的性能得到极大提高，但开启OpenGL设置需要支持OpenGL标准的显示卡支持。

选择【编辑】|【首选项】|【性能】命令，弹出如图14.1所示对话框，在左侧列表项中选择【性能】选项，选择【启用OpenGL绘图】选项，即可完成开启OpenGL设置的功能。

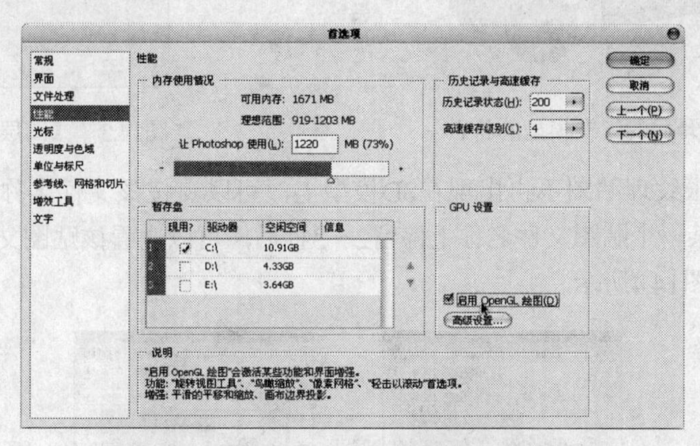

图14.1　开启OpenGL设置对话框

14.2　3D模型基础操作

在Photoshop中，可以通过导入一个已有的模型及创建一个新的3D模型两种方法获取3D模型，下面分别进行讲解。

14.2.1　导入外部3D模型

导入三维模型是在Photoshop中使用3D模型的常用方法，要导入三维模型，选择【文件】|【打开】命令，直接打开格式为三维模型的文件。

提示　Photoshop支持的三维模型文件的格式有"*.3Ds"、"*.obj"、"*.u3D"及"*.dae"。

如图14.2所示为打开一个3D模型后的状态，此时的【图层】面板如图14.3所示。

所有3D图层的右下角都会显示一个小图标，代表此图层为3D图层，此图层属于一类特殊的图层，有关此图层的操作讲解如下所述。

- 无法在3D图层上直接使用各类变换操作命令、颜色调整命令、滤镜命令，除非将此图层栅格化或转换成为智能对象。
- 无法在3D图层上直接按⌘+E组合键执行向下合并图层的操作。
- 点按3D图层的【纹理】左侧的图标，可以显示或隐藏全部该3D模型的纹理贴图，使3D模型不再具有贴图效果。

图14.2 打开后的三维模型的状态

图14.3 【图层】面板

- 如果使某一张纹理贴图不再出现在3D模型上，可以点按该文件名称左侧的图标。
- 将光标放在某一个贴图文件名称上停留2～3秒后，可以查看该贴图文件的具体信息及缩览图像，如图14.4所示。

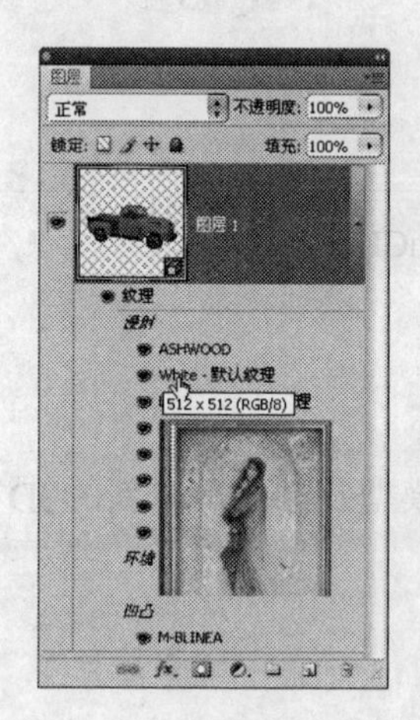

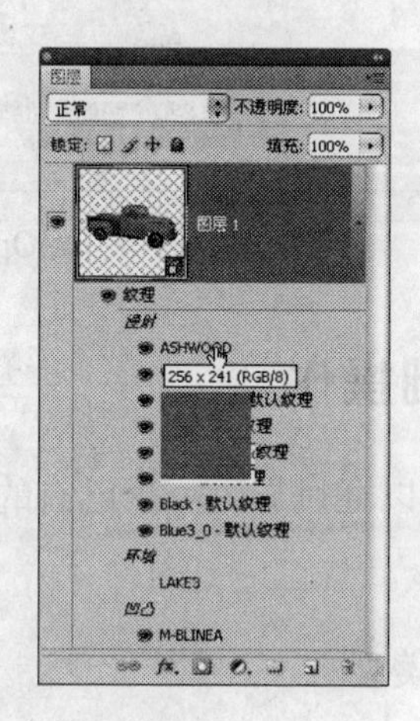

图14.4 显示贴图的具体效果

14.2.2 创建预设的3D模型

在Photoshop CS4中，我们可以创建新的3D模型，如锥形、立方体或圆柱体，并在3D空间移动此3D模型、更改渲染设置、添加灯光或将其与其他3D图层合并。

下面讲解创建新的3D模型的基本操作步骤。

（1）打开或新建一个平面图像。

（2）选择【3D】|【从图层新建形状】命令，然后从子菜单中选择一个形状，这些形状包括圆环、球面或帽子等单一网格对象，以及锥形、立方体、圆柱体、易拉罐或酒瓶等对象。

（3）被创建的3D模型将直接以默认状态显示在图像中，可以通过旋转、缩放等操作对其进行基本编辑，如图14.5所示为使用此命令创建的10种最基本的3D模型。

要创建3D模型，应该在【图层】面板中选择一个2D图层，如果选择3D图层，则无法激活【3D】|【从图层新建形状】命令。

图14.5　10种基本3D模型

14.2.3　创建3D明信片

【3D】|【从图层新建3D明信片】命令，也可以用于创建3D模型。不同于上面讲解的创建基本3D模型的操作，使用此命令可以将一个平面图像转换为3D明信片的两面的贴图材料，该平面图层也相应地被转换成为3D图层。

打开随书配套资料中的文件“第14章\14.2.3创建3D明信片-素材.jpg”，其效果如图14.6所示，选择“背景 副本”图层。

图14.6　平面素材图像

如图14.7所示，使用此命令将其转换成为3D明信片后，在3D空间内进行旋转。

图14.7　3D空间内旋转的3D明信片效果

14.2.4　由灰度图像创建3D模型

【3D】|【从灰度新建网格】命令可以生成一个3D模型，其原理是将一幅平面图像的灰度信息映射成为3D模型的深度映射信息，从而通过置换生成深浅不一的3D立体表面，下面是基本操作步骤。

（1）打开随书配套资料中的文件“第14章\14.2.4由灰度图像创建3D模型-素材.psd”，如图14.8所示，并选择图层“背景 副本 3”将其确定为要转换成为3D对象的图层。

图14.8 素材图像

(2) 选择【图像】|【模式】|【灰度】命令，或使用【图像】|【调整】|【黑白】命令将图象调整成为灰度效果（此操作可以跳过，在此笔者未执行此操作步骤）。

(3) 选择【3D】|【从灰度新建网格】，然后选择如下所述的各网格选项，各个选项生成的3D模型对象如图14.9所示。

- 平面：将深度映射数据应用于平面表面。
- 双面平面：创建两个沿中心轴对称的平面，并将深度映射数据应用于两个平面。
- 圆柱体：从垂直轴中心向外应用深度映射数据。
- 球体：从中心点向外呈放射状地应用深度映射数据。

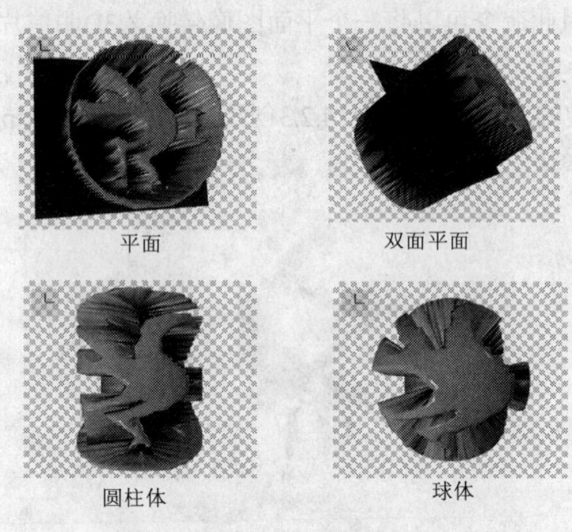

图14.9 4种不同的3D模型效果

如果选择了多个图层，在选择【3D】|【从灰度新建网格】子菜单命令中的各个命令时，Photoshop以这些图层相互叠加的最终效果生成3D模型。如果使用的平面素材图像具有一定的不透明度，则由此创建的3D模型也具有一定的透明度。

14.2.5 栅格化三维模型

3D图层是一类特殊的图层，在此类图层中无法进行绘画等编辑操作，如果要进行此类操作，必须将此类图层栅格化。

选择【图层】|【栅格化】|【3D】命令，或直接在此类图层名称上按⌘键点按，在弹出菜单中选择【栅格化】命令，均可将此类图层栅格化。

14.3 调整3D模型基本属性

14.3.1 使用3D轴调整模型

3D轴用于控制3D模型，使用3D轴可以在3D空间中移动、旋转、缩放3D模型。要显如图14.10所示的3D轴，需要选中一个3D图层。

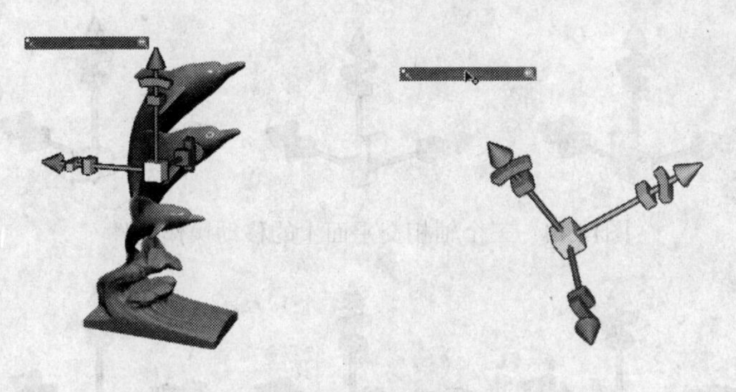

图14.10 3D轴

注意 必须启用OpenGL以显示3D轴。

3D轴指示了三个维度方向，在每一个维度方向上的控制能够分别实现移动、旋转、缩放操作。如图14.11、图14.12、图14.13所示分别为三个维度上的不同操作控件。

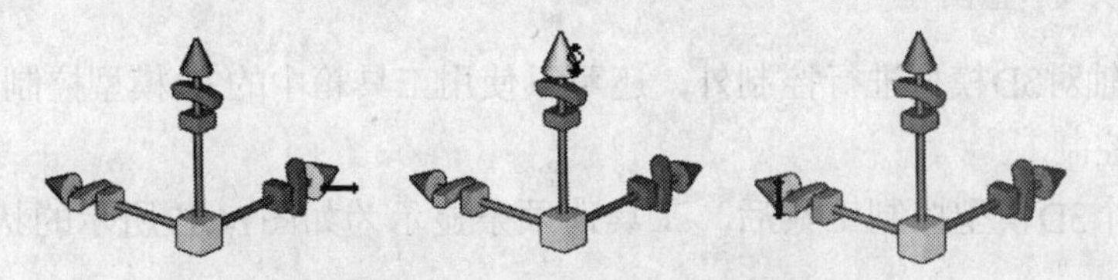

图14.11 三个轴向上的移动操作控件

图14.12 三个轴向上的旋转操作控件

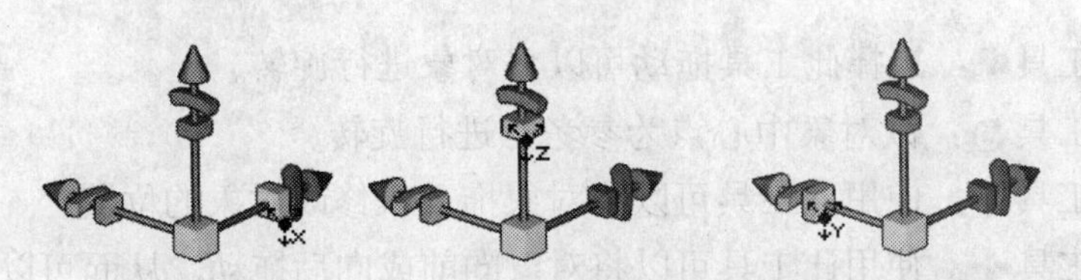

图14.13 三个轴向上的缩放操作控件

要使用这三个轴上的控件，只需将光标放到相对应的控件上即可激活此控件，被激活的控件以黄色显示。

除独立的三个轴外，每两轴之间也有一个控件，用于控制3D物体在这平面上的移动与旋转操作，如图14.14所示为三个轴彼此之间的移动控件，如图14.15所示为三个轴彼此之间的旋转控件。

要激活轴平面的移动控件，只需将光标放在夹色处即可，激活后将显示一个黄色的小平面，如果将光标放在该平面的边缘处则能够激活其旋转控件，此时黄色改变为橙色，光标也会发变相应变化。

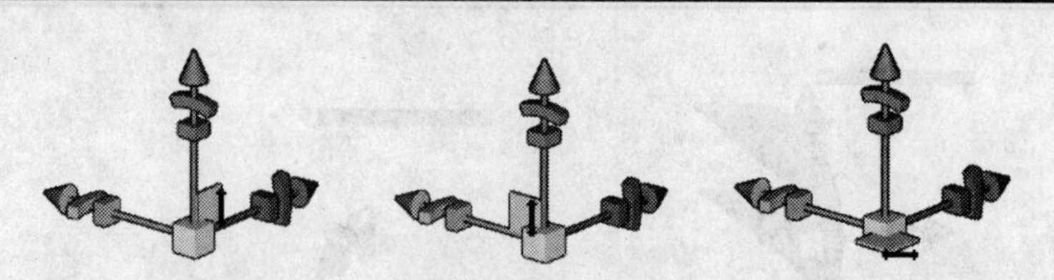

图14.14　三个轴相交平面上的移动操作控件

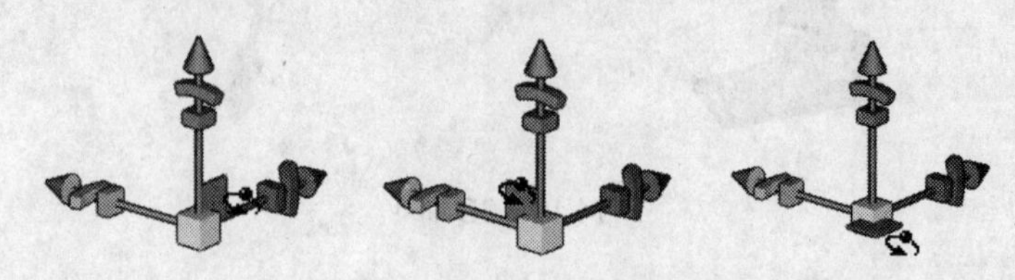

图14.15　三个轴相交平面上的旋转操作控件

3D轴中间位置的黄色立方体具有缩放3D物体的作用，将光标放在该控件上，然后向上或向下拖动，即可完成缩放3D物体的操作。

14.3.2　使用工具调整模型

除了使用3D轴对3D模型进行控制外，还可以使用工具箱中的3D模型控制工具，如图14.16所示，对其进行控制。

选择任何一个3D模型控制工具后，工具选项条显示为如图14.17所示的状态。

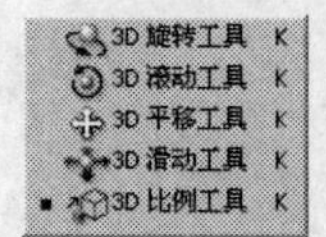

图14.16　3D模型控制工具

图14.17　三维模型修改状态工具选项条

工具箱中的5个控制工具与工具选项条左侧显示的5个工具图标相同，其功能及意义也完全相同，下面分别讲解。

- 返回到初始对象位置按钮：对于编辑过的对象，如果想返回到初始状态，点按此按钮即可。
- 3D旋转工具：选择此工具拖动可以将对象进行旋转。
- 3D滚动工具：以对象中心点为参考点进行旋转。
- 3D平衡工具：使用此工具可以将对象拖动来修改对象的位置。
- 3D滑动工具：使用此工具可以将对象向前或向后拖动，从而可以放大或缩小对象。
- 3D比例工具：点按此按钮可以弹出对话框，可以通过精确的参数来控制对象。

14.4　3D面板简介

3D面板是每一个3D模型的控制中心，其作用类似于【图层】面板，不同之处在于，【图层】面板显示当前图像中的所有图层，而3D面板仅显示当前选择的3D图层中的模型信息。

选择【窗口】|【3D】命令或在【图层】面板中双击3D图层按钮，都可以显示3D面板。在默认情况下，3D面板以场景模式显示，即按钮自动处于被激活的状态，此时面板中将显

示每一个选中的3D图层中3D物体的网格、材料、光源信息。如果分别点按网格按钮、材料按钮、光源按钮，则可以分别仅显示当前3D场景的网格、纹理贴图、灯光，如图14.18、图14.19、图14.20所示。

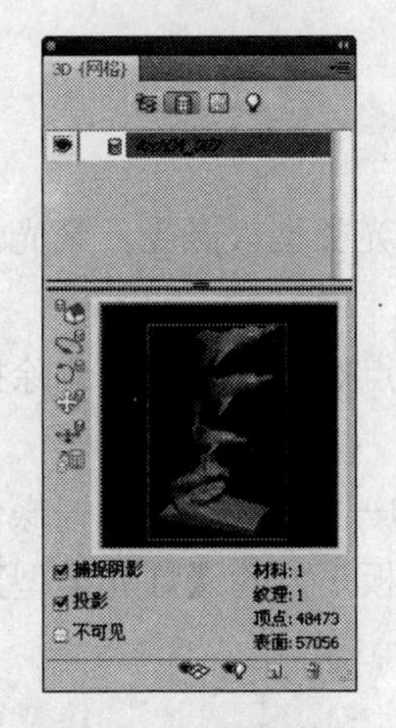

图14.18　点按网格按钮后的状态

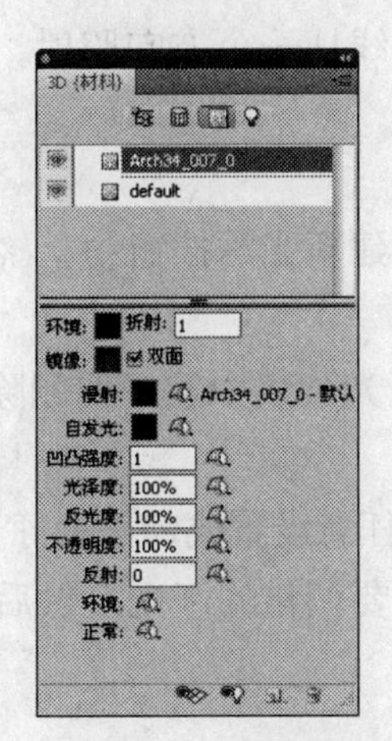

图14.19　点按材料按钮后的状态

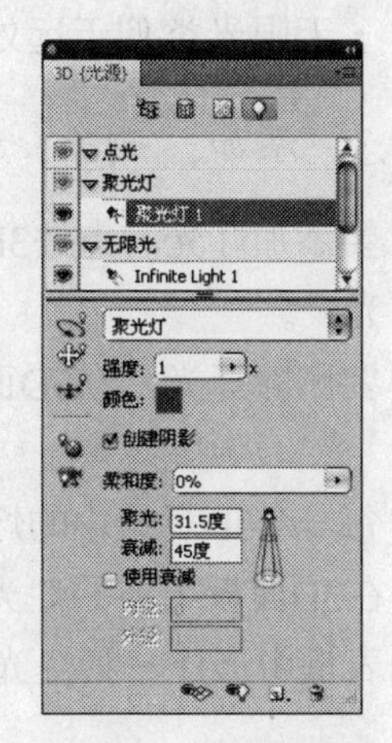

图14.20　点按光源按钮后的状态

14.5　设置模型的光照属性

灯光系统也是Photoshop CS4新增强的功能之一，在Photoshop中不仅可以利用导入3D模型时模型自带的灯光，还可以以全新的方式创建三类不同的灯光，包括无限光、聚光灯和点光，从而得到复杂的照明效果。

14.5.1　在3D面板中显示灯光

可以在3D面板中点按灯光按钮，使3D面板仅显示当前3D模型的灯光，如图14.21所示。

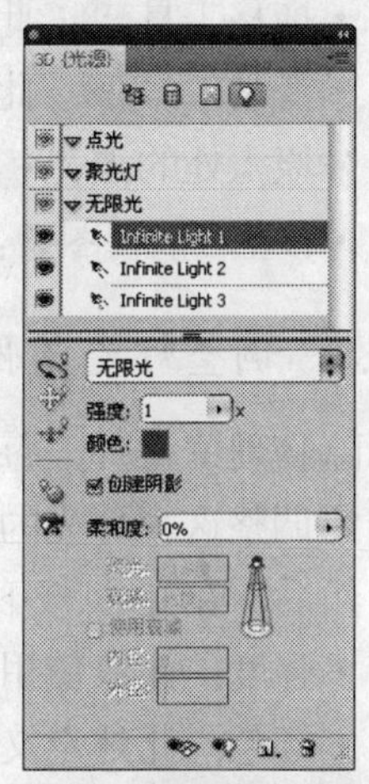

图14.21　3D模型的灯光显示情况

14.5.2　了解光源类型

在默认的情况下，一个3D场景不会显示光源，如图14.22所示，如果在3D面板中点按切换【光源按钮】按钮，则可以显示当前场景所使用的光源，如图14.23所示。

图14.22　未显示光源

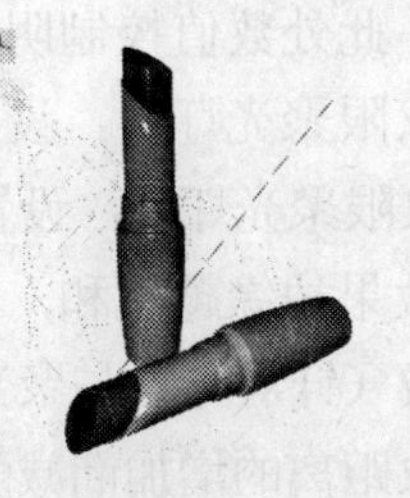

图14.23　显示光源

Photoshop提供了三类光源类型，点光、聚光灯、无限光。

- 点光的发光原理类似于灯泡，所发射出的光向各个方向均匀发散。
- 聚光灯照射出可调整的锥形光线，类似于探照灯。
- 无限光类似于远处的太阳，光线从一个方向照射。

14.5.3 添加、删除、改变灯光

要添加灯光，点按3D面板中的创建新光源按钮，然后选取灯光类型（点光、聚光灯或无限光）。

要删除灯光，在3D面板上方的灯光列表中选择要删除的灯光，点按面板底部的删除按钮。

每一个3D场景中的灯光都可以被任意设置成为三种灯光类型中的一种，要完成这一操作，可以在3D面板上方的灯光列表中选择要调整的灯光，然后，在3D面板下方的【灯光类型】下拉列表框中选择一种灯光类型。

14.5.4 调整灯光位置

每一个灯光都可以被灵活地移动、旋转、推拉，要完成此类灯光位置调整工作，可以使用下面讲解的工具。

- 旋转工具：此工具用于旋转聚光灯和无限光，同时保持其在3D空间的位置。
- 拖移工具：此工具用于将聚光灯和点光移动至同一3D平面中的其他位置。
- 滑动工具：此工具用于将聚光灯和点光移动到其他3D平面。
- 原点处的点光：选择某一聚光灯后点按此图标，可以使灯光正对模型中心。
- 移至当前视图：选择某一灯光后点按此图标，可以将灯光放置于与相机相同的位置上。

14.5.5 调整灯光属性

除物理位置外，每一个灯光的属性也都能够调整，例如照明的强度、灯光的颜色等。
要调整这些灯光的属性，首先在3D面板的灯光列表中选择要调整的灯光。
然后，在3D面板下半部分的参数设置区域对不同的参数进行设置。

- 强度：此数值用于调整灯光的照明亮度，数值越大，亮度越高。
- 颜色：此处定义灯光的颜色。
- 创建阴影：如果当前3D模型具有多个网络组件，选择此复选框，可以创建从一个网格投射到另一个网格上的阴影。
- 软化度：此处数值控制阴影的边缘模糊效果，产生逐渐的衰减。
- 聚光（仅限聚光灯）：设置灯光明亮中心的宽度。
- 衰减（仅限聚光灯）：设置灯光的外部宽度，此数值与【聚光】数值的差值越大，得到的光照效果边缘越柔和，如图14.24所示为不同的参数设置得到的不同灯光照明效果。
- 使用衰减（针对光点与聚光灯）：【内径】和【外径】选项决定衰减锥形，以及灯光强度随对象距离的增加而减弱的速度。对象接近【内径】数值时，灯光强度最大。对象接近【外径】数值时，灯光强度为零。处于中间距离时，灯光从最大强度线性衰减为零。

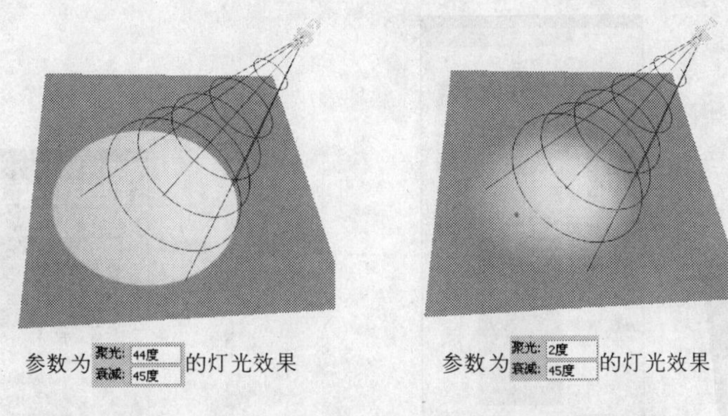

图14.24　不同的参数设置得到的不同灯光照明效果

14.5.6　显示灯光

在默认的情况下，3D场景中不会显示灯光，如图14.25所示，但在调整灯光的位置时，隐藏的灯光非常不利于调整其位置，因此，可以在3D面板中点按切换灯光按钮，显示当前场景所使用的灯光，如图14.26所示。

图14.25　未显示灯光

图14.26　显示灯光

14.6　了解3D模型使用的材料

Photoshop中的一个3D模型可以具有一种或多种材料属性，这些材料将控制3D模型的整个外观或局部外观。

每一个材料又可以通过设置多种纹理映射属性使该材料的外观发生变化，包括设置该材料的自发光、漫射、光泽度、不透明度等属性。如果需要还可以为每一种纹理映射叠加纹理贴图，从而再次丰富材料的效果。

Photoshop就是依靠材料、纹理映射属性、纹理映射贴图三个层级来控制3D模型的外观效果。

要更好地认识3D模型的村料属性，可以在3D面板中点按场景按钮，使3D面板显示当前3D模型的材料属性，如图14.27所示为一个立方体3D模型及其材料属性显示情况，如图14.28所示为在【图层】面板中显示的各个面的材料的详细情况。

14.6.1　认识材料的从属关系

通常，由Photoshop创建的基本3D模型都具有默认的材料，例如一个立方体的每个面都具有一个材料，共有6个材料，如图14.29所示。

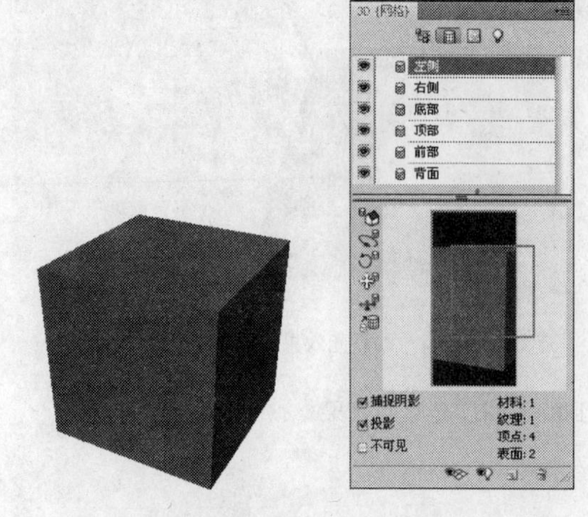

图14.27 立方体3D模型及其材料属性显示情况

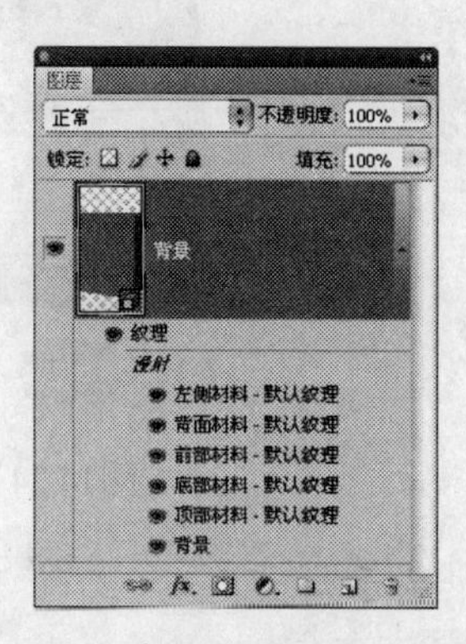

图14.28 各个面的材料的详细情况

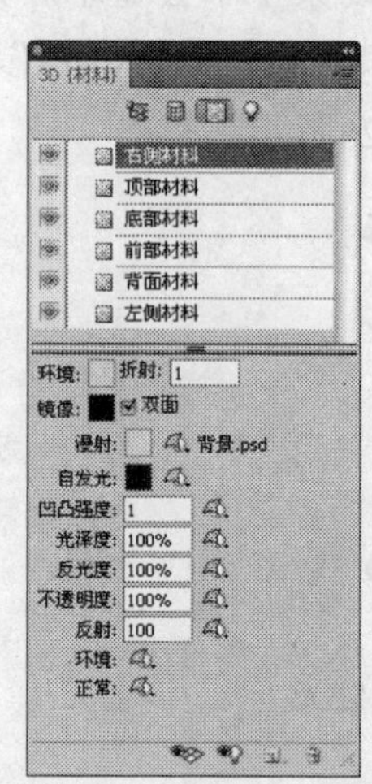

图14.29 具有6个材料的立方体

3D面板的场景显示状态还能够显示出材料与网格之间的从属关系。如图14.30所示的3D面板显示了一个3D易拉罐模型的材料与网格对象的从属关系，可以很清晰地看，名称为“盖子”的网格对象所使用的材料是“盖子材料”，同理【标签】网格组件使用的材料是“标签材料”。如图14.31所示为一个酒瓶模型的从属关系，网格与材料之间的关系同样非常清晰。

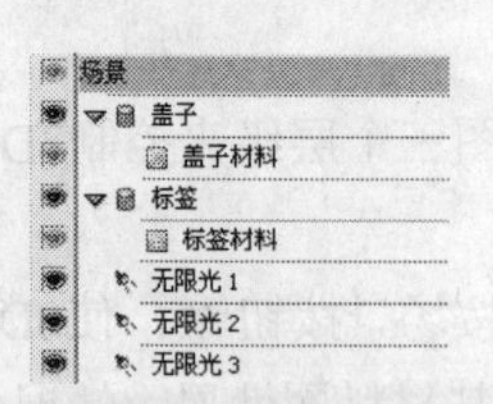

图14.30 3D易拉罐模型的材料从属关系

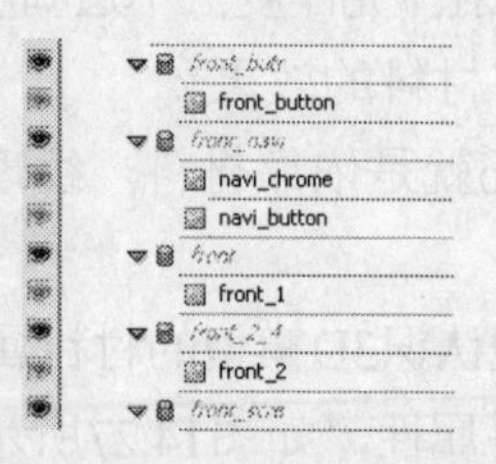

图14.31 酒瓶模型的材料从属关系

14.6.2 纹理映射属性详解

每一个材料都有11种纹理映射属性，如图14.32所示，笔者分别选中三种材料，3D面板分别显示出不同被选择材料的纹理映射。

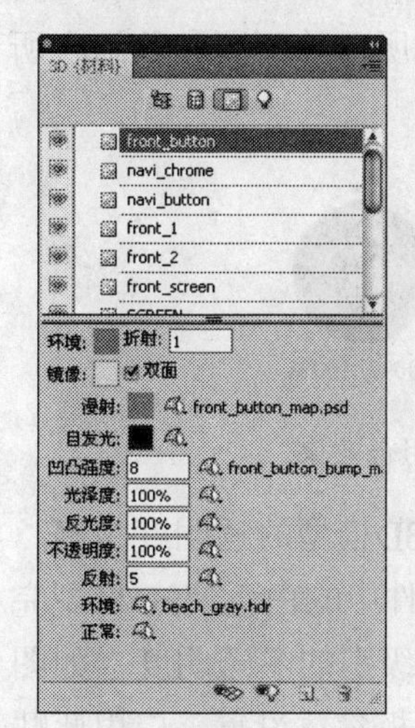

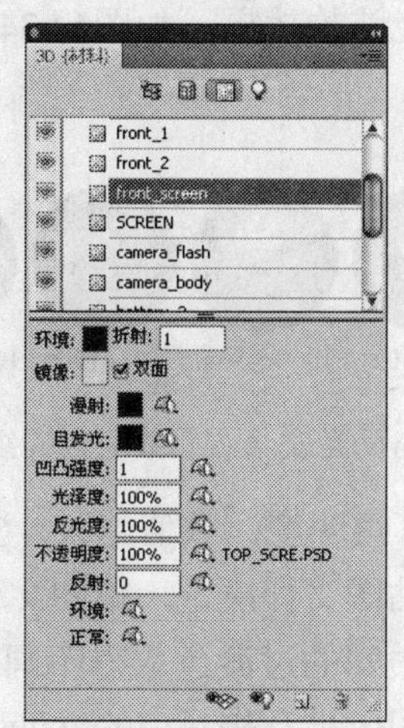

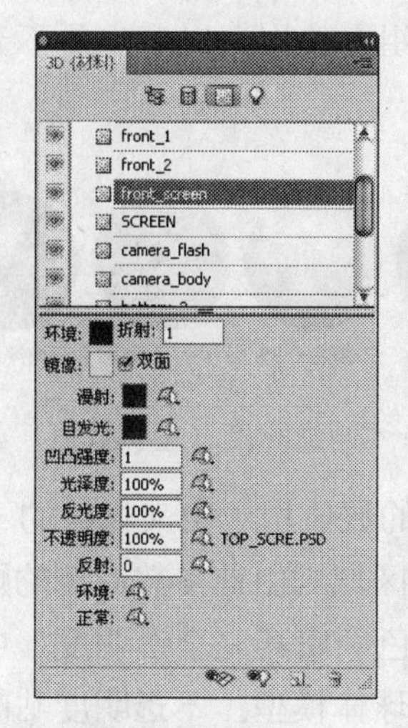

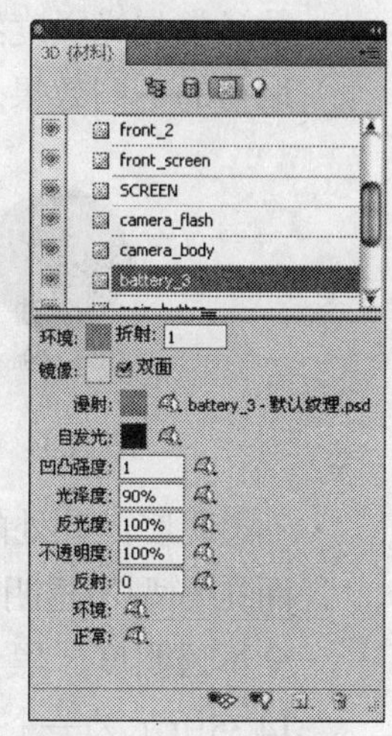

图14.32 不同材料的纹理映射属性

综合调整这些纹理映射属性，就能够使不同的材料展现出千变万化的效果，下面分别讲解11种纹理映射的意义。

- 环境：设置在反射表面上可见的环境光的颜色，该颜色与用于整个场景的全局环境色相互作用。
- 折射：在此可以设置折射率。
- 镜像：在此可以定义镜面属性显示的颜色（例如，高光光泽度和反光度）。
- 漫射：最常用的纹理映射，在此可以定义3D模型的基本颜色，如果为此属性添加了漫射纹理映射贴图，该贴图将包裹整个3D模型，如图14.33所示。

图14.33 贴图及应用贴图后的3D模型物体渲染效果

- 自发光：此处的颜色用于设置由3D模型自身发出的光线的颜色。
- 凹凸强度：在材料表面创建凹凸效果，此属性需要借助于凹凸映射纹理贴图，凹凸映射纹理贴图是一种灰度图像，其中较亮的值用于创建突出的表面区域，较暗的值用于创建平坦的表面区域。
- 光泽度：在此定义来自灯光的光线经表面反射后折回到人眼中的光线数量。如果为此属性添加了光泽度映射纹理贴图，则贴图图像中的颜色强度控制材料中的光泽度，其中黑色区域用于创建完全的光泽度，白色区域用于去除光泽度，而中间值用于减少高光大小。
- 反光度：定义【光泽度】设置所产生的反射光的散射。低反光度（高散射）产生更明显的光照，而焦点不足。高反光度（低散射）产生较不明显但更亮、更耀眼的高光，此参数通常与光泽度组合使用，以产生更不光洁的效果，如图14.34所示为不同参数组合所取得的不同效果。

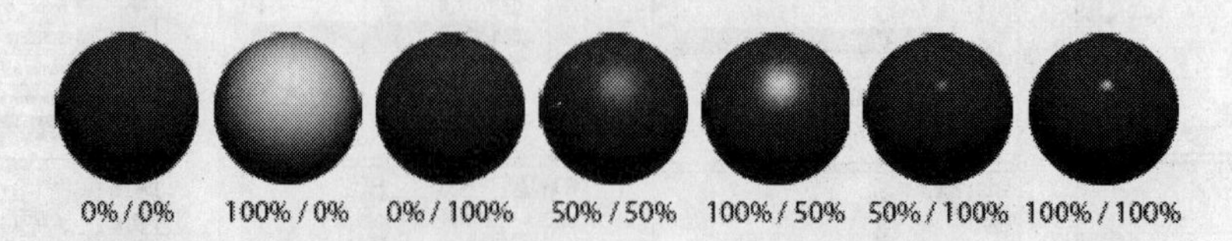

图14.34　不同光泽度（左侧数值）与反光度（右侧数值）的组合效果

- 不透明度：此处的数值用于定义材料的不透明度，数值越大，3D模型的透明度越高。而3D模型不透明区域则由此参数右侧的贴图文件决定，贴图文件中的白色使3D模型完全不透明度，黑色则使其完全透明度，中间的过渡色取得不同级别的不透明度。如图14.35所示为一个球体模型、不透明度贴图效果及相对应的3D面板参数设置，应用此贴图后的透明效果如图14.36所示，改变贴图为如图14.37所示的效果后，球体的透明效果也相应变化为如图14.38所示的效果。

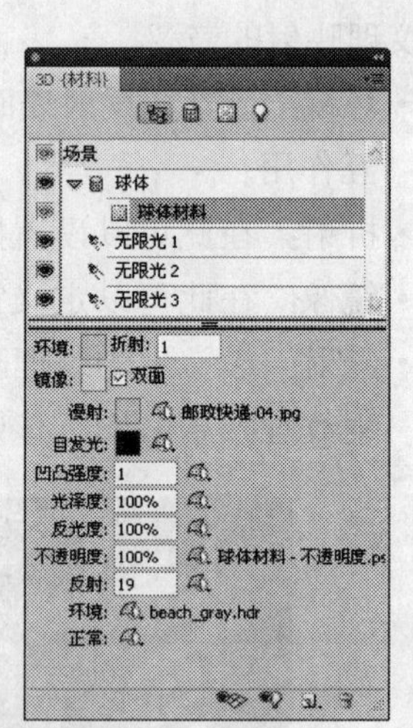

图14.35　球体模型、不透明度贴图及3D面板

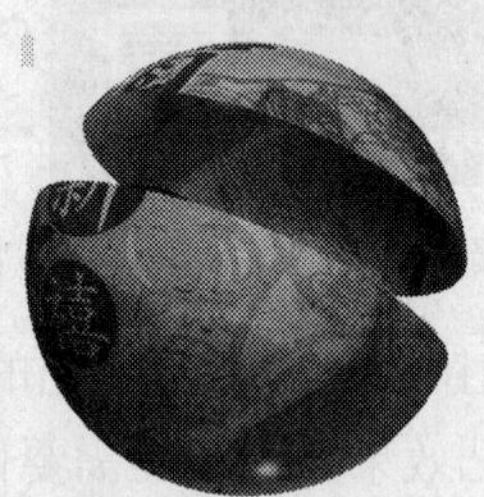

图14.36　依据透明贴图出现的局部透明效果

- 环境：环境映射模拟将当前3D模型放在一个有贴图效果的球体内，3D模型的反射区域中能够反映出环境映射贴图的效果。
- 反射：此处参数用于控制3D模型对环境的反射强弱，需要通过为其指定相对应的映射贴图以模拟对环境或其他物体的反射效果，如图14.39所示是某个材料的“环境”纹理映射贴图，如图14.40所示为将【反射】值分别设置10、30、50时的效果。

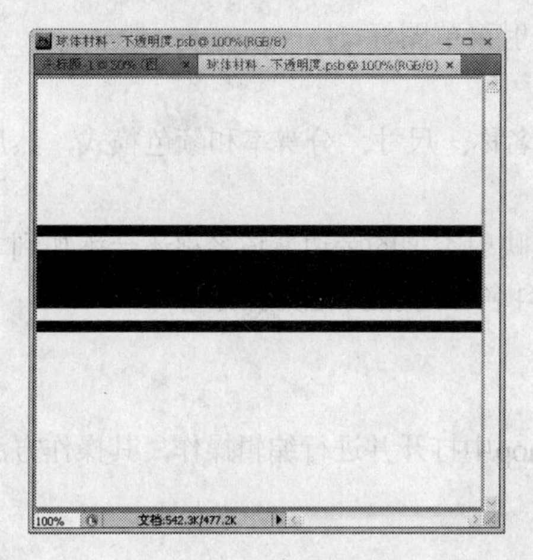

图14.37　修改后的贴图

图14.38　修改后的透明效果

图14.39　环境纹理映射贴图

图14.40　【反射】值分别为10、30、50时的效果

- 正常：像凹凸映射纹理一样，正常映射用于为3D模型表面增加细节。与基于灰度图像的凹凸纹理映射不同，正常映射基于RGB图像，每个颜色通道的值代表模型表面上正常映射的X、Y和Z分量。正常映射可使低多边形网格的表面变得平滑。

14.7　为纹理映射赋加贴图

如前所述，3D面板中的纹理映射几乎都可以再次叠加纹理贴图，从而形成更加复杂的3D模型外观效果，下面讲解有关纹理映射所使用的纹理贴图的操作。

14.7.1　创建纹理映射贴图

要为某一个纹理映射新建一个纹理映射贴图，可以按下面的步骤操作。

（1）点按要创建的纹理映射类型旁边的纹理映射菜单图标。

（2）选择【新建纹理】命令。

（3）在弹出的对话框中输入新映射贴图文件的名称、尺寸、分辨率和颜色模式，然后点按【确定】按钮。

新纹理映射的名称会显示在【材料】面板中纹理映射类型的旁边。该名称还会添加到【图层】面板中3D图层下的纹理列表中。默认名称为材料名称附加纹理映射类型。

14.7.2 编辑纹理映射贴图

每一个纹理映射的贴图文件都可以直接在Photoshop中打开并进行编辑操作，其操作方法如下所述。

（1）在3D面板中点按纹理映射按钮。

（2）在弹出菜单中选择【打开纹理】命令。

（3）纹理映射贴图文件将作为"智能对象"在其自身文档窗口中打开，使用各种图像调整、编辑命令编辑纹理后，激活3D模型文档窗口即可看到模型发生的变化。

14.7.3 载入纹理映射贴图

如果贴图文件已经完成了制作，可以按下面的步骤操作载入相关文件。

（1）在3D面板中点按纹理类型旁边的纹理映射菜单图标。

（2）选择【载入纹理】命令。

（3）选择并打开纹理映射贴图文件。

14.7.4 删除纹理映射贴图

如果要删除纹理映射贴图文件，可以按下面的步骤操作。

（1）点按纹理类型旁边的纹理映射菜单图标。

（2）选择【移去纹理】命令。

如果希望再次恢复被移去的纹理贴图，可以根据纹理贴图的属性采用不同的操作方法。

- 如果已删除的纹理贴图是外部文件，可以使用纹理映射菜单中的【载入纹理】命令将其重新载入。
- 对于3D文件内部使用的纹理，选择【还原】或【后退一步】命令恢复纹理贴图。

14.7.5 在3D模型上绘制纹理映射贴图

在Photoshop中使用任何一种绘画工具直接在3D模型上绘画，就像在平面图像上绘画一样。要在3D模型上绘画，可以按下面的基本步骤操作。

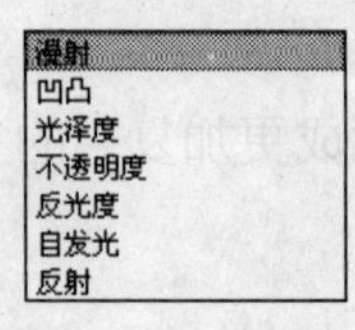

图14.41 选择映射类型

（1）使用3D位置工具调整3D模型，使要绘画的区域最大化呈现出来。

（2）选择【3D】|【3D绘画模式】命令，在其子菜单中选择一种绘画映射类型。也可以在3D面板中点按按钮，从【绘制于】下拉列表中选择绘图的映射类型，如图14.41所示。

（3）使用【画笔】工具或其他能够绘图、润饰的工具，如油漆桶工具、涂抹工具、减淡工具、加深工具或模糊工具，进行绘画或贴图修饰操作。

如果要将绘画映射类型选择为其他的类型，需要首先在相对应的纹理映射右侧点按图标，在弹出菜单中选择【新建纹理】命令，设置弹出的对话框。例如，要将绘图的映射类型定义为“不透明度”，就需要先为“不透明度”纹理映射创建一个新的贴图纹理。

完成绘画后，如果要查看纹理映射自身的绘画效果，可以在3D面板中点按纹理映射的菜单按钮，并选择【打开纹理】命令。

14.8　更改3D模型的渲染设置

类似于3D类软件，Photoshop也提供多种模型的渲染效果设置选项，以帮助使用者渲染出不同效果的三维模型，下面讲解如何设置并更改这些设置。

渲染设置是针对每一个3D图层进行的，因此一次设置只能够修改一个3D图层中的模型的渲染效果。

14.8.1　选择渲染预设

Photoshop提供了多达17种的标准渲染预设，要使用这些预设，只需在选择3D图层后，在3D面板中【预设】下拉列表中选择不同的预设值即可。

如图14.42所示为9种常用预设所得到的不同渲染效果。

图14.42　不同的预设所得到的不同渲染效果

14.8.2　自定渲染设置

除了使用预设的标准渲染设置，还可以在3D面板顶部点按场景按钮，然后点按【渲染设置】按钮，在弹出的如图14.43所示的对话框中自定义当前的渲染参数，从而取得全新的渲染效果。

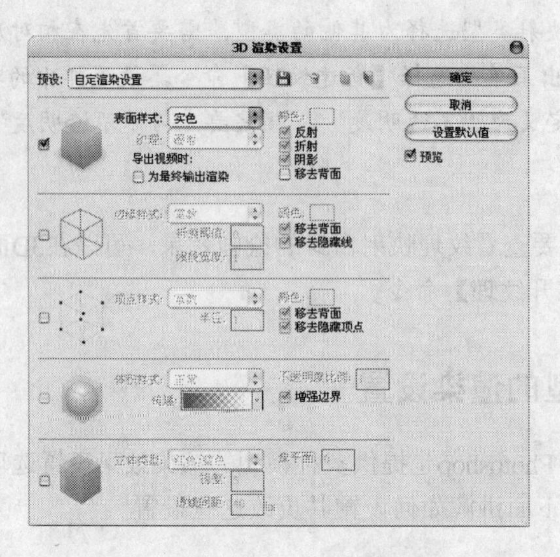

图14.43 【3D渲染设置】对话框

14.8.3 渲染横截面效果

如果希望展示3D模型的结构，最好的方法是启用横截面渲染效果，在3D面板顶部，点按场景按钮，然后选中“横截面”选项，设置如图14.44所示的横截面渲染选项参数即可。如图14.45所示为原3D模型效果，如图14.46所示为横截面渲染效果。

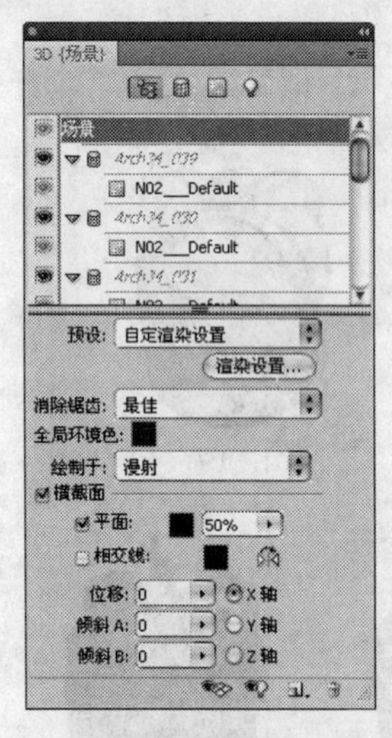

图14.44 横截面渲染选项

图14.45 原3D模型

图14.46 横截面渲染效果

- 平面：选择此复选框，渲染时显示用于切分3D模型的平面。在此右侧可以控制该平面的颜色及不透明度。
- 相交线：选择此复选框，渲染时在剖面处显示一条线，在此右侧可以控制该线的颜色，如图14.47所示。
- 交换渲染区域：点按此按钮，可以交换渲染区域，如图14.48所示。

图14.47　显示红色的剖面线

图14.48　翻转后显示模型的另一部分

- 位移：如果希望移动渲染剖面相对于3D模型的位置，可以在此参数右侧输入数值或拖动滑块条，然后就能够看到明显的效果。
- 倾斜：如果希望以倾斜的角度渲染3D模型的剖面，可以控制【倾斜 A】及【倾斜 B】处的参数。
- 轴向：如果希望改变剖面的轴向，可以点按选择“X轴”、“Y轴”、“Z轴”三个选项。此选项同时定义【位移】及两个【倾斜】数值定义的轴向。

第15章 动作与任务自动化

动作、自动化与脚本都是Photoshop提供的用于提高工作效率的功能，其中动作的灵活性最大，我们能够根据需要录制应用于不同工作状态与情况的动作。自动化可以被看作Photoshop内置的动作，用于完成几个特定的任务，虽然也有许多参数可供调节，但在功能上有所限制。脚本是从CS版本才添加的功能，实用性不如前两者。

本章将详细讲解如何在Photoshop中运行自动化的操作，如何简化复杂的操作大幅度提高工作效率，其中包括应用预设的动作、创建自定义的动作、应用自动化命令等内容。

15.1　动作

在Photoshop中，所谓动作就是将一系列重复的操作集成于一个命令集合中，通过运行这个命令集合，使Photoshop自动执行这一系列操作，从而大大提高工作效率，这个命令的集合被称为【动作】，录制操作的过程则即创建自定义的【动作】的过程。

选择【窗口】|【动作】命令，弹出如图15.1所示的【动作】面板，其中储存有软件预设的动作，对动作的编辑管理等操作也需要在此面板中进行。

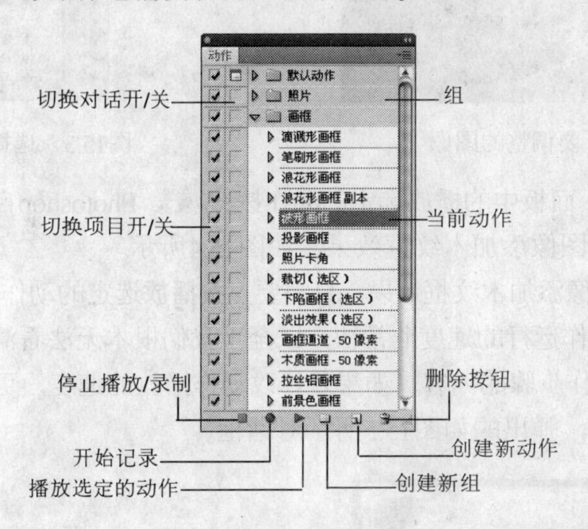

图15.1　【动作】面板

由于此面板中的各个按钮，在以后章节均有讲述，故在此只讲解在以后章节中未讲解的重要组成元素。

- 组：一个包括多个动作的动作文件夹。
- 切换对话开/关：用于控制动作在运行过程中是否显示有对话框，如果动作中某一命令的左侧显示标记▭，则表明运行此命令时显示对话框，否则不显示对话框。如果在动作的左侧显示标记▭，则表明运行至此动作中所有具有对话框的命令时，显示对话框，否则不显示。
- 切换项目开/关：用于控制动作或动作中的命令是否被跳过，如果在动作中某一命令的左侧显示标记☑，则此命令正常运行，如果该位置显为▢，则表明命令被跳过。如果在某一动作的左侧显示红色的标记☑，则表明此动作中有命令被跳过，如果显示为标记☑，则表明为正常运行，如果该位置显为▢，则表明此动作中的所有命令均被跳过，不被执行。

15.1.1　应用预设动作

Photoshop提供了大量预设动作，利用这些动作可以快速得到各种字体、纹理、边框效果，在此以为图像增加卡角效果为例，讲解如何应用这些预设的动作。

（1）打开随书配套资料中的文件“第15章\15.1.1应用预设动作-素材.jpg”，如图15.2所示。

（2）如果要为图像添加卡角效果，选择【动作】面板中的【照片卡角】动作，如图15.3所示，如果点按动作名称左侧的三角按钮▶，可以显示动作所录制的操作命令列表。

图15.2　打开要调整的图像

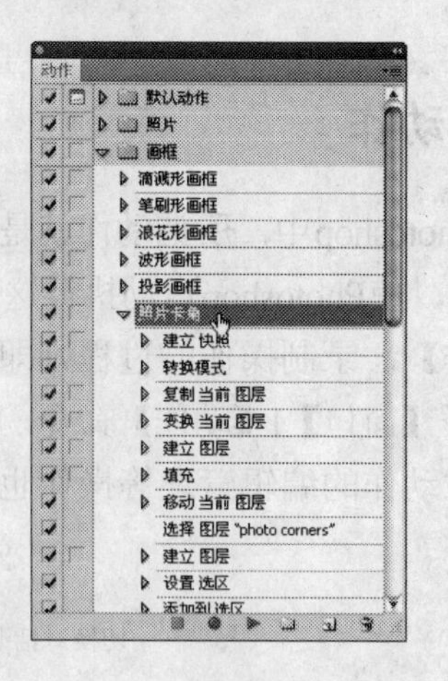

图15.3　选择要执行的项目

（3）点按【动作】面板中的播放选定的动作按钮，Photoshop自动执行当前选择的动作中的所有命令，从而为图像添加木纹框效果，如图15.4所示。

如果需要为很多图像添加木纹框效果，只需要点按播放选定的动作按钮即可快速完成。

在默认情况下，动作运行的速度非常快，以至于我们根本无法看清动作运行的过程，当然也就无从知晓每一个操作步骤的内容。如果要修改动作播放的速度，可选择动作面板弹出菜单中的【回放选项】命令，弹出的如图15.5所示对话框。

图15.4　为图像添加木纹框

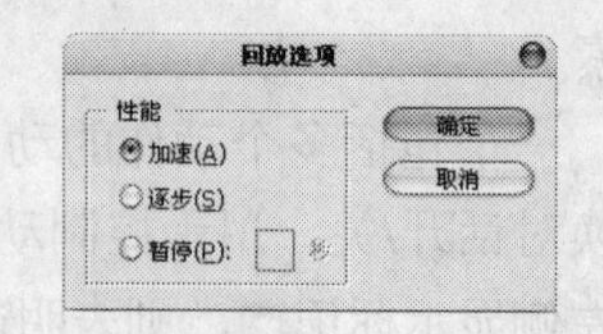

图15.5　【回放选项】对话框

- 加速：将以默认的速度播放动作。
- 逐步：在播放动作时，Photoshop完全显示每一操作步骤的操作结果后才进行下一步的操作。
- 暂停：可在其后的数值框中输入数值来设置播放动作时控制的每一个命令暂停的时间。

某些预设动作在运行时需要特定的条件，如应用【投影‘文字’】动作，需要先创建一个文字；应用【制作剪贴路径‘选区’】动作需要先创建一个选区等，因此在运行此类动作时应该首先创建动作名称右侧标注的条件，然后再运行动作。

15.1.2　创建新动作

应用Photoshop预设动作的方法非常简单，但毕竟系统内部预设的动作数量及效果都很有限，因此需要掌握以下所讲述的创建新动作的方法，以丰富Photoshop的智能化功能。

自定义动作就是利用【动作】面板中的命令、按钮将执行的操作录制下来，其具体操作步骤如下。

（1）确认要录制为动作的操作，例如录制制作木纹框的过程、录制更改图像模式的过程等。

（2）点按【动作】面板中的创建新组按钮，在弹出的对话框中设置新组的名称，如图15.6所示。点按【确定】按钮，在【动作】面板中增加一个新组。

（3）点按【动作】面板中的创建新动作按钮，弹出如图15.7所示的【新建动作】对话框。

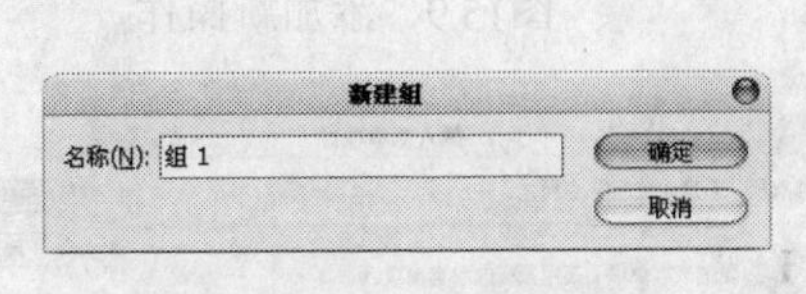

图15.6 【新建组】对话框

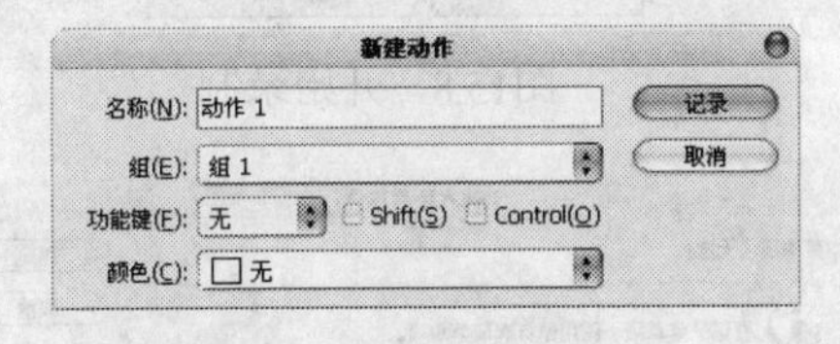

图15.7 【新建动作】对话框

（4）设置完【新建动作】对话框中的参数后，点按【记录】按钮，此时【动作】面板中的开始记录按钮显示为红色。

（5）编辑图像的操作完成操作后，点按【动作】面板中的停止播放/记录按钮，即可完整地录制一个动作。

如图15.7所示的对话框中的参数释义如下所述。

- 名称：在此文本框中输入新动作的名称。
- 组：在此下拉列表框中选择一个组，以使新动作被包含在该组中。
- 功能键：在此下拉列表框中选择播放动作的快捷键，其中包括F2～F12，并可以选择其后的shift或control选项，以配合快捷键。
- 颜色：在此下拉列表框中选择一种颜色，以设置【动作】面板以【按钮】显示时此动作的显示颜色。

15.1.3　编辑修改运动作

对于一些不太完善的动作，可以利用【动作】面板中的相应命令进行编辑修改。

1. 在动作中添加命令

要在已录制完成的动作中增加新的命令，可以按下述步骤操作。

（1）在【动作】面板中点按动作名称左侧的三角形按钮▶，显示动作所包含的命令的列表。

（2）如果要在某命令的下面添加新命令，选择该命令。

（3）点按【动作】面板上的开始记录按钮，如图15.8所示。

（4）开始执行要添加的新操作或新命令，完成添加后点按停止播放/记录按钮即可，如图15.9所示。

对于一些不能记录在动作中的命令，例如调整视图等，可以点按【动作】面板右上角的按钮，在弹出菜单中选择【插入菜单项目】命令，将其插入到动作中。

选择【插入菜单项目】命令后，弹出如图15.10所示的对话框。

选择某一个菜单命令后，此对话框将显示命令的名称，例如笔者选择【图层】|【新建调整图层】|【色阶】命令后，对话框如图15.11所示。

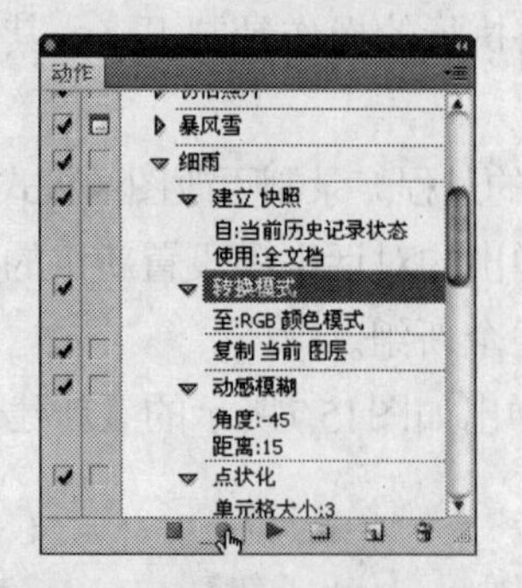

图15.8 开始录制

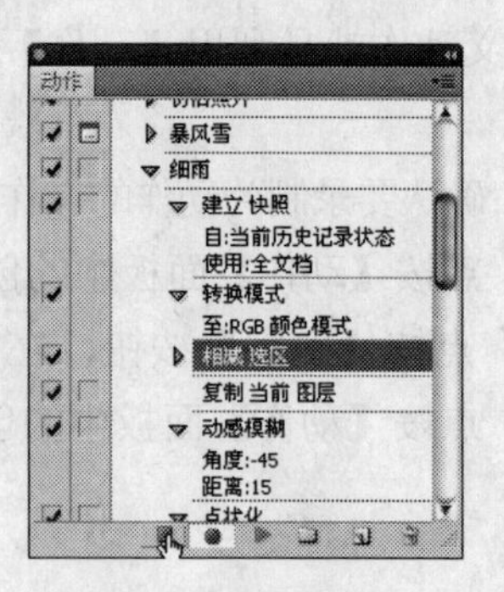

图15.9 添加新操作

图15.10 【插入菜单项目】对话框

图15.11 选择菜单命令后的【插入菜单项目】对话框

插入的命令直到动作被播放时才被执行，因为动作中没有记录插入命令中的数值，所以当命令被插入时文件保持不变。

如果插入的命令具有对话框，对话框会在播放时出现，此时动作暂停运行，直至用户点按【确定】或【取消】按钮。

2. 重新排列动作

可以将一个动作或动作中的命令拖动至另一个动作或命令的上面或下面来改变它们的播放顺序。

也可以将一个组中的某一个命令拖至另一个组中，当高亮线出现在需要的位置时，释放鼠标即可移动组中的命令，如图15.12所示。

图15.12 将动作移到另一动作组

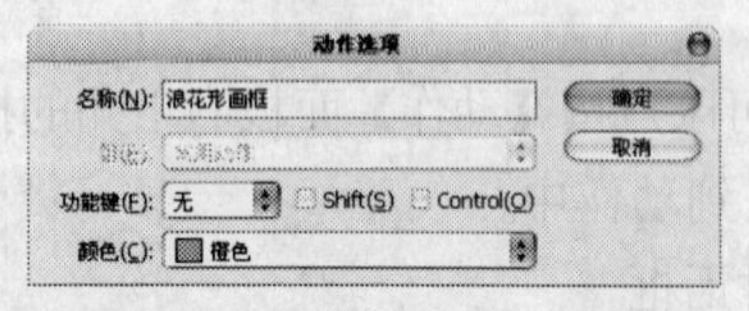

图15.13 【动作选项】对话框

3. 更改动作选项

可以根据需要更改动作的名称、按钮颜色或快捷键。要改变动作的这些属性，点按【动作】面板右上角的按钮，在弹出菜单中选择【动作选项】命令，弹出如图15.13所示的对话框。

此对话框中参数在前已有所述，故在此不再重述。

4. 更改命令值

对于有对话框的命令，可以双击该命令名称，在弹出的对话框中更改以前的参数，使动作记录此命令的新参数值。

5. 复制组、动作和命令

选择一个组、动作或命令，点按【动作】面板右上角的按钮，在弹出菜单中选择【复制】命令，可复制当前选择的组、动作或命令。

6. 删除组、动作或命令

在【动作】面板中选择要删除的组、动作或命令，将其拖曳至【动作】面板底部的删除动作按钮上即可。

如果要删除所有动作，可以点按【动作】面板右上角的按钮，在弹出菜单中选择【清除动作】命令，在弹出的对话框中直接点按【确定】按钮即可。

7. 复位动作

经过一段时间的操作后，动作或其中命令的顺序将有所改变，此时可以点按【动作】面板右上角的按钮，在弹出菜单中选择【复位动作】命令，将动作、组恢复至默认设置。

15.2　应用自动化命令

Photoshop中有一些预设的自动化操作，其中包括，批处理、限制图像、多页面PDF到PSD和Web照片画廊等，下面一一讲解。

15.2.1　批处理

【批处理】命令必须结合前面我们所讲解的【动作】来执行，此命令能够自动将一个文件夹中的所有图像应用于某一个动作，选择【文件】|【自动】|【批处理】命令，弹出如图15.14所示的【批处理】对话框。

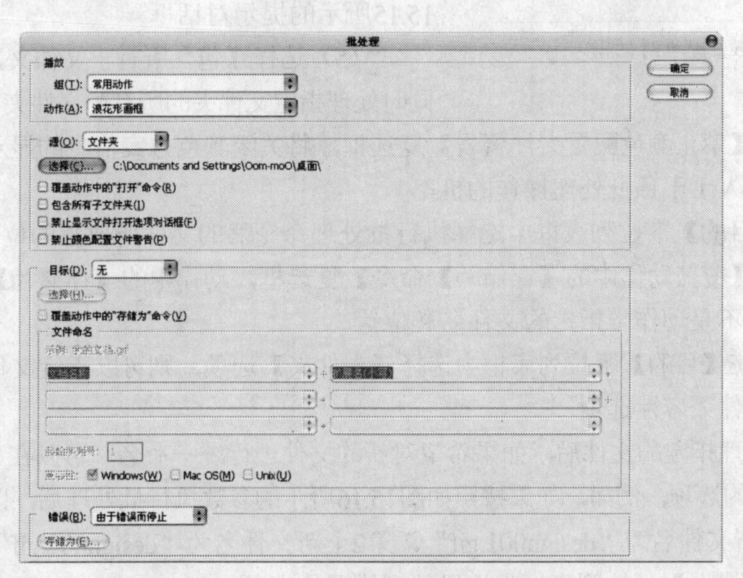

图15.14　【批处理】对话框

此对话框中的各项设置意义如下。

- 【播放】区域的【组】下拉列表框中的选项用于定义要执行的动作所在的组。
- 在【动作】下拉列表框中可以选择要执行的动作的名称。
- 在【源】下拉列表框中选择【文件夹】选项，然后点按其下面的按钮（选择(C)...），在弹出的对话框中可以选择要进行批处理的文件夹。
- 选择【覆盖动作中‘打开’命令】复选框，将忽略动作中录制的【打开】命令。
- 选中【包含所有子文件夹】复选框，将使批处理在操作时对指定文件夹的子文件夹中的图像执行指定的动作。
- 在【目的】下拉列表框中选择【无】选项，表示不对处理后的图像文件做任何操作。选择【存储并关闭】选项，将进行批处理的文件存储并关闭以覆盖原来的文件。选择【文件夹】选项并点按下面的按钮（选择(H)...），可以为进行批处理后的图像指定一个文件夹，以将处埋后的文件保存于该文件夹中。
- 在【错误】下拉列表框中选择【由于错误而停止】选项，可以指定当动作在执行过程中发生错误时处理错误的方式。选择【将错误记录到文件】选项，将错误记录到一个文本文件中并继续批处理。

要应用【批处理】命令对一批图像文件进行批处理操作，可以参考下面的操作步骤。

（1）录制要完成指定任务的动作，选择【文件】|【自动】|【批处理】命令。

（2）从【播放】区域的【组】和【动作】下拉列表框中选择需要应用的动作所在的【组】及此动作的名称。

（3）从【源】下拉列表框中选择要应用【批处理】的文件，如果要进行批处理操作的图像文件已经全部打开，选择【打开的文件】选项。

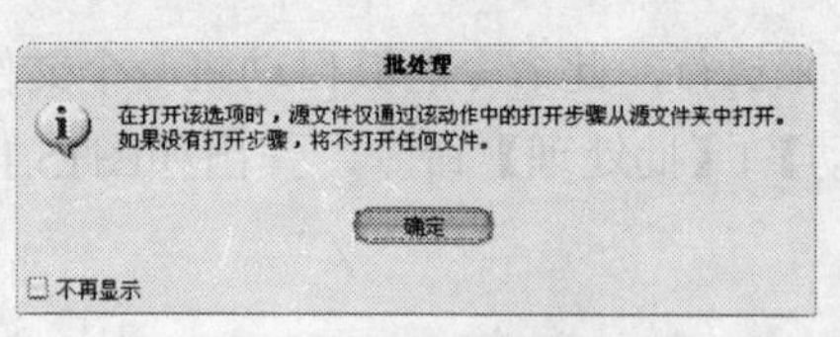

图15.15　提示对话框

（4）选择【覆盖动作中的‘打开’命令】选项，动作中的【打开】命令将引用【批处理】的文件而不是动作中指定的文件名，选择此选项将弹出如图15.15所示的提示对话框。

（5）选择【包含所有子文件夹】选项，使动作同时处理指定文件夹的所有子文件夹中的可用文件。

（6）选择【禁止颜色配置文件警告】复选框，将关闭颜色方案信息的显示，这样可以在最大程度上减少人工干预批处理操作的机率。

（7）从【目的】下拉列表框中选择执行批处理命令后的文件所放置的位置。

（8）选择【覆盖动作中的【存储为】命令】复选框，动作中的【存储为】命令将引用批处理的文件，而不是动作中指定的文件名和位置。

（9）如果在【目的】下拉列表框中选择【文件夹】选项，则可以指定文件命名规范并选择处理文件的文件兼容性选项。

（10）在处理指定的文件后，如果希望对新的文件进行统一命名，可以在【文件命名】区域设置需要设定的选项，例如，如果按照如图15.16所示的参数执行批处理后，以gif图像为例，存储后的第1个新文件名为“design001.gif”，第2个新文件名为“design002.gif”，依此类推。

（11）从【错误】下拉列表框中选择处理错误的选项。

（12）设置所有选项后点按【确定】按钮，Photoshop开始自动执行指定的动作。

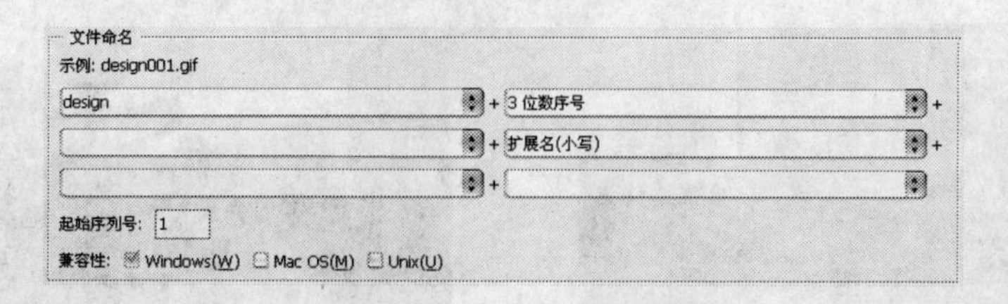

图15.16 设置执行批处理后文件的名称

15.2.2 创建快捷批处理

使用【创建快捷批处理】命令，可以为一个批处理的操作创建一个快捷方式，如果要对某文件应用此批处理，只需将其拖至此快捷图标上即可被执行。

选择【文件】|【自动】|【创建快捷批处理】命令，弹出如图15.17所示的对话框。

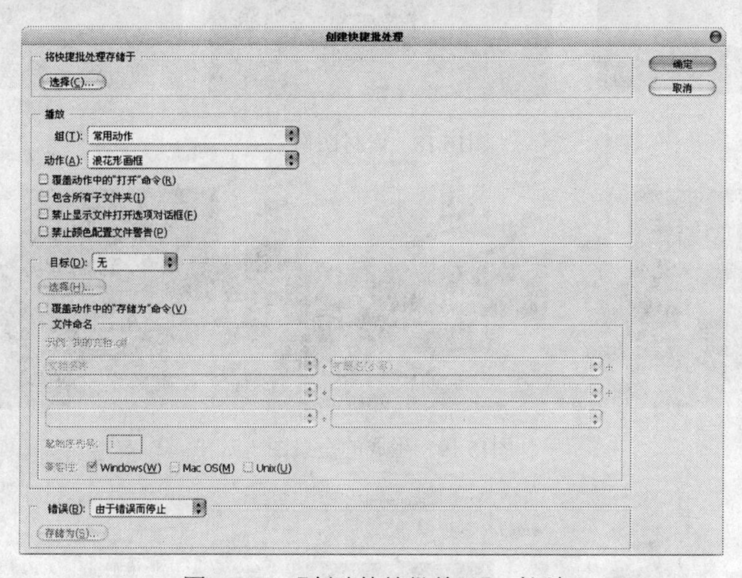

图15.17 【创建快捷批处理】对话框

此对话框中的选项设置和【批处理】对话框中的相似，也要与【动作】相结合使用。

设置好对话框中的选项后，点按【确定】按钮，在【将快捷批处理存储于】区域的【选择】按钮后面定义的硬盘位置中生成一个快捷图标。

15.2.3 用Photomerge制作全景图像

Photomerge命令能够拼合具有重叠区域的连续拍摄照片，将其拼合成一个连续全景图像，如图15.18所示为源图像，如图15.19所示为使用Photomerge命令拼合后的全景图。

选择【文件】|【自动】|【Photomerge】命令，弹出如图15.20所示的对话框，要合成图像可以按照如下步骤进行操作。

（1）选择【文件】|【自动】|【Photomerge】命令，弹出照片合并对话框，从【使用】下拉列表框中选择一个选项。如果希望使用已经打开的文件，点按【添加打开的文件】按钮，注意点按此按钮前要保证已经保存了打开的图像文件。

- 文件：可使用单个文件生成Photomerge合成图像。

图15.18　素材图像

图15.19　生成的全景图

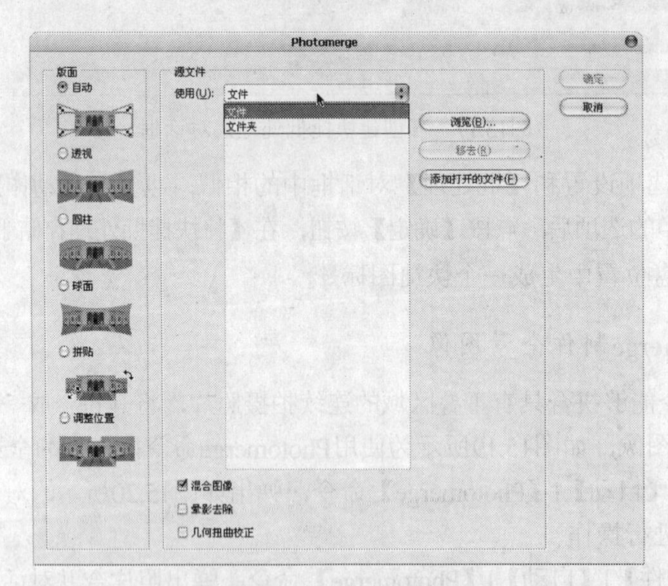

图15.20　照片合并对话框

- 文件夹：使用存储在一个文件夹中的所有图像来创建Photomerge合成图像。该文件夹中的文件会出现在此对话框中。

（2）在对话框的左侧选择一种图片拼接类型，在此笔者选择了【自动】选项。如果是为360度全景图拍摄的图像，推荐使用【球面】选项。该选项会缝合图像并变换它们，就像这些图像是映射到球体内部一样，从而模拟观看360度全景图的感受。

（3）根据需要选择下面讲解的选项，点按【确定】按钮退出此对话框，即可得到Photoshop按图片拼接类型生成的全景图像，如图15.21所示。

图15.21 合成的效果

- 混合图像：选择此复选框可以找出图像间的最佳边界并根据这些边界创建接缝，以使图像的颜色相匹配。关闭【混合图像】选项时，Photoshop只以简单的矩形蒙版混合图像，如果要手动修饰处理蒙版，建议选择此选项。
- 晕影去除：选择此复选框可以补偿由于镜头瑕疵或镜头遮光处理不当而导致边缘较暗的照片，以去除晕影并执行曝光度补偿操作。
- 几何扭曲校正：选择此复选框可以补偿由于拍摄问题导致照片中出现的桶形、枕形或鱼眼失真。

（4）使用裁剪工具对图像进行裁切直至得到满意效果，如图15.22所示为裁切后的效果。

图15.22 裁切后的效果

此操作的实际情况是Photoshop将每一幅照片放至到一个分层文件中，再根据每幅照片所在图层相互重叠的位置，有选择有针对地为每个图层添加图层蒙版，从而使这些照片拼接起来后看上去是一幅全景图像，如图15.23所示为本示例执行操作后的【图层】面板，可以看出，每个图层均有不同形状的图层蒙版。

图15.24～图15.26所示为使用其他几种版面类型所得到的拼合全景效果。通过观察水平面可以看出，得到的效果还是有不小的区别。

15.2.4 条件模式更改

使用【条件模式更改】命令，可以将当前图像文件由任意一种模式转换为设置的一种模式。

选择【文件】|【自动】|【条件模式更改】命令，弹出如图15.27所示的对话框。

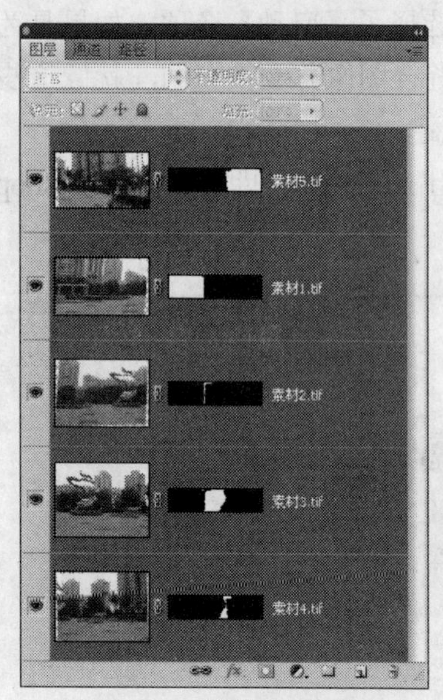

图15.23 【图层】面板

此对话框各项说明如下。

- 在【源模式】区域中，可选择要转换图像的模式。如果点按【全部】按钮，将选择所有的模式复选框。
- 在【目标模式】区域的【模式】下拉列表框中，选择要转换成的图像模式。

此命令的操作方法如下所述。

（1）创建一个新的动作，并开始记录动作。

（2）选择【文件】|【自动】|【条件模式更改】命令。

（3）在【条件模式更改】对话框中为源模式选择一个或多个模式。还可以使用【全部】按钮来选择所有可能的模式，或者使用【无】按钮不选择任何模式。

（4）从【模式】的下拉列表框中选择要转换成为的目标颜色模式。

（5）点按【确定】按钮，此命令将作为一个操作步骤记录在【动作】面板中。

图15.24 选择【圆柱】选项效果

图15.25 选择【透视】选项效果

图15.26 选择【调整位置】选项效果

15.2.5 限制图像

选择【文件】|【自动】|【限制图像】命令，弹出如图15.28所示的对话框。

在对话框的【宽度】和【高度】数值输入框中输入数值，可以放大或缩小当前图像的尺寸，使其高度和宽度必须维持在所设置的数值以内，但仍然保存图像的亮宽比例。

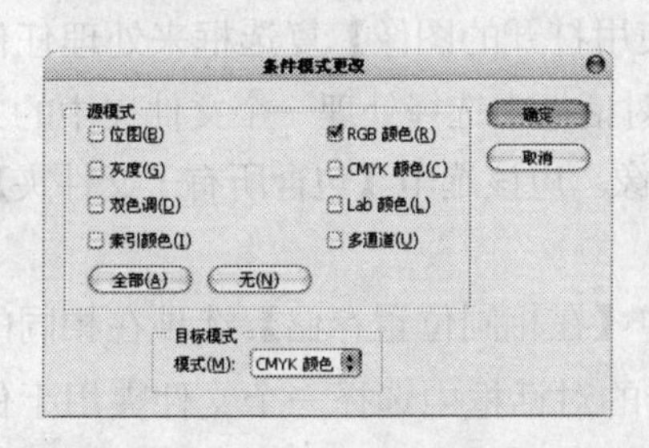

图15.27　【条件模式更改】对话框

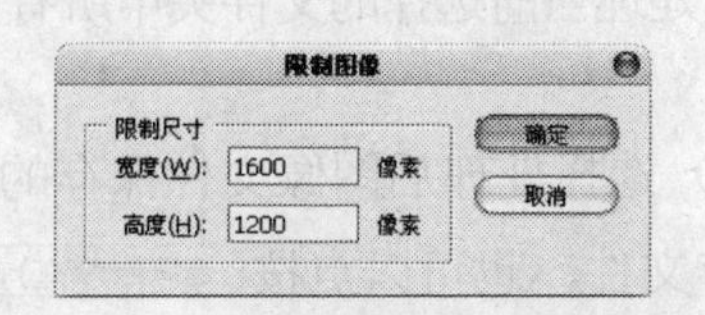

图15.28　【限制图像】对话框

15.3　应用脚本

Photoshop从CS版本开始增加了对脚本的支持功能，在Windows平台上，使用Visual Basic或JavaScript所撰写的脚本都能够在Photoshop中调用。

使用脚本，我们能够在Photoshop中自动执行脚本所定义的操作，而操作范围既可以是单个对象也可以是多个文档。

Photoshop内置了若干个脚本命令，下面我们分别讲解如何使用这些脚本命令。

15.3.1　图像处理器

此命令能够转换和处理多个文件，完成以下操作。

- 将一组文件的文件格式转换为JPEG、PSD或TIFF格式之一，或者将文件同时转换为以上3种格式。
- 使用相同选项来处理一组相机原始数据文件。
- 调整图像大小，使其适应指定的大小。

与【批处理】命令不同，使用此命令不必先创建动作。要应用此命令处理一批文件，可以参考以下操作步骤。

（1）选择【文件】|【脚本】|【图像处理器】，弹出如图15.29所示的对话框。

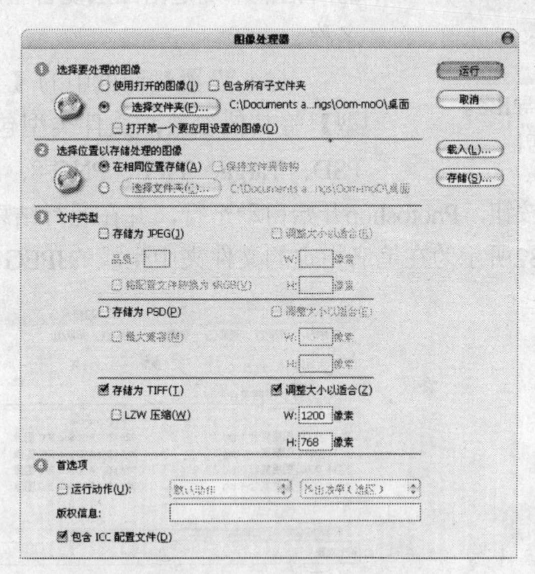

图15.29　【图像处理器】对话框

（2）选择要处理的图像文件，可以通过选中【使用打开的图像】复选框来处理任何打开的文件，也可以通过点按选择文件夹(F)...按钮，在弹出的对话框中选择处理一个文件夹中的文件，如果希望处理当前选择的文件夹中所有子文件夹中的图像，应该选中【包含所有子文件夹】复选框。

（3）选择处理后图像文件保存的位置，可以选中【在相同位置存储】选项在相同的文件夹中保存文件，也可以点按选择文件夹(C)...按钮，在弹出的对话框中选择一个文件夹用于保存处理后的图像文件，如果希望处理后所有的子文件夹中的图像仍然保存在同名文件夹中，要选中【保持文件夹结构】复选框。

（4）选择要存储的文件类型和选项，在此区域可以选择将处理的图像文件保存为JPEG、PSD、TIFF中的一种或几种。如果选中【调整大小以适合】复选框，则可以分别在W和H数值输入框中输入的尺寸，使处理后的图像恰合此尺寸。

（5）设置其他处理选项，如果还需要对处理的图像运行动作中定义的命令，选择【运行动作】复选框，并在其右侧选择要运行的动作。选择【包含 ICC 配置文件】可以在存储的文件中嵌入颜色配置文件。

（6）设置完所有选项后，点按运行按钮。

15.3.2 将图层复合导出到文件

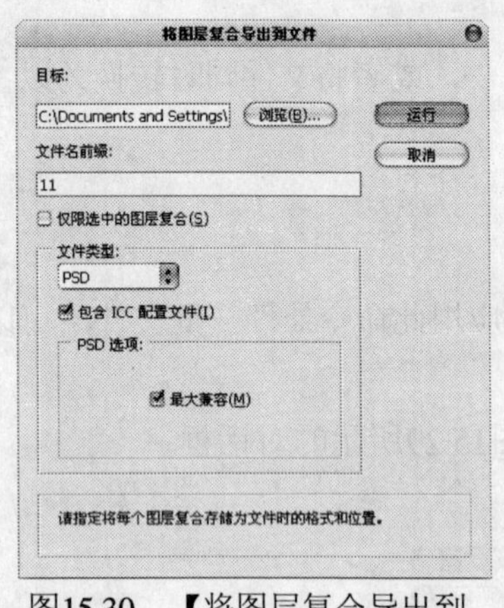

图15.30 【将图层复合导出到文件】对话框

【文件】|【脚本】|【图层复合导出到文件】命令能够将当前图像中的每一个图层复合导出成为一个文件，选择此命令后，弹出的对话框如图15.30所示。

要使用此命令可以参考以下操作步骤。

（1）在当前图像中创建若干个图层复合。

（2）选择【文件】|【脚本】|【图层复合导出到文件】命令，在弹出的对话框中点按浏览(B)...按钮，在弹出的对话框中确定由图层复合生成的文件保存的位置及其名称。

（3）设置对话框中的【文件名前缀】、【文件类型】等其他参数，文件类型包括BMP、JPEG、PDF、PSD、Targa、TIFF、PNG-8、PNG-24等8类。

（4）点按运行按钮，Photoshop开始自动运行，并在运行结束后，弹出如图15.31所示的提示对话框，如图15.32所示为在笔者指定的文件夹中生成的JPEG格式文件。

图15.31 提示对话框

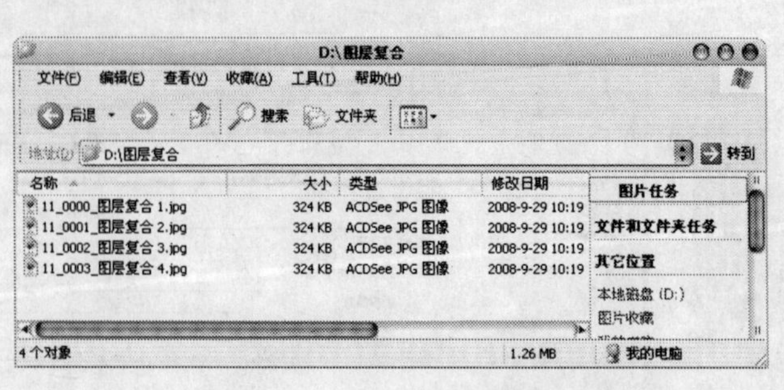

图15.32 生成的JPEG格式文件

15.3.3　将图层导出到文件

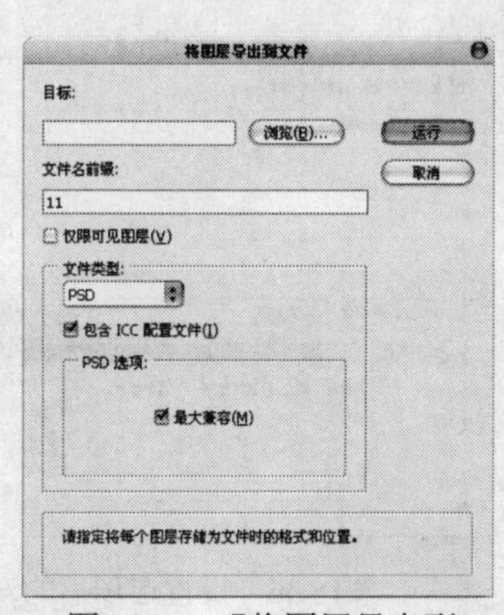

图15.33　【将图层导出到文件】对话框

【文件】|【脚本】|【将图层导出到文件】命令与【图层复合导出到文件】不同，用于将图像中的每一个图层导出成为一个单独的文件，选择此命令后，弹出的对话框如图15.33所示。

要使用此命令可以参考以下操作步骤。

（1）在当前图像中创建若干个图层。

（2）选择【文件】|【脚本】|【将图层导出到文件】命令，在弹出的对话框中点按浏览(B)...按钮，在弹出的对话框中确定由图层生成的文件保存的位置及其名称。

（3）设置对话框中的【文件名前缀】、【文件类型】等其他参数。

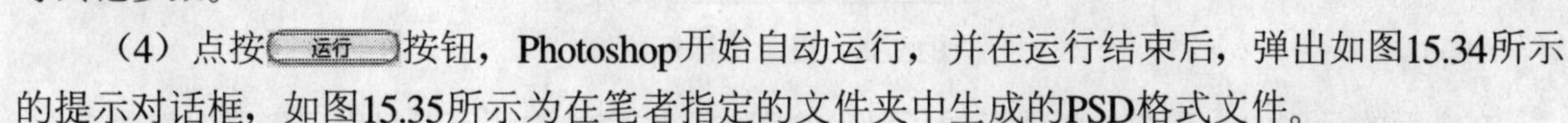

（4）点按运行按钮，Photoshop开始自动运行，并在运行结束后，弹出如图15.34所示的提示对话框，如图15.35所示为在笔者指定的文件夹中生成的PSD格式文件。

图15.34　提示对话框

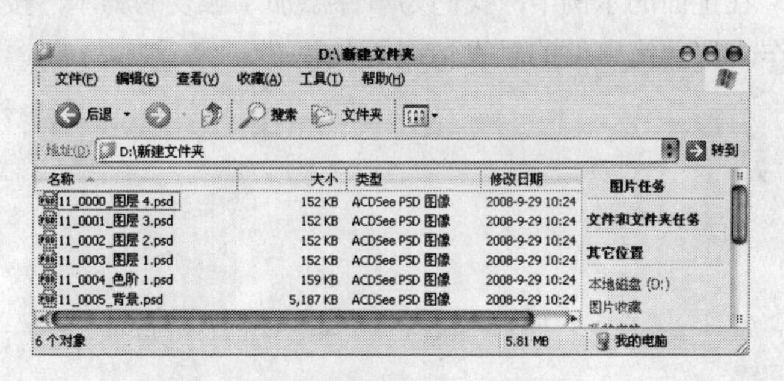

图15.35　生成的PSD格式文件

15.3.4　脚本事件管理器

脚本事件管理器是Photoshop提供的，用于为我们在Photoshop中所执行的操作定义触发脚本事件的功能。

下面我们通过一个小示例，讲解如何使用此命令。在本示例中，我们实现的效果是，在Photoshop中新建文件后自动弹出一个小的提示框显示已激活脚本。

（1）选择【文件】|【脚本】|【脚本事件管理器】命令，在弹出的对话框中选中【启用事件以运行脚本/动作】复选框。

（2）在【Photoshop事件】下拉列表框中选择【新建文档】选项，在【脚本】下拉列表框中选择【欢迎】选项，如图15.36所示。Photoshop 在此提供了多个示例脚本可供选取，如果要运行其他脚本，选择【浏览】选项。

（3）点按添加(A)按钮，此时的对话框如图15.37所示。

（4）点按完成(D)按钮，退出对话框。

（5）新建一个文档，Photoshop会自动弹出如图15.38所示的对话框，表明已经激活了脚本事件。

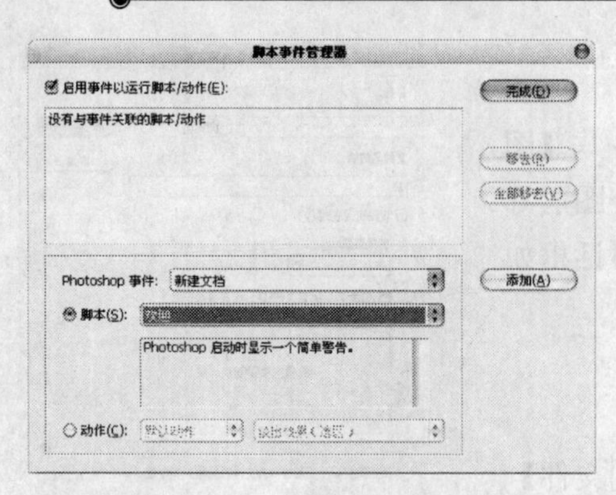

图15.36　设置选项后的对话框

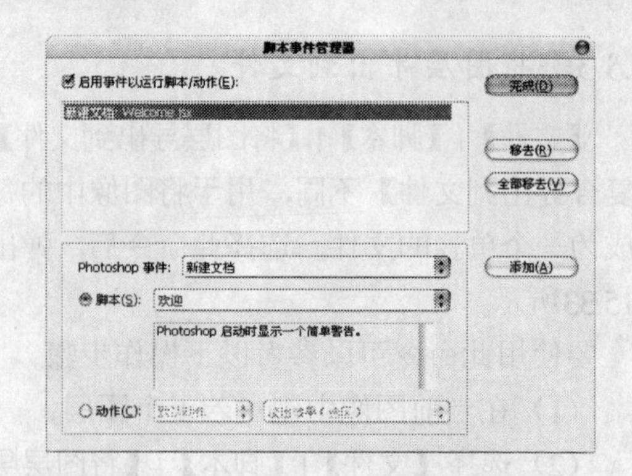

图15.37　添加事件后的对话框

图15.38　提示对话框

在上面的示例中，我们为事件添加了触发的脚本，按同样方法可以触发已经录制好的一个动作，从而使事件的触发情况更加复杂。

第16章 综 合 案 例

在前面的15章中已经讲解了Photoshop CS4的基础知识，本章讲解10个综合案例，每个案例都有不同的知识侧重点，希望读者在认真阅读“例前导读”及“核心技术”后，练习这些案例，相信读者会融会贯通前面所学习的工具、命令与重要概念。

16.1　名兰仕微波炉广告设计

例前导读

本例是以名兰仕微波炉为主题的广告设计作品。在制作的过程中，主要以处理背景中的烟雾、旋转的光线以及各个功能图像为核心内容。另外，画面中的文字也很好地表现了各个功能的用途，足以让消费者产生信赖。

核心技能

- 利用图层蒙版功能隐藏不需要的图像。
- 结合“高斯模糊”及“动感模糊”的功能制作图像的模糊效果。
- 应用调整图层的功能，调整图像的色彩等属性。
- 通过设置图层属性以混合图像。
- 应用形状工具绘制形状。
- 结合路径以及渐变填充图层的功能制作图像的渐变效果。

效果文件：配套资料\第16章\16.1.psd。

操作步骤

（1）打开随书配套资料中的文件“第16章\16.1-素材1.psd”，如图16.1所示。现在制作烤箱背后的烟雾效果。

（2）选择“背景”图层作为当前的工作层，打开随书配套资料中的文件“第16章\16.1-素材2.psd”，使用移动工具将其拖至上一步打开的文件中，按如图16.2所示的位置进行摆放，同时得到“图层1”。

（3）点按添加图层蒙版按钮为“图层1”添加蒙版，设置前景色为黑色，选择画笔工具，在其工具选项条中设置适当的画笔大小及不透明度，在图层蒙版中进行涂抹，以将左侧及下方的图像隐藏，直至得到如图16.3所示的效果。

图16.1　素材图像

图16.2　摆放图像

图16.3　添加图层蒙版后的效果

（4）选择“图层1”图层缩览图，选择【滤镜】|【模糊】|【高斯模糊】命令，在弹出的对话框中设置【半径】数值为2，得到如图16.4所示的效果。

（5）点按创建新的填充或调整图层按钮，在弹出菜单中选择【黑白】命令，得到图层“黑白1”，按⌘+option+G组合键执行【创建剪贴蒙版】操作，设置弹出的面板如图16.5所示，得到如图16.6所示的效果。

图16.4 模糊后的效果

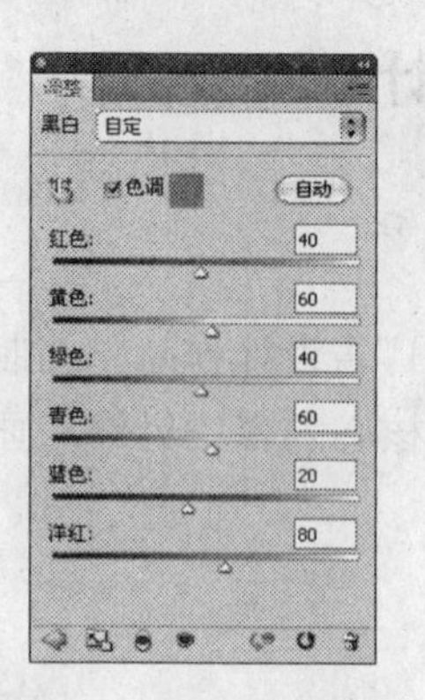

图16.5 【黑白】面板

图16.6 应用【黑白】后的效果

提示 在【黑白】面板中，颜色块的颜色值为008da7。

（6）选中“图层1”和“黑白1”，并将选中的图层拖至创建新图层按钮上得到相应的副本图层，将“图层1副本”蒙版删除，然后选择【滤镜】|【模糊】|【高斯模糊】命令，在弹出的对话框中设置【半径】数值为21，得到如图16.7所示的效果。

（7）按照（3）的操作方法为“图层1副本”添加蒙版，应用画笔工具在蒙版中进行涂抹，以将左侧的图像隐藏起来，得到的效果如图16.8所示。【图层】面板如图16.9所示。

图16.7 模糊后的效果

图16.8 添加图层蒙版后的效果

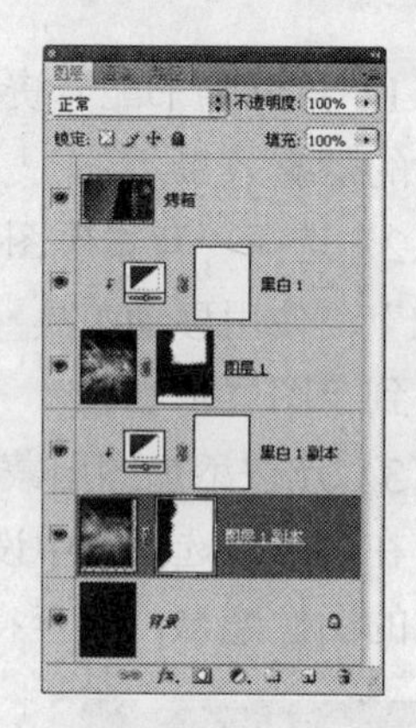

图16.9 【图层】面板

提示 至此，烟雾效果已制作完成。下面制作旋转式的动感光影效果。

（8）选择“黑白1”作为当前的工作层，打开随书配套资料中的文件“第16章\16.1-素材3.psd”，使用移动工具将其拖至上一步制作的文件中，得到“图层2”。按⌘+T组合键调出自由变换控制框，在控制框内按⌘键点按，在弹出菜单中选择【旋转90度（顺时针）】命令，并调整图像的位置，按enter键确认操作。得到的效果如图16.10所示。

（9）选择【滤镜】|【扭曲】|【旋转扭曲】命令，在弹出的对话框中设置【角度】为999度，得到如图16.11所示的效果。设置“图层2”的混合模式为“变亮”，以混合图像，再次利用自由变换控制框调整图像的角度及位置，得到的效果如图16.12所示。

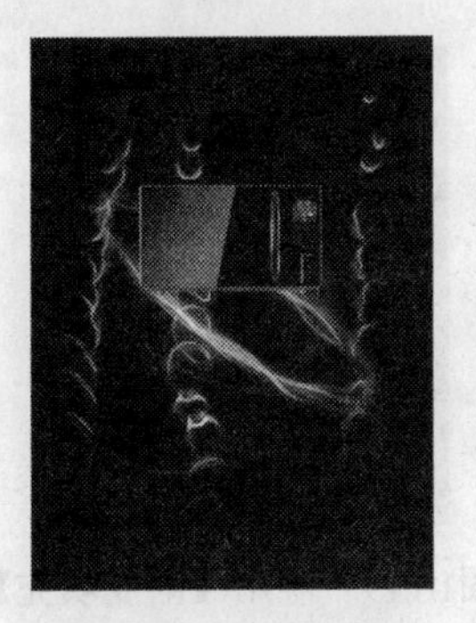

图16.10　调整图像

图16.11　应用【旋转扭曲】后的效果

图16.12　设置混合模式及变换后的效果

（10）点按创建新的填充或调整图层按钮，在弹出的菜单中选择【色相/饱和度】命令，得到图层“色相/饱和度1”，按⌘+option+G组合键执行【创建剪贴蒙版】操作，设置弹出的面板如图16.13所示，得到如图16.14所示的效果。【图层】面板如图16.15所示。

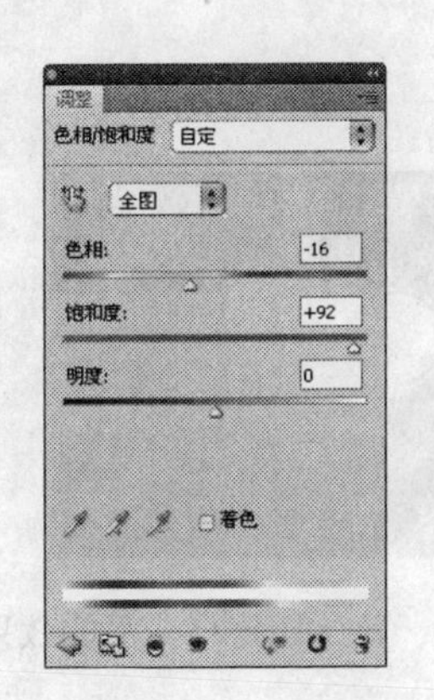

图16.13　【色相/饱和度】面板

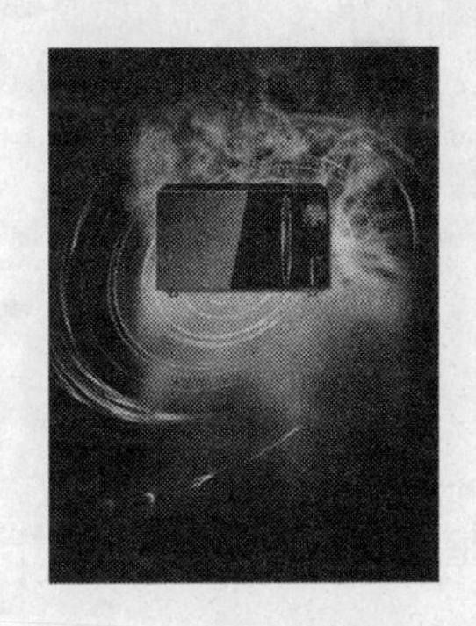

图16.14　调色后的效果

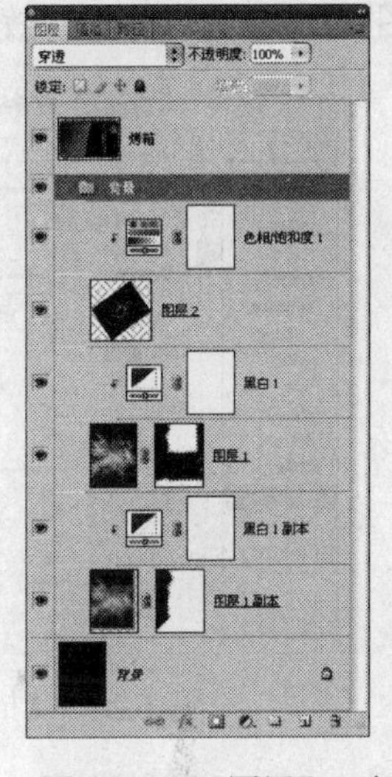

图16.15　【图层】面板

提示　为了方便图层的管理，在此将制作背景的图层选中，按⌘+G组合键执行“图层编组”操作得到“组1”，并将其重命名为“背景”。在下面的操作中，笔者也对各部分进行了编组的操作，在步骤中不再叙述。下面制作微波炉的功能。

（11）设置前景色的颜色值为e2e7ea，选择钢笔工具，在工具选项条上选择形状图层按钮，在微波炉的左下方绘制如图16.16所示的形状，得到“形状1”。

（12）选择钢笔工具，在工具选项条上选择路径按钮，在上一步绘制的形状内绘制如图16.17所示的路径。

（13）点按创建新的填充或调整图层按钮，在弹出的菜单中选择【渐变】命令，设置弹出的对话框如图16.18所示，点按【确定】按钮退出对话框，隐藏路径后的效果如图16.19所示，同时得到图层“渐变填充1”。

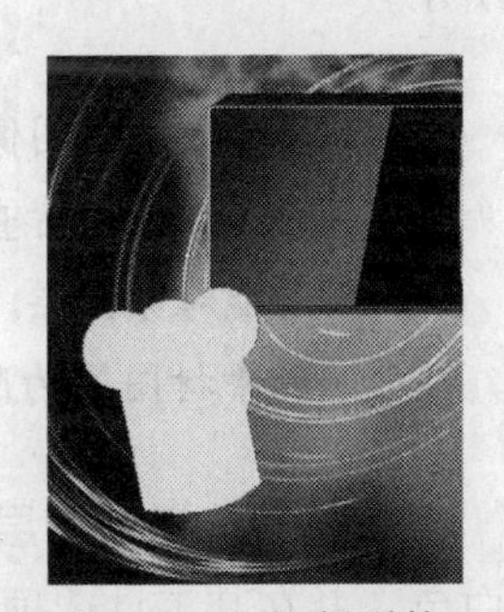

图16.16　绘制形状

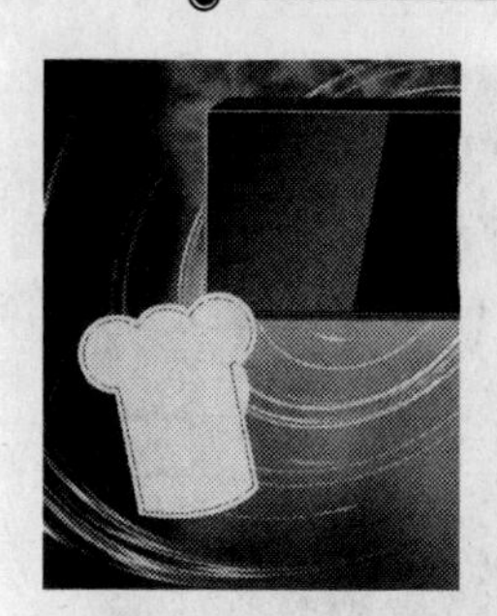
图16.17　绘制路径

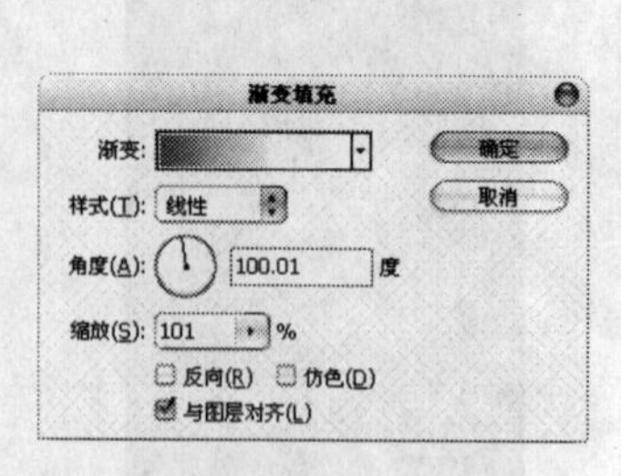

图16.18　【渐变填充】对话框

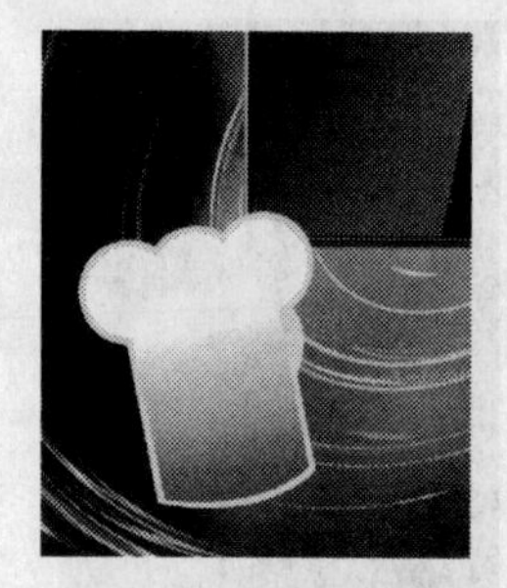
图16.19　应用【渐变填充】后的效果

在【渐变填充】对话框中，渐变类型的各色标颜色值从左至右分别为dd3c5d、ffc600和ffffff。

（14）点按添加图层样式按钮 *fx*，在弹出菜单中选择“描边”命令，设置弹出的对话框如图16.20所示，得到的效果如图16.21所示。

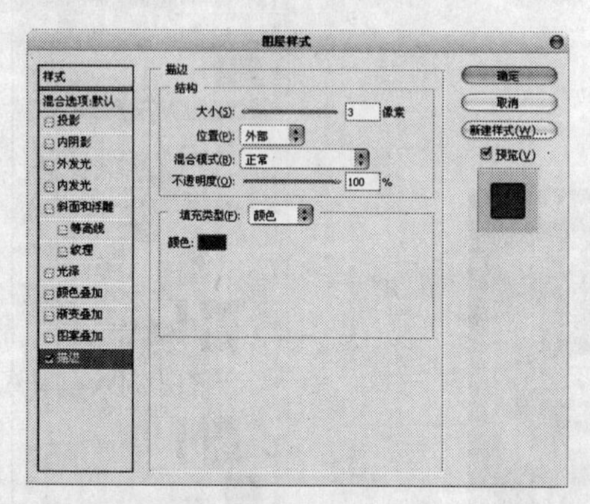

图16.20　【描边】对话框

图16.21　添加图层样式后的效果

在【描边】对话框中，颜色块的颜色值为940b12。

（15）根据前面所讲解的操作方法，结合形状工具、路径、渐变填充、图层蒙版、图层属性以及滤镜等功能，制作图形、食物及其投影效果，如图16.22所示。【图层】面板如图16.23所示。

本步中关于图像的颜色值、渐变填充以及动感模糊的参数设置请参考最终效果源文件。为了方便读者查看【动感模糊】对话框中的参数设置，笔者将“图层3副本”转换成了智能对象图层，并设置“图层3副本”的混合模式为“滤色”。另外，本步中所应用到的素材图像为随书配套资料中的文件“第16章\16.1-素材4.psd”。

（16）选择“图层3”作为当前的工作层，选择横排文字工具T，设置前景色的颜色值为白色，并在其工具选项条上设置适当的字体和字号，在画布中输入文字“煮”，并利用自由变换控制框调整文字的角度及位置，得到的效果如图16.24所示。

图16.22 制作图形、食物及投影效果

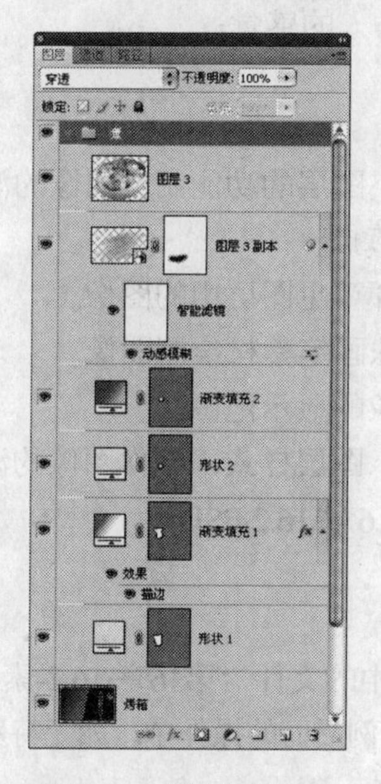

图16.23 【图层】面板

图16.24 制作文字效果

（17）最后，根据前面所讲解的操作方法，结合复制图层、素材图像、图层属性、图层蒙版以及文字工具等功能，制作画面中的其他功能及文字效果，得到的最终效果如图16.25所示。【图层】面板如图16.26所示。

图16.25 最终效果

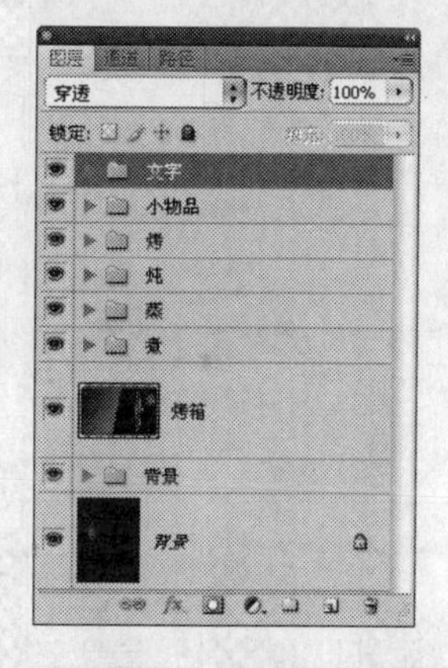

图16.26 【图层】面板

提示 本步中所应用到的素材图像为随书配套资料中的文件“第16章\16.1-素材5.psd”～“第16章\16.1-素材8.psd”。其中“第16章\16.1-素材8.psd”是以组的形式给出的。另外，在制作的过程中，各参数的设置请参考最终效果源文件。

16.2 金玉良缘酒包装设计

例前导读

本例是以金玉良缘为主题的酒包装设计作品。在制作的过程中，设计师在颜色表现上，以红、黄作为主体图像部分的主色调，配合适当的明暗处理，给人以沉稳、古色古香的视觉感受，以突出酒的温暖亲近、香味诱人的感觉。

核心技能

- 结合路径以及渐变填充图层的功能制作图像的渐变效果。
- 应用选择工具编辑节点。
- 应用【盖印】命令合并可见图层中的图像。
- 结合画笔工具及特殊画笔素材绘制图像。
- 利用剪贴蒙版限制图像的显示范围。
- 通过添加"渐变叠加"图层样式，制作图像的渐效果。

效果文件：配套资料\第16章\16.2.PSD。

操作步骤

（1）打开随书配套资料中的文件"第16章\16.2-素材1.psd"，如图16.27所示，对应的【图层】面板如图16.28所示。在本例后面的操作中，如无特殊说明，则所有的图层均位于图层组"刀版图及图注"下方。

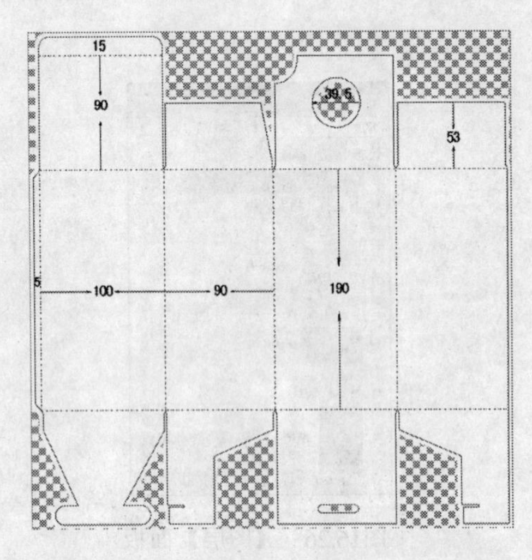

图16.27　刀版图

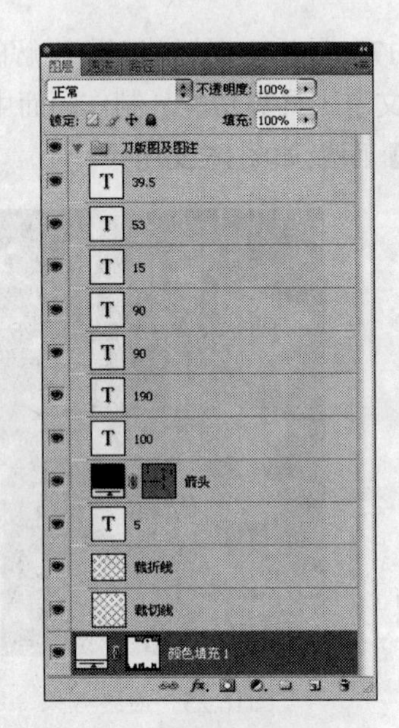

图16.28　"图层"面板

提示　此处给出的素材是包装的刀版图，其中已经标示了包装各部分的尺寸，该尺寸是在包装设计之初与客户进行讨论后确定下来的数据，再配合对包装结构的设计制作得到此处的刀版图。在本例下面的操作中，我们主要是对包装上的内容进行设计，即包装装潢设计，这也是绝大部分包装设计师最常遇到的包装设计工作。

刀版图中最常见的是实线与虚线两种线条，实线是裁切线，用于确认最后印刷时包装的裁切边缘，因此在该线条以外的区域，应该保留至少3mm的出血尺寸（裁切线外的白色区域），以避免由于印刷跑位，导致包装边缘出现杂边的情况。刀版图中的虚线是裁折线，代表了线条所在的位置是向内进行折叠。如果要表现向外折叠，可以使用比裁切线细一些的实线进行标注。

（2）为了在设计包装时更好地确认各部分的范围，我们可以按⌘+R组合键显示标尺（再次按⌘+R组合键即可隐藏标尺。），然后在包装的各个位置添加参考线。在本例的素材中，已经添加了对应的参考线，读者可以选择【视图】|【显示】|【参考线】命令，或按⌘+;组合键显示参考线，如图16.29所示。

下面将开始制作包装正面上的图像内容，为便于操作，我们可以隐藏图层组【刀版图及图注】，而仅显示参考线。

（3）选择矩形工具，并在其工具选项条中选择路径按钮，沿着正、背以及两侧面的轮廓绘制路径，如图16.30所示。

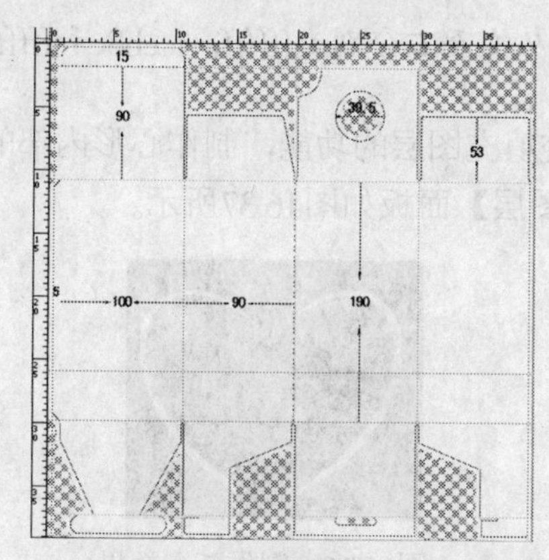

图16.29　显示辅助线

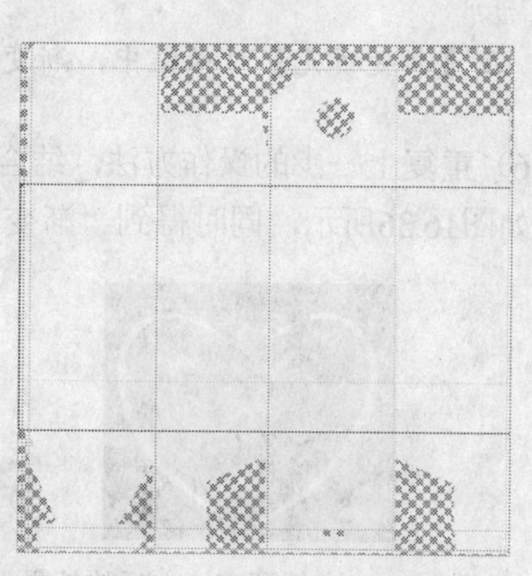

图16.30　绘制路径

（4）选择【图层】|【新建填充图层】|【渐变】命令，在弹出的【新建图层】对话框中将【使用前一图层创建剪贴蒙版】复选框勾选，点按【确定】按钮退出对话框，然后设置弹出的【渐变填充】对话框如图16.31所示，得到如图16.32所示的效果，同时得到“渐变填充1”。

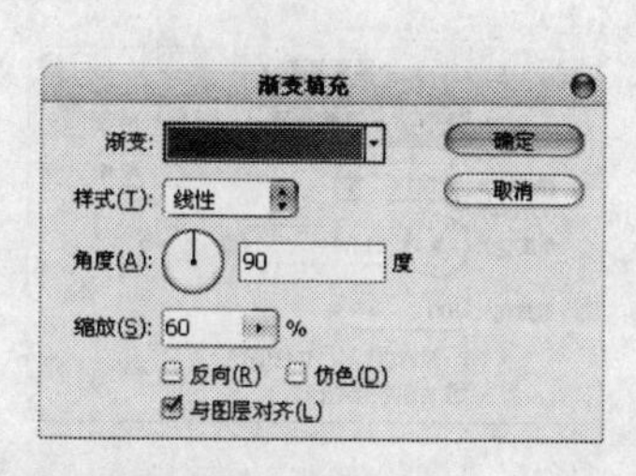

图16.31　【渐变填充】对话框

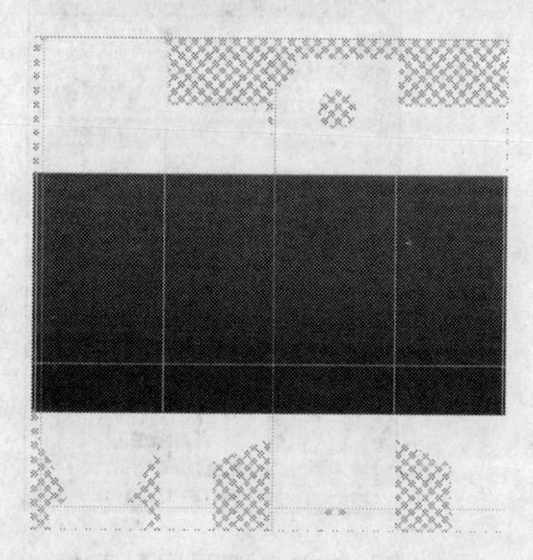

图16.32　应用渐变填充后的效果

在【渐变填充】对话框中，渐变类型为“从a31334到f2184a”。下面制作心形图像。

（5）选择钢笔工具，在工具选项条上选择路径按钮，在正面绘制如图16.33所示的路径。点按创建新的填充或调整图层按钮，在弹出的菜单选择【渐变】命令，设置弹出的对话框如图16.34所示，得到如图16.35所示的效果，同时得到图层“渐变填充2”。

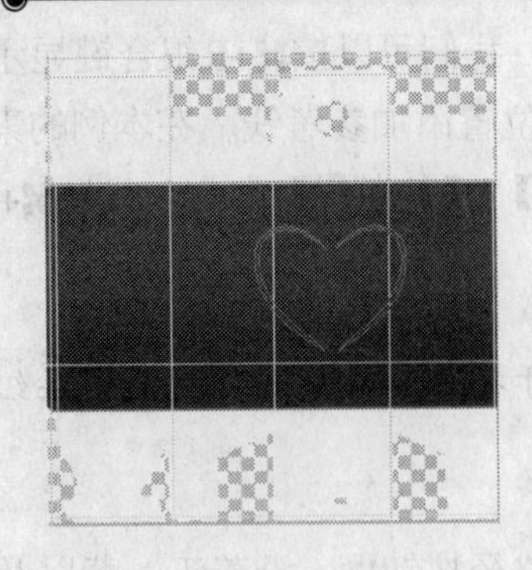

图16.33　绘制路径

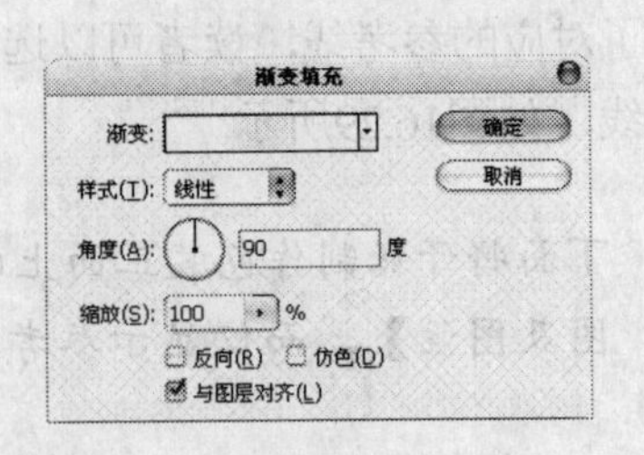

图16.34　【渐变填充】对话框

提示　在【渐变填充】对话框中，渐变类型各色标值从左至右分别为ffffff、fceb8c和ffffff。

（6）重复上一步的操作方法，结合路径以及渐变填充图层的功能，制作心形内部的渐变效果，如图16.36所示，同时得到“渐变填充3”。【图层】面板如图16.37所示。

图16.35　应用渐变填充后的效果

图16.36　制作渐变效果

提示　本步中关于【渐变填充】对话框中的参数设置如图16.38所示。其中渐变类型各色标值从左至右分别为901331、ee184b和901331。

图16.37　【图层】面板

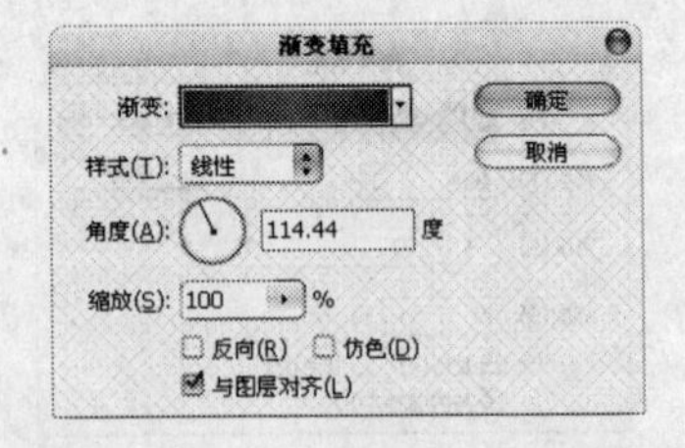

图16.38　【渐变填充】对话框

提示　为了方便图层的管理，在此将制作心形的图层选中，按⌘+G组合键执行“图层编组”操作得到“组1”，并将其重命名为“心形”。在下面的操作中，笔者也对各部分进行了编组的操作，在相应步骤中不再叙述。下面制作心形内部的文字图像。

（7）选择横排文字工具T，设置前景色的颜色值为faf07d，并在其工具选项条上设置适当的字体和字号，在心形图像中输入文字“金玉良缘”，如图16.39所示，同时得到相应的文字图层。在文字图层名称上按⌘键点按，在弹出菜单中选择【转换为形状】命令，从而将文字转换为形状，以方便下面编辑文字的形态。此时文字状态如图16.40所示。

图16.39　输入文字

图16.40　转换为形状后的状态

（8）为了方便操作将图像的显示比例放大到300%，利用选择工具，将文字“金”选中，拖动上方“撇”尾部的节点及控制句柄，使文字“金”具有艺术效果，如图16.41所示。

（9）接着，在文字形状图层矢量蒙版激活的状态下，选择钢笔工具，并在其工具选项条中选择形状图层按钮以及添加到形状区域按钮，在“金”字的底部绘制形状，如图16.42所示。

图16.41　编辑节点

图16.42　绘制形状

（10）按照上一步的操作方法，利用钢笔工具继续在文字“玉”以及“良”的底部绘制装饰图形，如图16.43所示。

（11）点按添加图层样式按钮 fx，在弹出菜单中选择【渐变叠加】命令，设置弹出的对话框如图16.44所示，得到的效果如图16.45所示。

图16.43　绘制其他形状

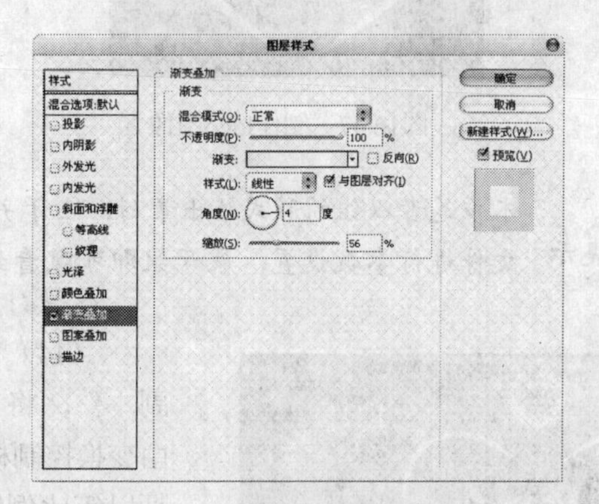

图16.44　【渐变叠加】对话框

提示　在【渐变叠加】对话框中，渐变类型各色标值从左至右分别为fbf07d、ffffff和fbf07d。

（12）保持前景色不变，按照（7）的操作方法，利用横排文字工具T，在主题文字的下方输入相关文字信息，如图16.46所示，同时得到文字图层“Ji......”和“净含量......”

图16.45　添加图层样式后的效果

图16.46　输入文字

至此，文字图像已制作完成。下面制作logo图像。

（13）打开随书配套资料中的文件“第16章\16.2-素材2.psd”，使用移动工具将其拖至上一步制作的文件中，并置于心形图像的上方，如图16.47所示，同时得到组“logo”。【图层】面板如图16.48所示。

图16.47　制作logo图像

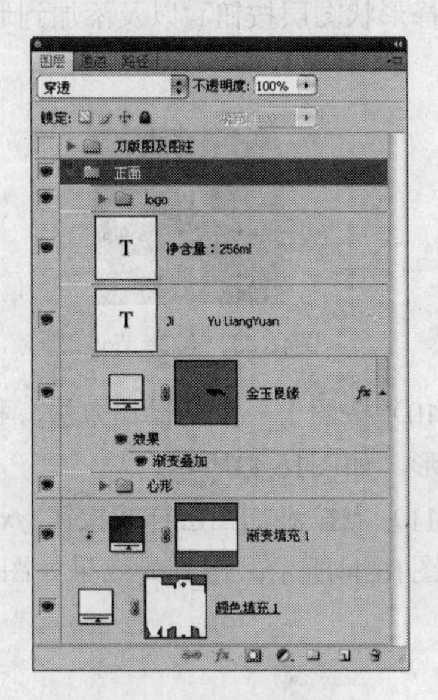

图16.48　【图层】面板

本步笔者以组的形式给出素材，由于并非本例讲解的重点，读者可以参考最终效果源文件进行参数设置，展开组即可观看到操作的过程。下面制作右侧面的图像效果。

图16.49　复制及调整文字图像

（14）复制文字形状图层“金玉良缘”得到“金玉良缘副本”，将其拖至组“正面”的上方，按⌘+T组合键调出自由变换控制框，按option+shift组合键向内拖动右上角的控制句柄以等比例缩小图像，并移至右侧面的上方，按enter键确认操作，得到的效果如图16.49所示。

（15）按照前面所讲解的操作方法，结合素材图像以及文字工具等功能，制作右侧面中的标志、条形码以及相关文字信息，如图16.50所示。【图层】面板如图16.51所示。

图16.50　制作其他图像效果

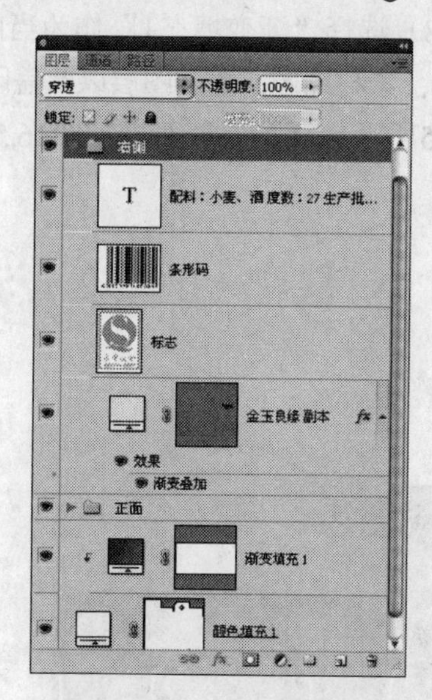

图16.51　【图层】面板

本步所应用到的素材图像为随书配套资料中的文件“第16章\16.2-素材3.psd”和“第16章\16.2-素材4.psd”。至此，正面及右侧面中的图像已制作完成。下面制作背面及左侧面中的图像。

（16）选择组“正面”，按⌘+option+E组合键执行“盖印”操作，从而将选中图层中的图像合并至一个新图层中得到“正面（合并）”，使用移动工具将其移至包装的背面，如图16.52所示。

（17）按照上一步的操作方法，结合盖印以及移动工具，制作左侧面及右侧面右侧的心形边缘，如图16.53所示。【图层】面板如图16.54所示。

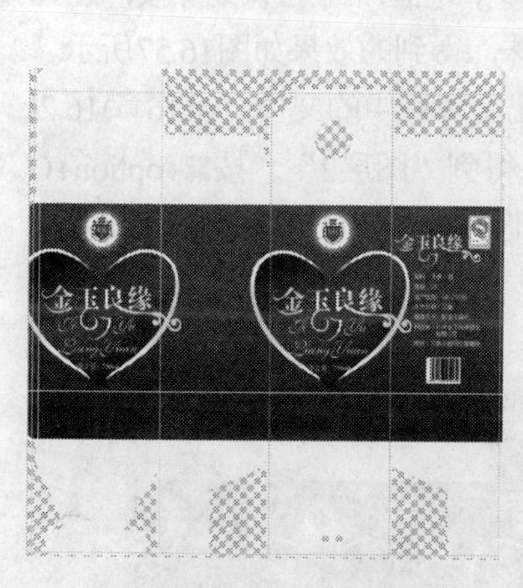

图16.52　盖印及移动图像

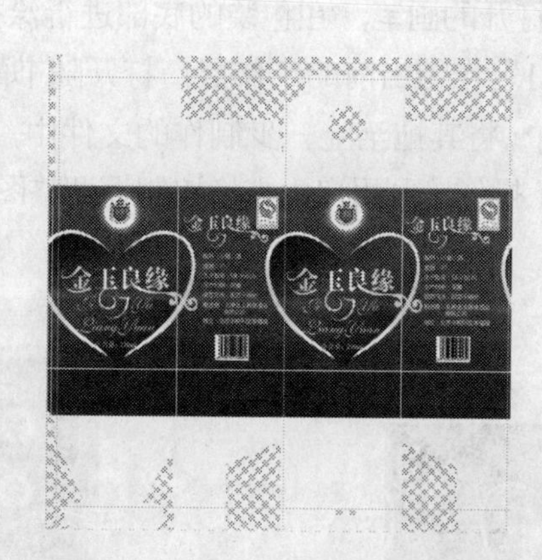

图16.53　制作左侧面及心形边缘

图16.54　【图层】面板

在制作的过程中，还需要注意图层间的顺序。下面制作包装底部、顶盖以及各个面边缘的内容图像。

（18）选择“渐变填充1”作为当前的工作层，根据前面所讲解的操作方法，给合路径、填充图层、素材图像、复制图层以及盖印等功能，制作包装底部、顶盖以及各个面的边缘图像，如图16.55所示。【图层】面板如图16.56所示。

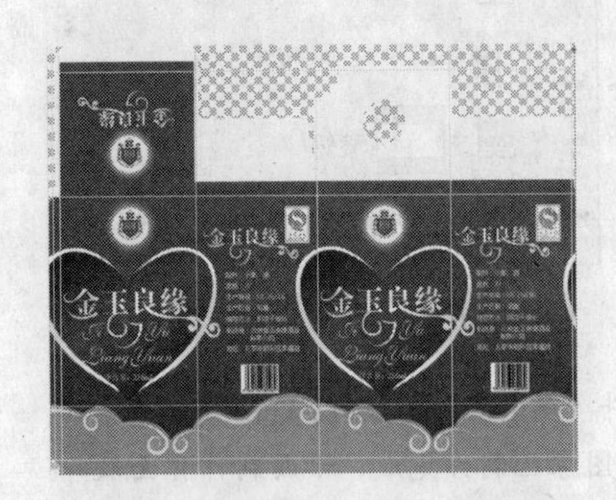

图16.55　制作其他区域中的图像

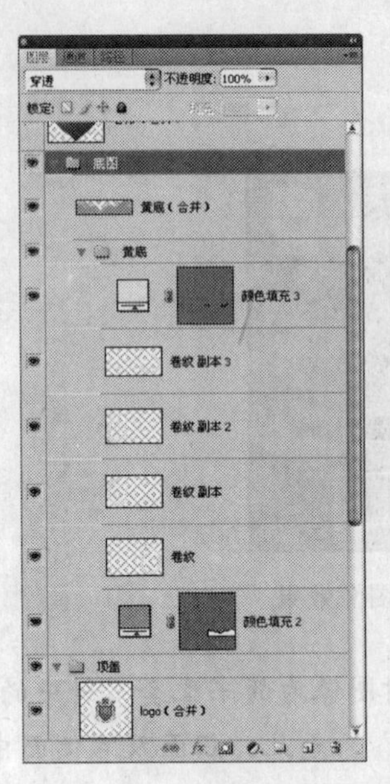

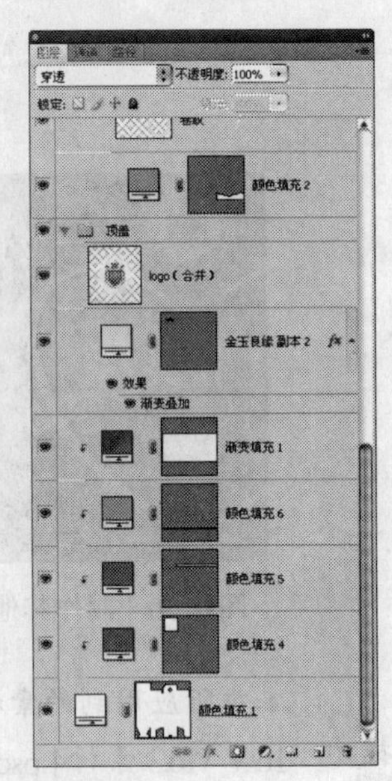

图16.56　【图层】面板

提示　在本步操作过程中，笔者没有给出图像的颜色值，读者可依自己的审美进行颜色搭配。卷纹的素材文件为随书配套资料中的文件“第16章\16.2-素材5.psd”。另外，在制作的过程中，还需要注意各个图层间的顺序。下面制作包装中的装饰点以及底纹效果，完成制作。

（19）在组“底图”的上方新建“图层1”，设置前景色为白色，背景色为fbf07d，打开随书配套资料中的文件“第16章\16.2-素材6.abr”，选择画笔工具，在画布中按⌘键点按，在弹出的画笔显示框中选择刚刚打开的画笔，在包装的底部进行涂抹，得到的效果如图16.57所示。

（20）选择“渐变填充1”作为当前的工作层，打开随书配套资料中的文件“第16章\16.2-素材7.psd”，使用移动工具将其拖至上一步制作的文件中，得到“图层2”。按⌘+option+G组合键执行【创建剪贴蒙版】操作，利用自由变换控制框调整图像的大小及位置，状态如图16.58所示。按enter键确认操作。

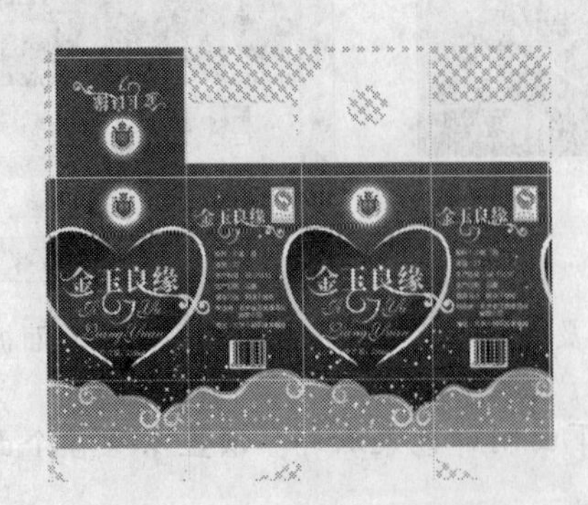

图16.57　涂抹后的效果

图16.58　变换状态

（21）设置“图层2”的混合模式为“滤色”，不透明度为60%，以混合图像，得到的效果如图16.59所示。

（22）点按添加图层蒙版按钮为“图层2”添加蒙版，设置前景色为黑色，选择画笔工具，在其工具选项条中设置适当的画笔大小及不透明度，在图层蒙版中进行涂抹，以将右侧面中生硬的边缘隐藏。如图16.60所示为隐藏前后对比效果。

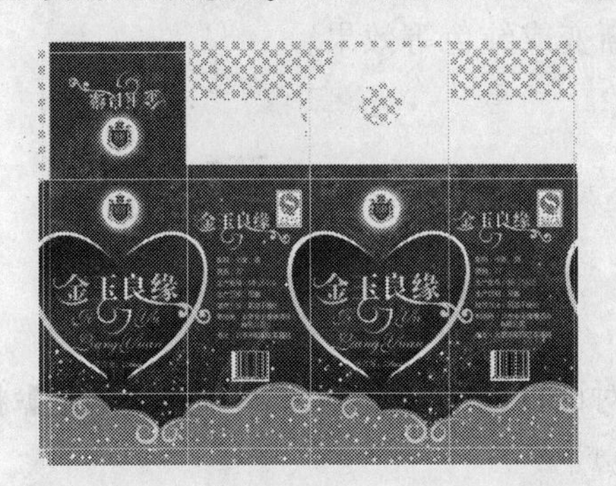

图16.59　设置图层属性后的效果

图16.60　添加蒙版前后对比效果

（23）至此，完成本例的操作，最终整体效果如图16.61所示。【图层】面板如图16.62所示。

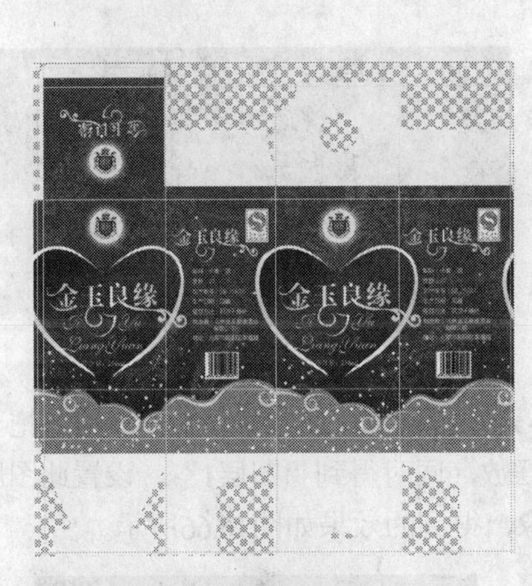

图16.61　最终效果

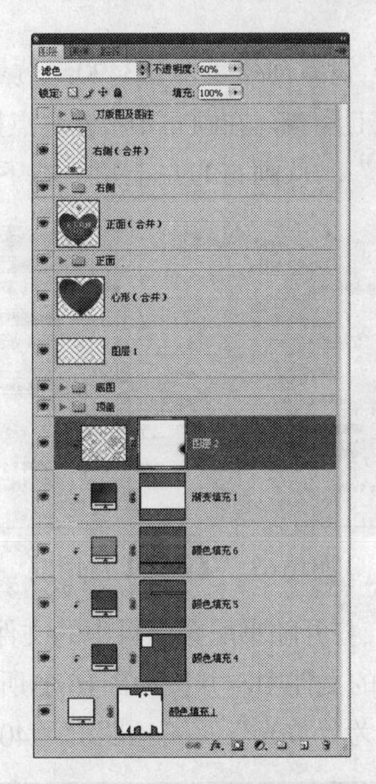

图16.62　【图层】面板

16.3　音乐酒会海报设计

例前导读

本例是以音乐酒会为主题的海报设计作品。在制作的过程中，设计师以深蓝色到浅蓝色的渐变效果作为本例的底图，给人一种无界的空间感，也突出了主题声势之庞大。另外，画面中的艺术效果文字以及花纹图像也起到了很好的装饰作用。

核心技能

- 通过设置图层属性以混合图像。
- 通过添加图层样式，制作图像的渐变、投影等效果。
- 利用图层蒙版功能隐藏不需要的图像。
- 结合路径以及填充图层的功能，制作图像的渐变或纯色等效果。
- 结合画笔工具及特殊画笔素材绘制图像。
- 利用变换功能调整图像的大小、角度及位置。

效果文件：配套资料\第16章\16.3.psd。

操作步骤

（1）按⌘+N组合键新建一个文件，设置弹出的对话框如图16.63所示，点按【确定】按钮退出对话框，以创建一个新的空白文件。

提示 下面结合渐变工具及图层属性等功能制作背景图像。

（2）设置前景色为103490，背景色为109ae9，选择渐变工具，并在其工具选项条中选择线性渐变工具，在画布中按⌘键点按，在弹出的渐变显示框中选择渐变类型为“前景色到背景色渐变”，从画布的左上角至右下角绘制渐变，得到的效果如图16.64所示。

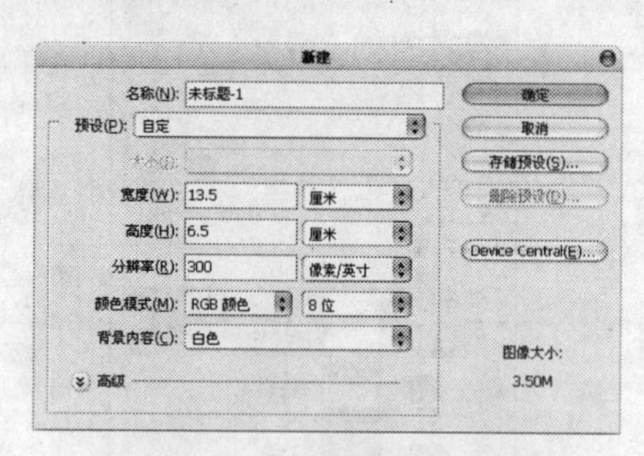

图16.63 【新建】对话框

图16.64 绘制渐变

（3）打开随书配套资料中的文件“第16章\16.3-素材1.psd”，使用移动工具将其拖至上一步制作的文件中，并按如图16.65所示的位置进行摆放，同时得到“图层1”。设置此图层的混合模式为“柔光”，不透明度为40%，以混合图像，得到的效果如图16.66所示。

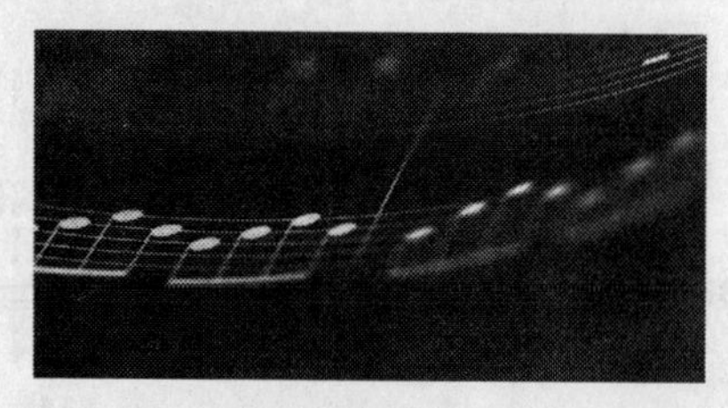

图16.65 摆放素材图像

图16.66 设置图层属性后的效果

提示 至此，背景图像已制作完成。下面制作文字图像。

（4）打开随书配套资料中的文件“第16章\16.3-素材2.psd”，使用移动工具将其拖至上一步制作的文件中，并置于画布的中间，如图16.67所示。同时得到“图层2”。

（5）打开随书配套资料中的文件“第16章\16.3-素材3.asl”，选择【窗口】|【样式】命令，以显示【样式】面板，选择刚打开的样式（通常是面板中的最后一个）为“图层2”应用样式，此时图像效果如图16.68所示。

图16.67　摆放文字图像

图16.68　应用图层样式后的效果

（6）按照（4）～（5）的操作方法，结合素材图像及图层样式等功能，制作其他文字及花纹图像，如图16.69所示。【图层】面板如图16.70所示。

图16.69　制作其他文字及花纹图像

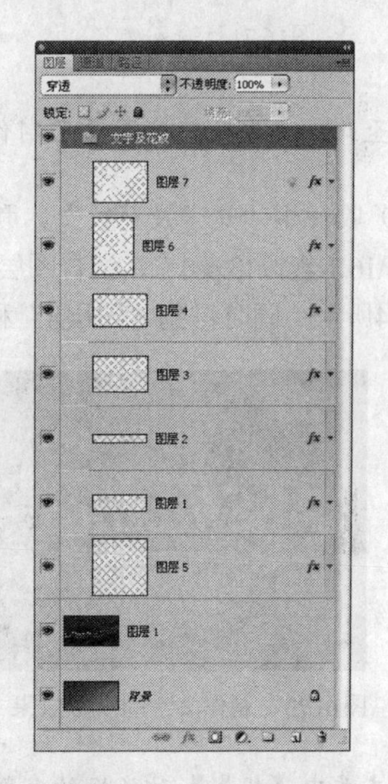

图16.70　【图层】面板

提示

本步所应用到的素材为随书配套资料中的文件“第16章\16.3-素材4.psd”～“第16章\16.3-素材11.asl”；其中“图层2”～“图层5”应用的样式同“图层1”一样，“图层6”和“图层7”应用的样式分别为“第16章\16.3-素材10.asl”和“第16章\16.3-素材11.asl”。另外，在制作的过程中，还需要注意各个图层间的顺序。

为了方便图层的管理，在此将制作文字及花纹的图层选中，按⌘+G组合键执行【图层编组】操作得到“组1”，并将其重命名为“文字及花纹”。在下面的操作中，笔者也对各部分进行了编组的操作，在相应步骤中不再叙述。

（7）选择“图层7”作为当前的工作层，选择横排文字工具，设置前景色的颜色值为白色，并在其工具选项条上设置适当的字体和字号，在主题文字的下方输入文字“北京点……”，并得到相应的文字图层，如图16.71所示。

（8）点按添加图层样式按钮，在弹出菜单中选择【投影】命令，设置弹出的对话框如图16.72所示，得到的效果如图16.73所示。

图16.71 输入文字

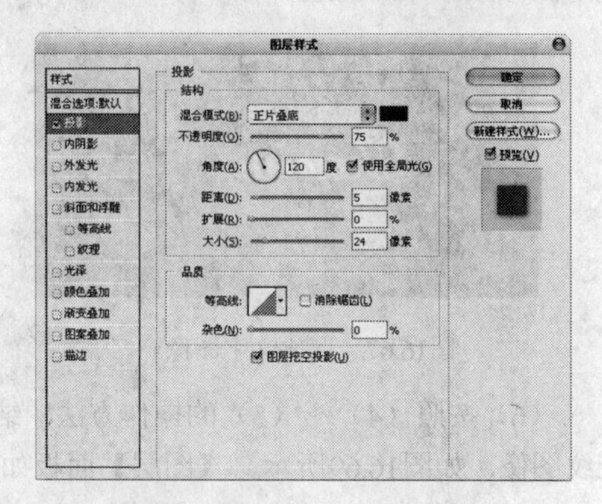

图16.72 【投影】对话框

提示 至此，文字及花纹图像已制作完成。下面制作吉他及彩带图像。

（9）收拢组“文字及花纹”，利用随书配套资料中的文件“第16章\16.3-素材12.psd”和“第16章\16.3-素材13.psd”，结合图层样式及图层属性等功能，制作右下方的吉他及彩带图像，如图16.74所示。同时得到“图层8”和“图层9”。

图16.73 制作文字的投影效果

图16.74 制作吉他及彩带图像

提示 本步中【投影】对话框的参数设置请参考最终效果源文件。在下面的操作中，会多次应用到图层样式的功能，笔者不再做相关参数的提示。另外，设置了“图层9”的混合模式为“强光”。

（10）按option键将“图层9”拖至其下方得到“图层9副本”，更改副本图层的混合模式为“变亮”，得到的效果如图16.75所示。

（11）选择“图层9”作为当前的工作层，利用随书配套资料中的文件“第16章\16.3-素材14.psd”，结合【投影】图层样式、图层属性以及复制图层等功能，制作彩带的立体感，如图16.76所示。【图层】面板如图16.77所示。

图16.75 复制及更改图层混合模式后的效果

图16.76 制作彩带的立体感

本步分别设置“图层10”及其副本图层的混合模式为“线性减淡（添加）”和“线性加深”。

（12）点按添加图层蒙版按钮为组“彩带”添加蒙版，设置前景色为黑色，选择画笔工具，在其工具选项条中设置适当的画笔大小及不透明度，在图层蒙版中进行涂抹，以制作环绕吉他的效果，如图16.78所示。

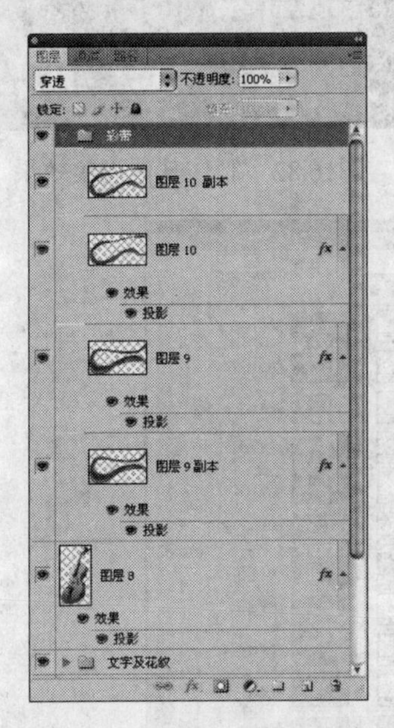

图16.77 【图层】面板

图16.78 添加图层蒙版后的效果

至此，吉他及彩带图像已制作完成。下面制作装饰吉他周围的卷纹图像。

（13）选择“图层1”作为当前的工作层，选择钢笔工具，在工具选项条上选择路径按钮，在吉他的左侧绘制如图16.79所示的路径。

（14）点按创建新的填充或调整图层按钮，在弹出菜单中选择【渐变】命令，设置弹出的对话框如图16.80所示，点按【确定】按钮退出对话框，隐藏路径后的效果如图16.81所示，同时得到图层“渐变填充1”。

在【渐变填充】对话框中，渐变类型为【白色到透明】。

图16.79 绘制路径

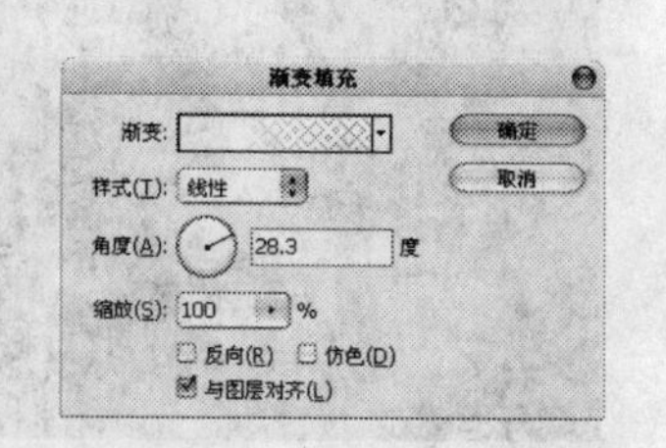

图16.80 【渐变填充】对话框

（15）按照（13）～（14）的操作方法，结合路径及填充图层的功能，制作吉他周围的卷纹图像，如图16.82所示。【图层】面板如图16.83所示。

图16.81 隐藏路径后的效果

图16.82 制作其他卷纹效果

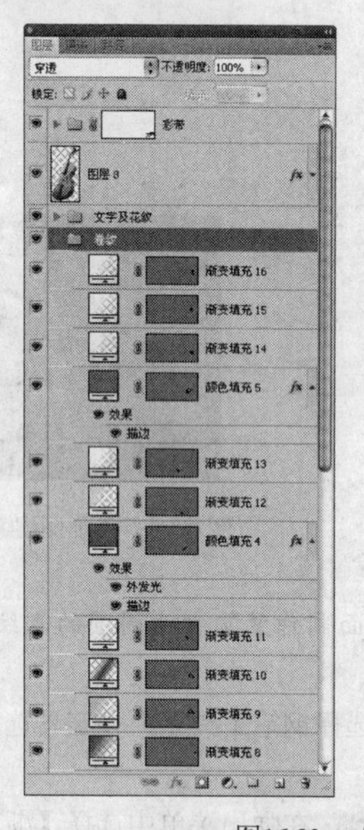

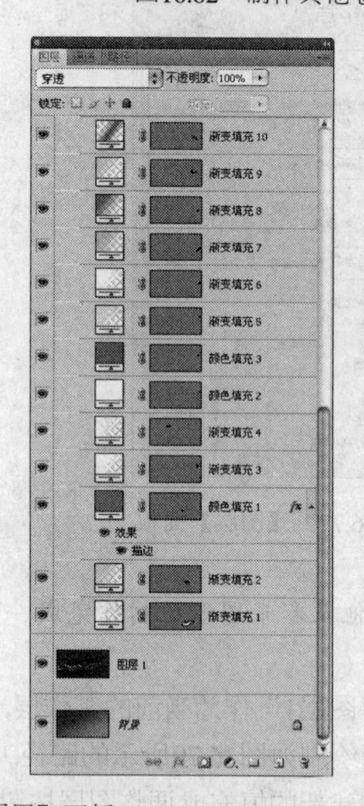

图16.83 【图层】面板

提示 本步中【渐变填充】对话框及图像颜色值的设置请参考最终效果源文件。下面为卷纹叠加颜色。

（16）选择组“卷纹”，按⌘+option+E组合键执行【盖印】操作，将选中图层中的图像合并至一个新图层中，并将其重命名为“图层11”。隐藏组“卷纹”。按照（5）的操作方法，打开随书配套资料中的文件“第16章\16.3-素材15.asl”并为“图层11”应用样式，得到的效果如图16.84所示。

（17）设置“图层11”的不透明度为80%，以降低图像的透明度，复制“图层11”得到“图层11副本”，以加深图像的色彩，得到的效果如图16.85所示。

图16.84　盖印及应用样式后的效果

至此，卷纹图像已制作完成。下面制作画面中的装饰图像。

（18）在所有图层上方新建“图层12”，设置前景色为白色，打开随书配套资料中的文件“第16章\16.3-素材16.abr”，选择画笔工具，在画布中按⌘键点按，在弹出的画笔显示框中选择刚刚打开的画笔，在文字“S”的右端点按，得到的效果如图16.86所示。

图16.85　设置不透明度以及复制图层后的效果

图16.86　制作星光效果

（19）接着，保持前景色不变，新建图层，将上一步打开的画笔的大小调整为“50像素”，并利用【外发光】图层样式，制作花纹及吉他附近的星光效果，如图16.87所示。如图16.88所示为单独显示本步以及“背景”图层时的图像状态。同时得到“图层13”和“图层14”。

图16.87　制作其他星光效果

图16.88　单独显示图像状态

（20）最后，结合路径、填充图层、图层样式以及图层蒙版等功能，制作画面中的音乐符以及吉他身左上方的高光效果，完成制作后的最终效果如图16.89所示。【图层】面板如图16.90所示。

对于音乐符的绘制，读者可以利用自定形状工具中的【四分音符】、【八分音符】、【十六分音符】、【高分谱号】形状进行制作。

图16.89　最终效果

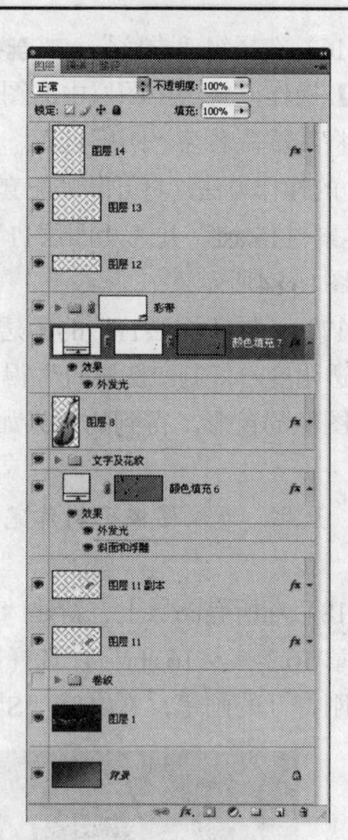

图16.90　【图层】面板

16.4　优雅水翅膀创意表现

例前导读

本例是以优雅水翅膀为主题的创意表现作品。在制作的过程中，主要以处理人物身后的水翅膀为核心内容。首先将翅膀的大致轮廓制作出来，以确定位置，便于在轮廓内制作水图像，重点把握的就是水的质感与逼真度。

核心技能

- 应用“变形”的功能使图像的形态发生变化。
- 设置图层属性以混合图像。
- 利用图层蒙版功能隐藏不需要的图像。
- 应用【盖印】命令合并可见图层中的图像。
- 应用【USM锐化】命令锐化图像的细节。
- 应用【曝光度】调整图像的亮度。

效果文件：配套资料\第16章\16.4.PSD。

操作步骤

（1）打开随书配套资料中的文件“第16章\16.4-素材1.psd”，如图16.91所示，将其作为本例的背景图像。

本步笔者是以组的形式给出素材，由于并非本例讲解的重点，读者可以参考最终效果源文件进行参数设置，展开组即可观看到操作的过程。下面制作主题水图像，首先塑造翅膀的外形。

（2）选择组“背景”作为当前的操作对象，打开随书配套资料中的文件“第16章\16.4-素材2.psd”，如图16.92所示。使用移动工具将其拖至上一步制作的文件中，得到“图层1”。在此图层的名称上按⌘键点按，在弹出菜单中选择【转换为智能对象】命令，从而将其转换成为智能对象图层。

图16.91　素材1图像

图16.92　素材2图像

转换为智能对象图层的目的是，在后面将对“图层1”图层中的图像进行变形操作，而智能对象图层则可以记录下所有的变形参数，以便于我们进行反复的调整。

（3）按⌘+T组合键调出自由变换控制框，向内拖动控制句柄以缩小图像，并逆时针旋转160.4度，调整图像的位置，状态如图16.93所示，按enter键确认操作。

由于水图像缩小后与背景图像对比起来，效果不是很明显，颜色也不正，也不便于下面的操作，下面结合图层属性及调整图层等功能来处理这个问题。

（4）按⌘+G组合键执行【图层编组】的操作，得到“组1”，并将其重命名为“右翅膀”。设置此组的混合模式为【正常】，使该组中的所有调整图层及混合模式只针对该组内的图像起作用。此时【图层】面板如图16.94所示。

图16.93　变换状态

图16.94　【图层】面板

（5）选择“图层1”作为当前的工作层，点按创建新的填充或调整图层按钮，在弹出菜单中选择【曝光度】命令，得到图层“曝光度1”，设置弹出的面板如图16.95所示，得到如图16.96所示的效果。

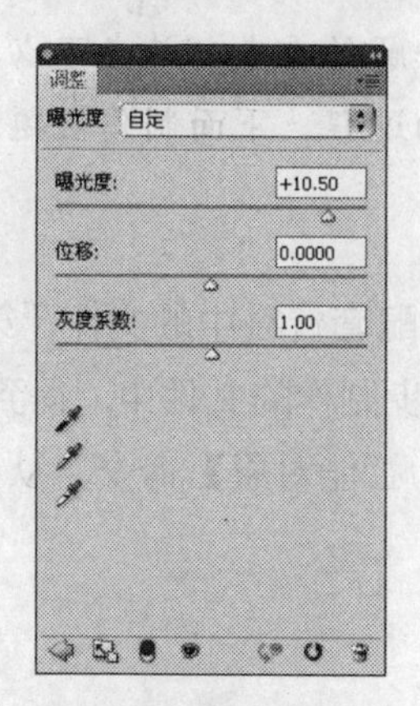

图16.95 【曝光度】面板

图16.96 应用【曝光度】后的效果

（6）再次按⌘+T组合键调出自由变换控制框，在控制框内按⌘键点按，在弹出的菜单中选择“变形”命令，然后在控制区域内拖动使用图像变形，状态如图16.97所示。按enter键确认操作。

（7）将“图层1”拖至创建新图层按钮上得到“图层1副本”，利用自由变换控制框调整图像的角度及位置，如图16.98所示。

图16.97 变形状态

图16.98 复制并调整图像

（8）保持上一步的控制框不变，在控制框内按⌘键点按，在弹出菜单中选择【变形】命令，然后在控制框内拖动使图像变形，状态如图16.99所示。如图16.100所示为将图像显示比例放大到300%时的变形状态。按enter键确认操作，此时图像状态如图16.101所示。

图16.99 变形状态

图16.100 放大显示比例后的状态

（9）按照（7）～（8）的操作方法，结合复制图层及变形功能，继续添加翅膀的轮廓图像，如图16.102所示，同时得到“图层1副本2”。

（10）点按添加图层蒙版按钮为“图层1副本2”添加蒙版，设置前景色为黑色，选择画笔工具，在其工具选项条中设置适当的画笔大小及不透明度，在图层蒙版中进行涂抹，以将部分图像隐藏起来，直至得到如图16.103所示的效果。

图16.101　变换后的图像状态

图16.102　添加翅膀轮廓图像

（11）按照上一步的操作方法为“图层1副本”添加蒙版，应用画笔工具在蒙版中进行涂抹，以将右侧的部分图像隐藏，得到的效果如图16.104所示。

图16.103　添加图层蒙版后的效果1

图16.104　添加图层蒙版后的效果2

（12）根据前面所讲解的操作方法，利用随书配套资料中的文件“第16章\16.4-素材3.psd”，结合变换及图层蒙版等功能，制作人物腰部的翅膀轮廓，如图16.105所示。同时得到“图层2”。【图层】面板如图16.106所示。

图16.105　制作人物腰部的翅膀轮廓图像

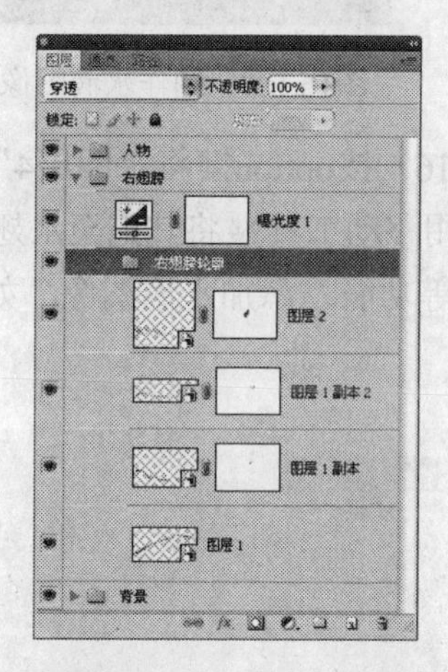

图16.106　【图层】面板

为了方便图层的管理，在此将制作右翅膀轮廓的图层选中，按⌘+G组合键执行【图层编组】操作得到“组1”，并将其重命名为“右翅膀轮廓”。在下面的操作中，笔者也对各部分进行了编组的操作，在相应步骤中不再叙述。至此，水翅膀的轮廓已制作完成。下面制作轮廓内部的水图像。

（13）打开随书配套资料中的文件“第16章\16.4-素材4.psd”，如图16.107所示。使用移动工具将其拖至上一步制作的文件中，得到“图层3”。并将此图层拖至组“右翅膀轮廓”的下方，然后结合变换、图层蒙版以及复制图层等功能，制作翅膀上方的水图像，如图16.108所示。同时得到另外一个图层“图层3副本”。

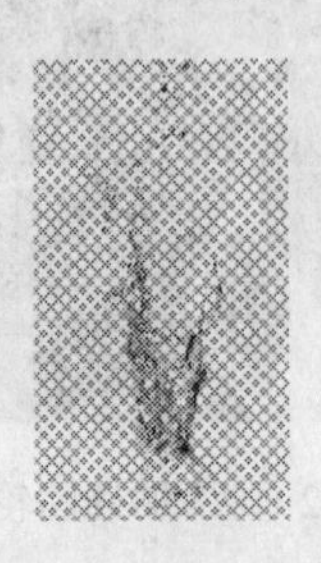

图16.107 素材图像

图16.108 制作翅膀上方的水图像

（14）利用随书配套资料中的文件“第16章\16.4-素材5.psd”，根据前面所讲解的操作方法，结合变换及图层蒙版的功能，制作画面中的水滴效果，如图16.109所示（为了方便观看将制作的水滴放在画布的右下方）。同时得到“图层4”。

（15）复制“图层4”得到“图层4副本”，隐藏“图层4”，在副本图层蒙版缩览图上按⌘键点按，在弹出菜单中选择【应用图层蒙版】命令，然后再次结合变换及图层蒙版的功能，添加翅膀上的水滴图像，如图16.110所示。

图16.109 制作水滴图像

图16.110 添加水滴图像

（16）按option键将“图层4”拖至其下方得到“图层4副本2”，显示“图层4副本2”图层，使用移动工具将其拖至水翅膀图像上，结合再次编辑蒙版、复制图层、应用图层蒙版以及变换等功能，添加水滴图像，如图16.111所示。【图层】面板如图16.112所示。

图16.111 添加水滴图像

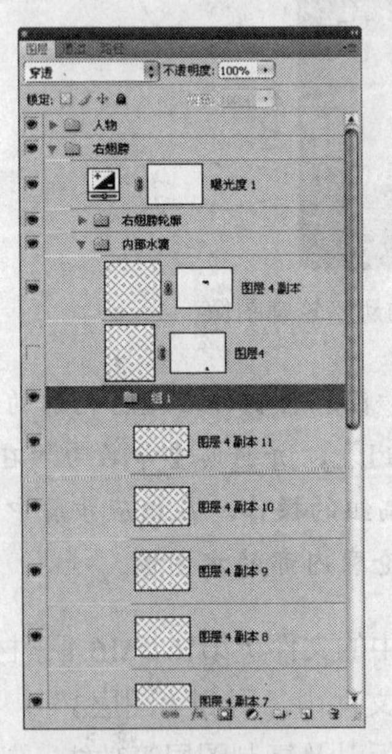

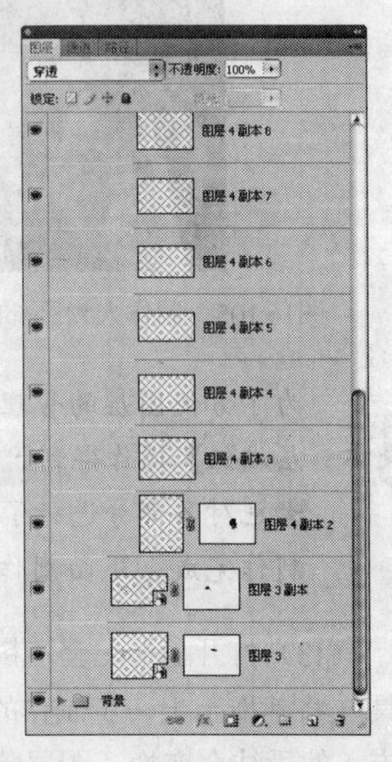

图16.112 【图层】面板

（17）选择“组1”，按⌘+option+E组合键执行【盖印】操作，从而将选中图层中的图像合并至一个新图层中，并将其重命名为“图层5”。结合变换、复制图层以及图层蒙版等功能，继续添加翅膀内的水图像，如图16.113所示。【图层】面板如图16.114所示。

图16.113 添加翅膀内的水图像

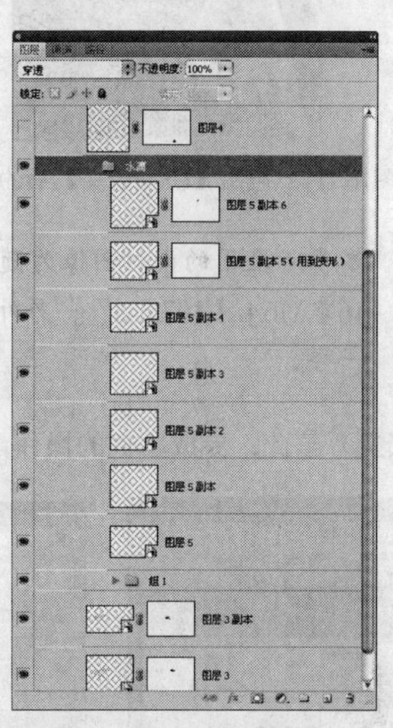

图16.114 【图层】面板

（18）选择组“右翅膀”，按⌘+option+E组合键执行【盖印】操作，从而将选中图层中的图像合并至一个新图层中，并将其重命名为“图层6”。隐藏组“右翅膀”，利用自由变换控制框调整图像的大小、角度及位置，得到的效果如图16.115所示。

（19）选择【滤镜】|【锐化】|【USM锐化】命令，设置弹出的对话框如图16.116所示，得到如图16.117所示的效果。

图16.115 盖印及调整图像

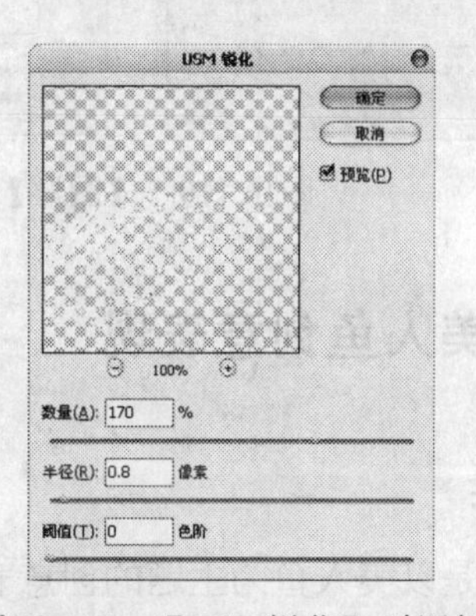

图16.116 【USM锐化】对话框

提示 至此，人物右侧的翅膀图像已制作完成。下面制作左侧的翅膀图像。

（20）根据前面制作右翅膀的方法，制作人物左侧的翅膀图像，如图16.118所示。【图层】面板如图16.119所示。

图16.117 应用【USM锐化】后的效果

图16.118 制作左侧的翅膀图像

提示 本步所应用的素材图像为随书配套资料中的文件"第16章\16.4-素材6.psd"和"第16章\16.4-素材7.psd"。另外，【USM锐化】对话框中的参数设置同（19）中的设置一样。

（21）至此，完成本例的操作，最终整体效果如图16.120所示。

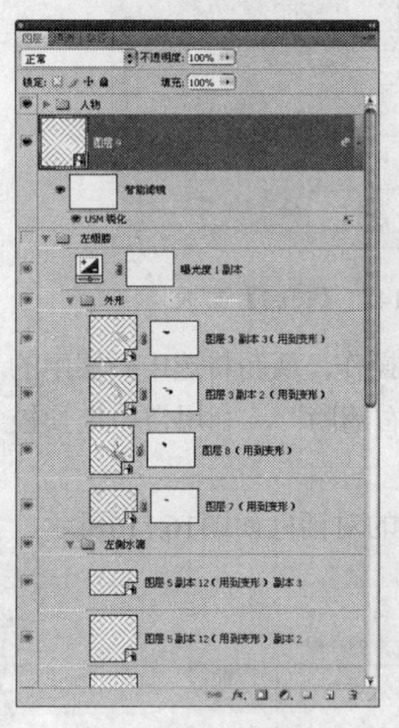

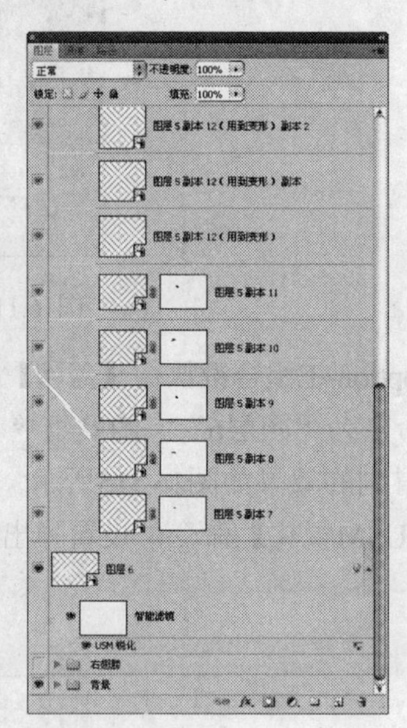

图16.119 【图层】面板

图16.120 最终效果

16.5 美人鱼创意表现

例前导读

本例是以美人鱼为主题的创意表现作品。在制作的过程中，主要以处理鱼的质感及色调为核心内容。从最终效果图可以看出，美人鱼整体的质感光滑，色调和谐、统一，可以说是一幅精心打造的完美的创意合成作品。希望读者在尝试制作的过程中，一定要细心按照步骤中的叙述操作，以制作更加完美的创意作品。

核心技能

- 应用【曲线】调整图层，调整图像的高光、暗调。

- 利用剪贴蒙版限制图像的显示范围。
- 利用图层蒙版功能隐藏不需要的图像。
- 应用【变形】的功能使图像的形态发生变化。
- 应用仿制图章工具修复图像的细节。
- 结合画笔工具及特殊画笔素材绘制图像。
- 结合路径及用画笔描边路径的功能，为所绘制的路径进行描边。
- 应用【USM锐化】命令锐化图像的细节。

效果文件：配套资料\第16章\16.5.psd。

操作步骤

（1）打开随书配套资料中的文件“第16章\16.5-素材1.psd”，如图16.121所示。此时【图层】面板如图16.122所示。

图16.121 素材图像

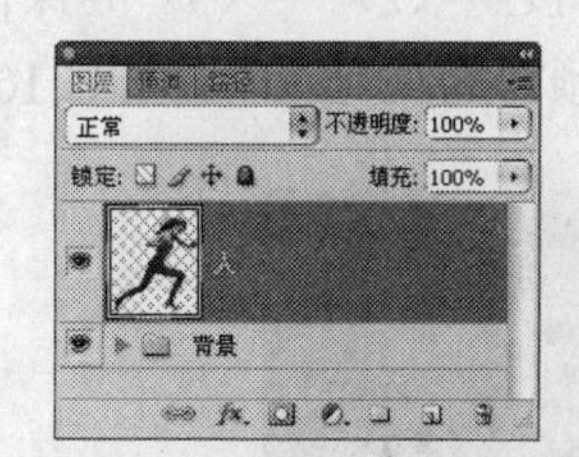

图16.122 【图层】面板

本步笔者以组的形式给出素材，这并非本例讲解的重点，读者可以参考最终效果源文件进行参数设置，展开组即可观看到操作过程。调整人物图像，使人物图像的色彩与整体图像的色彩相匹配。

（2）点按创建新的填充或调整图层按钮，在弹出菜单中选择【曲线】命令，得到图层“曲线1”，按⌘+option+G组合键执行【创建剪贴蒙版】操作，设置面板如图16.123～图16.125所示，得到如图16.126所示的效果。

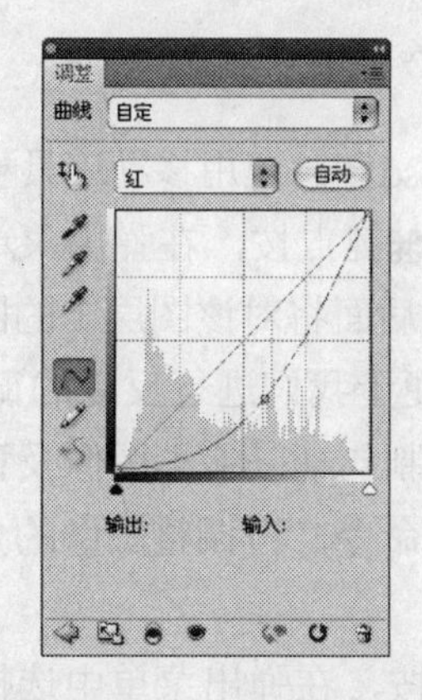

图16.123 “红”通道

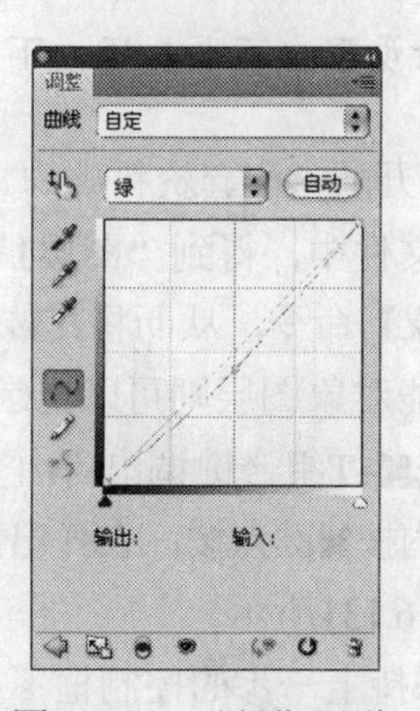

图16.124 “绿”通道

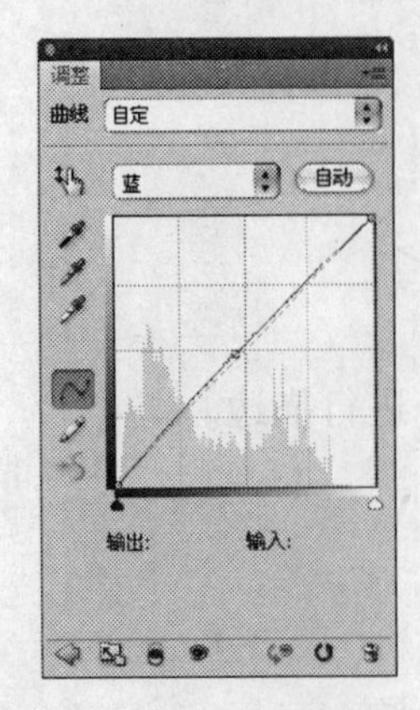

图16.125 “蓝”通道

图16.126 应用【曲线】后的效果

（3）选择“曲线1”蒙版缩览图，设置前景色为黑色，按Option+Delete组合键以前景色填充当前蒙版，再设置前景色为白色，选择画笔工具，并在其工具选项条中设置适当的画笔大小及不透明度，在人物的上身进行涂抹，以显示上一步应用【曲线】后的效果，如图16.127所示。

（4）按照（2）～（3）的操作方法，结合【曲线】调整图层以及编辑蒙版的功能，调整人物左侧颈部的亮光效果，如图16.128所示。【图层】面板如图16.129所示。

图16.127 编辑蒙版后的效果

图16.128 调整人物左侧颈部的亮光

图16.129 【图层】面板

提示 本步中“曲线”面板的参数设置如图16.130所示。另外，为了方便图层的管理，在此将人物上身的图层选中，按⌘+G组合键执行【图层编组】操作得到“组1”，并将其重命名为“上身”。在下面的操作中，笔者也对各部分进行了编组的操作，在相应步骤中不再叙述。下面制作人物下身的鱼图像。

（5）打开随书配套资料中的文件“第16章\16.5-素材2.psd”，使用移动工具将其拖至上一步制作的文件中，得到“图层1”。在此图层的名称上按⌘键点按，在弹出菜单中选择【转换为智能对象】命令，从而将其转换成为智能对象图层。在后面将对该图层中的图像进行变形操作，而智能对象图层则可以记录下所有的变形参数，以便于我们进行反复的调整。

（6）按⌘+T组合键调出自由变换控制框，向内拖动控制句柄以缩小图像及移动位置，然后在控制框内按⌘键点按，在弹出菜单中选择【垂直翻转】命令，再调整图像的角度、大小及位置，如图16.131所示。

（7）保持上一步的控制框不变，在控制框内按⌘键点按，在弹出菜单中选择【变形】命令，在控制区域内拖动使图像变形，状态如图16.132所示。按enter键确认操作。

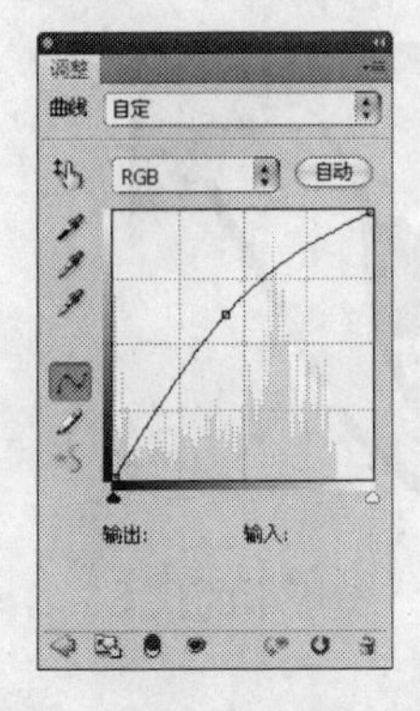

图16.130　【曲线】面板

图16.131　变换状态（1）

图16.132　变形状态（2）

（8）点按添加图层蒙版按钮为“图层1”添加蒙版，设置前景色为黑色，选择渐变工具，在其工具选项条中选择线性渐变工具，在画布中按⌘键点按，在弹出的渐变显示框中选择渐变类型为【前景色到透明渐变】，在蒙版中从鱼上方不同位置向下方绘制渐变，使鱼与人相融合，如图16.133所示。此时蒙版中的状态如图16.134所示。

图16.133　添加图层蒙版后的效果

图16.134　蒙版中的状态

（9）点按添加图层蒙版按钮为图层“人”添加蒙版，设置前景色为黑色，选择画笔工具，在其工具选项条中设置适当的画笔大小及不透明度，在图层蒙版中进行涂抹，以将人物的腿部隐藏，直至得到如图16.135所示的效果。

提示　至此，美人鱼的基本轮廓已出来。下面对鱼的细节进行处理。

图16.135　添加图层蒙版后的效果

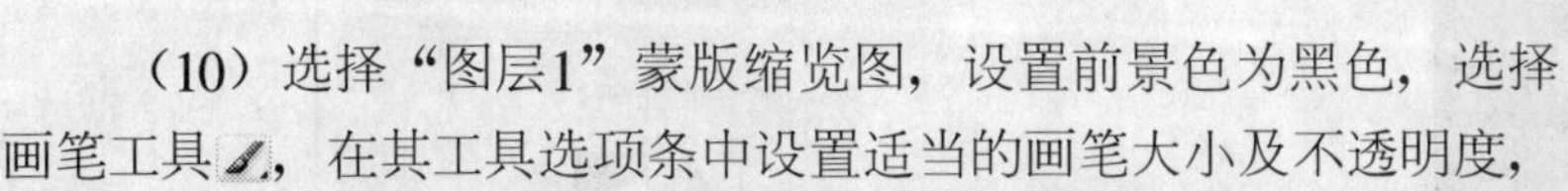

（10）选择“图层1”蒙版缩览图，设置前景色为黑色，选择画笔工具，在其工具选项条中设置适当的画笔大小及不透明度，在图层蒙版中进行涂抹，以将鱼翅及两侧的白色杂边隐藏，如图16.136所示。此时蒙版中的状态如图16.137所示。

（11）新建“图层2”，按⌘+option+G组合键执行【创建剪贴蒙版】操作，选择仿制图章工具，并在其工具选项条中设置画笔大小为“7像素”，硬度为3%，并选中【样本】中的【所有图层】选项。

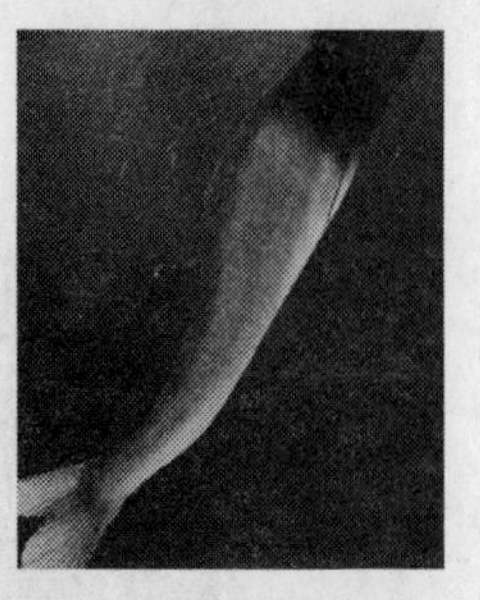

图16.136 编辑蒙版后的效果

图16.137 蒙版中的状态

在修复的过程中，可多次定义源图像，使修复后的图像的色彩与整体图像的色彩相匹配。

（12）将光标置于鱼上方黑色线条附近的浅黄色区域，按option键点按以定义源图像，释放option键，将光标置于黑色线条上并拖动以将黑色线条修除，如图16.138所示为修复前后的对比效果。

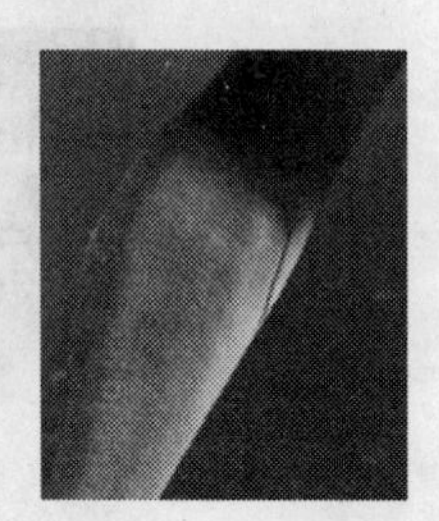

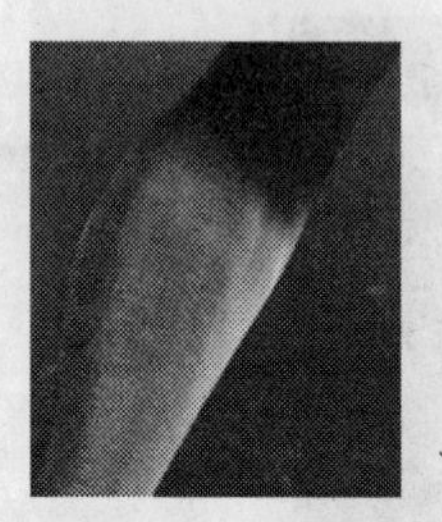

图16.138 修复前后的对比效果

（13）根据前面所讲解的操作方法，结合【曲线】调整图层、剪贴蒙版、编辑蒙版以及仿制图章工具，调整鱼的色彩，如图16.139所示。【图层】面板如图16.140所示。

图16.139 调整鱼的色彩

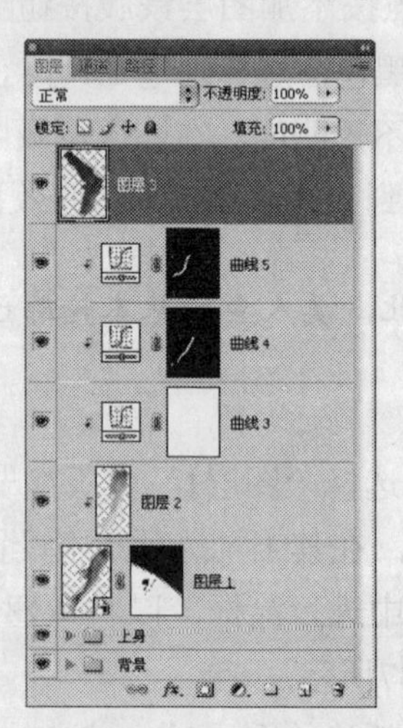

图16.140 【图层】面板

本步中“曲线”面板的参数设置请参考最终效果源文件。在下面的操作中，会多次应用到调整图层的功能，笔者不再做相关参数的提示。此时，观看图像发现人物腰部与鱼头部的色彩融合得不是很好，下面来处理这个问题。

（14）按option键将“图层1”拖至所有图层上方得到“图层1副本”，在副本图层蒙版缩览图上按⌘键点按，在弹出菜单中选择【删除图层蒙版】命令，然后使用移动工具调整图像的位置，如图16.141所示。

（15）按⌘键点按图层“人”图层缩览图以载入其选区，点按添加图层蒙版按钮为“图层1副本”添加蒙版，得到的效果如图16.142所示。

图16.141　复制及移动位置

图16.142　添加图层蒙版后的效果

（16）选择“图层1副本”蒙版缩览图，按照（8）的操作方法应用渐变工具在蒙版中绘制渐变，以将腰部以外的图像隐藏，得到的效果如图16.143所示。此时蒙版中的状态如图16.144所示。

图16.143　编辑蒙版后的效果

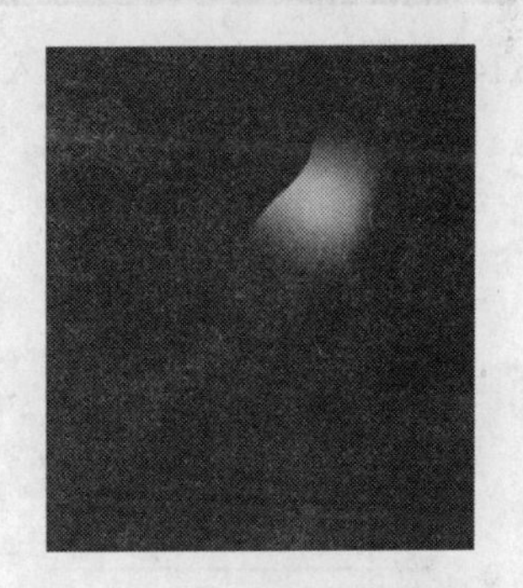

图16.144　蒙版中的状态

（17）根据前面所讲解的操作方法，结合复制图层及图层蒙版等功能，调整腰部的色彩，并将鱼融入到水中，如图16.145所示。【图层】面板如图16.146所示。

提示　至此，鱼身已基本制作完成。下面加强鱼身的立体感。

（18）选择组“鱼身”，按⌘+option+E组合键执行【盖印】操作，从而将选中图层中的图像合并至一个新图层中，并将其重命名为“图层4”。隐藏组“鱼身”，在“图层4”图层蒙版缩览图上按⌘键点按，在弹出菜单中选择【应用图层蒙版】命令。

（19）选择【滤镜】|【锐化】|【USM锐化】命令，设置弹出的对话框如图16.147所示，如图16.148所示为应用【USM锐化】命令前后的对比效果。

（20）根据前面所讲解的操作方法，结合图层蒙版、仿制图章工具、剪贴蒙版、调整图层以及编辑蒙版等功能，调整腰部的细节以及整条鱼的亮度、对比度，如图16.149所示。【图层】面板如图16.150所示。

图16.145 调整腰部的色彩并融入到水中

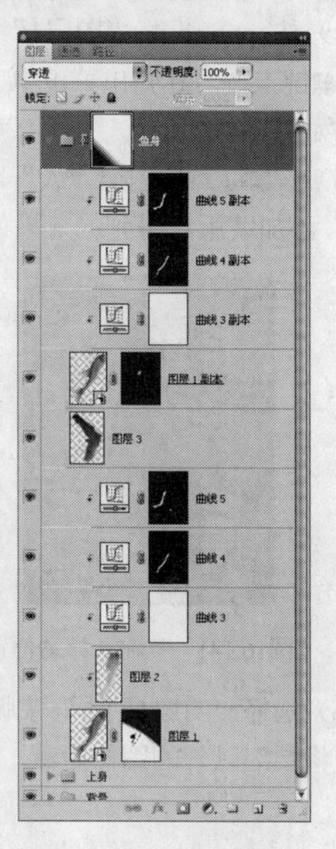

图16.146 【图层】面板

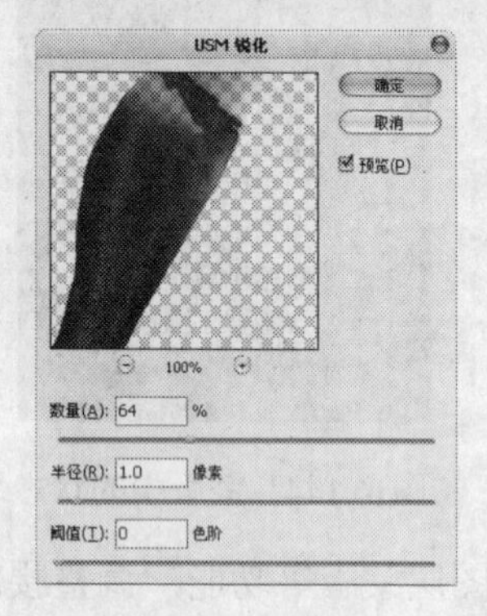

图16.147 【USM锐化】对话框

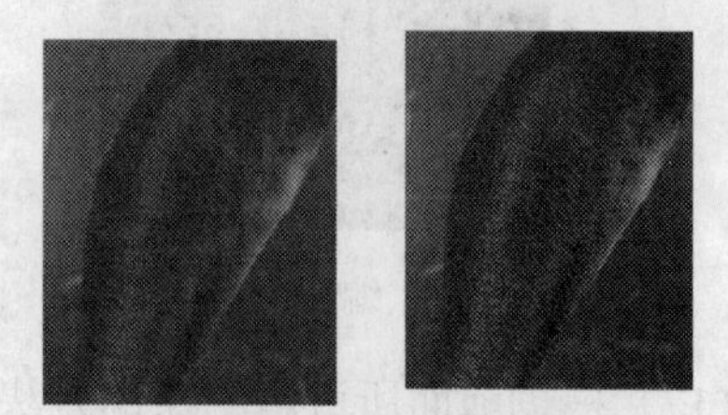

图16.148 应用【USM锐化】前后的对比效果

图16.149 调整腰部的细节以及整条鱼的亮度、对比度

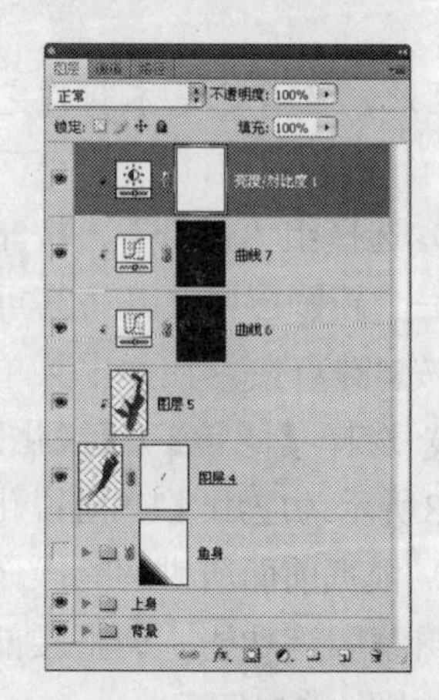

图16.150 【图层】面板

提示 下面结合形状工具及图层蒙版的功能制作鱼身的高光效果。

（21）设置前景色的颜色值为白色，选择钢笔工具，在工具选项条上选择形状图层按钮，在鱼身上绘制如图16.151所示的形状，得到“形状1”。

（22）选中“形状1”矢量蒙版缩览图，选择【窗口】|【蒙版】命令，在弹出的面板中设置【羽化】数值为5像素，羽化后的效果如图16.152所示。按照（9）的操作方法为当前图层添加蒙版，应用画笔工具在蒙版中进行涂抹，以将过亮的区域隐藏，得到的效果如图16.153所示。

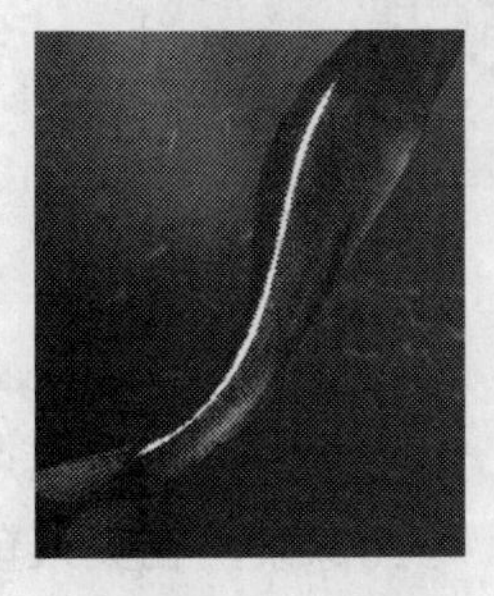

图16.151　绘制形状

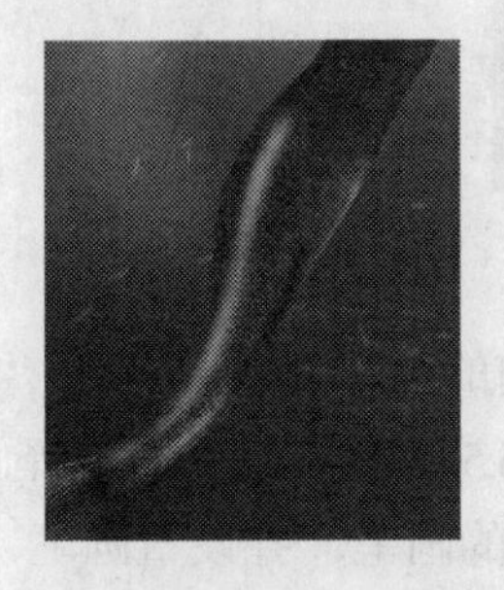

图16.152　羽化后的效果

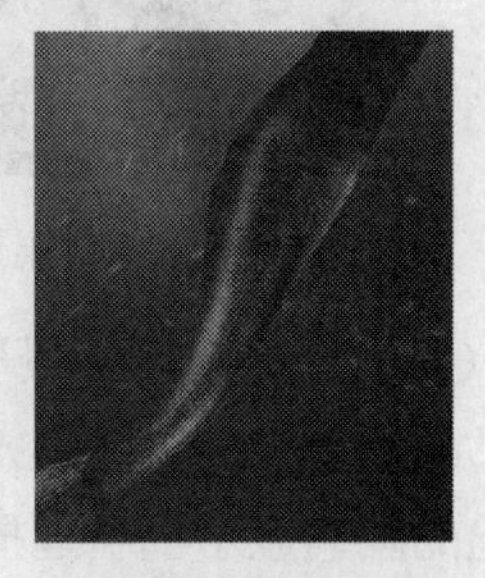

图16.153　添加图层蒙版后的效果

（23）至此，高光效果已制作完成。此时图像的整体效果如图16.154所示。【图层】面板如图16.155所示。下面制作人物的头发。

图16.154　整体效果

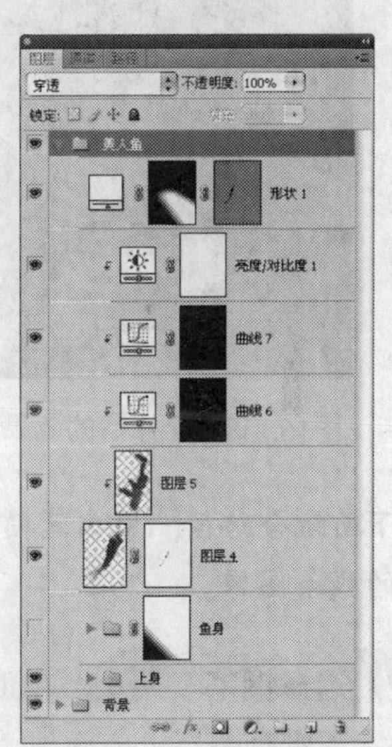

图16.155　【图层】面板

（24）选择组“背景”作为当前的操作对象，利用随书配套资料中的文件“第16章\16.5-素材3.psd”，结合变换、复制图层以及图层蒙版的功能，为人物添加飞扬的头发，如图16.156所示。【图层】面板如图16.157所示。

提示 至此，头发图像已制作完成。下面制作美人鱼下方的气泡图像以及其他品种的鱼。

图16.156　制作头发图像

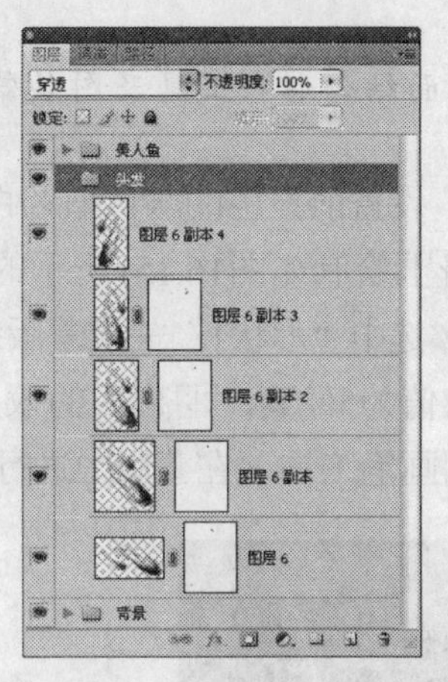

图16.157　【图层】面板

（25）选择组“背景”作为当前的操作对象，新建“图层7”，设置前景色为336cad，打开随书配套资料中的文件“第16章\16.5-素材4.abr”，选择画笔工具，在画布中按⌘键点按，在弹出的画笔显示框中选择刚刚打开的画笔，并设置画笔【主直径】为20像素，在美人鱼的下方进行涂抹，得到的效果如图16.158所示。

（26）打开随书配套资料中的文件“第16章\16.5-素材5.psd”，使用移动工具将其拖至上一步制作的文件中，得到的效果如图16.159所示，同时得到组“鱼”。

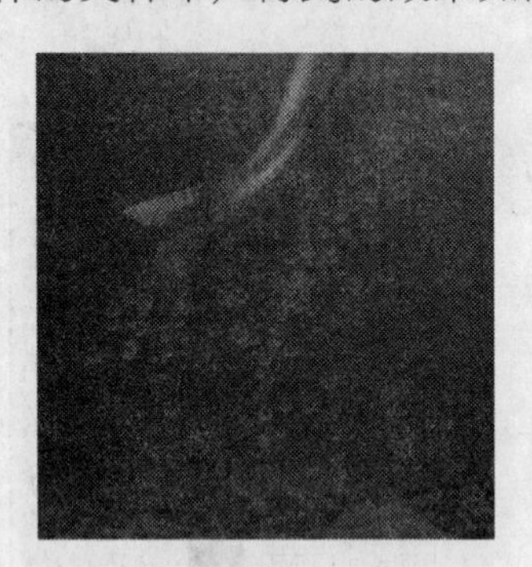

图16.158　涂抹后的效果

图16.159　拖入素材

提示　下面结合路径、用画笔描边路径、图层蒙版以及图层样式等功能，制作缠绕美人鱼的线条图像。

（27）选择钢笔工具，在工具选项条上选择路径按钮，在美人鱼上绘制如图16.160所示的路径。在所有图层上方新建“图层8”，设置前景色为白色，选择画笔工具，并在其工具选项条中设置画笔为“尖角2像素”，不透明度为100%。切换至【路径】面板，点按用画笔描边路径按钮，描边后的效果如图16.161所示。

（28）切换回【图层】面板，设置“图层8”的不透明度为80%，点按添加图层样式按钮，在弹出菜单中选择【外发光】命令，设置弹出的对话框如图16.162所示，得到如图16.163所示的效果。

提示　在【外发光】对话框中，颜色块的颜色值为00fdee。

图16.160　绘制路径

图16.161　描边后的效果

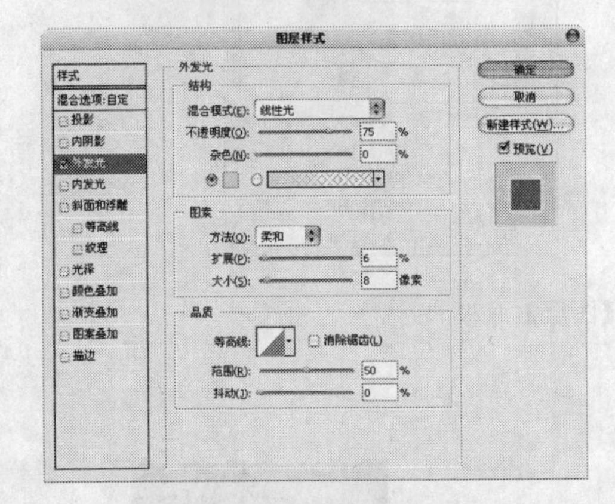

图16.162　【外发光】对话框

图16.163　添加图层样式后的效果

（29）接下来根据前面所讲解的操作方法，结合图层蒙版、复制图层、调整图层编辑蒙版、画笔工具以及形状工具等功能，制作缠绕美人鱼的线条图像及其他装饰图像，如图16.164所示。如图16.165所示为单独显示（27）步至本步，组“背景”时的图像状态，【图层】面板如图16.166所示。

图16.164　完善装饰图像

图16.165　隐藏部分组后的图像状态

提示　本步中所应用的画笔素材为随书配套资料中的文件“第16章\16.5-素材6.abr”，关于图像颜色值、图层属性以及【外发光】对话框中的参数设置请参考最终效果源文件。另外，在制作的过程中，还需要注意各个图层间的顺序。下面锐化整体图像的细节，完成制作。

（30）选择最上方的图层，按⌘+option+shift+E组合键执行【盖印】操作，从而将当前所有可见的图像合并至一个新图层中，得到“图层9”。选择【滤镜】|【锐化】|【USM锐化】命

令，设置弹出的对话框如图16.167所示，如图16.168所示为应用【USM锐化】命令前后的对比效果。

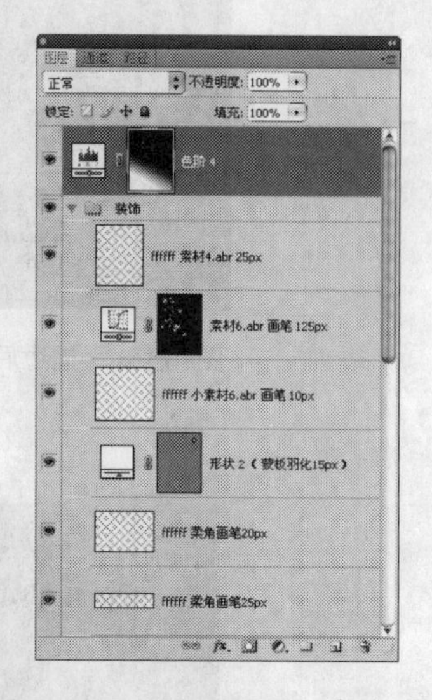

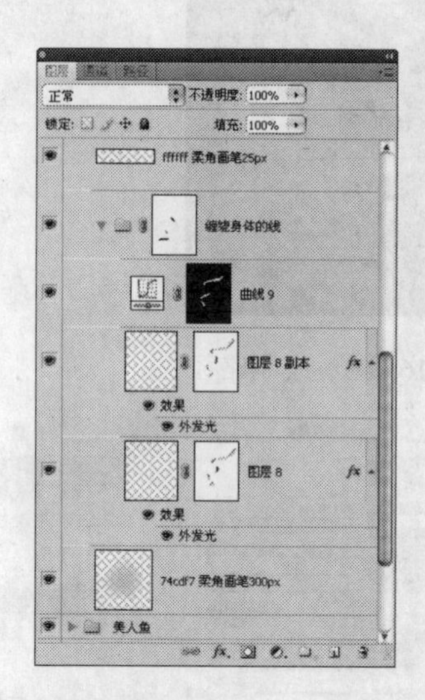

图16.166 【图层】面板

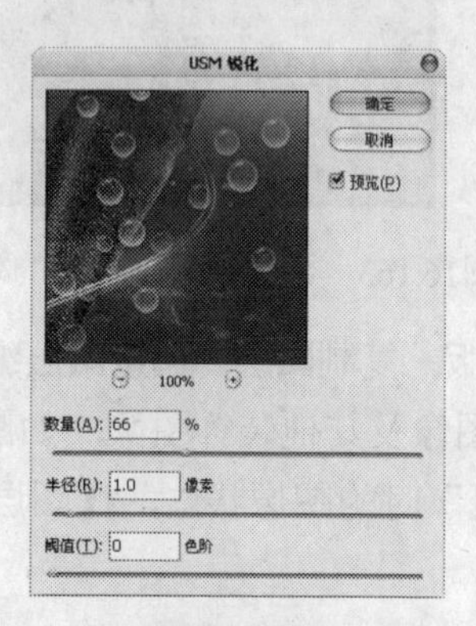

图16.167 【USM锐化】对话框

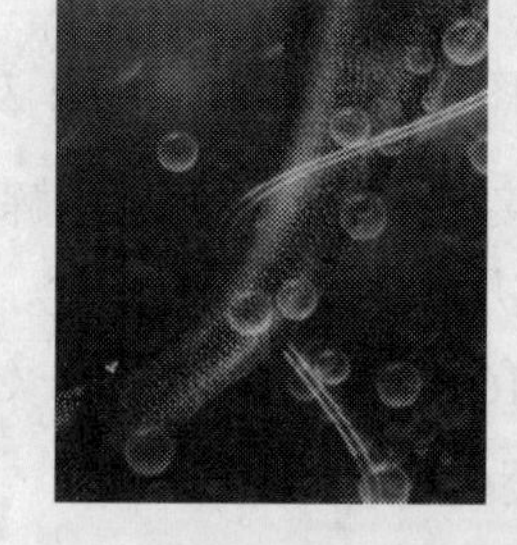

图16.168 应用【USM锐化】前后的对比效果

（31）至此，完成本例的操作，最终整体效果如图16.169所示。【图层】面板如图16.170所示。

图16.169 最终整体效果

图16.170 【图层】面板

16.6 组合大楼特效表现

例前导读

本例是以组合大楼为主题的特效表现作品。在制作的过程中，主要以处理画面中的大楼为核心内容。所包含的元素较多，从古建筑到现代建筑，从中式建筑到欧式建筑，组合成一个新的群体。大楼后方的蓝天白云、前方的乌云将大楼环绕其中，给人一种冲破云宵的感觉。

核心技能

- 应用调整图层的功能，调整图像的亮度、对比度等属性。
- 利用图层蒙版功能隐藏不需要的图像。
- 利用剪贴蒙版限制图像的显示范围。
- 通过设置图层属性以混合图像。
- 利用仿制图章工具修除不需要的图像。
- 利用变换功能调整图像的大小、角度及位置。

效果文件：配套资料\第16章\16.6.psd。

操作步骤

（1）打开随书配套资料中的文件“第16章\16.6-素材1.psd”，如图16.171所示，将其作为本例的背景图像。

提示 下面利用调整图层的功能，调整背景图像的亮度及对比度。

（2）点按创建新的填充或调整图层按钮，在弹出的菜单中选择【色阶】命令，得到图层“色阶1”，设置弹出的面板如图16.172所示，得到如图16.173所示的效果。

图16.171 素材图像

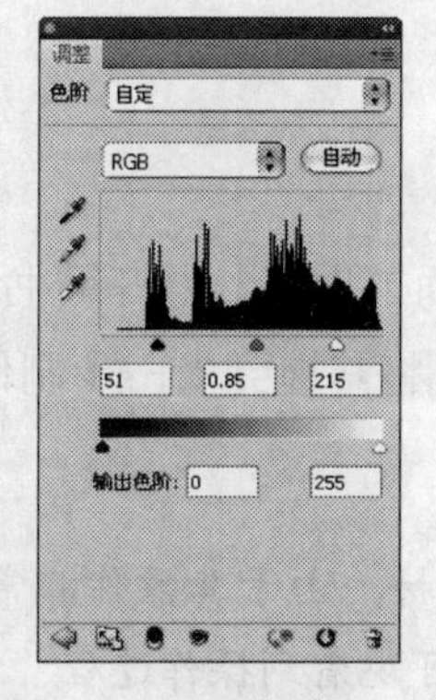

图16.172 【色阶】面板

图16.173 应用【色阶】后的效果

（3）点按创建新的填充或调整图层按钮，在弹出的菜单中选择【亮度/对比度】命令，得到图层“亮度/对比度1”，设置弹出的面板如图16.174所示，得到如图16.175所示的效果。

至此，背景图像已制作完成。下面制作主题大楼图像。

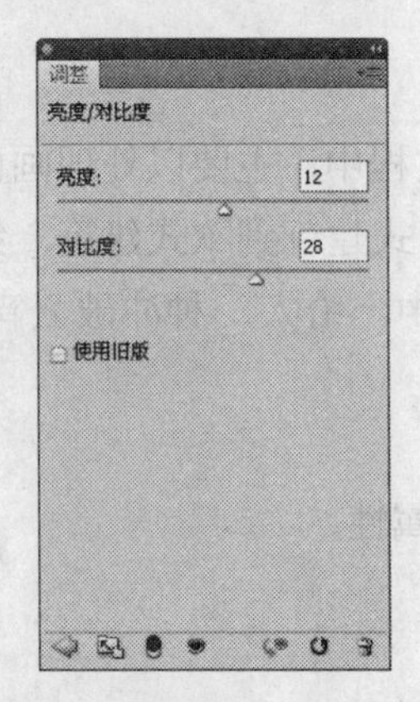

图16.174　【亮度/对比度】面板

图16.175　应用【亮度/对比度】后的效果

（4）打开随书配套资料中的文件“第16章\16.6-素材2.psd”，使用移动工具将其拖至上一步制作的文件中，得到“图层1”。按⌘+T组合键调出自由变换控制框，按shift键向内拖动控制句柄以缩小图像及移动位置，按enter键确认操作，得到的效果如图16.176所示。

（5）选择“亮度/对比度1”作为当前的工作层，按照上一步的操作方法，利用随书配套资料中的文件“第16章\16.6-素材3.psd”，结合移动工具及变换功能，制作大楼左侧的楼塔图像，如图16.177所示。同时得到“图层2”。

图16.176　调整楼体图像

图16.177　制作左侧的楼塔图像

（6）选择“图层1”作为当前的工作层，打开随书配套资料中的文件“第16章\16.6-素材4.psd”，按shift键并使用移动工具将其拖到上一步制作的文件中，得到的效果如图16.178所示。同时得到组“其他楼”。

本步笔者以组的形式给出素材，由于其操作非常简单，读者可以参考最终效果源文件进行参数设置，展开组即可观看到操作过程。需要说明的是，在制作组“其他楼”的过程中，还结合了复制图层以及图层蒙版的功能，关于这两个功能的应用在下面的操作中会陆续涉及到，请读者留意。下面调整右侧楼体的亮度。

（7）点按创建新的填充或调整图层按钮，在弹出菜单中选择【曲线】命令，得到图层“曲线1”，设置弹出的面板如图16.179所示，得到如图16.180所示的效果。

图16.178　拖入素材

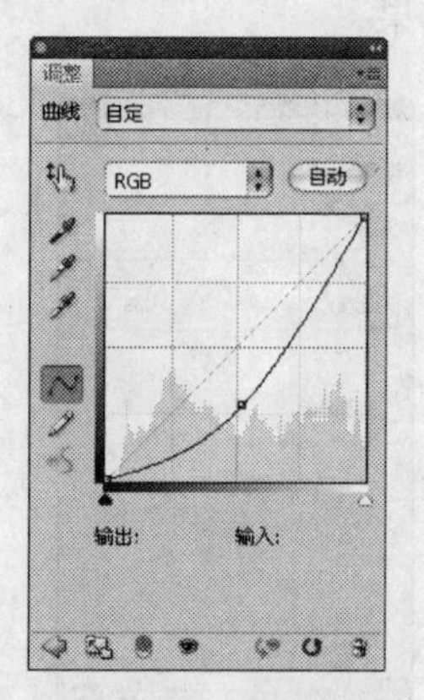

图16.179　【曲线】面板

图16.180　应用【曲线】后的效果

（8）选择“曲线1”图层蒙版缩览图，设置前景色为黑色，按option+delete组合键以前景色填充当前蒙版，然后再设置前景色为白色，选择画笔工具，并在其工具选项条中设置适当的画笔大小及不透明度，在蒙版中进行涂抹，以将右侧的暗调显示出来，如图16.181所示。此时蒙版中的状态如图16.182所示。【图层】面板如图16.183所示。

图16.181　编辑蒙版后的效果

图16.182　蒙版中的状态

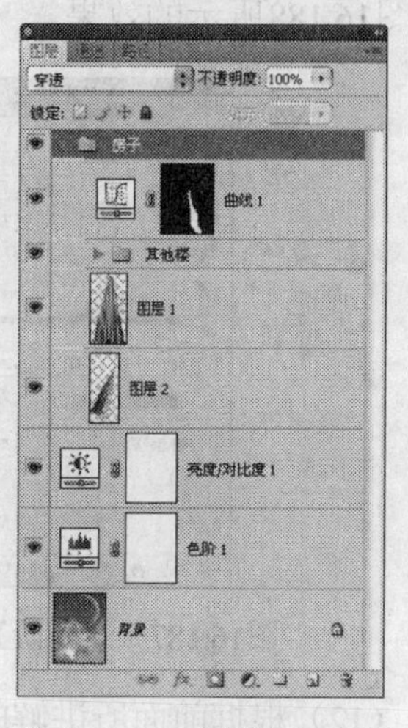

图16.183　【图层】面板

提示　为了方便图层的管理，在此将制作房子的图层选中，按⌘+G键执行【图层编组】操作得到“组1”，并将其重命名为“房子”。在下面的操作中，笔者也对各部分进行了编组操作，在相应步骤中不再叙述。

（9）选择组“房子”，按⌘+option+E组合键执行【盖印】操作，从而将选中图层中的图像合并至一个新图层中，并将其重命名为“图层3”。隐藏组“房子”。然后利用自由变换控制框调整图像的大小及位置，此时图像整体状态如图16.184所示。

提示　下面结合调整图层、剪贴蒙版以及图层蒙版功能，调整楼体图像的亮度。

（10）点按创建新的填充或调整图层按钮，在弹出菜单中选择【亮度/对比度】命令，得到图层“亮度/对比度2”，按⌘+option+G组合键执行【创建剪贴蒙版】操作，设置面板如图

16.185所示，得到如图16.186所示的效果。

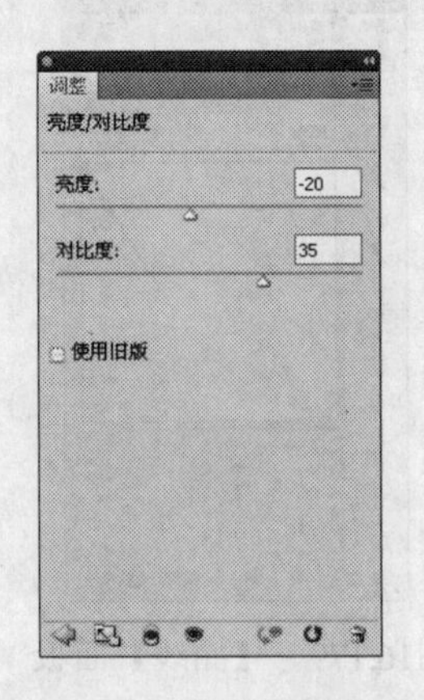

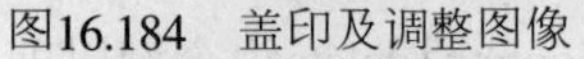

图16.184 盖印及调整图像　　图16.185 【亮度/对比度】面板　　图16.186 应用【亮度/对比度】后的效果

（11）点按创建新的填充或调整图层按钮，在弹出菜单中选择【色阶】命令，得到图层“色阶2”，按⌘+option+G组合键执行【创建剪贴蒙版】操作，设置面板如图16.187所示，得到如图16.188所示的效果。

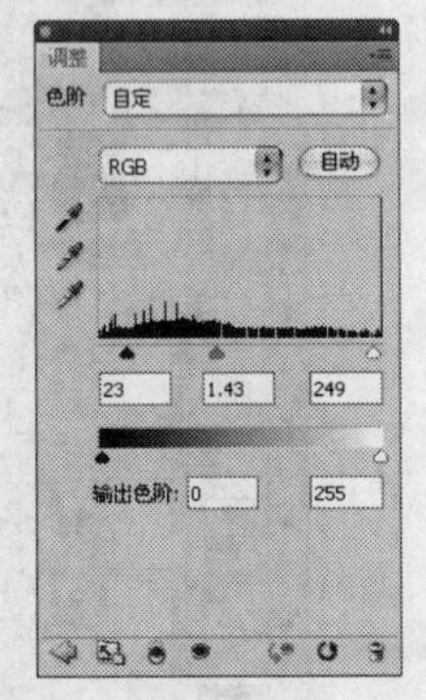

图16.187 【色阶】面板　　图16.188 应用【色阶】后的效果

（12）根据前面所讲解的操作方法，结合【曲线】调整图层、剪贴蒙版以及编辑蒙版的功能，调整左侧楼体的亮度，如图16.189所示。同时得到“曲线2”。

本步中“曲线”面板中的参数设置如图16.190所示。

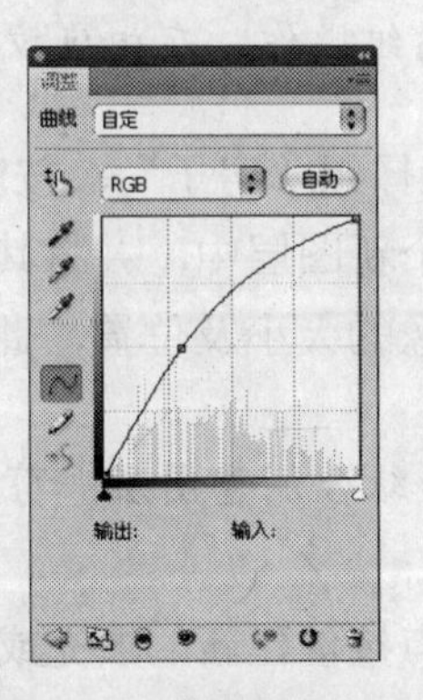

图16.189 调整左侧楼体的亮度　　图16.190 【曲线】面板

（13）此时，观看楼体上方有块黑色区域，严重影响了美观，下面利用仿制图章工具来处理这个问题。选择“图层3”作为当前的工作层，新建“图层4”，选择仿制图章工具，在其工具选项条中设置画笔为“10像素”，硬度为50%，将“对齐”选项勾选区，并选择“样本”中的“所有图层”选项。

（14）接着，将光标置于黑色区域附近完好的楼体图像上按option键点按以定义源图像，如图16.191所示。释放option键，在黑色区域进行涂抹，以修除黑色区域，涂抹中的状态如图16.192所示。如图16.193所示为涂抹好的图像状态。【图层】面板如图16.194所示。

图16.191 定义源图像

图16.192 涂抹中的状态

图16.193 涂抹后的状态

提示 在修复图像的过程中，要多次定义源图像，使修复后的图像区域与整体图像的色彩相匹配。至此，整体的大楼图像已制作完成。下面制作右下角的树图像。

（15）选择“亮度/对比度1”作为当前的工作层，打开随书配套资料中的文件“第16章\16.6-素材5.psd”，使用移动工具将其拖至上一步制作的文件中，得到“图层5”。利用自由变换控制框调整图像的大小及位置（画布的右下角），得到的效果如图16.195所示。设置“图层5”的混合模式为【强光】，以混合图像，得到的效果如图16.196所示。

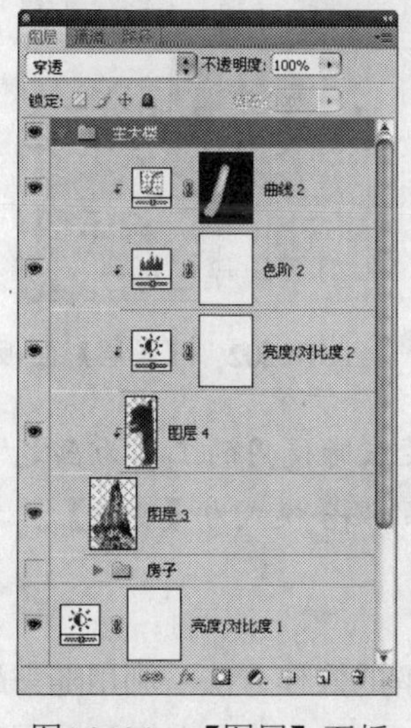

图16.194 【图层】面板

图16.195 调整图像

图16.196 设置混合模式后的效果

（16）点按添加图层蒙版按钮为“图层5”添加蒙版，设置前景色为黑色，选择渐变工具，在其工具选项条中选择线性渐变工具，在画布中按⌘键点按，在弹出的渐变显示框中选择渐变类型为【前景色到透明渐变】，然后分别从树图像的上方至下方、左侧至右侧绘制渐变，得到的效果如图16.197所示。此时蒙版中的状态如图16.198所示。

（17）将“图层5”拖至创建新图层按钮上得到“图层5副本”，更改副本图层的混合模式为【明度】，选择副本图层蒙版缩览图，按照上一步的操作方法再次编辑蒙版，得到的效果如图16.199所示。

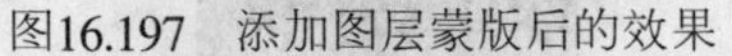

图16.197 添加图层蒙版后的效果　　图16.198 蒙版中的状态　　图16.199 调整树图像的色彩

（18）根据前面所讲解的操作方法，利用随书配套资料中的文件“第16章\16.6-素材6.psd”和 “第16章\16.6-素材7.psd”，结合变换、图层属性、图层蒙版以及复制图层等功能，制作楼体两侧的墨点图像，如图16.200所示。如图16.201所示为隐藏组“主大楼”时的图像状态。【图层】面板如图16.202所示。

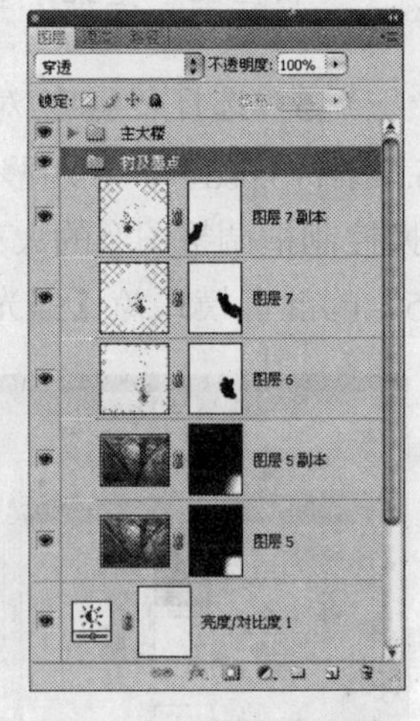

图16.200 制作墨点图像　　图16.201 隐藏组“主大楼”时的图像状态　　图16.202 【图层】面板

本步中蒙版的制作方法同（16）类似，只是在编辑本步的蒙版时使用的工具为画笔工具。另外，设置了“图层6”、“图层7”及其副本图层的混合模式为【变暗】。下面制作乌云图像。

（19）选择组“主大楼”作为当前的操作对象，根据前面所讲解的操作方法，利用随书配套资料中的文件“第16章\16.6-素材8.psd”和 “第16章\16.6-素材9.psd”，结合变换及图层蒙版等功能，制作画布下方的乌云图像，如图16.203所示。【图层】面板如图16.204所示。

下面利用画笔工具制作画布下方两侧的阴影效果。

图16.203 制作乌云图像

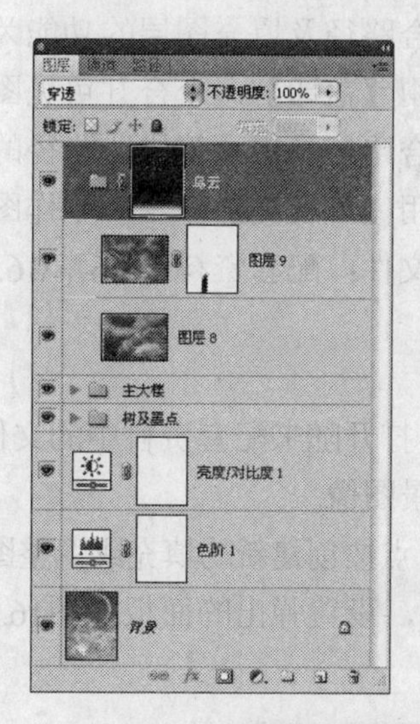

图16.204 【图层】面板

（20）在所有图层上方新建“图层 10”，设置前景色为黑色，选择画笔工具，并在其工具选项条中设置适当的画笔大小及不透明度，在画布的两侧进行涂抹，直至得到如图16.205所示的最终效果。【图层】面板如图16.206所示。

图16.205 最终效果

图16.206 【图层】面板

16.7 跳跃炫彩特效表现

例前导读

本例是以跳跃为主题的炫彩特效表现作品。在制作的过程中，主要以处理人物脚部、手部以及肩部的花朵图像为核心内容。花朵图像上的圈圈以及缠绕人物的发光线条、花枝同时也起着很好的装饰作用，增强了作品的看点。

核心技能

- 应用调整图层的功能，调整图像的色彩度、亮等属性。
- 利用图层蒙版功能隐藏不需要的图像。

· 结合路径及填充图层的功能为绘制的路径填充颜色。
· 应用【盖印】命令合并可见图层中的图像。
· 结合路径及用画笔描边路径的功能，为所绘制的路径进行描边。
· 应用【外发光】命令，制作图像的发光效果。

效果文件：配套资料\第16章\16.7.psd。

操作步骤

（1）打开随书配套资料中的文件“第16章\16.7-素材1.psd”，如图16.207所示，将其作为本例的背景图像。

（2）点按创建新的填充或调整图层按钮，在弹出菜单中选择【黑白】命令，得到图层“黑白1”，设置弹出的面板如图16.208所示，得到如图16.209所示的效果。

图16.207　素材图像

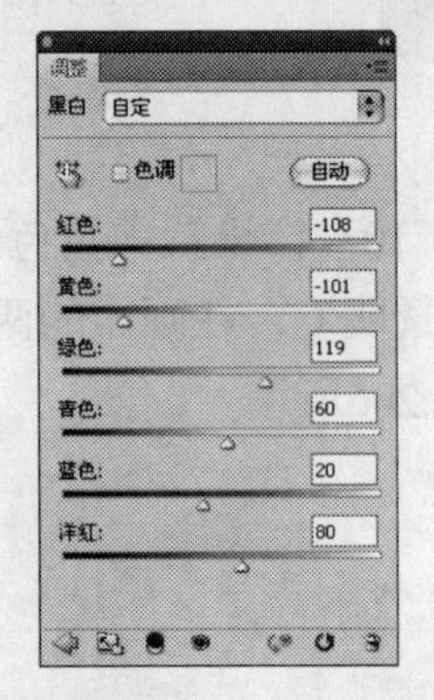

图16.208　【黑白】面板

图16.209　应用【黑白】后的效果

下面利用素材图像，结合调整图层及编辑蒙版等功能，制作人物图像。

（3）打开随书配套资料中的文件“第16章\16.7-素材2.psd”，使用移动工具将其拖至上一步制作的文件中，得到“图层1”。按⌘+T组合键调出自由变换控制框，按shift键向内拖动控制句柄以缩小图像及移动位置，按enter键确认操作，得到的效果如图16.210所示。

（4）点按添加图层蒙版按钮为“图层1”添加蒙版，设置前景色为黑色，选择画笔工具，在其工具选项条中设置适当的画笔大小及不透明度，在图层蒙版中进行涂抹，以将右脚尖隐藏，直至得到如图16.211所示的效果。

图16.210　调整人物图像

图16.211　添加图层蒙版后的效果

（5）点按创建新的填充或调整图层按钮，在弹出菜单中选择【曲线】命令，得到图层“曲线1”，设置弹出的面板如图16.212所示，得到如图16.213所示的效果。

（6）选中“曲线1”图层蒙版缩览图，设置前景色为黑色，按option+delete组合键以前景色填充当前蒙版，再设置前景色为白色，选择画笔工具，在其工具选项条中设置适当的画笔大小及不透明度，在图层蒙版中进行涂抹，将人物身体左侧的暗调显示出来，以制作人物与背景间的接触感，如图16.214所示。

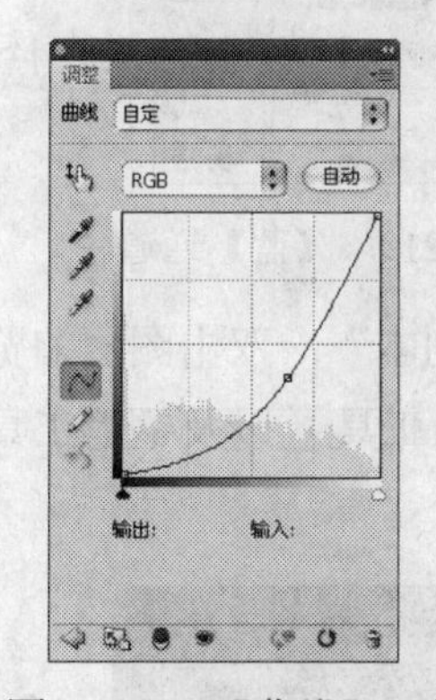

图16.212　【曲线】面板

图16.213　应用【曲线】后的效果

图16.214　编辑蒙版后的效果

（7）按照（5）～（6）的操作方法，结合【曲线】调整图层及编辑蒙版的功能，制作人物膝盖上的蓝光效果，如图16.215所示。同时得到“曲线2”。【图层】面板如图16.216所示。

图16.215　制作人物膝盖上的蓝光效果

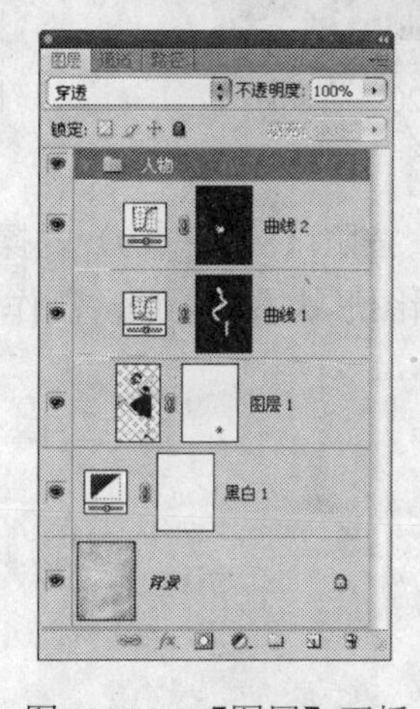

图16.216　【图层】面板

为了方便图层的管理，在此将制作人物的图层选中，按⌘+G组合键执行【图层编组】操作得到“组1”，并将其重命名为“人物”。在下面的操作中，笔者也对各部分进行了编组的操作，在相应步骤中不再叙述。另外，本步中【曲线】面板的设置如图16.217～图16.219所示。下面制作装饰图像。

（8）选择钢笔工具，在工具选项条上选择路径按钮，在人物左脚上方绘制如图16.220所示的路径。点按创建新的填充或调整图层按钮，在弹出菜单中选择【纯色】命令，然后在弹出的【拾取实色】对话框中设置其颜色值为e6b7dc，得到如图16.221所示的效果，同时得到图层“颜色填充1”。

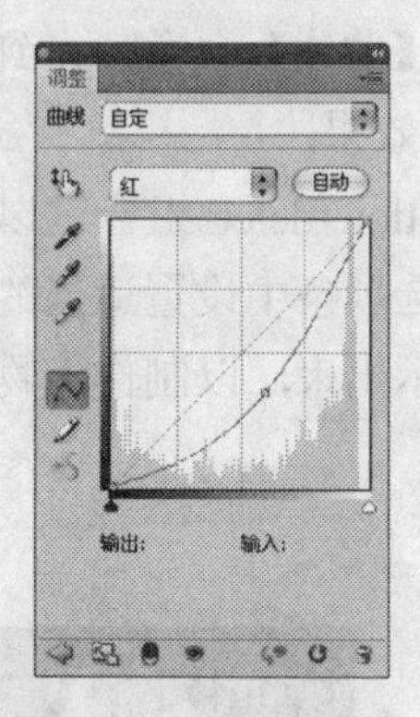

图16.217 【红】通道

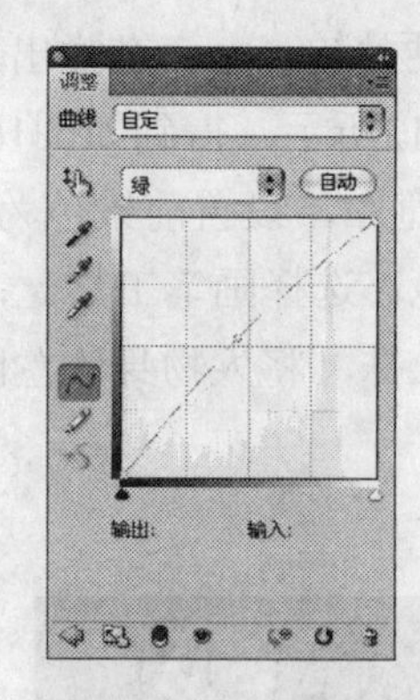

图16.218 【绿】通道

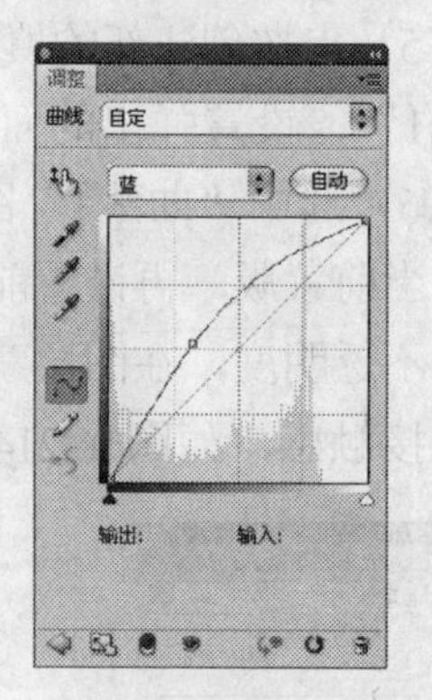

图16.219 【蓝】通道

（9）将“颜色填充1”拖至创建新图层按钮上得到“颜色填充1副本”，双击图层缩览图，在弹出对话框中更改颜色值为90d5f5，结合直接选择工具、转换点工具以及钢笔工具调整形状的状态，如图16.222所示。

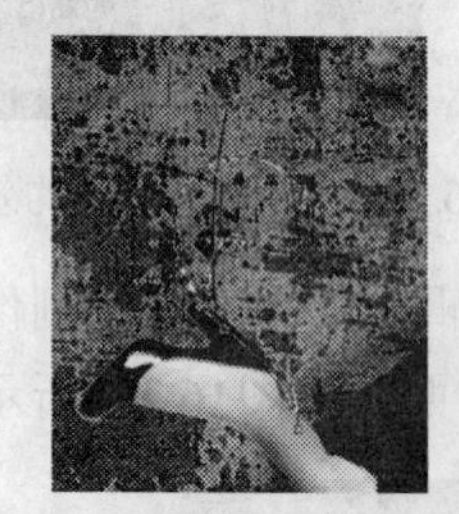

图16.220 绘制路径

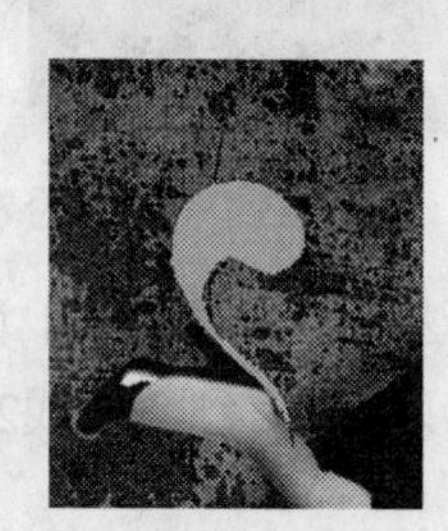

图16.221 填充颜色后的效果

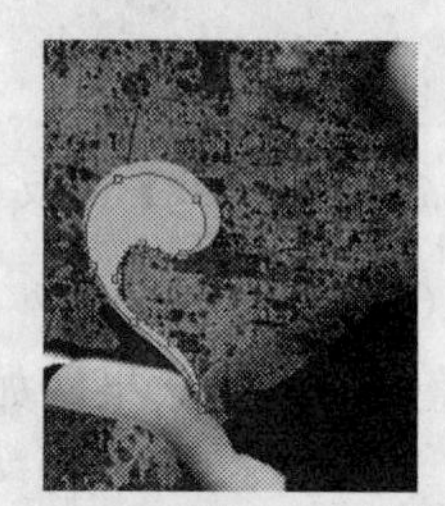

图16.222 复制、更改颜色及调整形状后的效果

（10）按照（8）~（9）的操作方法，结合路径、填充图层、复制图层、更改图像的颜色值以及编辑图形状态的功能，制作完整的花形图像，如图16.223所示。【图层】面板如图16.224所示。

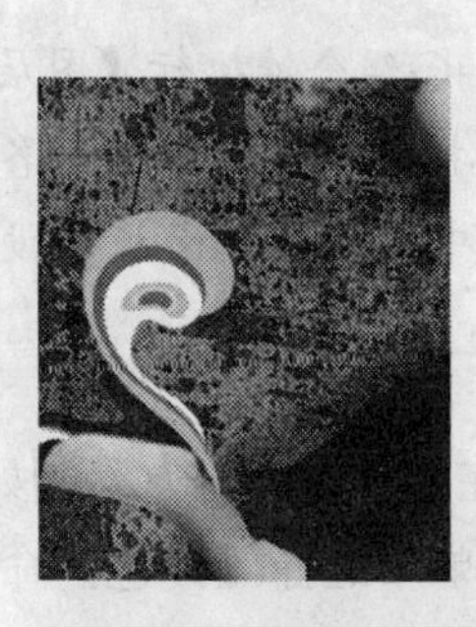

图16.223 制作完整的花形图像

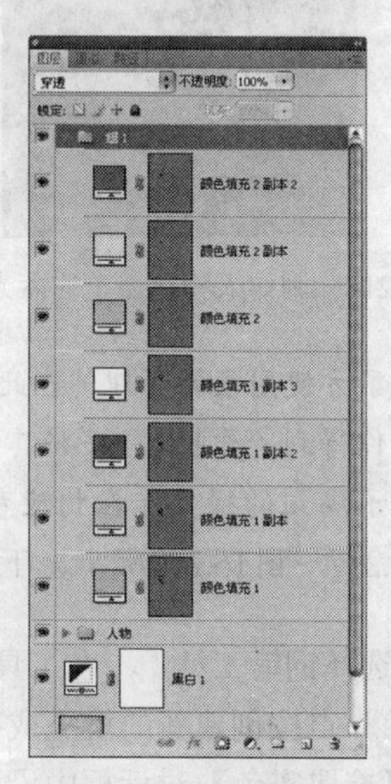

图16.224 【图层】面板

在本步操作过程中，笔者没有给出图像的颜色值，读者可依自己的审美进行颜色搭配。在下面的操作中，笔者不再做颜色的提示。

（11）重复上一步的操作方法，制作一簇花纹图像，如图16.225所示。【图层】面板如图16.226所示。

图16.225　制作一簇花纹图像

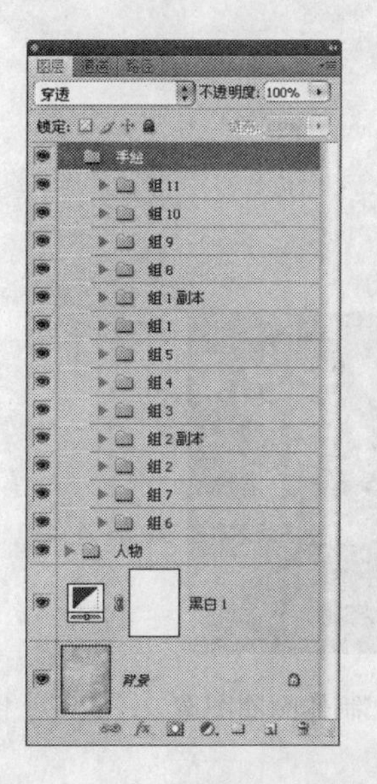

图16.226　【图层】面板

由于本步中的图层过多，笔者没有展示出全部的面板状态，请读者参考最终效果源文件进行制作。在制作的过程中，还需要注意各个图层间的顺序。

（12）选择组“手绘”，按⌘+option+E组合键执行【盖印】操作，从而将选中图层中的图像合并至一个新图层中，并将其重命名为“图层2”。在此图层名称上按⌘键点按，在弹出菜单中选择【转换为智能对象】命令，从而将其转换为智能对象图层。

由于下面将对“图层2”图层中的图像进行变换处理，为了能够保留变换的参数以便于编辑修改，且在100%的比例内反复变换时不会影响图像的质量，所以我们将其转换成为智能对象。

（13）按⌘+T组合键调出自由变换控制框，调整图像的大小及位置，然后按⌘键拖动各个角的控制句柄使图像的形态发生变化，状态如图16.227所示。按enter键确认操作。如图16.228所示为隐藏组“手绘”时的图像状态。

图16.227　变换状态

图16.228　隐藏组“手绘”时的图像状态

（14）根据前面所讲解的操作方法，结合路径、填充图层、复制图层以及盖印等功能，制作花团上面的圈圈图像，如图16.229所示。如图16.230所示为单独显示本步的图像状态。【图层】面板如图16.231所示。

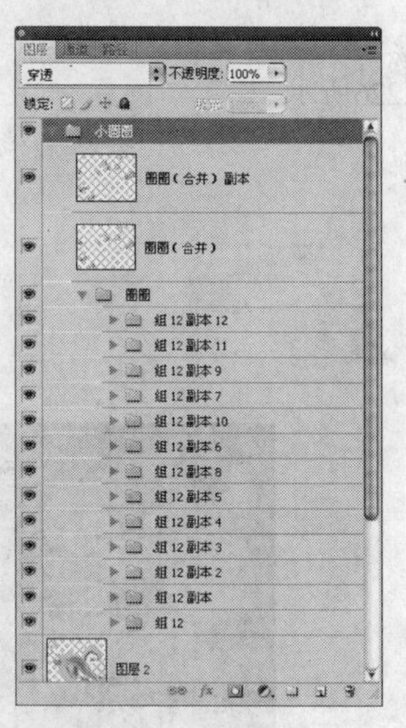

图16.229　制作圈圈图像

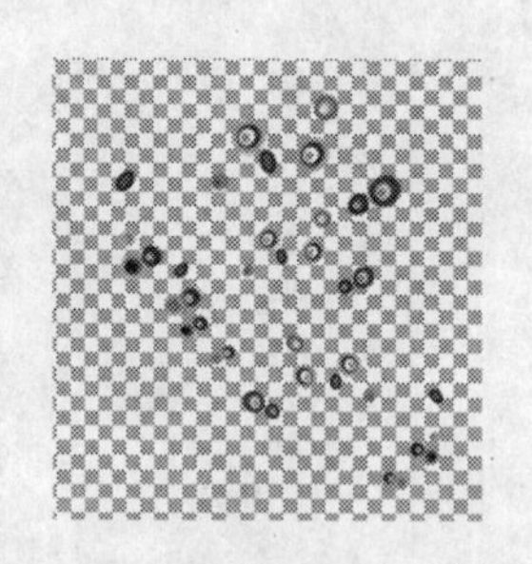

图16.230　单独显示圈圈图像

图16.231　面板

下面结合调整图层及剪贴蒙版的功能调整部分圈圈图像的色彩。

（15）选择图层“圈圈（合并） 副本”作为当前的工作层，点按创建新的填充或调整图层按钮，在弹出菜单中选择【色相/饱和度】命令，得到图层“色相/饱和度1”，按⌘+option+G组合键执行【创建剪贴蒙版】操作，设置面板如图16.232所示，得到如图16.233所示的效果

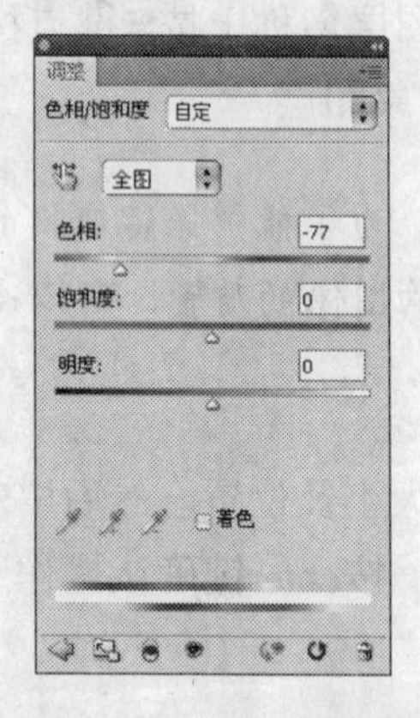

图16.232　“色相/饱和度”面板

图16.233　调色后的效果

（16）根据前面所讲解的操作方法，结合盖印及变换的功能，制作人物右脚下方的圈圈图像，如图16.234所示。同时得到图层“小圆圈（合并）”。再结合盖印、变换以及调整图层的功能，制作人物手部的花团图像，如图16.235所示。【图层】面板如图16.236所示。

图16.234 制作脚部的圈圈图像

图16.235 制作手部的花图像

本步中【色相/饱和度】面板的参数设置如图16.237所示。另外，在制作过程中，还需要注意各个图层间的顺序。下面制作人后的装饰图像。

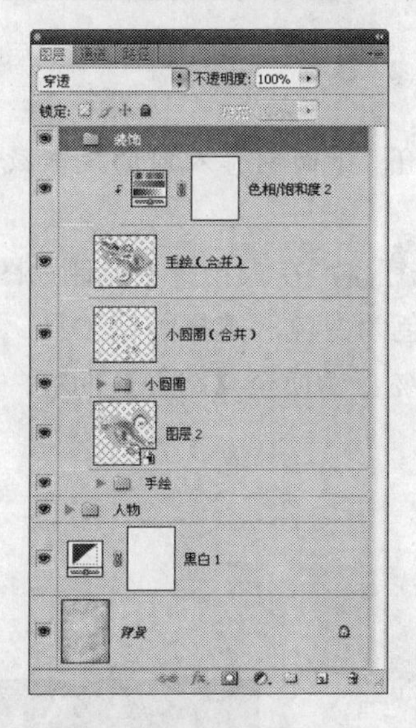

图16.236 【图层】面板

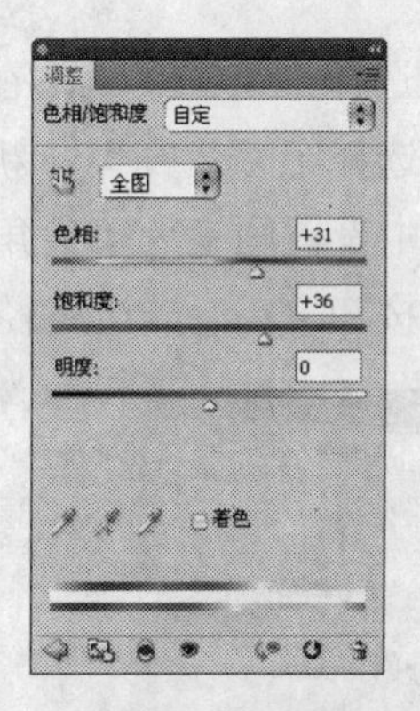

图16.237 【色相/饱和度】面板

（17）选择“黑白1”作为当前的工作层，根据前面所讲解的操作方法，利用随书配套资料中的文件“第16章\16.7-素材3.psd”，结合变换及复制图层等功能，制作人物脚部以及肩部的装饰花图像，如图16.238所示。如图16.239所示为隐藏组“人物”及“装饰”时的图像状态。

图16.238 制作脚部及肩部的装饰花图像

图16.239 隐藏组“人物”及“装饰”时的图像状态

（18）选择“手绘（合并） 副本 2”，点按添加图层样式按钮 fx.，在弹出菜单中选择【外发光】命令，设置弹出对话框如图16.240所示，得到的效果如图16.241所示。【图层】面板如图16.242所示。

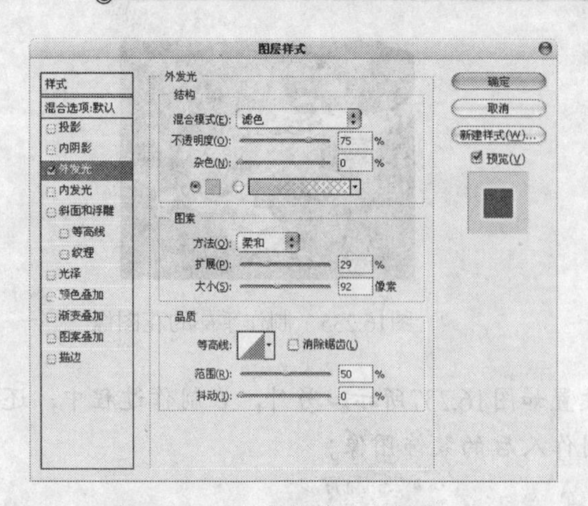

图16.240 【外发光】对话框

图16.241 添加图层样式后的效果

提示 在【外发光】对话框中，颜色块的颜色值为00e4ff。下面制作人前的装饰效果。

（19）选择钢笔工具，在工具选项条上选择路径按钮，在人物身上绘制如图16.243所示的路径。选择组“装饰”，新建“图层4”，设置前景色为白色，选择画笔工具，并在其工具选项条中设置画笔为“尖角7像素”，不透明度为100%。切换至【路径】面板，点按用画笔描边路径按钮。描边路径后的效果如图16.244所示。

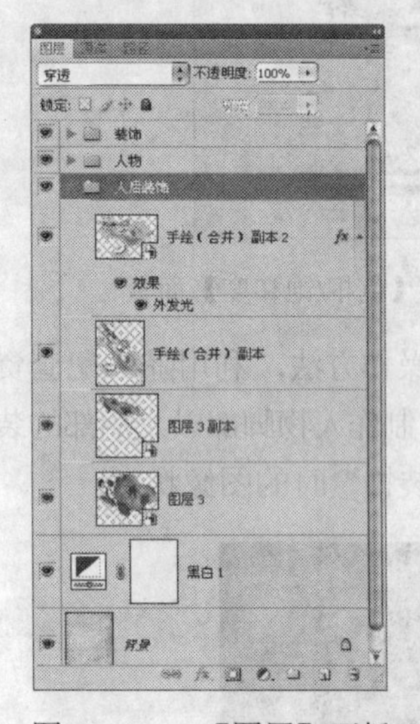

图16.242 【图层】面板

图16.243 绘制路径

图16.244 描边后的效果

（20）返回到【图层】面板，点按添加图层蒙版按钮为“图层4”添加蒙版，设置前景色为黑色，选择画笔工具，在其工具选项条中设置适当的画笔大小及不透明度，在图层蒙版中进行涂抹，以将部分线条图像隐藏，制作缠绕身体的效果，如图16.245所示。

（21）点按添加图层样式按钮，在弹出菜单中选择【外发光】命令，设置弹出的对话框如图16.246所示，得到的效果如图16.247所示。

提示 至此，发光线条效果已制作完成。下面制作花及鸽子图像，完成制作。

图16.245　添加图层蒙版后的效果

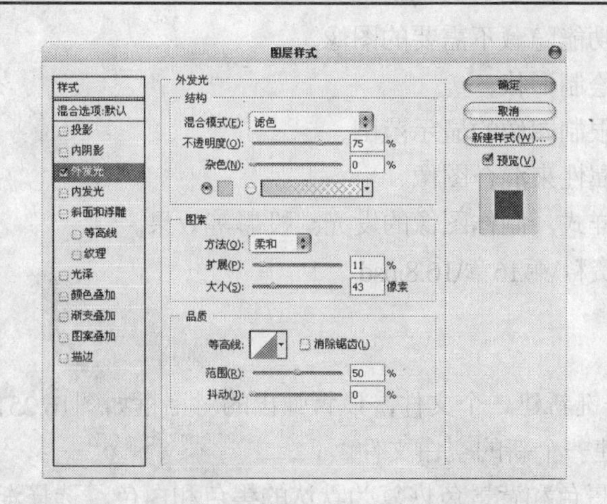

图16.246　【外发光】对话框

图16.247　添加图层样式后的效果

（22）打开随书配套资料中的文件“第16章\16.7-素材4.psd”，如图16.248所示。使用移动工具将其拖至上一步制作的文件中，并将组“花”拖至“图层4”下方，得到的最终效果如图16.249所示。【图层】面板如图16.250所示。

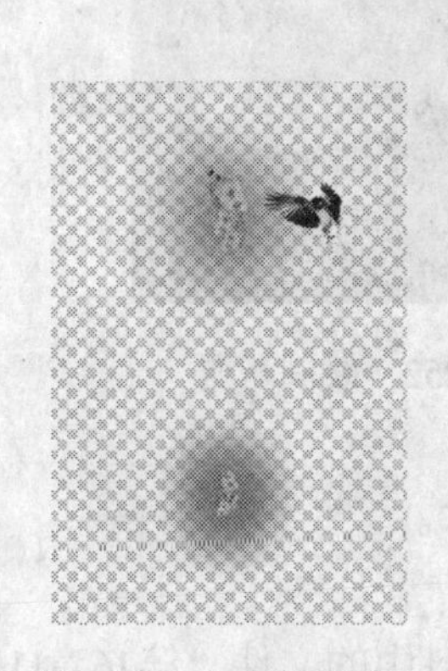

图16.248　素材图像

图16.249　最终效果

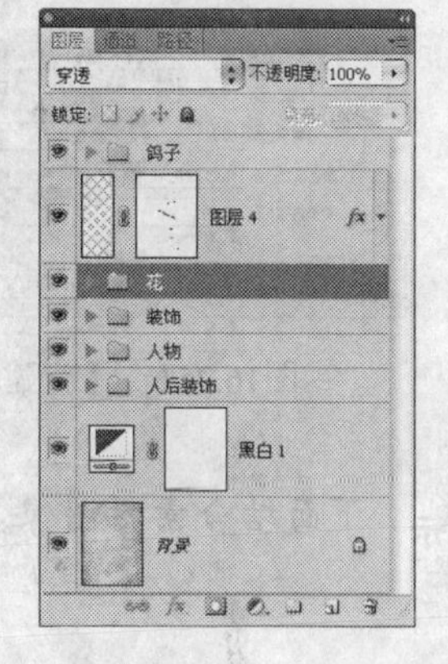

图16.250　“图层”面板

提示　本步笔者以组的形式给出素材，由于并非本例讲解的重点，读者可以参考最终效果源文件进行参数设置，展开组即可观看到操作的过程。

16.8　人物海报设计

例前导读

本例是以人物为主题的海报设计作品。在制作的过程中，从技术上来说并没有用到太深奥的操作，例如其中的圆形边框基本上可以结合形状工具及“描边”图层样式来实现，而位于中间的发光效果可以利用发光图层样式制作出来。

核心技能

- 应用【亮度/对比度】调整图层，调整图像的亮度及饱和度。

- 利用图层蒙版功能隐藏不需要的图像。
- 应用形状工具绘制形状。
- 利用剪贴蒙版限制图像的显示范围。
- 通过设置图层属性来混合图像。
- 通过添加图层样式，制作图像的发光、投影等效果。

效果文件：配套资料\第16章\16.8.psd。

操作步骤

（1）按⌘+N组合键新建一个文件，设置弹出的对话框如图16.251所示，点按【确定】按钮退出对话框，以创建一个新的空白文件。

（2）按D键将前景色和背景色恢复为默认的黑色和白色，选择渐变工具，并在其工具选项条中选择径向渐变工具，并将【反向】选项选中，在画布中按⌘键点按，在弹出的渐变显示框中选择渐变类型为【前景色到背景色渐变】，然后从画布的右侧到左侧绘制渐变，得到的效果如图16.252所示。

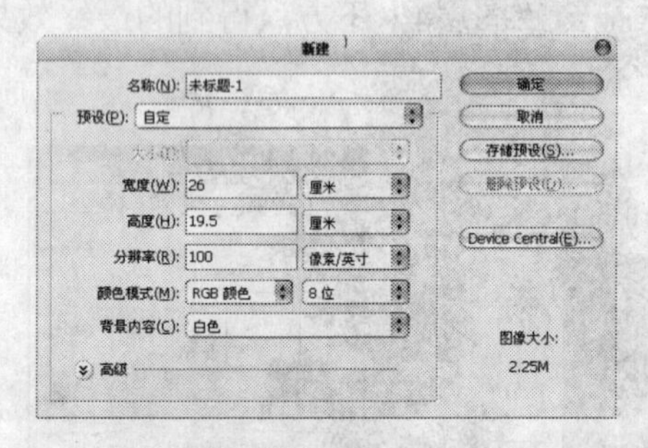

图16.251 【新建】对话框

图16.252 绘制渐变

下面结合素材图像及调整图层的功能制作背景中的花纹元素。

图16.253 摆放图像

（3）分别打开随书配套资料中的文件“第16章\16.8-素材1.psd”和“第16章\16.8-素材2.psd”，使用移动工具将图像依次拖至上一步制作的文件中，并按如图16.253所示的位置进行摆放，同时得到“图层1”和“图层2”。

（4）点按创建新的填充或调整图层按钮，在弹出菜单中选择【亮度/对比度】命令，得到图层“亮度/对比度1”，设置弹出的面板如图16.254所示，得到如图16.255所示的效果。

（5）按⌘+option+A组合键选择除“背景”图层以外的所有图层，按⌘+G组合键将选中的图层编组，得到“组1”，并将其重命名为“背景元素”。此时的【图层】面板如图16.256所示。

为了方便图层的管理，笔者在此对制作背景花纹的图层进行编组操作，在下面的操作中，笔者也对各部分进行了编组的操作，在步骤中不再叙述。下面制作人物图像。

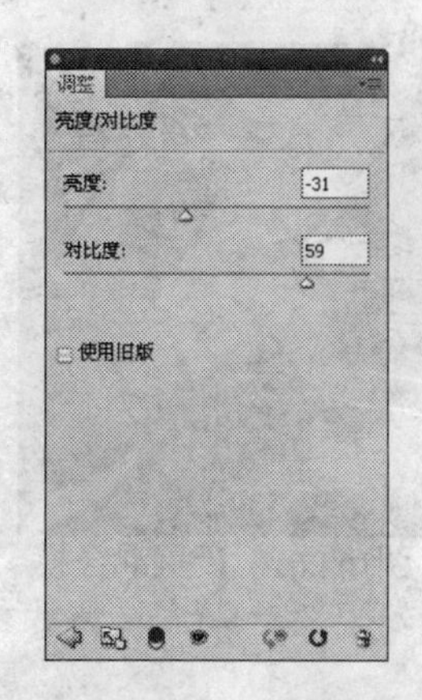

图16.254 【亮度/对比度】面板

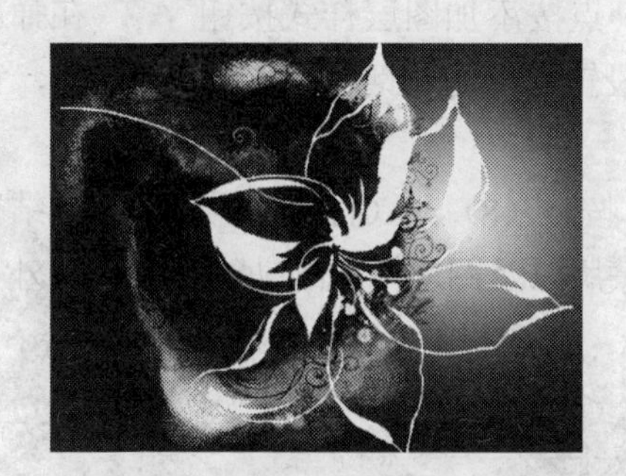

图16.255 应用【亮度/对比度】后的效果

图16.256 【图层】面板

（6）打开随书配套资料中的文件“第16章\16.8-素材3.psd”，使用移动工具将其拖至上一步制作的文件中，得到“图层3”。按⌘+T组合键调出自由变换控制框，按shift键向内拖动控制句柄以缩小图像及移动位置，按enter键确认操作，得到的效果如图16.257所示。

（7）点按添加图层蒙版按钮为“图层3”添加蒙版，设置前景色为黑色，选择画笔工具，在其工具选项条中设置适当的画笔大小及不透明度，在图层蒙版中进行涂抹，以将头部两侧的白色杂边隐藏，直至得到如图16.258所示的效果。

图16.257 调整人物图像

图16.258 添加图层蒙版后的效果

（8）设置前景色为f4f0b3，选择椭圆工具，在工具选项条上选择形状图层按钮，在人物的左侧绘制如图16.259所示的形状，得到“形状1”。

（9）打开随书配套资料中的文件“第16章\16.8-素材4.psd”，使用移动工具将其拖至上一步绘制的圆形上，得到“图层4”。按⌘+option+G组合键执行【创建剪贴蒙版】操作，再次利用移动工具调整图像的位置，得到的效果如图16.260所示。

图16.259 绘制形状

图16.260 移动图像的位置

（10）设置“图层4”的混合模式为【正片叠底】，以混合图像，得到的效果如图16.261所示。

图16.261　设置混合模式后的效果

（11）选择“形状1”，点按添加图层样式按钮 fx.，在弹出菜单中选择【描边】命令，设置弹出的对话框如图16.262所示，得到的效果如图16.263所示。

（12）选择“图层3”，按照（8）～（11）的操作方法，结合形状工具、素材图像、剪贴蒙版以及图层样式的功能，制作另外一组人物图像，如图16.264所示。【图层】面板如图16.265所示。

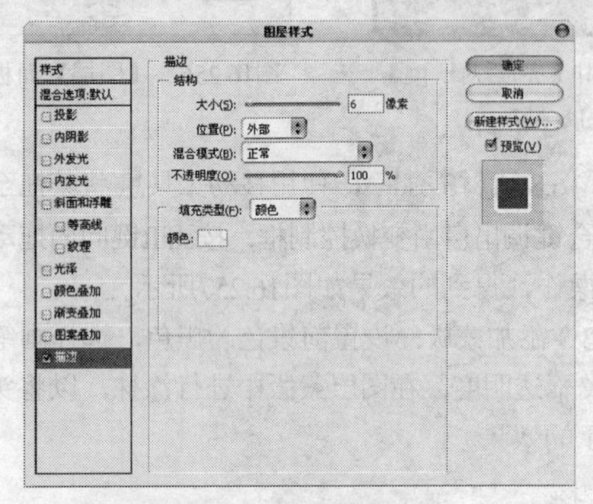

图16.262　【描边】对话框

图16.263　添加图层样式后的效果

图16.264　制作另外一组人物图像

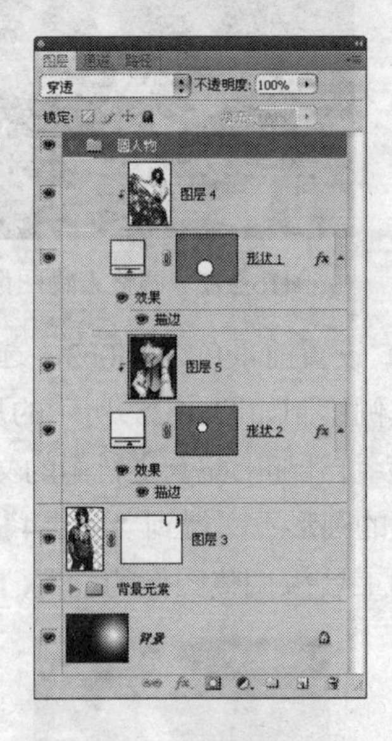

图16.265　【图层】面板

提示　本步中应用到的素材图像为随书配套资料中的文件“第16章\16.8-素材5.psd”。另外，关于【图层样式】对话框中的设置和（11）中的设置一样。下面制作装饰图像。

（13）选择“图层3”，设置前景色的颜色值为黑色，选择钢笔工具，在工具选项条上选择形状图层按钮，在人物图像上面绘制如图16.266所示的形状，得到“形状3”。

（14）设置“形状3”的填充为0%，点按添加图层样式按钮 *fx*，在弹出菜单中选择【内发光】命令，设置弹出的对话框如图16.267所示，然后在【图层样式】对话框中继续选择【外发光】选项、【投影】选项，设置它们的对话框如图16.268和图16.269所示，得到如图16.270所示的效果。

图16.266 绘制形状

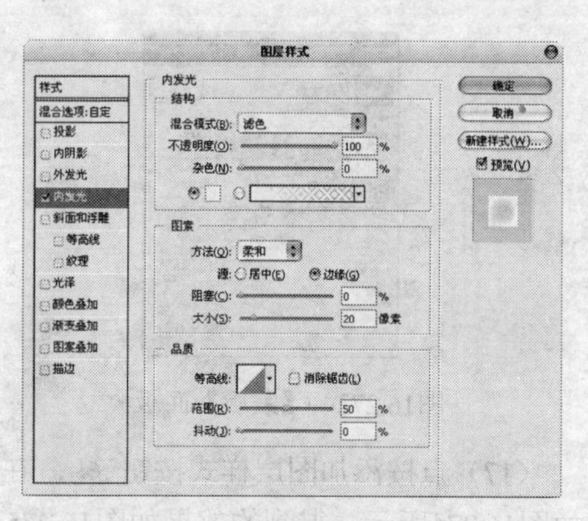

图16.267 【内发光】对话框

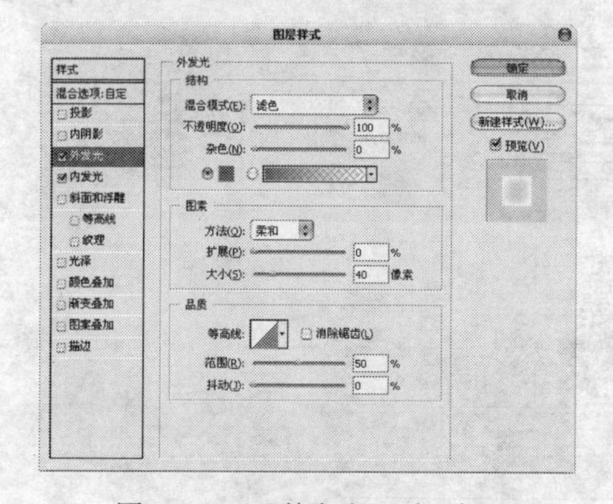

图16.268 【外发光】对话框

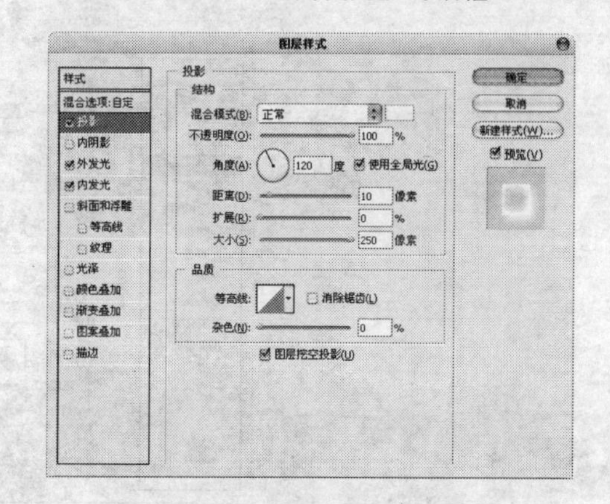

图16.269 【投影】对话框

在【内发光】对话框中，颜色块的颜色值为ffffbe；在【外发光】对话框中，颜色块的颜色值为ff0000。

（15）设置前景色为ff0000，按照（8）的操作方法应用椭圆工具在两个圆人物之间绘制如图16.271所示的形状，得到“形状4”。

图16.270 添加图层样式后的效果

图16.271 绘制形状

（16）选中“形状4”矢量蒙版缩览图，选择【窗口】|【蒙版】命令，设置弹出的面板如图16.272所示。然后在“形状4”矢量蒙版缩览图上按⌘键点按，在弹出菜单中选择【删格化矢量蒙版】命令，从而转成普通的蒙版，便于储存羽化后的效果，如图16.273所示。

图16.272 【蒙版】面板

图16.273 设置【羽化】后的效果

（17）点按添加图层样式按钮 *fx*，在弹出菜单中选择【外发光】命令，设置弹出的对话框如图16.274所示，得到的效果如图16.275所示。【图层】面板如图16.276所示。

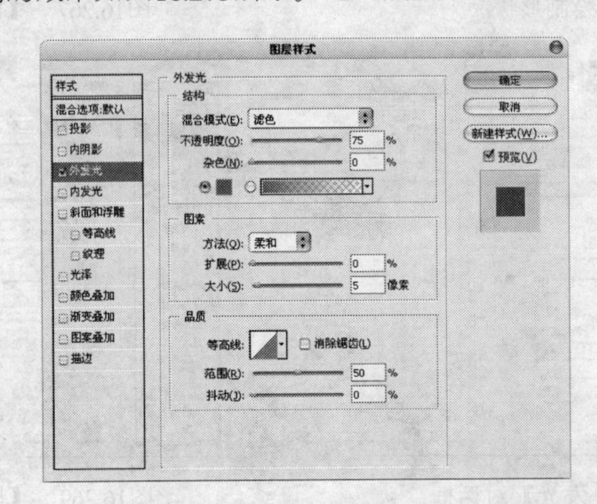

图16.274 【外发光】对话框

图16.275 添加发光后的效果

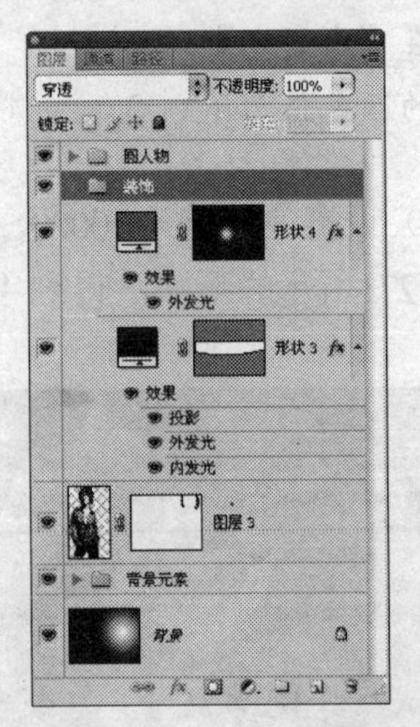

图16.276 【图层】面板

提示 在【外发光】对话框中，颜色块的颜色值为ff3a05。下面制作文字图像，完成制作。

（18）最后结合文字工具及图层样式等功能制作画面中的文字图像，完成制作。最终效果如图16.277所示。【图层】面板如图16.278所示。

图16.277 最终效果

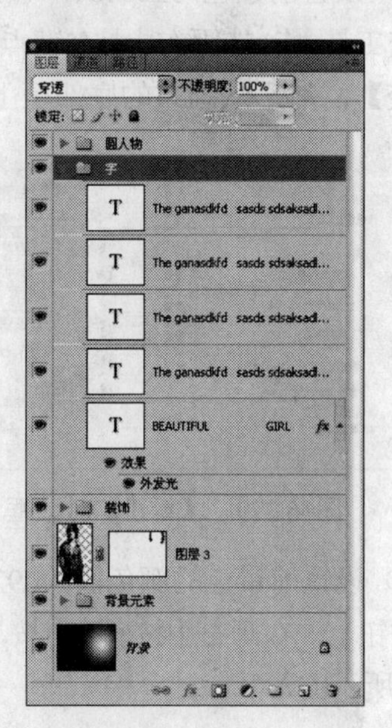

图16.278 【图层】面板

提示 本步中【外发光】对话框的参数设置请参考最终效果源文件。

16.9 汽车特效表现

例前导读

本例是以汽车为主题的特效表现作品。与传统的汽车类宣传广告不同，本例的作品没有使用大面积的图片来宣传汽车本身，而是采用颇具设计感的构图方式，给人以时尚前卫的视觉感受。

核心技能

- 应用形状工具绘制形状。
- 利用图层蒙版功能隐藏不需要的图像。
- 给合路径及填充图层的功能，制作图像的渐变、纯色效果。
- 应用【盖印】命令合并可见图层中的图像。
- 应用【动感模糊】命令制作模糊的图像效果。
- 通过添加图层样式，可以更改图像的颜色，制作图像的描边效果等。
- 利用变换功能调整图像的大小、角度及位置。

效果文件：配套资料\第16章\16.9.psd。

操作步骤

(1) 按⌘+N组合键新建一个文件，设置弹出的对话框如图16.279所示，点按【确定】按钮退出对话框，以创建一个新的空白文件。

(2) 设置前景色为2e0404，背景色为871b20，选择渐变工具，并在其工具选项条中选择线性渐变工具，在画布中按⌘键点按，在弹出的渐变显示框中选择渐变类型为【前景色到背景色渐变】，然后从画布的底部至上方绘制渐变，得到的效果如图16.280所示。

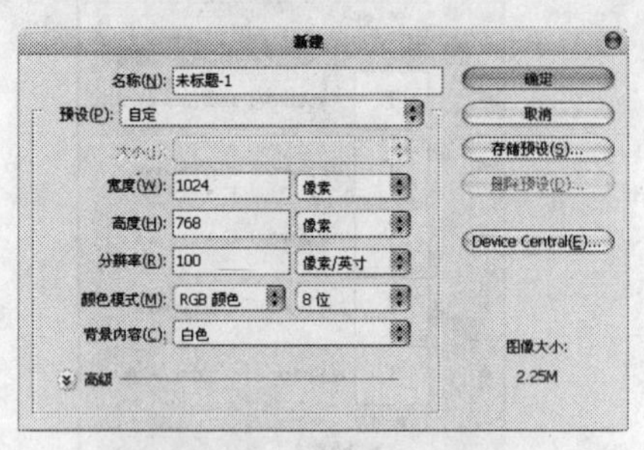

图16.279 【新建】对话框

图16.280 绘制渐变

(3) 设置前景色的颜色值为d9271c，选择自定形状工具，并在其工具选项条中选择形状图层按钮，在画布中按⌘键点按，在弹出的形状显示框中选择“靶标2”，在画布中绘制如图16.281所示的形状。

在默认情况下，Photoshop的形状并不包括刚刚使用的形状，我们可以点按形状选择框右上角的三角按钮，在弹出菜单中选择【全部】命令，然后在弹出提示框中点按【确定】按钮，从而将所有Photoshop自带的形状载入进来，同时我们就可以在其中找到刚刚所使用的形状了。

(4) 设置“形状1”的不透明度为50%，点按添加图层蒙版按钮为当前图层添加蒙版，设置前景色为黑色，选择画笔工具，在其工具选项条中设置适当的画笔大小及不透明度，在图层蒙版中进行涂抹，以将中心圆图像隐藏，直至得到如图16.282所示的效果。

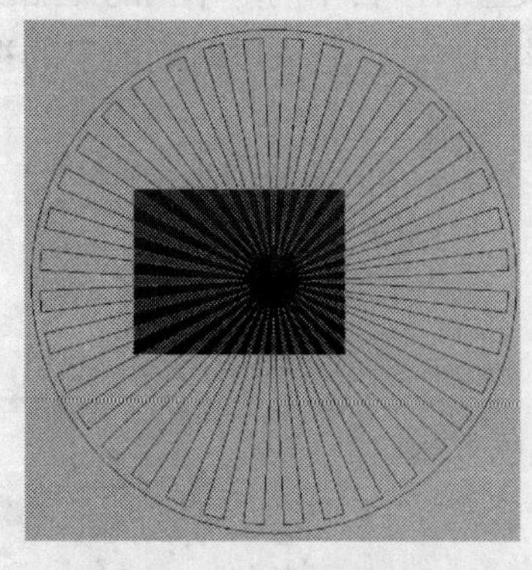

图16.281 绘制形状

图16.282 设置不透明度及添加图层蒙版后的效果

至此，背景图像已制作完成。下面制作背景中的花纹图像。

（5）打开随书配套资料中的文件“第16章\16.9-素材1.csh”，设置前景色为白色，选择自定形状工具，并在其工具选项条中选择形状图层按钮，在画布中按⌘键点按，在弹出的形状显示框中选择刚刚打开的形状（一般在最后一个），接着，在画布的右侧绘制如图16.283所示的白色花形，同时得到“形状2”。

（6）复制“形状2”得到“形状2副本”，按⌘+T组合键调出自由变换控制框，在控制框内按⌘键点按，在弹出菜单中选择【水平翻转】命令，然后顺时针调整图像的角度及大小，按enter键确认操作，得到的效果如图16.284所示。

图16.283　绘制形状

图16.284　复制及调整图像

（7）按照上一步的操作方法，结合复制图层及变换功能，完善花纹图形，如图16.285所示。【图层】面板如图16.286所示。

图16.285　完善花纹图像

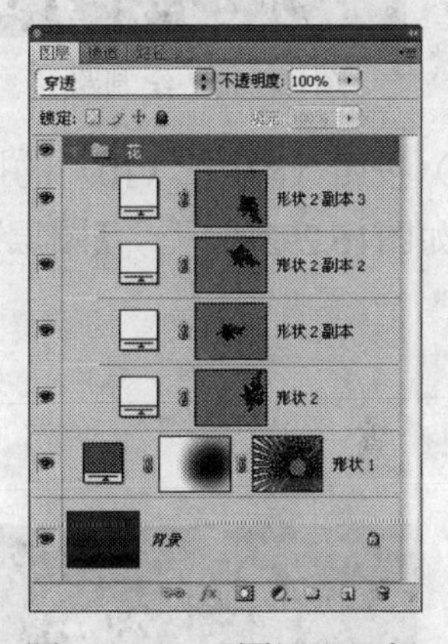

图16.286　【图层】面板

提示　为了方便图层的管理，在此将制作花纹的图层选中，按⌘+G组合键执行【图层编组】操作得到“组1”，并将其重命名为“花”。在下面的操作中，笔者也对各部分进行了编组的操作，在相应步骤中不再叙述。下面制作公路图像。

（8）选择钢笔工具，在工具选项条上选择路径按钮，在画布中绘制如图16.287所示的路径（为了便于观看暂时将组“花”隐藏了）。

（9）点按创建新的填充或调整图层按钮，在弹出菜单中选择【渐变】命令，设置弹出的对话框如图16.288所示，点按【确定】按钮退出对话框，隐藏路径后的效果如图16.289所示，同时得到图层“渐变填充1”。

提示　在【渐变填充】对话框中，渐变类型的各色标颜色值从左至右分别为758534、d0de40和d0de40。

图16.287　绘制路径

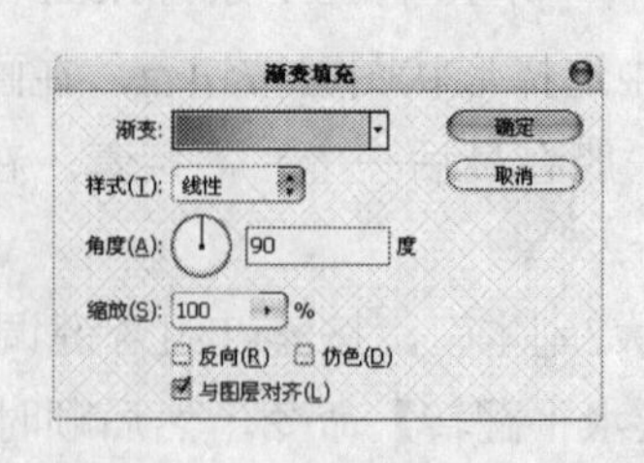

图16.288　【渐变填充】对话框

图16.289　应用【渐变填充】后的效果

（10）选择钢笔工具，在工具选项条上选择路径按钮，以及添加到路径区域按钮，在上一步得到的图形上绘制如图16.290所示的路径。点按创建新的填充或调整图层按钮，在弹出菜单中选择【纯色】命令，然后在弹出的【拾取实色】对话框中设置其颜色值为dcf0ea，得到如图16.291所示的效果，同时得到图层“颜色填充1”。

图16.290　绘制路径

图16.291　填充颜色后的效果

（11）按照（8）～（10）的操作方法，结合路径及填充图层的功能，制作完整的绿色公路图像，如图16.292所示。【图层】面板如图16.293所示。

图16.292　制作完整的绿色公路

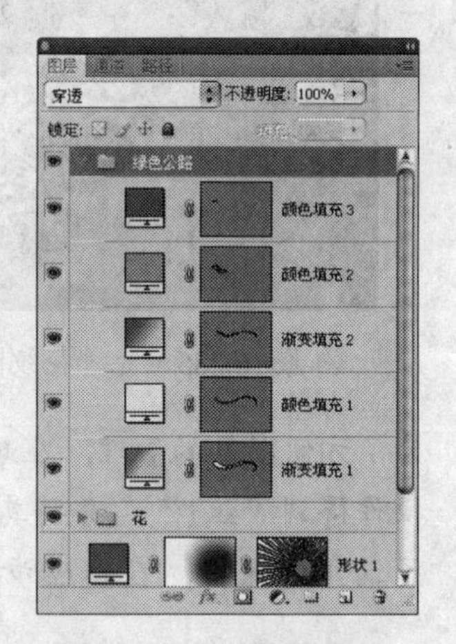

图16.293　【图层】面板（1）

本步中图像颜色值以及【渐变填充】对话框中的参数设置请参考最终效果源文件。在下面的操作中，会多次应用到填充图层的功能，笔者不再做相关参数的提示。

（12）根据前面所讲解的操作方法，结合路径、填充图层以及复制图层等功能，制作画面中的粉红色、黄色、蓝色、灰色以及红色公路，如图16.294所示。【图层】面板如图16.295所示。

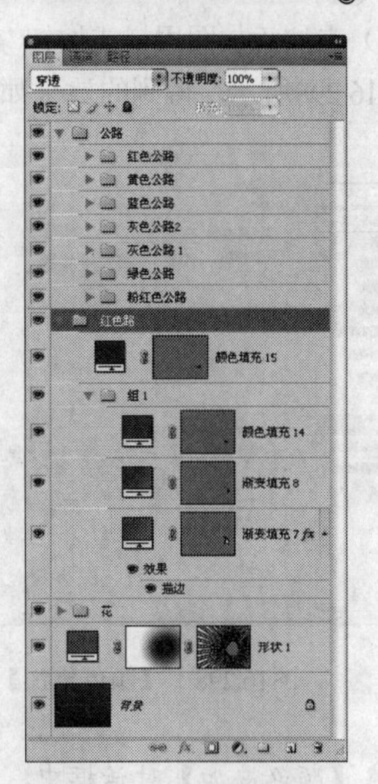

图16.294 制作其他颜色的公路

图16.295 【图层】面板（2）

由于本步中所操作的图层过多，故笔者没有给出所有的面板状态，读者可以打开最终效果源文件参照制作。对于复制后的图层，可以通过双击图层缩览图更改图像的颜色值以及渐变效果。另外，在制作的过程中，还需要注意各个图层间的顺序。在制作本步的过程中，还应用到了图层样式的功能，其方法为，选择目标图层，点按添加图层样式按钮 fx，在弹出菜单中选择要执行的命令，然后设置该命令的各个参数，直至得到满意的效果。在后面的操作中会详细讲到。下面增强右下方红色路的立体感。

（13）选中“组1”，按⌘+option+E组合键执行【盖印】操作，从而将选中图层中的图像合并至一个新图层中，并将其重命名为“图层1”。利用自由变换控制框调整图像的大小、角度及位置，得到的效果如图16.296所示。

至此，公路图像已制作完成。下面制作汽车图像。

（14）选择组“公路”作为当前的操作对象，打开随书配套资料中的文件“第16章\16.9-素材2.psd”，使用移动工具将其拖至上一步制作的文件中，利用自由变换控制框调整图像的大小、角度及位置（红色公路的左侧），得到的效果如图16.297所示。同时得到“图层2”。

图16.296 盖印及调整图像

图16.297 调整汽车图像

（15）点按添加图层样式按钮 fx.，在弹出菜单中选择【颜色叠加】命令，设置弹出的对话框如图16.298所示，得到的效果如图16.299所示。

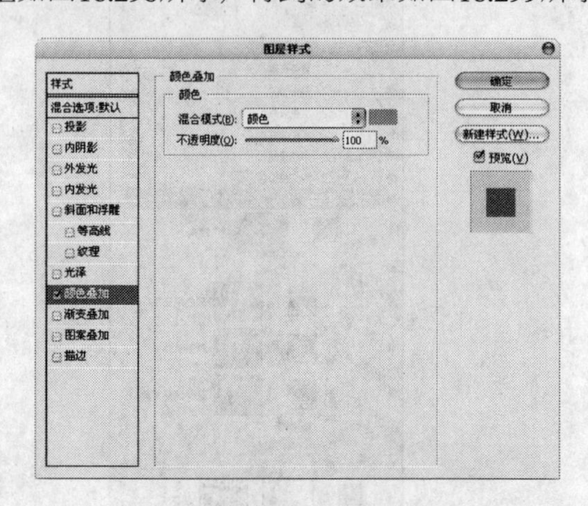

图16.298 【颜色叠加】对话框

图16.299 添加图层样式后的效果

在【颜色叠加】对话框中，颜色块的颜色值为4da2d5。

（16）按option键将“图层2”拖至其下方得到“图层2副本”，将副本图层样式删除，选择【滤镜】|【模糊】|【动感模糊】命令，设置弹出的对话框如图16.300所示，得到如图16.301所示的效果。

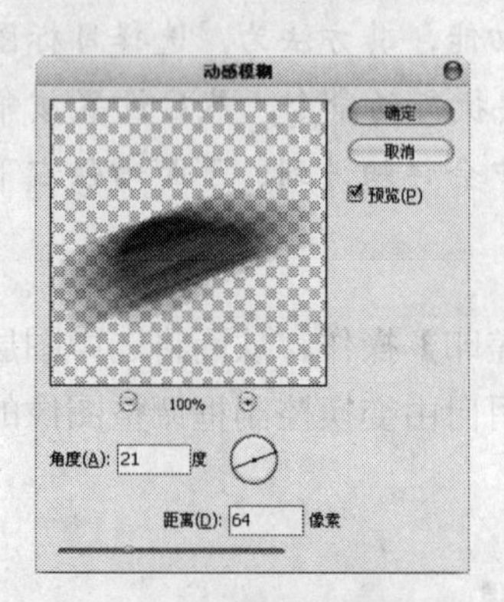

图16.300 【动感模糊】对话框

图16.301 模糊后的效果

（17）选择“图层2”，根据前面所讲解的操作方法，利用随书配套资料中的文件“第16章\16.9-素材3.psd”和“第16章\16.9-素材4.psd”，结合变换、图层样式以及复制图层等功能，制作另外三款汽车图像，如图16.302所示。如图16.303所示为隐藏组“公路”时的图像状态。【图层】面板如图16.304所示。

本步中【图层样式】对话框的参数设置请参考最终效果源文件。下面制作其他图像，完成制作。

（18）打开随书配套资料中的文件“第16章\16.9-素材5.psd”，如图16.305所示。按shift键使用移动工具将其拖至上一步制作的文件中，并调整各个组的顺序，得到的最终效果如图16.306所示。【图层】面板如图16.307所示。

图16.302 制作其他汽车图像

图16.303 隐藏组“公路”时的图像状态

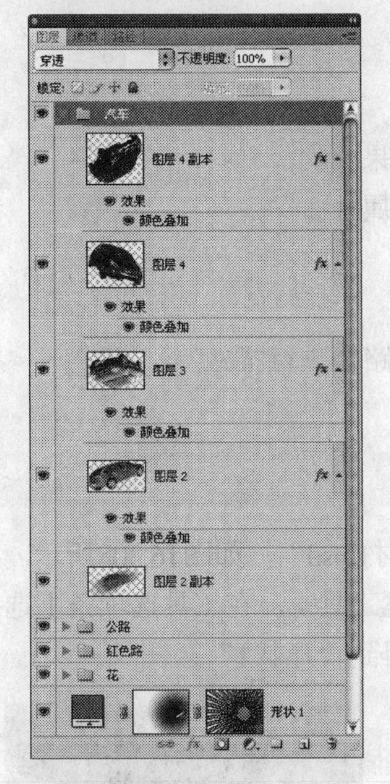

图16.304 【图层】面板

图16.305 素材图像

图16.306 最终效果

图16.307 【图层】面板

提示 本步笔者以组的形式给出素材，由于操作方法在前面均已详细讲解过，为了避免重复叙述，读者可以参考最终效果源文件进行参数设置，展开组即可观看到操作的过程。

16.10 蒙太奇特效表现

例前导读

本例是以蒙太奇为主题的特效表现作品。在制作的过程中，主要以处理画面中的各种光感效果为核心内容。在色彩表现上，丰富、浓烈、特别，从而在视觉表现上更甚一筹，给人以梦幻般的感受。

核心技能

- 应用形状工具绘制形状。
- 通过添加图层样式，制作图像的发光、渐变等效果。
- 应用调整图层的功能，调整图像的亮度、色彩等属性。
- 利用剪贴蒙版限制图像的显示范围。
- 利用图层蒙版功能隐藏不需要的图像。
- 结合路径及用画笔描边路径的功能，为所绘制的路径进行描边。

效果文件：配套资料\第16章\16.10.psd。

操作步骤

（1）打开随书配套资料中的文件“第16章\16.10-素材1.psd”，如图16.308所示，将其作为本例的背景图像。设置前景色的颜色值为黑色，选择钢笔工具，在工具选项条上选择形状图层按钮，在画布的上方绘制如图16.309所示的形状，得到“形状1”。

图16.308 素材图像

图16.309 绘制形状

（2）设置“形状1”的填充为0%，打开随书配套资料中的文件“第16章\16.10-素材2.asl”，选择【窗口】|【样式】命令，以显示【样式】面板，选择刚打开的样式（通常在面板中最后一个）为“形状1”应用样式，此时图像效果如图16.310所示。

至此，背景中的基本元素已制作完成。下面制作人物图像。

（3）打开随书配套资料中的文件“第16章\16.10-素材3.psd”，使用移动工具将其拖至上一步制作的文件中，并置于彩虹的下方，如图16.311所示。同时得到“图层1”。

（4）点按添加图层样式按钮，在弹出的菜单中选择【斜面和浮雕】命令，设置弹出的对话框如图16.312所示，得到的效果如图16.313所示。

图16.310　设置填充并应用图层样式后的效果

图16.311　摆放人物图像

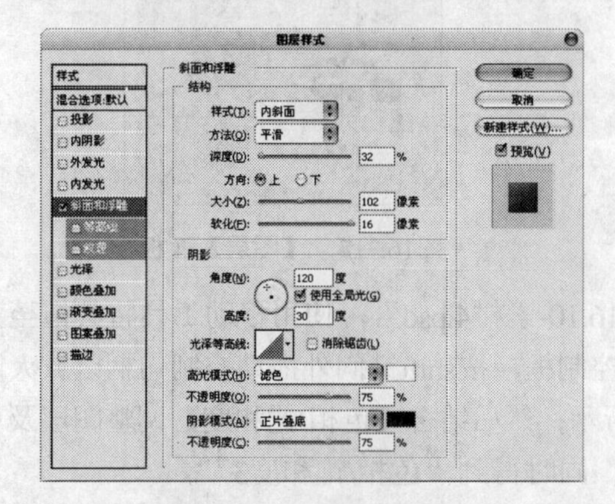

图16.312　【斜面和浮雕】对话框

图16.313　添加图层样式后的效果

下面利用调整图层的功能调整人物图像的亮度以及色彩等属性。

（5）点按创建新的填充或调整图层按钮，在弹出菜单中选择【亮度/对比度】命令，得到图层“亮度/对比度1，按⌘+option+G组合键执行【创建剪贴蒙版】操作，设置弹出的面板如图16.314所示，得到如图16.315所示的效果。

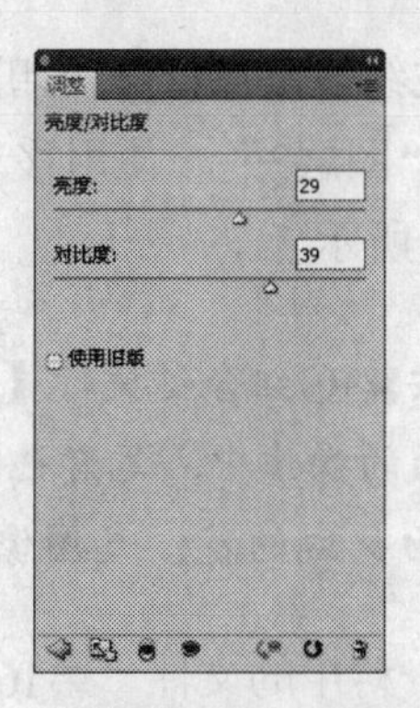

图16.314　【亮度/对比度】面板

图16.315　应用【亮度/对比度】后的效果

（6）按照上一步的操作方法，结合调整图层以及剪贴蒙版的功能，调整人物的亮度以及色彩等属性，如图16.316所示。【图层】面板如图16.317所示。

本步中调整图层面板中的参数设置请参考最终效果源文件。在下面的操作中，会多次应用到调整图层的功能，笔者不再做相关参数的提示。下面调整人物眼睛的色彩。

图16.316 调整人物亮度及色彩属性

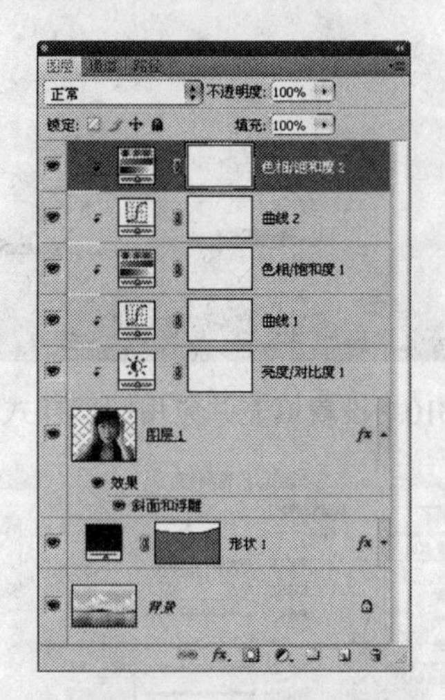

图16.317 【图层】面板

（7）打开随书配套资料中的文件“第16章\16.10-素材4.psd”，使用移动工具将其拖至上一步制作的文件中，按⌘+T组合键调出自由变换控制框，按shift键向外拖动控制句柄以放大图像及移动位置（人物的左眼珠上），如图16.318所示。然后结合【色相/饱和度】调整图层及剪贴蒙版的功能调整眼珠的色彩，如图16.319所示。同时得到“色相/饱和度3”。

图16.318 调整眼珠图像

图16.319 调色后的效果

（8）选中“图层2”和“色相/饱和度3”，按⌘+option+E组合键执行【盖印】操作，从而将选中图层中的图像合并至一个新图层中，并将其重命名为“图层3”。使用移动工具拖至人物的右眼珠上，如图i6.320所示。【图层】面板如图16.321所示。

提示 为了方便图层的管理，在此将制作人物的图层选中，按⌘+G组合键执行【图层编组】操作得到“组1”，并将其重命名为“人物”。在下面的操作中，笔者也对各部分进行了编组的操作，在步骤中不再叙述。下面制作人物身后的花、鸟图像。

（9）选择“形状1”作为当前的工作层，打开随书配套资料中的文件“第16章\16.10-素材5.psd”，按shift键使用移动工具将其拖至上一步制作的文件中，得到的效果如图16.322所示。同时得到“花”和“鸟”。

提示 本步笔者以组的形式给出素材，由于其多数操作方法在前面都已详细讲解过（未讲解过的为组设置混合模式和在调整图层蒙版中进行编辑，在下面的操作中会陆续涉及到相关知识点），在叙述上略显烦琐，读者可以参考最终效果源文件进行参数设置，展开组即可观看到操作过程。下面对花的亮度及色彩进行调整。

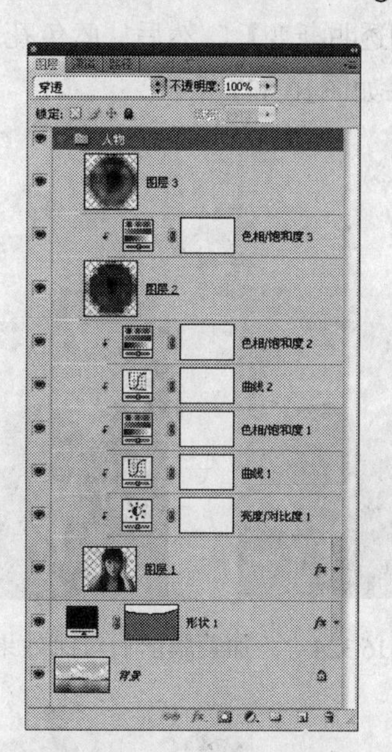

图16.320 盖印及移动图像

图16.321 【图层】面板

（10）选择组“花”，按⌘+G组合键将选中的组编组，得到“组1”并将其重命名为“花调整”，设置此组的混合模式为【正常】。使该组中所有的调整图层及混合模式只针对该组内的图像起作用。

（11）选择组“花”，新建“图层4”，设置前景色为白色，按option+delete组合键以前景色填充当前图层，设置当前图层的不透明度为10%，以降低图像的透明度，得到的效果如图16.323所示。

图16.322 拖入素材图像

图16.323 填充白色及设置不透明度后的效果

此时，观看到人物右侧蓝色花朵图像的上方有些过亮，显得没有层次感。下面利用图层蒙版的功能来处理这个问题。

（12）点按添加图层蒙版按钮为“图层4”添加蒙版，设置前景色为黑色，选择画笔工具，在其工具选项条中设置适当的画笔大小及不透明度，在图层蒙版中进行涂抹，以将蓝色花朵上方的亮色隐藏，如图16.324所示为添加蒙版前后的对比效果。

（13）点按创建新的填充或调整图层按钮，在弹出菜单中选择【亮度/对比度】命令，得到图层“亮度/对比度2”，设置弹出的面板如图16.325所示，得到如图16.326所示的效果。

（14）选择“亮度/对比度2”蒙版缩览图，设置前景色为黑色，选择渐变工具，在其工具选项条中选择线性渐变工具，在画布中按⌘键点按，在弹出的渐变显示框中选择渐变类型为

【前景色到透明渐变】，然后从蓝色花朵的右边缘至左侧绘制，以将蓝色花朵区域的亮度隐藏，得到的效果如图16.327所示。

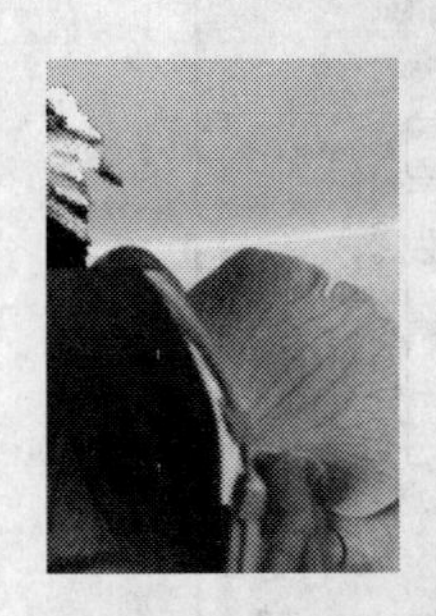
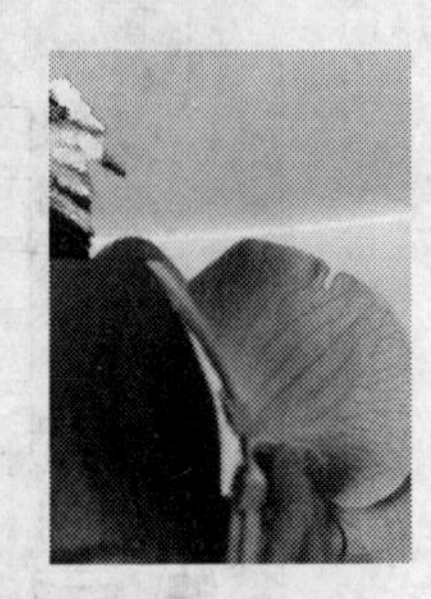

图16.324 添加蒙版前后对比效果

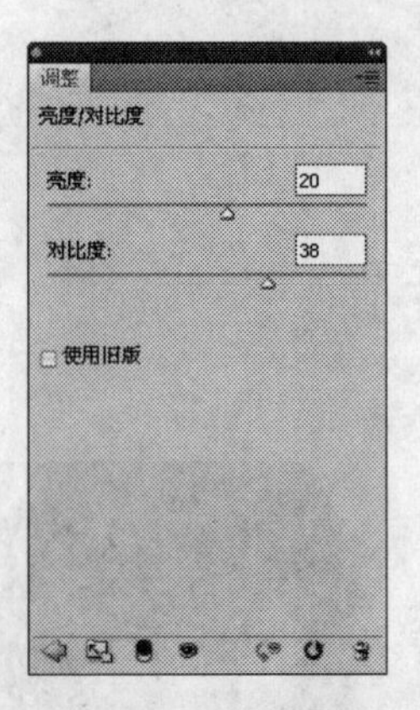

图16.325 【亮度/对比度】面板

图16.326 应用【亮度/对比度】后的效果

图16.327 编辑蒙版后的效果

（15）按照（13）~（14）的操作方法，结合【色相/饱和度】调整图层及编辑蒙版的功能，调整花朵图像的色相及饱和度，得到的效果如图16.328所示。【图层】面板如图16.329所示。

图16.328 调整花朵的色彩

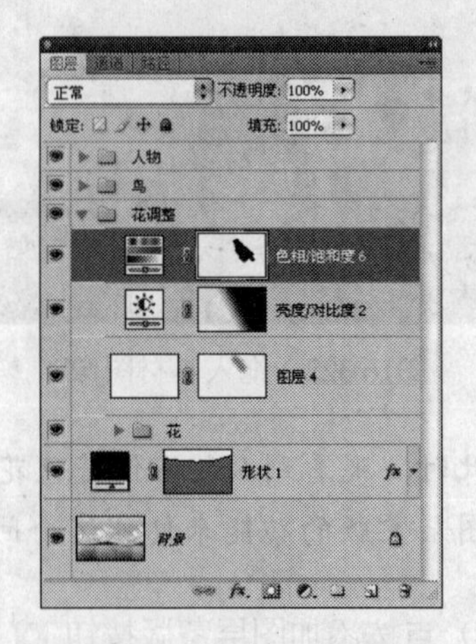

图16.329 【图层】面板

提示 至此，花朵图像已制作完成。下面制作人物身后的亭子、建筑物以及光圈图像。

（16）选择“形状1”作为当前的工作层，打开随书配套资料中的文件“第16章\16.10-素材6.psd”，按shift键使用移动工具将其拖至上一步制作的文件中，得到的效果如图16.330所示。同时得到“亭子及建筑物”。

（17）设置前景色的颜色值为1b8dd6，选择椭圆工具，在工具选项条上选择形状图层按钮，在人物图像的右侧绘制如图16.331所示的形状，得到“形状2”。

图16.330　拖入素材图像

图16.331　绘制形状

（18）选中“形状2”矢量蒙版缩览图，选择【窗口】|【蒙版】命令，在弹出的面板中设置【羽化】数值为35px，隐藏路径后的效果如图16.332所示。

（19）复制“形状2”得到“形状2副本”，使用移动工具移至人物的左侧，双击副本图层缩览图，在弹出的对话框中更改颜色值为b63447，得到的效果如图16.333所示。

图16.332　设置【羽化】后的效果

图16.333　复制及更改图像颜色后的效果

下面结合填充、调整图层的功能，对整体图像的光线重新调整。

（20）选择组“花调整”作为当前的操作对象，点按创建新的填充或调整图层按钮，在弹出菜单中选择【渐变】命令，设置弹出的对话框如图16.334所示，点按【确定】按钮退出对话框，得到“渐变填充2”。设置当前图层的不透明度为20%，得到的效果如图16.335所示。

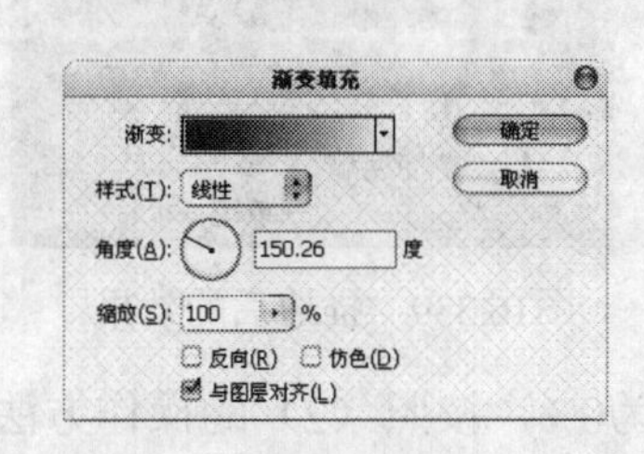

图16.334　【渐变填充】对话框

图16.335　调色及设置不透明度后的效果

在【渐变填充】对话框中，渐变类型的各色标颜色值从左至右分别为0a00b2、ea5818和fffc00。

（21）根据前面所讲解的操作方法，结合渐变填充、【亮度/对比度】调整图层来调整图像的色彩及对比度，得到的效果如图16.336所示。【图层】面板如图16.337所示。

图16.336 调整彩光效果

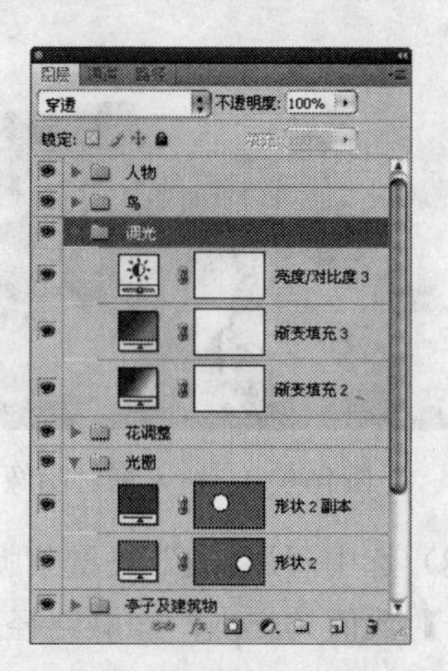

图16.337 【图层】面板

本步中【渐变填充】对话框的参数设置请参考最终效果源文件。另外，设置了“渐变填充3”的不透明度为20%。下面制作人物前方的装饰图像。

（22）选择组“人物”作为当前的操作对象，打开随书配套资料中的文件“第16章\16.10-素材7.psd”，按shift键并使用移动工具将其拖至上一步制作的文件中。同时得到组“人前装饰”。

下面结合路径、用画笔描边路径以及图层样式等功能，制作人物前后的线条图像。

（23）选择钢笔工具，在工具选项条上选择路径按钮，在人物的右侧绘制如图16.338所示的路径。新建“图层5”，设置前景色为白色，选择画笔工具，并在其工具选项条中设置画笔为【柔角10像素】，不透明度为100%。切换至【路径】面板，点按用画笔描边路径按钮，隐藏路径后的效果如图16.339所示。

图16.338 绘制路径

图16.339 描边后的效果

（24）切换回【图层】面板，设置“图层5”的填充为0%，按照（2）的操作方法打开随书配套资料中的文件“第16章\16.10-素材8.asl”并为“图层5”应用样式，得到的效果如图16.340所示。

（25）按照（23）～（24）的操作方法，结合路径、用画笔描边路径以及图层样式等功能，制作另外两条线条图像，如图16.341所示。同时得到“图层6”和“图层7”。

图16.340　应用图层样式后的效果

图16.341　制作另外两条线条图像

在本步的制作过程中，需要注意各个图层间的顺序。另外，分别为“图层5”和“图层7”应用的样式为打开随书配套资料中的文件“第16章\16.10-素材9.asl”和“第16章\16.10-素材10.asl”。

（26）选择“图层5”作为当前的工作层，根据前面所讲解的操作方法，结合调整图层、填充图层、编辑蒙版以及图层属性等功能，再次对作品的整体光感进行调整，得到的最终效果如图16.342所示。【图层】面板如图16.343所示。

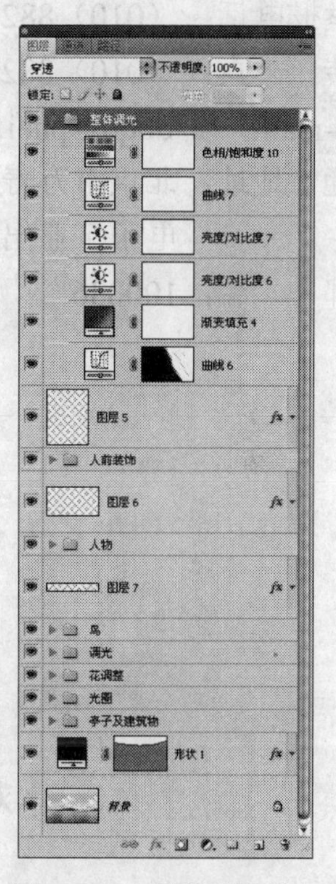

图16.342　最终效果

图16.343　【图层】面板

本步中设置了“曲线6”和“渐变填充4”的不透明度分别为30%和20%；关于【渐变填充】对话框中的参数设置请参考最终效果源文件。

反侵权盗版声明

电子工业出版社依法对本作品享有专有出版权。任何未经权利人书面许可，复制、销售或通过信息网络传播本作品的行为；歪曲、篡改、剽窃本作品的行为，均违反《中华人民共和国著作权法》，其行为人应承担相应的民事责任和行政责任，构成犯罪的，将被依法追究刑事责任。

为了维护市场秩序，保护权利人的合法权益，我社将依法查处和打击侵权盗版的单位和个人。欢迎社会各界人士积极举报侵权盗版行为，本社将奖励举报有功人员，并保证举报人的信息不被泄露。

举报电话：（010）88254396；（010）88258888
传　　真：（010）88254397
E-mail:　　dbqq@phei.com.cn
通信地址：北京市万寿路173信箱
　　　　　电子工业出版社总编办公室
邮　　编：100036

欢迎与我们联系

为了方便与我们联系，我们已开通了网站（www.medias.com.cn）。您可以在本网站上了解我们的新书介绍，并可通过读者留言簿直接与我们沟通，欢迎您向我们提出您的想法和建议。也可以通过电话与我们联系：

电话号码：（010）68252397。
邮件地址：webmaster@medias.com.cn